W0269863

Ulf-Jürgen Werner

Bautechnischer Brandschutz

Planung - Bemessung - Ausführung

Springer Basel AG

Autor:

Dr. rer. nat. Ulf-Jürgen Werner
Bauhaus-Universität Weimar
Coudraystr. 11
D-99421 Weimar

e-mail: ulf-juergen.werner@bauing.uni-weimar.de

Bibliografische Information der Deutschen Bibliothek
Die Deutsche Bibliothek verzeichnet diese Publikation in der Deutschen Nationalbibliografie;
detaillierte bibliografische Daten sind im Internet über *http://dnb.ddb.de* abrufbar

ISBN 978-3-7643-6892-0   ISBN 978-3-0348-7852-4 (eBook)
DOI 10.1007/978-3-0348-7852-4
© 2004 Springer Basel AG
Ursprünglich erschienen bei Birkhäuser Verlag, Basel - Boston - Berlin 2004

Gedruckt auf säurefreiem Papier, hergestellt aus chlorfrei gebleichtem Zellstoff. ∞
Umschlaggestaltung: Micha Lotrovsky, Therwil, Schweiz

ISBN 978-3-7643-6892-0

9 8 7 6 5 4 3 2 1   www.birkhasuer-science.com

Vorwort

Der Bautechnische Brandschutz gehört zu den überaus wichtigen Maßnahmen zum Schutz von Leben und Gesundheit. Seine Bedeutung hat er zweifelsfrei auch für den Sachschutz, aber auch zur Schonung und Erhaltung der gebauten Umwelt. Das Verhüten von Bränden war deshalb auch schon sehr frühzeitig eine vorrangige Aufgabe der Gesellschaft.

Wurde bis in das vergangene Jahrhundert der Brandschutz als rein empirische Disziplin angesehen, so kann seit geraumer Zeit ein ständig wachsendes wissenschaftliches Interesse festgestellt werden. Ergebnisse aus experimentellen Untersuchungen und mathematischen Modellierungen bilden ein immer sichereres Fundament, von dem aus eine risikominimierte Planung von Bauwerken möglich wird.

Die große Vielfalt an baulichen, baustofflichen und technischen Maßnahmen, die im Brandschutz Bedeutung haben und notwendigerweise in sichere Konstruktionen umgesetzt werden müssen, erfordert ein hohes Maß an Wissen und Fachkenntnissen. Das vorliegende Buch zum Bautechnischen Brandschutz, dem eine an der Bauhaus-Universität Weimar über Jahre entwickelte Vorlesung zugrunde liegt, will dieses Fachwissen sammeln und bündeln. Es wird der Versuch unternommen, den gegenwärtigen Stand des Wissens in seiner Breite so darzustellen, dass sowohl Studierende, Lernende aber auch praktisch Tätige eine ausbaufähige Grundlage in dieser unverzichtbaren Fachdisziplin vermittelt bekommen.

Meiner Frau, Gabriele Werner, möchte ich für die kritische Durchsicht und Kommentierung des Manuskriptes mit einem für sie als Chemikerin durchaus ungewohnten Inhalt danken. Der Birkhäuser-Verlag Basel erwies sich als verständnisvoller Förderer dieser Arbeit, ein besonderer Dank für seine Bereitschaft, dieses Buch zu verlegen.

Weimar, im September 2004 *Ulf-Jürgen Werner*

Inhaltsverzeichnis

Nam tua res agitur,
paries cum proximus ardet,
et neglecta solent incendia sumere vires.

Horaz
(Quintus Horatius Flaccus)*

Einführung

Waren es in den zurückliegenden Jahrhunderten immer die Negativerfahrungen von Brandereignissen, die zu neuen Forderungen im Brandschutz und damit zu einer verbesserten Gestaltung der Bauwerke geführt haben, so müssen unter den heutigen materiellen und wirtschaftlichen Bedingungen des Bauens und der intensiven Nutzung der Bauwerke neben Erfahrungen vor allem theoretische und experimentelle Untersuchungen des Brandgeschehens vorausschauend zu neuen Erkenntnissen, verbesserten Produkten und zunehmend sichereren Bauwerken führen.

Eine Vielzahl von Gesetzen, Vorschriften, Richtlinien und Regeln sind wegführend und wirken doch auch gleichzeitig verunsichernd, gibt es doch teilweise erhebliche Abweichungen in den länderbezogenen Forderungen. Die Arbeit mit Normen ist in der gegenwärtigen Zeit nicht unproblematisch, die Umstellung auf europäische Vorschriften erfordert quasi eine tagesaktuelle Berücksichtigung.

Erschwerend wirkt die große Vielfalt an baulichen, baustofflichen und technischen Maßnahmen, die im Brandschutz Bedeutung haben und notwendigerweise in sichere Konstruktionen umgesetzt werden müssen, sie alle erfordern ein hohes Maß an Wissen und Fachkenntnissen sowohl in der Planung als auch in der Bauausführung.

Die Vermittlung und die Abruffähigkeit von bauphysikalischem Wissen, aber insbesondere von Kenntnissen im Bautechnischen Brandschutz sind noch nicht überall von der Qualität und erreichen auch noch nicht die Breite aller Beteiligten, die für ein schadensfreies Bauen unbedingt erforderlich wäre.

Die Bauschäden als Folge nicht sachgerechter bauphysikalischer Entwurfslösungen überwiegen bei weitem Bauschäden aus falschen statischen Berechnungen. Leider sind erst im Schadensfall, und dies gilt im besonderen Maße für den

---

* Auch Dein Interesse steht auf dem Spiel,
  wenn das Haus des Nachbars brennt,
  und vernachlässigte Feuer pflegen sich kräftig auszubreiten.
  Horaz: römischer Dichter und Schreiber, 65–8 v. Chr.; 1. Buch, 18. Brief, Vers 80.

Bautechnischen Brandschutz, die möglichen Auswirkungen aber durchaus vergleichbar, weil sofort gravierend und fast immer unmittelbar lebensbedrohend.

Unter dem Oberbegriff des Bautechnischen Brandschutzes werden für Baustoffe, Bauteile und technische Systeme Maßnahmen und Forderungen zusammengefasst, die durchweg zum Ziel haben, einer Brandentstehung vorzubeugen, die Ausbreitung eines Schadensfeuers zu verhindern, die Rettung von Menschen und Tieren zu ermöglichen und eine wirksame Brandbekämpfung zu ermöglichen.

Der Bautechnische Brandschutz benötigt daher umfangreiche Kenntnisse gesetzlicher Regelungen, Normen, Verordnungen und Richtlinien. Weiterhin ist umfangreiches Fachwissen bezüglich Baustoffauswahl, Auswahl geeigneter Bauteile und dem Einsatz technischer Systeme erforderlich. Ergänzend werden Kenntnisse zur Brandentwicklung, zum Brandverlauf, dem Abbrandverhalten und thermischen Verhalten von Bauteilen und Systemen bis hin zur mathematischen Durchdringung dieser Vorgänge verlangt.

Die Summe aller Teilinformationen muss dann, bezogen auf Lage, Struktur und Nutzung des speziellen Bauwerks, zu einem richtig funktionierenden Ganzen verarbeitet werden. Eine nicht unbedeutende Aufgabe, um ein Bauwerk wirklich sicher und schadensfrei zu gestalten.

Weitere Probleme zum Wärmeschutz bzw. Feuchteverhalten, zur Lüftung, dem Schallschutz und der Raumakustik, dem energetischen Verhalten von Gebäuden aber auch der Versorgung mit Tageslicht dürfen bei einer sorgfältigen Planung nicht außer Betracht bleiben, gerade die Auswirkungen diesbezüglicher baulicher Maßnahmen sind fast immer eng mit Problemen des Bautechnischen Brandschutzes verzahnt.

Der Bautechnische Brandschutz ist eine überaus wichtige Aufgabe sowohl für alle am Bau Beteiligten als auch Bauherren, Nutzer, die Bauaufsicht, Feuerwehr und die Versicherer.

1 Historischer Abriss

Das Feuer als ein weithin leuchtendes Zeichen des Brennens ist seit Menschengedenken eine der faszinierendsten Erscheinungen. Schon die Überlieferungen der griechischen Mythologie machen deutlich, dass das Feuer ein von den Göttern gut gehüteter Schatz und eigentlich für die Menschen gar nicht bestimmt war. Aber offenbar waren die Vorschriften nicht besonders gut oder das Sicherheitssystem löchrig.

Denn da war Prometheus, Sohn des Titanen Japetos und der Okeanide Klymene, der zunächst die Menschen aus Ton erschaffen und denen Athene die lebendige Seele eingehaucht hatte. Die ersten Menschen lebten in völliger Unkultur, ihnen fehlte das Feuer, denn dieses wichtige Kulturelement war nur den Göttern vorbehalten; Göttervater Zeus aber verweigerte es den Menschen, weil er ihnen nicht gewogen war und allen Übermut und Frevel voraussah, zu dem die Menschen mit dem Feuer gelangen würden [8].

Prometheus, vielleicht in Wahrnehmung seiner Verantwortung als Erschaffer der Menschen, erbarmte sich ihrer und stahl das Feuer aus dem Götterwohnbereich, dem Olymp, um es den Menschen heimlich zu bringen. Für diese wurde das Feuer zum Glücksfall, sein Gebrauch erhob sie über die Tierwelt und war ein erster großer Schritt in Richtung Zivilisation.

Zeus zürnte gewaltig, konnte das Geschehene aber nicht mehr korrigieren und ließ Prometheus dafür schwer büßen: Vulcan, Sohn des Zeus, musste ihn zur Strafe für dieses Vergehen am Kaukasus festschmieden, wo täglich ein Adler an seiner Leber hackte. Herakles befreite ihn erst Jahrhunderte später, als Prometheus Übermut längst gebrochen war.

Fazit, ein korrekter Umgang mit dem Feuer war den Menschen nicht zugetraut worden und außerdem sind sie durch einen nicht rechtmäßigen Vorgang in dessen Besitz gelangt. Wahrlich kein guter Start für die Zivilisation und deren Einstellung zum Feuer.

Aber unabhängig von dieser Vorgeschichte, die Menschen besaßen mit dem Feuer ein sehr nützliches Hilfsmittel; sie konnten sich wärmen, Fleisch braten, es konnte Handwerk betrieben werden; zum Beispiel die Töpferei, das Schmieden, das Brauen oder die Ziegelherstellung. Es lohnte sich, feste Behausungen zu bauen, die im Winter beheizt und belichtet werden konnten. Die Menschheit hatte neue Möglichkeiten für ihre Entwicklung; die Kenntnisse von der Erzeugung des Feuers, dessen Eigenschaften und seinem Einsatz als Werkzeug war Voraussetzung für die Entwicklung der menschlichen Zivilisation.

Übrigens, ganz gab sich Zeus mit der Entwicklung nicht zufrieden. Er schickte den Menschen Übel und Leiden, indem er die Jungfrau Pandora mit einem großen

Abb.1.1: Mittelalterlicher Löschversuch, entnommen aus Ludowieg/Steinhoff [1]. Vergleich der Spritzendurchmesser im kleinen Bild: 3/4 Zoll für die kleine Spritze und 1,5 Zoll für die große Ausführung.

Fass, gefüllt mit Hoffnung, Krankheit, Leiden, Übel und Seuchen, zu Epimetheus, dem Bruder des Prometheus, schickte. Dieser öffnete das Fass trotz Warnung und gab dem Verhängnis freien Lauf. Er schloss zwar das Fass schnell wieder, aber allein nur die Hoffnung blieb darin zurück, während die weniger guten Gaben sich bereits außerhalb des Fasses befanden und sich auf der Erde verbreiten konnten.

Bis heute ist es dabei geblieben, Feuer ist zugleich Segen und Geißel der Menschheit. Es bedarf keiner großen Fantasie, sich vorzustellen, dass auch in der Frühzeit der Nutzung des Feuers durch die Menschen schon Brandunfälle auftraten und Schutzmöglichkeiten gesucht wurden.

Schon in den Gesetzesstelen des babylonischen Königs Hammurabi (1728–1686 v. Chr.) waren einige Hinweise zum Brandschutz enthalten. Die Griechen benutzten bereits 239 v. Chr. fahrbare Steigleitern in der Form eines mit einer Winde verstellbaren Sprossenbaumes [92]. Von den Römern ist die Einrichtung einer Feuerwehr aus 600 Sklaven unter Kaiser Augustus (30 v. Chr – 14 n. Chr.) bekannt; nach Großfeuern wurden in Rom auch immer wieder Vorschriften für die Bebauung der Stadt erlassen, z.B. bezüglich Mindeststraßenbreite.

Ab Ende des 14. Jahrhunderts wurden einfache, mit Eimern zu versorgende Spritzen eingeführt. Erst ca. 300 Jahre später wurde der Löschschlauch – anfänglich aus Leder hergestellt – eingeführt. Die negativen Auswirkungen von Bränden sind erst später durch Dokumente und Bilder belegt, Abbildung 1.1 zeigt einen mittelalterlichen Löschversuch.

Nahezu alle größeren Städte sind im Mittelalter, zum Teil bis in die neuere Zeit, Opfer von großflächigen Brandkatastrophen geworden; so die Städte Wetzlar (14. Jhd.), Berlin (14. Jhd.), Bern (15. Jhd.), Potsdam (16. Jhd.), London (17. Jhd.). Ein Brand, in etwa vergleichbarer Größe, wütete 1988 im Stadtteil Chiado der Altstadt von Lissabon, wo über 20 Gebäude verbrannten.

Brände in der Wohn- und Arbeitsumgebung der Menschen haben diesen daher bis heute einen respektvollen Umgang mit dem lodernden Feuer bewahrt. Das Zusammenleben der Menschen in Siedlungen führte dazu, dass gewisse Bedingungen für dieses Mit- oder Nebeneinander einzuhalten waren, wozu auch der Umgang mit dem Feuer gehörte. So waren es im Mittelalter zunächst die Kommunen, die, durch Schadensfälle klug geworden, bestimmte Regelungen vorschrieben, wie in Tabelle 1.1 aufgeführt. Zusätzlich wurden Wasserschöpfstellen eingerichtet, es mussten Eimer ständig bereitgestellt werden und teilweise wurden Nachtwächter mit Kontrollaufgaben betraut.

Tab. 1.1: Regelungen von Kommunen zum Umgang mit dem Feuer im Mittelalter [7]

1342	München	Dacheindeckungen nur mit Ziegeln
1366	Esslingen	Festlegung der Mindestbreite von Gassen
1388	Flensburg	Dacheindeckungen nur mit Ziegeln
1427	Ulm	Prüfung von Vorhaben durch Baugeschworene
1558	Hessischen	Schornsteine Brauhäuser Lehmausgeschmiert
1680	Lübeck	Brandmauern werden vorgeschrieben
1689	Köln	Einführung einer Brandordnung
1715	Karlsruhe	Fluchtlinienplanung zur Stadteinteilung
1729	Oldenburg	Einführung einer Feuerordnung
1735	Wuppertal	keine Holzkamine erlaubt
1814	Köln	Einführung Baupolizei

Eine größere Anzahl von Theaterbränden mit Verlusten an Menschenleben führte im 19. Jahrhundert zur Gründung der Feuerwehr und zum Einsatz der heute bei Theateraufführungen noch üblichen Feuersicherheitswache [64]. Eine der ersten Berufsfeuerwehren entstand 1851 in Berlin, nachdem zuvor schon Feuerwehren auf freiwilliger Basis, die Brandgilden gegründet worden waren. 1841 entstand in Meißen die erste Freiwillige Feuerwehr. Bereits 1854 wurde der Feuerwehrverband gegründet und 1901 bestanden 50 Berufsfeuerwehren [164].

Erst mit der Neuordnung des politischen Europas durch Napoleon zu Beginn des 19. Jahrhunderts wurde die bis dahin vorwiegend kommunale Orientierung von Baurechtsfragen in die Hoheit der Länder übernommen, wie Tabelle 1.2 zeigt. Es wurden umfassendere Vorschriften erlassen und die Möglichkeiten der Kontrollen verbessert.

In Preußen entwickelte sich die Baupolizei, da hier der Erlass von Bauvorschriften den Polizeibehörden übertragen war. Preußen übernahm eine Vorreiterrolle in der allgemeinen Gesetzgebung, eine Folge der Bismarckschen Politik und

Tab. 1.2: Länderregelungen zum Umgang mit dem Feuer [7]

1844	Preußen	Begrenzung der Gebäudehöhen
1868	Baden	Fluchtliniengesetz
1875	Preußen	Städtebauliche Palnung zu Gemeinden
1890	Hessen	Landesfeuerlöschordnung
1909	Preußen	Theaterbauordnung
1918	Preußen	Einheitsbauordnung Wohnungen
1919	Preußen	Einheitsbauordnung für Städte
1931	Reich	Reichsstädtebaugesetz (Entwurf)
1931	Preußen	Verordnung Waren-Geschäftshäuser
1942	Reich	Deutsches Baugesetzbuch (nicht verabschiedet)

Gründung des Kaiserreichs 1872. In der staatseinheitlichen Regelung des Baurechts dauerte es bis zum Ende des 1. Weltkrieges, bis eine gewisse Einheitlichkeit und damit Übersichtlichkeit der zahlreichen baupolizeilichen Verordnungen gewährleistet wurde [7]. 1919 wurde der Entwurf einer Bauordnung für Städte und Landgemeinden veröffentlicht, dieser ist als „Einheitsbauordnung der Städte" bekannt.

Aus den wenigen historischen Hinweisen wird ersichtlich, dass zunächst Sonderbauordnungen für bestimmte Nutzungen geschaffen wurden, deren Vereinheitlichung erst spät angestrebt wurde. Eine Zusammenfassung von Verordnungen und Gesetzen zu einem einheitlichen Gesamtwerk für das Reich scheiterte; 1931 wurde das Reichsstädtebaugesetz zunächst vom Reichstag wegen verfassungsrechtlicher Bedenken der deutschen Länder abgelehnt. Eine weitere Bearbeitung erfolgte in den Kriegs- und Nachkriegswirren zunächst nicht. 1950 war in der Bundesrepublik Deutschland eine ähnliche Situation entstanden: Die Länder klagten 1952 vor dem Bundesverfassungsgericht gegen den Entwurf eines von der Bundesregierung geplanten umfassenden Baugesetzes und bekamen Recht. Somit wurde 1954 das Planungsrecht dem Bund und das Bauordnungsrecht den Ländern hoheitlich zugeordnet.

Die Brandschutzvorschriften, die von den Ländern ab 1950 erarbeitet wurden bzw. aus reichsrechtlichen Bestimmungen inhaltlich weiter galten, waren noch geprägt von den schlimmen Erfahrungen im Umgang mit den verheerenden Flächenbränden in den Städten und Industrieanlagen als Folge der Bombardierungen und des Katastrophenschutzes. Zum Teil sind diese Gedanken heute noch in den Landesbauordnungen spürbar, beispielsweise wenn erhöhte Anforderungen an Kellerdecken von ansonsten forderungsarmen Gebäuden wie Ein- und Zweifamilienhäuser gestellt werden.

Die 1955 von der ARGEBAU, der Arbeitsgemeinschaft der für das Bau-, Wohnungs- und Siedlungswesen zuständigen Minister der Länder, gegründete Musterbauordnungs-Kommission hatte die Aufgabe, eine Bauordnung in Gliederung und Formulierungen so hinreichend allgemein auszuarbeiten, dass diese als Vorlage für die Ausarbeitung der jeweiligen Landesbauordnung dienen konnte, um damit in etwa ein einheitliches Niveau der Formulierung des Baurechts zu gewährleisten und die Handhabung der unterschiedlichen Landesbauordnungen nicht über Gebühr zu erschweren. Die Musterbauordnung besitzt keine Gesetzeskraft.

Diese Vorgehensweise war nicht zuletzt auch eine Forderung des Bundes, der unter der Voraussetzung, dass eine einheitliche Grundlage zum Bauordnungsrecht in den Ländern geschaffen wird, gemäß Artikel 74 Grundgesetz, unter Voraussetzung des Artikels 72 Grundgesetz [10]auf sein Recht zur Gesetzgebung verzichtete [7].

1959 wurde der Entwurf dieser länderübergreifenden Richtlinie, die Musterbauordnung vorgelegt, die bis heute in jeweils aktueller Fassung von der ARGE-BAU herausgegeben wird. So existieren in Deutschland 16 verschiedene Bauordnungen, die in den Formulierungen zwar weit gehend übereinstimmen, aber in konkreten Belangen relativ stark voneinander abweichen. Wir haben es mit einem Gesetzeswerk zu tun, das zunächst nur aus dem historischen Zusammenhang schlüssig darstellbar ist, den Umgang aber, wenn zu den 16 Landesbauordnungen noch die differenziert eingeführten Verordnungen und Normen betrachtet werden, zumindest nicht erleichtert. Im Anhang A.1 sind einige Übersichten zu den wichtigsten Paragraphen der Bauordnungen und Musterbauordnung zum Vergleich angefügt.

Seitdem im Jahr 1962 das Land Nordrhein-Westfalen eine Landesbauordnung erließ, wurden auch in anderen Bundesländern solche Bauordnungen verabschiedet. In allen Bundesländern haben die Landesbauordnungen mehrfache Änderungen und Ergänzungen erfahren. Um diese Gesetze nicht zu überfrachten und ständig ergänzen zu müssen, wird so verfahren, dass diese durch Verordnungen und Verwaltungsvorschriften den aktuellen Erfordernissen angepasst werden können.

1988 wurde von der Europäischen Gemeinschaft die Richtlinie zur Angleichung der Rechts- und Verwaltungsvorschriften über Bauprodukte erlassen. Diese Bauproduktenrichtlinie regelt das Inverkehrbringen von Bauprodukten und enthält Vorschriften über deren Verwendung. Von 1990 bis 1996 bestand daher für alle Bundesländer die Aufgabe, die Landesbauordnungen erneut zu überarbeiten, um die EU-Konformität zu sichern, d.h. es musste die Bauproduktenrichtlinie in nationales Recht umgesetzt werden. Es wäre zu begrüßen gewesen, hätte dies in Folge zu einer Vereinheitlichung der Brandschutz-Gesetzgebung beigetragen.

Zurzeit gibt es erhebliche Bewegungen in den Grundlagen des Bautechnischen Brandschutzes. Die europäische Harmonisierung ist noch nicht abgeschlossen, und in der Bemessung halten verstärkt Berechnungsverfahren Einzug, welche vor allem bei größeren Objekten mehr Raum für individuelle Konzepte lassen. Somit sind auch die Sicherheitskonzepte neu zu überdenken und zu formulieren.

Alle Vorschriften und Regelungen können aber nicht verhindern, dass bis in die heutige Zeit die Menschen dem Feuer mit Bewunderung, manchmal sogar mit Verehrung, aber immer mit großem Respekt bis hin zur Furcht begegnen – und daran wird sich wohl so schnell auch nichts ändern.

2 Einordnung und Schutzziele

Der Bautechnische Brandschutz als eine spezielle Disziplin des Bauens kann zunehmend auch als Teildisziplin der Bauphysik verstanden werden. Die Bauphysik als naturwissenschaftliche Grundlage der Baukonstruktionslehre befasst sich mit wärme-, feuchte- und schallschutztechnischen Eigenschaften von Bauteilen bzw. Bauwerken, der Raumakustik, den Fragen der Belichtung von Gebäuden und eben auch mit Bemessungsfragen des Bautechnischen Brandschutzes. Diese Einordnung ist konsequent, da bauphysikalische Aufgabenstellungen für Gebäude und größere Gebäudeteile nur im Zusammenhang zu bewerten, zu planen und vor allem in ihren Auswirkungen auf das Bauwerk zu lösen sind. Dies trifft umso mehr zu, je schärfer Forderungen in einzelnen Disziplinen gestellt werden, z.B. müssen höhere Forderungen zum Dämmstandard von Gebäuden bei der Sanierung nach Energieeinsparverordnung [2] mit der Baustoffklasse des Dämmmaterials aus der Sicht des Brandschutzes korrespondieren, aber auch Anforderungen der Raumakustik und des Schallschutzes erfüllen.

Fehlerhafte Planungen und Mängel in der Bauausführung in den traditionellen bauphysikalischen Disziplinen wie Wärme-, Feuchte- und Schallschutz äußern sich in Schadensbildern, die mehr oder weniger schnell registriert werden. Feuchteschäden, verursacht durch Tauwasser oder Bauteildurchströmungen, werden relativ schnell sichtbar. Probleme mit dem Wärmeschutz von Gebäuden verursachen, wenn von Feuchteschädigungen und Schwarzschimmelbefall einmal abgesehen wird, zumindest einen überhöhten Energieverbrauch, der für den Fachmann oder versierten Laien deutlich wird. Fehler im Schallschutz sind gegebenenfalls nur mit aufwändigen Messungen nachzuweisen, führen aber in vielen Fällen zu einer gesundheitsschädlichen Lärmbeeinflussung; das Gewöhnen an eine solche fehlerhafte Lärmsituation ist dabei wohl die Regel, vermindert aber keinesfalls die gesundheitsschädliche Einwirkung auf den Menschen. Im Bautechnischen Brandschutz werden Schwachstellen in der Regel erst dann merkbar, wenn durch einen Brand bereits eine unmittelbare Gefährdung für Leben und Sachen entstanden und die Auswirkungen im Alltag gravierend genug waren.

Die Schlussfolgerung kann demnach nur sein: ein Höchstmaß an Sorgfalt in allen Disziplinen von der ersten Bearbeitungsstufe an walten zu lassen und Fehler durch hohe Fachkenntnisse und einen geeigneten Arbeitsablauf zu vermeiden. Spektakuläre Brände der jüngeren Vergangenheit, die Menschenleben gekostet und hohe Sachwerte vernichtet haben, zeigen, wie zwingend notwendig umfangreiches bauphysikalisches Wissen, im besonderen zum Bautechnischen Brandschutz, auf allen Ebenen von Planung, Bauausführung und Betrieb ist. Man kann davon ausgehen, dass Fehler im Brandschutz zu 50% aus falscher Planung, zu 40% aus falscher Montage und mit 10% aus falschen Produkten resultieren [4].

2.1 Zur Einordnung des Bautechnischen Brandschutzes

Auch wenn Deutschland am unteren Ende einer Skala der Industriestaaten über Brandopfer zu finden ist, Abbildung 2.1, muss jährlich noch eine große, zu große Anzahl von Brandopfern beklagt werden, wobei über 90% dieser Opfer wiederum durch Rauchvergiftung ihr Leben verloren haben [9]. Brände verursachen einen volkswirtschaftlichen Schaden in zweistelliger Milliardenhöhe [3] und dies mit steigender Tendenz. Dabei gehen in die Statistik nur Brandereignisse ein, die sich über den Entstehungsbrand hinaus zum Vollbrand entwickelt haben. In Deutschland werden etwa 220.000 Brände pro Jahr registriert [23], je 1.000 Einwohner bedeutet dies demnach 2,75 Brände. Für eine größere Stadt mit 100.000 Einwohner folgt aus der Statistik, dass in einem Jahr etwa 275 Vollbrände entstehen, d.h. an jedem Werktag muss von der Feuerwehr ein Brand bekämpft werden, Entstehungsbrände nicht berücksichtigt.

USA	27
Finnland	24
England	21
Schweden	20
Dänemark	20
Belgien	20
Frankreich	19
Norwegen	18
Holland	13
Deutschland	12
Italien	9
Schweiz	6

Abb. 2.1:
Brandtote je 1 Million Einwohner, nach [9]

Ein Brand ist grundsätzlich nicht zu vermeiden. Brennbare Stoffe als Brandlast können überall vorhanden sein oder angebracht werden und Luftsauerstoff für die Verbrennung ist sowieso ausreichend vorhanden; die gewollte oder ungewollte Auslösung geschieht mithilfe einer Zündquelle als Folge menschlichen Fehlverhaltens, eines technischen Versagens oder durch Vandalismus.

Die Gefahr eines Brandes und damit die Bedrohung von Menschen und Sachwerten ist an jedem Ort gegeben. Um eine solche Gefährdung so gering wie möglich zu halten, hat der Gesetzgeber eine Anzahl von Gesetzen und Regelungen erlassen, deren exakte Einhaltung ein hohes Maß an Sicherheit garantiert. Das Sicherheitsniveau dieser Vorschriften muss aber in bestimmten Zeitabständen aktuellen Erfordernissen angepasst werden, dabei können sowohl Brandgroßereignisse oder Katastrophen als auch ein verändertes technisches Umfeld den Gesetzgeber zum Reagieren zwingen, um Veränderungen der Schutzziele zu höherer Sicherheit zu veranlassen.

Ein verändertes technisches Umfeld ist dabei in nicht zu engen Grenzen zu sehen. Es können sowohl veränderte Materialparameter der eingesetzten Baustoffe oder Baustoffe mit völlig neuen Eigenschaften ebenso ein Anlass sein als auch großflächigere Nutzungseinheiten mit hochwertigerer technischer Ausstattung oder auch nur höhere Gebäude. Aber auch Veränderung der kriminellen Techniken können Antrieb für höhere Sicherheitsforderungen sein, um somit wiederum das Bedrohungspotenzial zu reduzieren.

Der abwehrende Brandschutz, der Einsatz der Feuerwehrtechnik schlechthin, ist finanziell und auch materiell an Grenzen angelangt, wo Verbesserungen von den Versorgungsträgern nur noch sehr langfristig und finanziell zurückhaltend vorgenommen werden können [7]. Da das Niveau der Brandsicherheit nicht sinken darf, eher steigen soll, muss der Bautechnische Brandschutz dieses offensichtliche Defizit ausgleichen und wiederum seine Forderungen an Baustoffe, Bauteile, die innere Erschließung von Gebäuden, sinnvolle Lösungen bei der Sanierung, technische Parameter u.a. verschärfen.

Gleichzeitig muss aber auch der Sachverstand vor Ort erhöht werden, d.h. das Qualifikationsniveau derer, die sich mit Problemen des Bautechnischen Brandschutzes auseinander setzen müssen, wie Bauingenieure, Architekten und Bauausführende, muss ständig verbessert werden. Nur dann kann zukünftig gesichert werden, dass optimale Sicherheit für ein fertig gestelltes Bauobjekt gegeben ist und die Nutzung auf hohem Sicherheitsniveau erfolgen kann.

Der Bautechnische Brandschutz hat als wichtiger Teilaspekt der Bauphysik bei Planungsaufgaben und nachfolgend bei der Bauausführungen durch Sachverstand präsent zu sein – und das durchgängig, ohne Unterbrechung bis zur Fertigstellung des Objektes, durch den Betreiber auch über diesen Zeitpunkt hinaus.

Abbildung 2.2 zeigt schematisch das Zusammenfügen eines Gesamtbauwerkes – Neubau oder Sanierung. Die Planung einzelner Bauteile (wie z.B. Brandwand, Decke, Feuerschutzabschluss, Schott, etc.) sollte in der Planungsphase mit Sachkenntnis und den entsprechenden Unterlagen keine Schwierigkeiten bereiten. Erst das Zusammenfügen von Bauteilen vor Ort kann zu Problemen und einer Fehleranfälligkeit führen; wird z.B. der Feuerschutzabschluss in einer Brandwand mit Kunststoffdübeln befestigt, so verliert das gesamte Bauteil seine Zulassung, weil ein solcher Dübel, der nur wenige Cent kostet, unter Brandeinwirkung seine Festigkeit verliert und damit der hochbeanspruchte und finanziell aufwändige Feuerschutzabschluss seine Aufgabe nicht erfüllen kann.

Obwohl beide Bauteile, Brandwand und Feuerschutzabschluss, jeweils normgerecht hergestellt wurden, ist durch einen Mangel – hervorgerufen durch Fahrlässigkeit oder Unkenntnis – in der Koordination auf der Baustelle ein gravierender Fehler aufgetreten, der eine enorme Gefährdung für Personen und Bauwerk bedeutet.

Solche fehlerhaften Abläufe können dann vermieden werden, wenn Auftraggeber, Planer und Ausführende den Inhalten und Forderungen des Bautechnischen Brandschutzes die gebührende Bedeutung zumessen und gewillt sind, unter Leitung eines Sachkundigen notwendige Abläufe zu koordinieren und Probleme miteinander im Konsens zu lösen. Ein solcher Ablauf schließt Kontrollen für abgeschlossene Planungsabschnitte ebenso ein wie Kontrollen des Bautechnischen

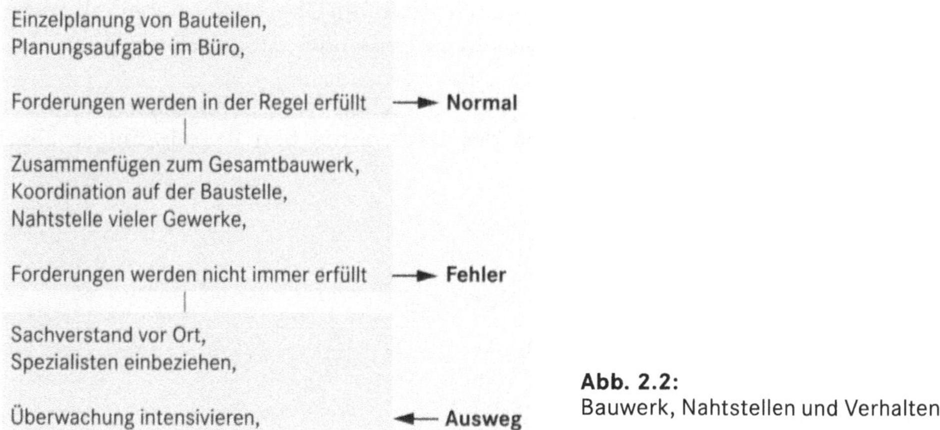

Abb. 2.2:
Bauwerk, Nahtstellen und Verhalten

Brandschutzes bei der Bauabnahme. Auch Nachkontrollen bei notwendig gewordener Fehlerbeseitigung sind notwendig.

Da Mängel im Bautechnischen Brandschutz nicht unmittelbar „wirksam" werden, kommt es leicht zu einem Verwässern von notwendigen Maßnahmen, was grundsätzlich eine potenzielle Gefahr darstellt, wie große Brandereignisse der jüngsten Vergangenheit immer wieder gezeigt haben.

2.2 Schutzziele

In den Bauordnungen der Länder wird als Schutzziel die Aufgabe formuliert, dass die öffentliche Sicherheit und Ordnung, insbesondere Leben und Gesundheit, aber auch die natürlichen Lebensgrundlagen nicht gefährdet werden dürfen, §3 ThürBO [5]. Dieser Grundsatz, in seiner weit reichenden formulierten Allgemeinheit auch als Generalklausel des Baurechts bezeichnet, nimmt Bezug auf allgemeine Anforderungen an Grundstücke, Abstandsflächen, bauliche Anlagen, Bauprodukte und Bauarten.

Für den Bautechnischen Brandschutz sind in den Bauordnungen zunächst allgemeine Anforderungen in der Bauausführung derart formuliert, dass neben Standsicherheit, Wärmeschutz, Schallschutz und Verkehrssicherheit der Entstehung eines Brandes und der Ausbreitung von Feuer und Rauch vorgebeugt werden muss und wirksame Rettungs- und Löscharbeiten ermöglicht werden [5]. Oberste Priorität hat der Personenschutz, in den der Schutz der Löschkräfte grundsätzlich einbezogen ist.

Nicht in den Bauordnungen festgeschrieben, aber in jeder Entscheidungsebene trotzdem allgegenwärtig ist der Sachschutz, der seine Bedeutung vor allem aus der Sicht des Bauherren oder Betreibers bzw. der Sachversicherer erhält und als zusätzliches Schutzziel anzufügen wäre.

Abbildung 2.3 zeigt die wesentlichsten Ziele im Überblick, wobei mit diesen Positionen bereits ein Konzept für die abzuarbeitenden Aufgaben des Bautechnischen Brandschutzes formuliert ist.

Das Erfüllen dieser Aufgaben bzw. Erreichen von Schutzzielen erfordert eine große Anzahl von Maßnahmen des Bautechnischen Brandschutzes. Dazu

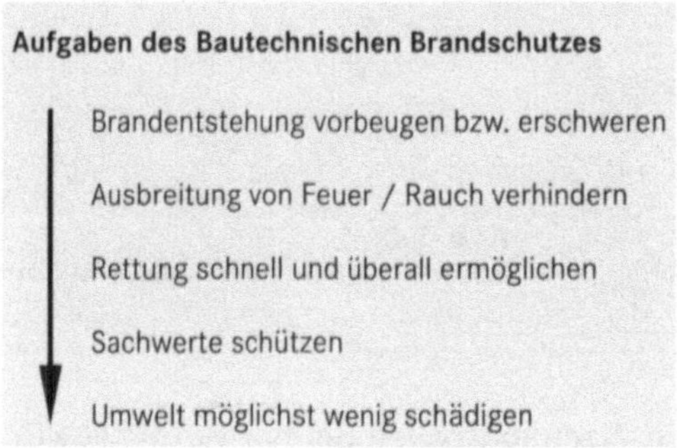

Aufgaben des Bautechnischen Brandschutzes

Brandentstehung vorbeugen bzw. erschweren

Ausbreitung von Feuer / Rauch verhindern

Rettung schnell und überall ermöglichen

Sachwerte schützen

Umwelt möglichst wenig schädigen

Abb. 2.3:
Formulierung der Schutzziele des Bautechnischen Brandschutzes

enthalten die Landesbauordnungen als gesetzliche Regelungen bereits konkrete Anforderungen, die sowohl Baustoffauswahl als auch Beschaffenheit der Bauteile betreffen. Dies unterstreicht im besonderen Maße die Bedeutung, die der Gesetzgeber dem Brandschutz zumisst.

Nach Abbildung 2.3 besteht ein erstes Schutzziel darin, einer Brandentstehung vorzubeugen, d.h. eine Brandbeanspruchung am Bauwerk sowohl von außen als auch von innen zu vermeiden, Bereiche mit einem erhöhten Brandrisiko besonders sorgfältig zu planen und flankierende Maßnahmen im Nutzungsbereich vorzusehen; speziell gilt:
♦ Verbot des Einsatzes leicht entflammbarer Baustoffe,
♦ Einsatz brennbarer Baustoffe auf ein unbedingt erforderliches Maß beschränken,
♦ harte Bedachung einbauen,
♦ Beachtung gefährdeter Gebäudeteile (Heizzentrale, Lüftungszentrale),
♦ Sonderrolle explosionsgefährdeter Räume,
♦ Installation einer wirksamen Blitzschutzanlage,
♦ Vorsicht bei der Durchführung von Schweißarbeiten und
♦ Umgang mit offenem Feuer (Rauchen, Flämmen, Trocknen ...) einschränken.

Für die Erfüllung des zweiten Schutzzieles, eine Ausbreitung von Feuer und Rauch zu verhindern bzw. zu erschweren, folgen umfangreiche Forderungen an Gebäude bzw. Gebäudeteilen, die zum Ziel haben, lebensbedrohende Zustände zu vermeiden. Dazu müssen Rauchausbreitung, Brandweiterleitung und Wärmeausbreitung möglichst unterbunden oder zumindest erschwert werden. Maßnahmen im Umfeld des betreffenden Objektes, die die Durchführung wirksamer Löscharbeiten sichern, dürfen nicht außer Acht gelassen werden. Es ist zu achten auf:
♦ Einhalten von Abständen zu anderen Gebäuden,
♦ Qualität von Wänden, Decken, Dächern,

• Haustechnische Anlagen und Feuerungsanlagen,
• Rauch-Wärmeabzugsgeräte,
• Löschangriffswege gleich Rettungswege,
• Zufahrtsmöglichkeiten und Durchfahrtmöglichkeiten für die Feuerwehr sichern,
• Aufstellflächen für die Feuerwehr vorsehen,
• ausreichende Löschwassermengen,
• selbsttätige Löschanlagen,
• effektive Meldeeinrichtungen.

Das dritte Schutzziel, Rettung zu ermöglichen, nimmt vor allem Bezug auf die innere Erschließung der Gebäude und im direkten Zusammenhang damit auf die Gestaltung der Rettungswege zur sicheren und schnellen Räumung der Gebäude. Es geht aber auch um eine klare Gliederung der Nutzungseinheiten und um organisatorische Maßnahmen wie Warnsystem, Information und Kennzeichnungen:
• vertikale Rettungswege wie Treppenräume und Treppen,
• horizontale Rettungswege wie Hauptgänge, Ausgänge, Flure, Balkone,
• Feuerwehraufzüge,
• Ausführung 2. Rettungsweg, Anleiterbarkeit,
• Beschilderung und Alarmierung.

Für die Ausbildung der Rettungswege existieren u.a. Festlegungen bezüglich deren Länge und weitere, notwendig einzuhaltende Abmessungen, die in verschiedenen Gebäudekategorien unterschiedlich, aber immer als höchstzulässige Grenzwerte zu verstehen sind. Eine hilfreiche Ergänzung bei der Planung von Gebäuden mit hohem Personenaufkommen könnten zusätzliche individuelle Brandschutzkonzepte sein, die sich mit Berechnungen zu Evakuierungszeiten, Personenströmen oder Personenstromdichten auseinander setzen und im Ergebnis derer eine Bestätigung des Konzeptes erfolgen kann oder noch notwendige Ergänzungen zu den bereits durchgeführten Planungsarbeiten deutlich werden.

Das vierte Schutzziel nach Abbildung 2.3, der Schutz von Sachwerten, tritt hinter die Schutzziele 1 bis 3 zurück. Der Sachschutz, vor allem in einer erweiterten Form, ist zunächst nicht das Hauptanliegen der Landesbauordnungen und beruht üblicherweise auf Verabredungen zwischen Bauherren und Planern.

Am Ende der Aufzählung steht der Umweltschutz mit dem Ziel, die Umwelt möglichst wenig zu schädigen. In dieser allgemeinen Formulierung hat er selbstverständlich in allen Bereichen menschlichen Wirkens Geltung. In der Prioritätenliste steht er nur deswegen hintenan, weil z.B. die Rettung menschlichen Lebens Vorrang haben muss.

Mit der Festschreibung von Schutzzielen und Formulierung entsprechender Forderungen zur Erfüllung dieser Ziele in den Landesbauordnungen wird quasi ein automatisches Brandschutzkonzept angeboten, welches in der Form allerdings nur für Wohngebäude bzw. Gebäude gleichartiger Nutzung eine gute Arbeitsgrundlage darstellt. Das Baugeschehen in seiner Vielgestaltigkeit lässt sich damit nicht durchgängig erfassen. Die Landesbauordnungen stellen daher in dem Abschnitt „Besondere Anlagen" eine verbale Verbindung zu baulichen Anlagen und Räumen besonderer Art und Nutzung, d.h. die Verbindung zu Industriebauten und gebräuchlichen Sonderbauten her. Folgerichtig enthalten die Bauordnungen der Länder daher so gut wie keine konkreten Hinweise zu Forderungen an solche baulichen Anlagen mit besonderem Risiko. Die Bauordnungen der Länder würden zu einem unübersichtlichen Gesetzeswerk mutieren, wollte man alle möglichen Forderungen durchgängig berücksichtigen. Eignen sich doch beispielsweise Industriebauten kaum für Pauschalvorgaben des Gesetzgebers, denn Produktionsabläufe brauchen Individualität und müssen daher zwangsläufig die Struktur der Gebäude bestimmen. Risikovermeidung muss dann anders geregelt werden, dazu sind notwendigerweise sowohl Kompensationsmaßnahmen gefragt als auch individuelle und risikogerechte Brandschutzkonzepte. Gezielte Unterstützung bei deren Erarbeitung wird von den Sonderbauverordnungen, Richtlinien und Normen gegeben, die im Kapitel 3 angesprochen und in den Kapiteln 8 und 9 näher erläutert werden.

Für bauliche Anlagen besonderer Art und Nutzung ist unter Umständen schon in der Bauplanung ein versicherungstechnisch höherer Standard zu berücksichtigen, da im gewerblichen und industriellen Bereich ein weitergehender Versicherungsschutz, der sich aus einer verbesserten Ausführung des Bauwerkes ergibt, für viele Betriebe notwendig ist, um Ausfälle zu überstehen und Brandschäden möglichst schnell beseitigen zu können. Schutzziele müssen sich daher sowohl an den Vorgaben von Gesetzen und Vorschriften aber auch an den versicherungstechnischen Gegebenheiten des Bauvorhabens festmachen lassen – individuelle Brandschutzkonzepte sind mehr denn je unverzichtbar.

Es sollte immer berücksichtigt werden, dass Vorgaben aus Verordnungen und Gesetzen zur Erfüllung bestimmter Schutzziele nur in einem relativ groben Raster erfolgen können und eine letzte Konkretheit vermissen lassen müssen, schon damit Gesetze und Vorschriften handhabbar bleiben.

Die Landesbauordnungen unterscheiden Gebäude entsprechend ihrer Höhe in solche geringer Höhe bis 7 m, mittlerer Höhe bis 13 m und sonstige Gebäude. Dabei macht der Gesetzgeber, betrachtet man beispielsweise die große Anzahl an Gebäuden mittlerer Höhe, keinen Unterschied, wie viele Menschen sich in einem solchen Gebäude aufhalten; es können 5 Menschen sein aber auch 300. Die Zahl der Nutzungseinheiten, Wohnungen oder Arbeitsbereiche, spielt keine Rolle; ebenso finden die Grundflächen der Gebäude keine Berücksichtigung. Bei den Bauteilanforderungen wird, obwohl zur Zeit auch noch die Klassen F 120 und F 180 existieren, nur zwischen feuerhemmend (F 30), hochfeuerhemmend (F 60) und feuerbeständig (F 90) unterschieden. Zukünftig wird es gemäß EU-Regelung eine noch größere Anzahl von Feuerwiderstandsklassen zwischen F 15 und F 240 geben.

Es ist daher nicht möglich, dass für jeden Einzelfall Lösungen nach Rezept bereitgestellt werden. Der Planer muss das jeweilige Schutzziel individuell, aber mit hoher fachlicher Sicherheit ansteuern und erfüllen. Rechnerische Nachweise können hier zu mehr Gerechtigkeit und Sicherheit in der Beurteilung der Einzelfälle führen [6]. Eine weitere Entwicklung rechnerischer Verfahren für den Bautechnischen Brandschutz ist notwendig; im Bereich des Industriebaus haben sie sich schon bewährt.

2.3 Bautechnischer Brandschutz im Überblick

Ein ausreichender Brandschutz, Abbildung 2.4 zeigt eine Struktur, kann nicht allein durch Einzelmaßnahmen erzielt werden. Es geht vielmehr um das koordinierte Zusammenwirken einer größeren Anzahl von Maßnahmen, die sich gegenseitig ergänzen und unterstützen.

Der vorbeugende Brandschutz umfasst den Bautechnischen Brandschutz, der sowohl die baulichen Maßnahmen als auch die brandschutztechnischen Ausrüstungen enthält, und den betrieblichen Brandschutz mit den organisatorischen Maßnahmen für Bewohner, Nutzer und Besucher von Gebäuden.

Der abwehrende Brandschutz ist die Disziplin, die hauptsächlich zur aktiven Bekämpfung eines Brandes beizutragen hat. In einer Brandschutzkette greifen dabei Maßnahmen ineinander, die von der Entdeckung und Meldung eines Brandes, über die Rettung von Personen und erste Löschmaßnahmen mit Handlöschgeräten bis zum Einsatz der Feuerwehr als wesentlicher Aktivität und weiter bis zu einer Brandwache reichen.

Die Zuordnung der zur Erfüllung anstehenden Teilaufgaben sollte nicht als starres System aufgefasst werden. So müssen Aufstellflächen für die Feuerwehr vom Entwurfsverfasser bereits in einem sehr frühen Planungsstadium berücksichtigt werden und auch die Wasserversorgung muss zu Beginn der Projektierung geklärt sein; alle Teilgebiete sind miteinander verzahnt, die Aufgaben greifen ineinander.

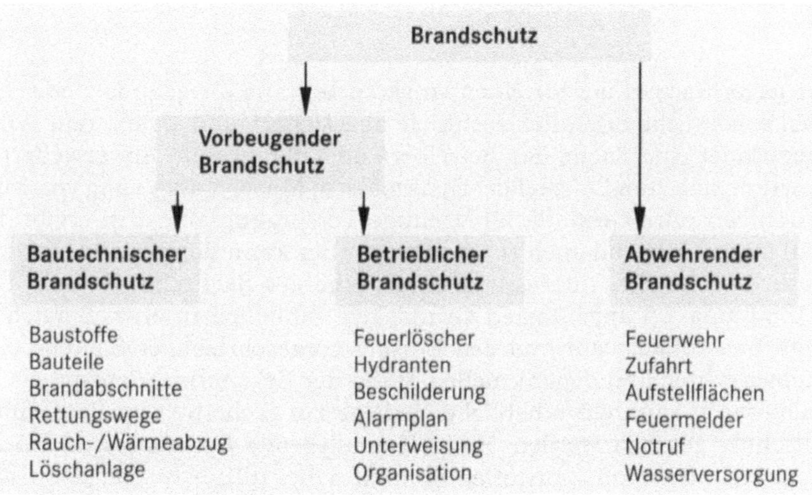

Abb. 2.4: Zur Struktur des Brandschutzes

In Abbildung 2.5 sind Prioritäten des Gesetzgebers zur Minimierung der Gefahren als Teilaufgaben des Bautechnischen Brandschutzes berücksichtigt. Bei diesen Zielsetzungen spielt der Personenschutz, der Schutz der Löschmannschaften ist darin eingeschlossen, stets eine herausragende Rolle.

Der Sachschutz ist nur mittelbar von Belang und daher vom Gesetz her nachgeordnet. Das gilt auch für das Gebäude selbst, es muss in vorgeschriebener Zeitdauer, der Bemessungszeit einer Feuerwiderstandsfähigkeit im Bestand gesichert bleiben, darf in dieser Zeit seine Tragfähigkeit nicht verlieren, muss die Personenrettung ermöglichen und den beteiligten Löschkräften Sicherheit für ihre Tätigkeit geben.

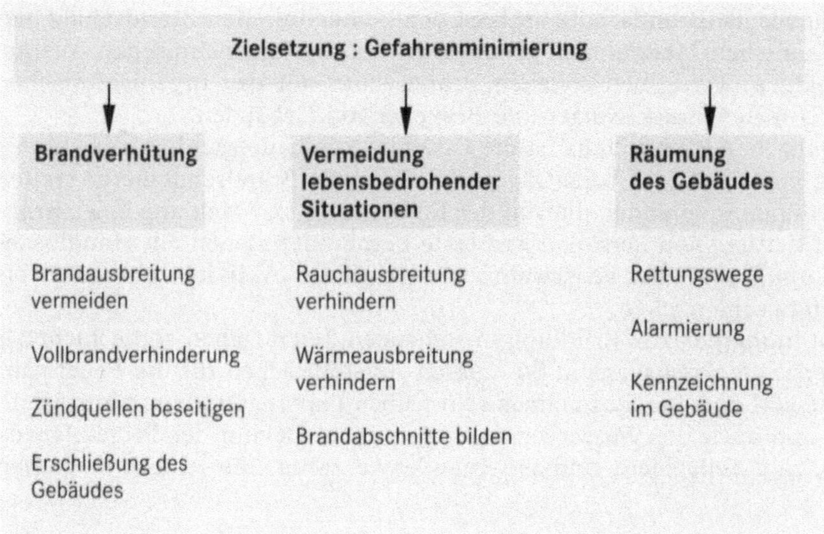

Abb. 2.5: Grundsatzbestrebungen im Bautechnischen Brandschutz

Ein erweiterter Sachschutz für einen längeren Bestand als gefordert oder für Gebäudeinhalte ist nicht öffentlich-rechtlich abgesichert und damit rein wirtschaftlich begründet eine Sache des Betreibers oder Bauherren. Ein erweiterter Sachschutz, wie er sich zum Beispiel bei Denkmälern, Museen, Lagerung von Kulturgütern, Archiven oder Gebäude für wichtige Versorgungsaufgaben ergibt, ist als Sonderfall anzusehen und auch so zu planen. Hier kann durchaus im Einzelfall ein öffentlich-rechtliches Interesse an einem erhöhten Sachschutz bestehen.

Die in Abbildung 2.5 angeführten Grundsätze schließen in allen Bereichen eine geeignete Baustoffauswahl und den Einsatz vorgeschriebener Bauteile ein. Mit einer sachgerechten und dem aktuellen Stand der Erkenntnisse entsprechenden Materialauswahl kann ein erheblicher Beitrag zur Sicherheit im Bautechnischen Brandschutz geleistet werden. Einige grundlegende Kenntnisse zu Hochtemperatureigenschaften von Baustoffen können dabei hilfreich sein, denn nur dann ist ein zielgerichteter Einsatz von Material möglich, zumal auch alle Bauteile mindestens mit den vorgeschriebenen, geprüften Eigenschaften eingesetzt werden müssen.

2.4 Planungsaufgaben und Projektierung

Jede Projektierungsarbeit für ein Bauwerk hat dessen sicheren und dauerhaften Bestand zum Ziel. Dazu bedient man sich der bekannten bauingenieurmäßigen Methoden, die, z.B. bedingt durch steigende Anforderungen an den Wärmeschutz, die notwendige Nachhaltigkeit im Bauen und einen verbesserten Schutz der Nutzer, in zunehmendem Maße Lösungen mit immer komplexeren bauphysikalischen Problemstellungen beinhalten. Die Klärung dieser Fragen muss in einem frühen Planungsstadium erfolgen, um die Verträglichkeit der Lösungen mit den Forderungen des Bautechnischen Brandschutzes zu prüfen und im Gesamtprojekt gewährleisten zu können, wie Abbildung 2.6 zeigt.

In einem ersten Abschnitt der Projektierungsarbeit müssen die Lage des Gebäudes, seine Erreichbarkeit (Begehbarkeit, Anfahrtmöglichkeiten, etc.) und dessen Versorgung (Strom, Gas, Wasser, etc.) geklärt werden, dazu zählen im Einzelnen:
♦ Gebäudegrundfläche,
♦ Geschosszahl,
♦ Gebäudeabstände,
♦ Zugänglichkeit, Feuerwehrzufahrt,
♦ Stellflächen für die Feuerwehr,
♦ Energieversorgung,
♦ Wasser- und Löschwasserversorgung.

Das Durcharbeiten des Entwurfs und die Formulierung des Baugesuchs beinhalten weitere Klärungen und müssen aussagefähig sein bezüglich:
♦ Konstruktion, Tragwerk,
♦ bemessenen Bauteilen,
♦ Brandabschnittsbildung,
♦ Anordnung von Rettungswegen,
♦ Rauch- und Wärmeabzugsflächen, Zuluftöffnungen,
♦ Meldeeinrichtungen,
♦ Löscheinrichtungen.

Die abschließende Ausführungsplanung muss sich detailliert mit der inneren Erschließung und der bautechnischen Durchbildung von Bauteilen, Gebäudeteilen und technischen Einrichtungen auseinander setzen:
♦ Baustoffauswahl, Bauteilabmessungen,
♦ Brandabschnittsgrenzen, Brandwände, Trennungen,
♦ Feuerschutzabschlüsse, Abschlüsse,
♦ Führung und Gestaltung der Rettungswege,
♦ Geschossdecken, Unterdecken,

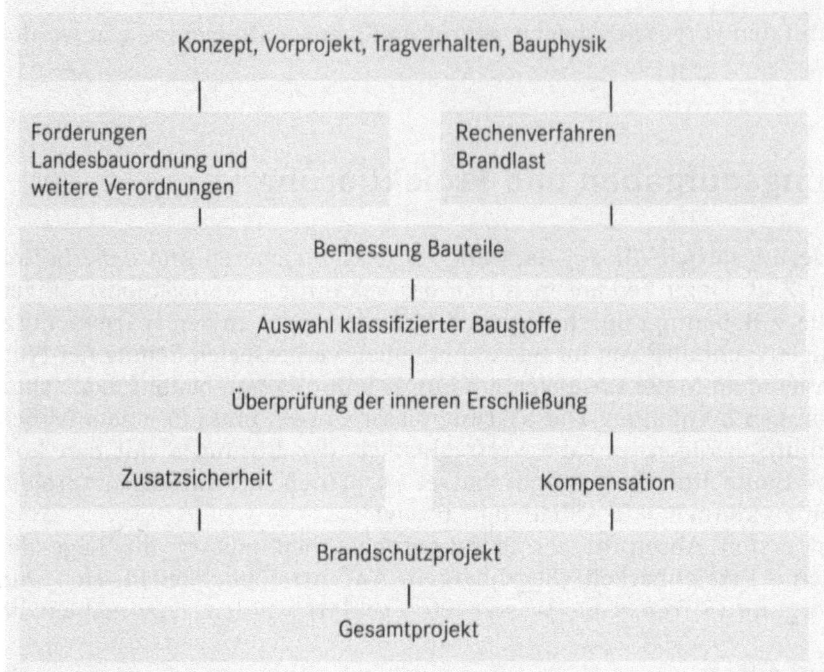

Abb. 2.6: Bautechnischer Brandschutz in der Projektierung

♦ Dachkonstruktion,
♦ Fassadenkonstruktion, Innenverglasungen,
♦ Rohre, Schotts,
♦ Schächte, Kanäle,
♦ Leitungen, Lüftung, Zentralen,
♦ selbsttätige Löschanlagen,
♦ Rauch- und Wärmeabzugsanlagen.

Die konsequente Durcharbeitung jeder dieser Maßnahmen sichert die Wirksamkeit des Bautechnischen Brandschutzes im Gesamtkomplex Brandschutz. Den Bauaufsichtsbehörden, die per Gesetz ordnend im Bauwesen tätig sein müssen, kommt letztlich die Aufgabe zu, Prüfungs- und Überwachungsfunktionen zu erfüllen, wobei die Belange des Bautechnischen Brandschutzes hierbei sicher eine zentrale Rolle spielen.

Die Erfordernisse des feuerwehrbezogenen, abwehrenden Brandschutzes nehmen im Genehmigungsverfahren die Brandschutzdienststellen wahr, die allerdings im Sinne des Ordnungsbehördengesetzes keine Behörden darstellen [7]. Eine Kooperation mit diesen Dienststellen während der Projektierung ist aber schon auf Grund des dort vorhandenen großen Erfahrungspotenzials im Umgang mit und der Bekämpfung von Bränden immer sinnvoll und angebracht; bei vielen Entscheidungen ist sie unverzichtbar.

3 Gesetzliche Grundlagen, Normen und Vorschriften

Schon im letzten Kapitel bei der Erörterung der Fragen zur Einordnung bzw. zu Schutzzielen konnte nicht auf Hinweise zu Gesetzen und Regelwerken verzichtet werden und es wurde deutlich, dass im Sinne des Baurechts für Fragen des Bautechnischen Brandschutzes die jeweiligen Landesbauordnungen rechtsverbindlich sind. Ergänzend dazu werden Vorschriften, Durchführungsverordnungen und Technische Baubestimmungen benötigt, um in allen Bereichen des Bauens einen vergleichbaren Ermessensspielraum und ein vergleichbares Sicherheitsniveau zu garantieren.

Die Freiheit des Bauens muss durch Randbedingungen so gestaltet werden, dass im Rahmen der Fürsorgepflicht des Staates Leben geschützt und öffentliche Sicherheit und Ordnung zu jeder Zeit garantiert werden, sinngemäß verankert im Artikel 2, Absatz 2 des Grundgesetzes der Bundesrepublik Deutschland als Recht auf Leben und körperlicher Unversehrtheit [10]. Anders ausgedrückt, ein Gebäude muss sicher errichtet und betrieben werden können, Gefahren müssen abgewehrt werden.

Im konkreten Bereich des Bau- und Siedlungswesens ist es das Bauaufsichtsrecht, das Vorsorge treffen muss und die Gefahrenabwehr beim Errichten von Bauwerken zu sichern hat. Rechtsverbindlich für das Baurecht und damit auch für die brandsicherheitstechnische Bewertung einer Baumaßnahme sind die jeweiligen Landesbauordnungen. Die Zuständigkeit dafür liegt bei den Ländern, das Maß der Sicherheit wird politisch bestimmt.

3.1 Musterbauordnung

Von der Arbeitsgemeinschaft der Minister der Länder, die für Städtebau, Bau- und Wohnungswesen zuständig sind, kurz ARGEBAU, wurde 1955 die Musterbauordnungs-Kommission mit dem Ziel gegründet, eine Musterbauordnung (MBO) als gemeinsame Grundlage für die gesetzlichen Regelungen der Bauordnungen in den Ländern zu schaffen. Es war das ursprüngliche Anliegen der Musterbauordnung Textgleichheit und den formalen Aufbau aller Landesbauordnungen weit gehend zu sichern.

Eine erste Fassung der MBO wurde im Jahre 1959 vorgelegt [115]. Mehrere Änderungen führten bis zu der Fassung von 1997 [113], wobei sich aber über diesen Zeitraum erhebliche Abweichungen zu vielen Landesbauordnungen sowohl im materiellen Recht als auch im Verfahrensrecht ergeben haben. So war eine deutliche Überarbeitung notwendig geworden, die zu der aktuellen Fassung vom November 2002 [114] führte. Seit 2002 wurden und werden die Landesbauordnungen auf diese Version abgestimmt.

In der neuen MBO sind wichtige Änderungen und Ergänzungen vorgenommen worden [112]: so der Verzicht auf Regelungen, die bereits in anderen Rechtsgebieten enthalten sind, eine Beschränkung auf grundlegende Sachverhalte, um den Bundesländern sowohl Ergänzungen und Spielräume als auch Vereinfachungen im Genehmigungsverfahren zu ermöglichen. Neu ist, dass in den Anforderungen an die Feuerwiderstandsfähigkeit von Bauteilen neben „feuerhemmend" und „feuerbeständig" nunmehr für die Bauteilklasse F 60 der Begriff „hochfeuerhemmend" vorgesehen ist, womit beispielsweise dem Holzbau neue Möglichkeiten erschlossen werden. Zusätzlich werden für Bauteile, entsprechend dem Brandverhalten ihrer Baustoffe, vier Zuordnungen vorgesehen (bisher A, B, AB). Die Gebäude werden künftig in 5 Gebäudeklassen (0 bis 7 m mit weiterer Unterteilung, bis 13 m und bis 22 m Fußbodenhöhe) eingeteilt,. für die jeweils neben der Höhe auch die Flächenbegrenzung der Nutzungseinheiten Berücksichtigung findet (siehe Abschnitt 7.2.1).

Um Forderungen und Regelungen hinreichend allgemein und Bundesländer übergreifend darzustellen, werden in vielen Veröffentlichungen die Paragrafen der Musterbauordnung zitiert. Für die Planungsaufgaben vor Ort muss der entsprechende Paragraf der in jedem Bundesland gültigen Bauordnung aufgesucht werden.

Abweichend davon wird in dieser Darstellung für den jeweiligen Sachverhalt auf die Paragrafen der gültigen Bauordnung im Freistaat Thüringen (ThürBO) [5] Bezug genommen. Die Vergleichbarkeit zu den Bauordnungen der anderen Bundesländer bzw. bei Bedarf auch zur Musterbauordnung kann über Tabellen und Zusammenstellungen der wichtigsten Paragrafen aller Bundesländer hergestellt werden, die im Anhang A.1 angefügt sind.

3.2 Landesbauordnung

Da der Brandfall, der ein Gebäude beeinträchtigt, der häufigste Versagensfall im Bauwesen ist, kommen dem Bautechnischen Brandschutz, dem abwehrenden Brandschutz und dem betrieblichen Brandschutz große Bedeutung zu. In der Summe bestimmen sie das Maß der so genannten Brandsicherheit. Der abwehrende Brandschutz in Verantwortung der Kommunen ist, wie bereits erwähnt, personell und materiell an Grenzen angelangt mit nur noch moderaten Steigerungsmöglichkeiten der Ausgaben für Technik und Personal der Feuerwehren. Um das Sicherheitsniveau im Brandschutz zu halten, besser noch es auch in Zukunft im Interesse der Gefahrenabwehr für die Menschen weiter anzuheben, muss der Bautechnische Brandschutz durch den Gesetzgeber aktuellen Erfordernissen angepasst und inhaltlich verändert werden.

Die Landesbauordnungen stellen Grundsatzanforderungen u.a. auch an die bauliche Anlage. Für den Bautechnischen Brandschutz werden darüber hinaus bereits recht konkrete, auf das Bauteil bezogene Forderungen zur Erfüllung vorgeschrieben. Die jeweilige Landesbauordnung stellt für den Planer brandschutztechnischer Aufgaben somit eine unverzichtbare Arbeitsgrundlage dar.

Im §3 der Thüringer Landesbauordnung [5], der die materiell-rechtliche Grundnorm und Generalklausel des Bauaufsichtsrechtes darstellt, heißt es dazu:

> „(1) Anlagen sind so anzuordnen, zu errichten, zu ändern und instand zu halten, dass die öffentliche Sicherheit oder Ordnung, insbesondere Leben, Gesundheit oder die natürlichen Lebensgrundlagen, nicht gefährdet werden."

Diese allgemeinen Anforderungen sind für den Bautechnischen Brandschutz im §17 der Bauordnung weiter präzisiert:

> „Bauliche Anlagen sind so anzuordnen, zu errichten, zu ändern und instand zu halten, dass der Entstehung eines Brandes und der Ausbreitung von Feuer und Rauch (Brandausbreitung) vorgebeugt wird und bei einem Brand die Rettung von Menschen und Tieren sowie wirksame Löscharbeiten möglich sind."

Die Landesbauordnungen stellen geltendes Recht dar, die Verantwortung derer, die für die Einhaltung und Durchsetzung Sorge tragen müssen, wird im §54 konkret angesprochen:

> „Bei der Errichtung, Instandhaltung, Änderung, Nutzungsänderung oder dem Abbruch von Anlagen sind der Bauherr und die im Rahmen ihres Wirkungskreises die anderen am Bau Beteiligten dafür verantwortlich, dass die öffentlich-rechtlichen Vorschriften eingehalten werden."

In den folgenden Paragrafen 55 bis 57 werden die Aufgaben der Bauherren, Entwurfsverfasser und Unternehmer weiter präzisiert.

Die Aussage des §54, dass „die öffentlich-rechtlichen Vorschriften eingehalten werden", ist in ihrer Auslegung weit reichend und daher nicht ungefährlich, da Kenntnisse aller einschlägigen Gesetze, Richtlinien und bauaufsichtlich eingeführten Vorschriften unterstellt werden. Die aus diesem Kernsatz resultierende Vorschriftenfülle, von der prinzipiell jeder Kenntnis haben muss, wird noch verschärft durch die Aussage des dritten Absatzes des §3 der Landesbauordnung:

> „(3) Die von den obersten Bauaufsichtsbehörden durch öffentliche Bekanntmachung als Technische Baubestimmungen eingeführten technischen Regeln sind zu beachten. Bei ihrer Bekanntmachung kann hinsichtlich ihres Inhaltes auf die Fundstelle verwiesen werden."

Hier wird mit den „Allgemein anerkannten Regeln der Technik" der aktuell dokumentierte technische Standard eingefordert oder die unter Praktikern vorherrschende Auffassung, von deren Richtigkeit diese auch überzeugt sein müssen.

Dieser Kenntnisstand ist rechtlich bindend, wenn er durch Erlass eingeführt ist. Die Normenlage, wenn sie in vorgenannter Weise eingeführt wurde, repräsentiert diesen Stand nur bis zu einem gewissen Grade, weil zu bedenken ist, dass der Zeitraum, in dem eine Norm erarbeitet, diskutiert und eventuell bauaufsichtlich eingeführt wird, relativ groß ist. Daher wird zu dem Zeitpunkt der Einführung einer Norm bereits ein verbesserter Kenntnisstand in der Praxis vorherrschen. Diesen „Stand der Technik", der unter Umständen noch nicht umfassend dokumentiert ist, gilt es aber ebenfalls zu beachten und umzusetzen. Dieser fortgeschrittene Entwicklungsstand ist verbindlich für die Praxis, mit anderen Worten, dass Gebotene muss das technisch Machbare sein.

Der Hinweis auf „Verweis zur Fundstelle" ist insofern sinnfällig, weil einschlägige nationale Regelungen in den kommenden Jahren von europäischen abgelöst werden, die dann selbstverständlich als „anerkannte Regeln der Technik" fungieren und anzuwenden sind. Dem Benutzer wird somit zu jedem Zeitpunkt auferlegt, mit Aufmerksamkeit Neuerscheinungen zu registrieren.

Den höchsten Grad des Erkenntnisgewinns, der „Stand von Wissenschaft und Technik", welcher den aktuellen Stand der Forschung repräsentiert, ist nicht verbindlich zu berücksichtigen. Eine diesbezügliche Forderung wäre unbillig und überzogen.

Es ist notwendig, darauf zu verweisen, dass die Bestimmungen der Landesbauordnungen zunächst nur für neu zu errichtende bauliche Anlagen Gültigkeit haben. Für bestehende bauliche Anlagen gibt es einen Bestandsschutz, sofern sie den bei ihrer Errichtung gültigen Vorschriften entsprochen haben. Eine Anpassung an aktuelle Forderungen kann nur dann gefordert werden, wenn beispielsweise von der betreffenden Anlage eine konkrete Gefahr ausgeht. Für die Änderung baulicher Anlagen sind die entsprechenden Änderungsvorschriften der Landesbauordnung einzuhalten. Nutzungsänderungen fordern das Einhalten der Bestimmungen in Bezug auf die konkrete Neunutzung.

Die Gesetzestexte benötigen eine ständige Aktualisierung und erfordern notwendige Hinweise auf den einheitlichen Vollzug dieser Forderungen im Geltungsbereich. Um den grundlegenden Charakter von Gesetzen nicht durch eine ständige Änderungsflut zu verwischen und um die Legislative zu entlasten, hat der Gesetzgeber die Möglichkeiten geschaffen, durch Verwaltungsvorschriften und zusätzliche Verordnungen schneller reagieren und die Gesetze so an aktuelle Erfordernisse anpassen zu können.

Die Verwaltungsvorschriften werden von den Ländern zur verwaltungsmäßigen Gleichbehandlung von Ermessensentscheiden in dem von den jeweiligen Gesetzen abgesteckten Rahmen erlassen. Die Verwaltungsvorschrift zur Bauordnung erleichtert somit den Bauaufsichtsbehörden die Anwendung und den Umgang mit diesem Gesetzeswerk. In der Praxis können allerdings auch andere Problemlösungen, als die von der Verwaltungsvorschrift präferierten, benutzt werden. Wichtig ist, dass das Schutzziel mit vergleichbarer Sicherheit erfüllt wird.

Die Nummerierung der Verwaltungsvorschriften bezieht sich auf die jeweiligen Paragrafen der Landesbauordnung, ausgelassene Nummerierung bedeutet, zu dem betreffenden Paragrafen sind keine Regelungen getroffen worden oder nicht notwendig.

Landesbauordnung

Verwaltungsvorschrift zur Landesbauordnung

Verordnungen, Richtlinien

allgemeine Bauliche Anlagen

Bauvorlagenverordnung

Brandanordnung

Richtlinie über Feuerungsanlagen

Überwachungsverordnung

Richtlinie über Verwendung brennbarer
Baustoffe im Hochbau

Richtlinie über brandschutztechnische
Anforderungen an Lüftungsanlagen

Richtlinie über den Bau von Betriebsräumen
für elektrische Anlagen

Richtlinie über automatische Schiebetüren
und elektrische Verriegelung von Türen in
Rettungswegen

Richtlinie über brandschutztechnische
Anforderungen an Leitungsanlagen

besondere Bauliche Anlagen

Hochhausbaurichtlinie

Versammlungsstättenbaurichtlinie

Krankenhausbaurichtlinie

Gaststättenbaurichtlinie

Verkaufsstättenbaurichtlinie

Schulbaurichtlinie

Camping- und Wochenendplatzrichtlinie

Industriebaurichtlinie

Garagenbaurichtlinie

Richtlinie über Bau und Betrieb fliegender
Bauten

Einführungserlasse und Technische Baubestimmungen

Arbeitsstättenverordnung

Richtlinie zur Bemessung von Löschwasser-Rückhalteanlagen beim Lagern
wassergefährdender Stoffe (LöRüRL)

Technische Regeln des Deutschen Vereins des Gas- und Wasserfaches e.V. (DVGW)

Technische Regeln für die Verwendung brennbarer Flüssigkeiten (TRbF)

als Technische Baubestimmungen eingeführte Normen

Abb. 3.1: Übersicht zum Bauordnungsrecht (auszugsweise)

Die Durchführungsverordnungen und Richtlinien stellen Rechtsverordnungen zur Durchführung der Bauordnung und Regelungen zu Sonderbauten dar.

Technische Baubestimmungen beinhalten die Allgemein anerkannten Regeln der Technik für die Bauausführung. Durch sie werden Vorschriften der Bauordnung konkretisiert. Der §3 der Landesbauordnung verfügt, dass die von der obersten Baubehörde durch öffentliche Bekanntmachung, z.B. im Amtsblatt, Staatsanzeiger oder Ministerialblatt, als Technische Baubestimmungen eingeführten Technischen Regeln zu beachten sind; sie werden dann geltendes Recht.

Zu den Technischen Baubestimmungen gehören somit auch DIN-Normen sowie VDI- und VDE-Richtlinien, wobei nicht jede dieser Normen und Richtlinien auch eine allgemein anerkannte Regel der Technik repräsentiert und bauaufsichtlich eingeführt ist. Dies gilt auch für weitere, ausschließlich von Industrie und Praxis getroffene und veröffentlichte Empfehlungen.

Überarbeitungen der Landesbauordnungen werden zum Anlass genommen, eine Ökologisierung des Bauordnungsrechtes voranzutreiben, d.h. eine stärkere Berücksichtigung der Belange des Umweltschutzes festzuschreiben oder bestimmte Verfahrensfragen und Vorhaben zu vereinfachen. So positiv diese Ansätze auch sein mögen, sollte aber beachtet werden, dass die Einheitlichkeit der Landesbauordnungen, wie sie durch die Musterbauverordnung angedacht war, sehr schnell verloren gehen kann und damit für die Planer eine unübersichtliche Situation entsteht. Es bleibt der Wunsch, dass derartige Änderungen und Ergänzungen auf vergleichsweise breiter Basis, am günstigsten über die Musterbauordnung in allen Landesbauordnungen wirksam werden.

3.3 Sonderbauverordnungen

Für Räume und bauliche Anlagen mit speziellen Nutzungen und besonderem Gefahrenpotenzial, die nicht von Forderungen der Landesbauordnungen abgedeckt werden können, weil zum Beispiel die Risiken aus dem bestimmungsgemäßen Nutzen anders bewertet werden müssen, existiert eine Anzahl von Verordnungen und Richtlinien, siehe Abbildung 3.1, in denen die speziellen Belange dieser Sonderbauten Berücksichtigung finden. Es handelt sich z.B. um Gebäude großer Ausdehnung, Gebäude besonderer Höhe, Gebäude für Personenansammlungen oder auch Gebäude mit hohen Brandlasten.

Diese Gebäudebesonderheiten stellen für die Nutzer erhöhte Risiken dar, die durch spezielle Anforderungen an das Gebäude und dessen innerer Erschließung abgebaut werden müssen. Im §52 der Thüringer Bauordnung werden bauliche Anlagen und Räume besonderer Art und Nutzung angesprochen, für die besondere Anforderungen gestellt oder Erleichterungen gewährt werden können. Speziell im Absatz 2 wird auf konkrete Gebäudenutzungen hingewiesen, bei denen die baulichen Umsetzungen durch eigene Sonderbauverordnungen geregelt werden.

Im §82 der Thüringer Bauordnung sind Rechtsvorschriften formuliert, die es den obersten Baubehörden ermöglichen, nicht durch Sonderbauverordnungen abgedeckte Fälle mit eigenen Vorschriften zu regeln. Dabei können sich höhere Anforderungen aber auch Erleichterungen ergeben.

Alles in allem sollen Sonderbauverordnungen die Landesbauordnungen um die Forderungen ergänzen, die die Besonderheiten des bestimmten Gebäudetyps berücksichtigen. Damit wird deutlich, dass für Sachverhalte, die in den Sonderbauvorschriften nicht dargestellt sind, die Forderungen der Landesbauordnung eingehalten werden müssen. Abweichungen können nur auf dem Wege von Ausnahmegenehmigungen (§63e ThürBO) erreicht werden.

Nachfolgend werden die entsprechenden Verordnungen und ihre wesentlichen Geltungsbereiche angesprochen. Es wird dabei der Stand von 1997 [11] berücksichtigt.

Richtlinie über den Bau und Betrieb von Hochhäusern (HochbR)
Gemäß §2 der Landesbauordnung gilt diese Richtlinie für Gebäude, bei denen der Fußboden des obersten Geschosses höher als 22 m über Geländeoberfläche liegt. Ab dieser Höhe entfällt der zweite Rettungsweg mit dem Rettungsgerät der Feuerwehr. Der zweite Rettungsweg muss baulich im Gebäude selbst vorhanden sein.

Richtlinie über den Bau und Betrieb von Verkaufsstätten (VSTR)
Gültigkeit für Geschäftshäuser oder entsprechend genutzte Teile von baulichen Anlagen mit Verkaufstätten und Verkaufsraumnutzflächen von mehr als 2000 m^2 und für miteinander in Verbindung stehende Verkaufsstätten, die zusammen eine Nutzfläche von mehr als 2000 m^2 haben. In den Nutzungseinheiten gibt es Menschenansammlungen und es sind erhebliche Brandlasten durch die Waren und Ausrüstungen vorhanden. Es werden im allgemeinen F 90-A und F 90-AB Bauteile gefordert.

Richtlinie über den Bau und Betrieb von Versammlungsstätten (VStättR)
Gebäude dieser Art fallen personenzahlabhängig unter diese Verordnung, ansonsten gilt die Landesbauordnung. Geltungsbereich für Versammlungsstätten mit Versammlungsräumen mit Bühne, Szenenfläche oder Filmvorführmöglichkeit, die einzeln 100 Personen fassen, Versammlungsräumen dieser Art, die insgesamt mehr als 100 Besucher fassen und gemeinsame Rettungswege besitzen, Versammlungsräumen, die einzeln mehr als 200 Personen fassen, Versammlungsräumen mit mehr als 200 Personen, wenn gemeinsame Rettungswege vorhanden sind, Hörfunk- und Fernsehstudios, die einzeln mehr als 200 Besucher fassen, nicht überdachten Szenenflächen, die mehr als 1000 Besucher fassen und nicht überdachten Sportflächen, die mehr als 5000 Besucher fassen. Gültigkeit auch für Diskotheken. Die große Zahl von Menschen muss das Objekt sicher verlassen können, obwohl die Personen mit den Örtlichkeiten nicht vertraut sind.

Richtlinie über den Bau und Betrieb von Gaststätten (GastBauR)
Gültigkeit für Schank- und Speisewirtschaften in Gebäuden, auch mit Gastplätzen im Freien und für Beherbergungsbetriebe mit mehr als 8 Gastbetten. Keine Geltung für Fliegende Bauten, Berghütten oder Baracken auf Baustellen. Die Risikostruktur ist ähnlich der bei Versammlungsstätten.

Richtlinie über den Bau und Betrieb von Krankenhäusern (KrBauR)
Gültigkeit für Krankenhäuser, Polikliniken, Pflegebereiche, Heime und Sonderkrankenhäuser. Es muss berücksichtigt werden, dass ein großer Teil der Personen sich nicht selbst retten kann, was ein besonders großes Risiko darstellt.

Richtlinie über den Bau und Betrieb von Garagen (GaR)
Anforderungen werden vor allem an unterirdische und geschlossene Großgaragen gestellt. Auch Garagen von Versammlungsstätten und Verkaufseinrichtungen zählen dazu. Es sind bestimmte Erleichterungen möglich, da die Anzahl der versammelten Personen relativ gering ist.

Richtlinie für Schulen (SchulR)
Gültigkeit für alle Schulformen von der Grundschule bis zur Fachschule mit Ausnahme wissenschaftlicher Ausbildungsstätten; eingeschlossen sind sowohl Sonderschulen als auch Berufsschulen. Auch hier ist die Risikostruktur ähnlich der von Versammlungsstätten.

Richtlinie über den baulichen Brandschutz im Industriebau (IndBauR, Entwurf) [12]
Gebäude oder Gebäudeteile im Bereich der Industrie und des Gewerbes zur Produktion oder Lagerung von Gütern und Produkten, ohne Hochregallager ab 9,0 m Lagerhöhe. Die Bemessung der baulichen Anlage erfolgt entsprechend dem vorhandenen Risiko, welches nach DIN 18230 „Baulicher Brandschutz im Industriebau" [69] ermittelt werden kann.

Richtlinie über den Bau von Betriebsräumen für elektrische Anlagen (EltBauR)
Gültigkeit für den Bau elektrischer Betriebsräume in Geschäftshäusern, Versammlungsstätten, Hotels, Bürogebäuden, Krankenhäusern, Schulen, Sportstätten, geschlossenen Garagen und Wohngebäuden. Hier wird einem erhöhten Risiko Rechnung getragen, welches von Räumen ausgeht, in denen elektrische Schaltanlagen und Transformatoren untergebracht sind.

Die Forderungen für Sonderbauten sind analog zur Musterbauordnung gleichfalls von der ARGEBAU in Musterform erarbeitet und abschließend von den Bundesländern bauaufsichtlich eingeführt worden. Es ist als Nachteil anzusehen, dass es in einigen Bundesländern zu bestimmten Sondernutzungen keine Sonderbauverordnung gibt und eingeführte Verordnungen Unterschiede aufweisen. Wie bei den Landesbauordnungen ist auch hier Einzelfallinformation zum geltenden Recht notwendig.

3.4 Technische Regeln und Normen

Wie schon im Abschnitt 3.2. erwähnt, beinhalten die bauaufsichtlich eingeführten Technischen Regeln und Normen die allgemein anerkannten Regeln der Technik für die Bauausführung, durch die Vorschriften der Bauordnung konkretisiert werden. Es handelt sich demnach um ein Regelwerk, dessen Forderungen unbedingt erfüllt werden müssen. Dazu müssen diese allen am Bau Beteiligten entsprechend der Aufgabenverteilung bekannt sein.

Einige Hinweise zu den wichtigsten Technischen Regeln werden nachfolgend gegeben. Umfassendere Sammlungen von Vorschriften und Texten sind in der Literatur zu finden, zum Beispiel in [17].

Verordnung über Arbeitsstätten (ArbStättV) [11]
Teil des Arbeitsrechtes, die Arbeitsstättenverordnung enthält im §13 Forderungen für Löscheinrichtungen und im §19 zusätzliche Anforderungen an Rettungswege;

Muster einer Richtlinie zur Bemessung von Löschwasser-Rückhalteanlagen beim Lagern Wasser gefährdender Stoffe (LöRüRL) [13]
Wichtig aus Sicht des Umweltschutzes; Ziel der Richtlinie ist der Gewässerschutz: Es darf kein verunreinigtes Löschwasser, welches beim Löschen eines Brandes in einem Lager mit Wasser gefährdenden Stoffen anfällt, in Gewässer gelangen.

Bereitstellung von Löschwasser durch die öffentliche Trinkwasserversorgung DVGW Arbeitsblatt W 405 [95]
Es werden Hinweise für die Berücksichtigung des Löschwasserbedarfes bei der Projektierung gegeben. Das Arbeitsblatt beschränkt sich auf die Darstellung der technischen Möglichkeiten, eine Rechtspflicht wird nicht begründet.

Richtlinie über die brandschutztechnischen Anforderungen an Lüftungsanlagen (RbAL) [11]
Die Richtlinie gilt für den Bautechnischen Brandschutz in Verbindung mit Lüftungsanlagen, Warmluftheizungen und raumlufttechnischen Anlagen.

Muster für Richtlinie über brandschutztechnische Anforderungen an Leitungsanlagen [15]
Diese Richtlinie ist vorgesehen für Leitungsanlagen in Treppenräumen und Rettungswegen, die Führung elektrischer Leitungen durch Decken und Wände und die für elektrische Leitungen notwendigen Sicherheitseinrichtungen.

Richtlinie über Feuerungsanlagen, Anlagen zur Verteilung von Wärme und zur Warmwasserversorgung sowie Brennstofflagerung (FeuRL) [11]
Die Gültigkeit dieser Richtlinie bezieht sich auf Feuerungsanlagen, Leitungen für Brennstoffe, Aufstellräume für Feuerungsanlagen, Anlagen zur Verteilung von Wärme und zur Warmwasserversorgung sowie Anlagen und Räumen zur Brennstofflagerung.

Richtlinie über die Verwendung brennbarer Baustoffe im Hochbau (RbBH) [16]
Die Richtlinie gilt für Wohngebäude und Gebäude ähnlicher Art und Nutzung. Für Gebäude mit Sondernutzungen können weiterführende oder andere Forderungen erhoben werden. Es werden Anforderungen an das Brandverhalten von

Tab. 3.1: Übersicht zur DIN 4102, Brandverhalten von Baustoffen und Bauteilen; BAP: Begriffe, Anforderungen und Prüfungen, Ausgabedatum: Monat/Jahr

Teil 1	Baustoffe, BAP Klassifizierung von Bauprodukten und Bauarten	05/98
Teil 2	Bauteile, BAP	09/77
Teil 3	Brandwände und nichttragende Außenwände, BAP	09/77
Teil 4	Zusammenstellung und Anwendung klassifizierter Baustoffe, Bauteile und Sonderbauteile	03/94
	Änderung A1 zum Teil 4	11/03
Teil 5	Feuerschutzabschlüsse, Abschlüsse in Fahrschachtwänden und gegen feuerwiderstandsfähige Verglasungen, BAP	09/77
Teil 6	Lüftungsleitungen, BAP	09/77
Teil 7	Bedachungen, BAP	07/98
Teil 8	Kleinprüfstand	10/03
Teil 9	Kabelabschottungen, BAP	05/90
Teil 10	nicht belegt	
Teil 11	Rohrummantelungen und -abschottungen, Installationsschächte und -kanäle, Abschlüsse von Revisionsöffnungen, BAP	12/85
Teil 12	Funktionserhalt von elektrischen Kabelanlagen, BAP	11/98
Teil 13	Brandschutzverglasungen, BAP	05/90
Teil 14	Bodenbeläge und Bodenbeschichtungen, Bestimmung der Flammenausbreitung bei Beanspruchung mit Wärmestrahler	05/90
Teil 15	Brandschacht	05/90
Teil 16	Durchführung von Brandschachtprüfungen	05/98
Teil 17	Schmelzpunkt von Mineralfaser-Dämmstoffen, BAP	12/90
Teil 18	Feuerschutzabschlüsse, Nachweis Eigenschaft „selbstschließend"	03/91
Teil 19	Wand- und Deckenbekleidungen in Räumen, Versuchsraum	12/98
Teil 20	nicht belegt	
Teil 21	Beurteilung feuerwiderstandsfähiger Lüftungsleitungen (Vornorm)	08/02
Teil 22	Anwendungsnorm zu DIN 4102-T4 (Entwurf)	11/03

Baustoffen, Forderungen an nicht tragende Außenwände, Verkleidungen und Dämmschichten an Decken und Wänden im Innen- und Außenbereich, Bedachungen (inkl. Dämmschicht), Rettungswege, Rohrleitungen sowie Installationsschächte und -kanäle formuliert; z.B. werden bei Bedachungen auch Forderungen an Einbauten wie Lichtbänder und Lichtkuppeln gestellt. Diese Richtlinie stellt gewissermaßen die notwendige Ergänzung zur DIN 4102-T4 dar.

Weitere Regelungen, die den Brandschutz mittelbar betreffen können, sind in Unfallverhütungsvorschriften, Verordnungen der Berufsgenossenschaften, im Bundesimmissionsschutzgesetz oder im Gewerberecht zu finden.

Die technischen Regeln sind nicht in allen Bundesländern gleichermaßen bauaufsichtlich eingeführt; zum Teil gibt es erhebliche Unterschiede. Um auf eine längerfristig nicht beständige Auflistung zu verzichten, sei darauf verwiesen, dass in jedem Bundesland auf Rechtsverbindlichkeit und Vereinbarkeit der Regeln und Vorschriften mit dem jeweiligen Landesrecht zu prüfen ist, d.h. es muss geklärt werden, ob diese Regelungen allgemein bauaufsichtlich eingeführt sind.

Für die Normen gelten diese Feststellungen in gleicher Weise. Sie stellen zunächst nur Empfehlungen von Normenausschüssen dar, wo Personen mit Sachverstand und Verantwortung entscheiden, die aber u.U. auch eine bestimmte Beeinflussung des Marktgeschehens im Blick haben [88], was durchaus legitim ist. Für rechtlich verbindliche Entscheidungen sind allein die Vorschriften des öffentlichen Rechts und die bauaufsichtlich eingeführten Normen und Richtlinien bzw. auch nur eingeführte Teile dieser Regeln maßgebend. Die Liste der verbindlichen Normen wird jährlich von der obersten Baubehörde eines Landes angezeigt.

Die DIN 4102, Brandverhalten von Baustoffen und Bauteilen [18], von Fachleuten als die Brandschutznorm schlechthin bezeichnet, ist in allen Bundesländern bauaufsichtlich eingeführt, womit ihre herausragende Bedeutung unterstrichen wird. Dies gilt im besonderen Maße für den Teil 4 dieser Norm, die Aufstellung der klassifizierten Baustoffe und Bauteile. Die übrigen Teile dieser Norm beinhalten im Wesentlichen Begriffsklärungen, Vorgaben und Anforderungen für Prüfungen von Baustoffen und Bauteilen. In Tabelle 3.1 sind alle Teile dieses umfangreichen Normenwerkes aufgeführt.

Der Teil 4 der DIN 4102 stellt ein für den bautechnischen Brandschutz unverzichtbares Tabellenwerk dar. Dieser Normenteil entstand 1934 in einem Umfang von ca. 10 Seiten, heute weist er einen Umfang von ca. 150 Seiten auf; nicht zuletzt an dieser Entwicklung ist die Bedeutung dieses Regelwerkes für den Nutzer zu erkennen. Die Zahlenangaben im Teil 4 stellen Mindestwerte dar, um die zugeordnete Feuerwiderstandsfähigkeit zu sichern. Sie sind unter Beachtung statistischer Gesichtspunkte ermittelt und vereinbart worden [32]. Ein Unterschreiten dieser Werte ist nur in begründeten Fällen möglich.

Teilweise existieren bereits europäische Normen oder Normenentwürfe, die zusammen mit den geplanten Regelungen in Tabelle 3.2 zusammengefasst sind. Im Zuge einer notwendigen Aktualisierung und in Folge der europäischen Harmonisierung der Regelwerke ist momentan eine gewisse Dynamik zu verzeichnen. Dies bedingt häufige Änderungen und Veränderung und damit auch eine erhöhte Aufmerksamkeit für jeden Nutzer dieser Vorschriften.

Es stehen im Bautechnischen Brandschutz für den Planer eine ganze Anzahl weiterer Normen bereit, deren Kenntnis für die Lösung bestimmter Probleme unverzichtbar ist. Einige dieser Regelwerke sind in Tabelle 3.3 aufgeführt.

Tab. 3.2: Überblick europäische Normung, nach [152], Ausgabejahr soweit veröffentlicht

EN 54 Brandmeldeanlagen

Teil 1	Einleitung	1996
Teil 2	Brandmelderzentrale	1997
Teil 3	Feueralarmmelder, akustischer Signalgeber	2001
Teil 4	Energieversorgungseinrichtungen	1997
Teil 5	Wärmemelder, punktförmige Melder	2001
Teil 6	Rauchmelder, punktförmige Melder nach Streuchlicht-, Durchlicht- oder Ionisationsprinzip	2001
Teil 10	Flammenmelder, punktförmige Melder	2002
Teil 11	Handfeuermelder	2001
Teil 12	Rauchmelder, linienförmige Melder	2003
Teil 13	Systemanforderungen	1996 (Entwurf)
Teil 14	Richtlinie Planung, Projekt, Betrieb	1996 (Entwurf)
Teil 17	Kurzschlussisolatoren	2002 (Entwurf)

EN 1363 Feuerwiderstandsprüfungen

Teil 1	ETK-Beanspruchung	1999
Teil 2	Ergänzende Verfahren	1999
Teil 3	Nachweis Ofenleistung,	1998 (Vornorm)

EN 1364 Feuerwiderstandsprüfung für nichttragende Bauteile

Teil 1	Wände	1999
Teil 2	Unterdecken mit eigenständigem Feuerwiderstand	1999
Teil 3	vorgehängte Fassaden (Gesamtausführung)	
Teil 4	vorgehängte Fassaden (Teilausführung)	2002 (Entwurf)
Teil 5	„Naturbrandversuch" an Fassaden	
Teil 6	Außenwandsysteme	

EN 1365 Feuerwiderstandsprüfung für tragende Bauteile

Teil 1	Wände	1999
Teil 2	Decken und Dächer	2000
Teil 3	Balken	2000
Teil 4	Stützen	1999
Teil 5	Balkone und Laubengänge	2002 (Entwurf)
Teil 6	Treppen	2002 (Entwurf)

EN E 1366 Feuerwiderstandsprüfung von Installationen

Teil 1	Leitungen	1999
Teil 2	Brandschutzklappen	1999
Teil 3	Abschottung	1994 (Entwurf)
Teil 4	Abdichtungssysteme für Bauteilfugen	2003
Teil 5	Installationsschächte und -kanäle	2003
Teil 6	Doppel- und Hohlraumböden	2002 (Entwurf)
Teil 7	Abschlüsse bahngebundener Förderanlagen	2001 (Entwurf)

Teil 8	Entrauchungsleitungen	1997 (Entwurf)
Teil 9	Entrauchungsleitungen einzelner Räume	
Teil 10	Entrauchungsklappen	
Teil 11	Funktionserhalt von Kabeln	

EN 1634 Feuerwiderstandsprüfungen für Tür- und Abschlusseinrichtungen

Teil 1	Feuerschutzabschlüsse	2000
Teil 2	Türbeschläge für Feuerschutzabschlüsse	
Teil 3	Rauchschutzabschlüsse	2002

EN ISO 1182 Prüfung zum Brandverhalten von Bauprodukten

	Nichtbrennbarkeitsprüfung	2002

EN ISO 1716 Prüfung zum Brandverhalten von Bauprodukten

	Bestimmung der Verbrennungswärme	2002

EN ISO 9239 Prüfung zum Brandverhalten von Bodenbelägen

Teil 1	Bestimmung des Brandverhaltens bei Beanspruchung mit einem Wärmestrahler	2002

EN ISO 11925 Prüfung zum Brandverhalten bei direkter Flammeneinwirkung

Teil 1	Spezifikation für Rauchschürzen, Anforderungen und Prüfverfahren	1996
Teil 2	Bestimmungen für natürliche Rauch- und Wärmeabzugsgeräte	2003
Teil 3	Bestimmungen für maschinelle Rauch- und Wärmeabzugsgeräte	2002
Teil 4	Bausätze zur Rauch- und Wärmefreihaltung	2003 (Entwurf)
Teil 6	Differenzdrucksysteme, Bausätze	2001 (Entwurf)
Teil 7	Rauchkanäle	
Teil 8	Rauchschutzklappen	
Teil 9	Schalttafeln	
Teil 10	Energieversorgung	2003 (Entwurf)

ENV 13381 Bauprodukte zur Verbesserung des Feuerwiderstandes

Teil 1	Unterdecken	
Teil 2	vertikale Vorsatzschalen	2003
Teil 3	Bekleidung Betonbauteile	2003
Teil 4	Bekleidung Stahlbauteile	2003
Teil 5	Bekleidung schlanke Verbundbauteile	2003
Teil 6	Bekleidung betongefüllte Stahlhohlstützen	2003
Teil 7	Bekleidung von Holzbauteilen	2003

EN 13501 Klassifizierung von Bauprodukten/Bauarten zum Brandverhalten

	Klassifizierung mit den Ergebnissen aus den:	
Teil 1	Prüfungen zum Brandverhalten von Bauprodukten	2002
Teil 2	Prüfungen zum Brandverhalten von Bauteilen	1999
Teil 3	Feuerwiderstandsprüfungen von Lüftungsanlagen	2002 (Entwurf)
Teil 4	Prüfungen zum Brandverhalten von Entrauchungsanlagen	
Teil 5	Dachprüfungen bei Feuer von außen	2002 (Entwurf)

EN 13823 Prüfung zum Brandverhalten von Bauprodukten

    Thermische Beanspruchung durch einen einzelnen brennenden

    Gegenstandd für Bauprodukte mit Ausnahme von Bodenbelägen   2002

EN 14390 Brandverhalten von Bauprodukten (Entwurf)

    Großversuch an Oberflächenprodukten in einem Raum   2002

Tab. 3.3: Weitere Normen für den Bautechnischen Brandschutz

DIN 4066	Hinweisschilder für den Brandschutz	11/84
DIN prEN 13916	Feuerschutztüren und -tore	09/00
DIN 14090	Flächen für die Feuerwehr auf Grundstücken	06/77
DIN 14675	Brandmeldeanlagen, Aufbau	01/84
DIN 18090	Aufzüge, Flügel- und Falttüren	02/69
DIN 18091	Aufzüge, Horizontal- und Vertikalschiebetüren	02/69
DIN 18095	Rauchschutztüren	10/88
DIN 18160	Hausschornsteine	02/87
DIN 18230	Baulicher Brandschutz im Industriebau	05/98
DIN 18232	Rauch- und Wärmeableitung	01/98
DIN V 18234	Baulicher Brandschutz im Industriebau, Dach	12/97
DIN VDE 0833	Gefahrenmeldeanlagen	07/92
VDI 3564	Empfehlungen für Brandschutz in Hochregallagern	08/99
VDI 3805	Produktdatenaustausch, Bl. 16: Brandschutzklappen	06/02
VDI 3819	Brandschutz in der Gebäudetechnik, 2 Blätter	01/02

3.5 Zusatzrisiko, Versicherung

Die Regelungen zum Bautechnischen Brandschutz im Rahmen des Bauordnungsrechtes sind Ausdruck dafür, dass der Gesetzgeber seine Verpflichtung zum Schutz von Leben und Gesundheit erfüllt: Angaben zu Feuerwiderstandsdauern stehen für eine Mindestzeitdauer, um die Rettung aus Gebäuden zu sichern, Angaben zur Brennbarkeit bzw. Entflammbarkeit sollen Brandlasten begrenzen.

Der Sachschutz ist dem untergeordnet und von vergleichsweise geringer Bedeutung für die Grundsätze der staatlichen Obhutspflicht. Die Zerstörung eines Gebäudes durch Feuer, der Ausfall an Produktion, die Vernichtung von Lagerbeständen oder die Vernichtung wichtiger Unterlagen kann aber möglicherweise gravierende Folgen für den Fortbestand des Unternehmens und das wirtschaftliche Überleben des Betreibers haben. In der Praxis, vor allem im industriellen und gewerblichen Bereich, besteht daher oftmals der Wunsch bzw. auch die

Forderung, bauliche Anlage optimal auf die vorhandenen Gefahren abzustimmen bzw. das Risiko für den Sachschutz zu minimieren und/oder es auch noch ergänzend abzusichern.

Eine bauliche Anlage zu optimieren und auf vorhandene Gefahren, wie Größe der Fläche, Gebäudehöhe, Brandlast oder Unübersichtlichkeit abzustimmen, ist ein Anliegen, dass ansatzweise von der DIN 18230 „Baulicher Brandschutz im Industriebau" im Zusammenhang mit der Industriebaurichtlinie erfüllt wird. Mithilfe dieser Unterlagen, deren Inhalt im Kapitel 8 ausführlich erläutert wird, können individuelle Brandschutzkonzepte erarbeitet werden.

Die Absicherung des Risikos für den Sachschutz durch zusätzliche Versicherung ist möglich und sichert den wirtschaftlichen Fortbestand, ist aber gegebenenfalls finanziell außerordentlich aufwändig. Der Grund dafür liegt im Prämiensystem der Feuerversicherer begründet, welches sich am Risiko, den möglichen Brandfolgen und an aktuellen Schadensstatistiken orientiert und damit bei steigender Zahl von Schäden bzw. „hochwertigeren" Schäden zwangsläufig zu steigenden Beiträgen führt.

Die Versicherungswirtschaft hat ihre Erfahrungen im Umgang mit Risiken bzw. Schäden und naturgemäß mit deren Vermeidung in Merkblättern und Richtlinien festgelegt, die als Empfehlung für einen optimalen Brandschutz, der durchaus über das normativ zu fordernde Maß hinausgehen kann, angesehen werden können. Die VdS Schadenverhütung GmbH als Tochterunternehmen des Gesamtverbandes der Deutschen Versicherungswirtschaft e.V., Standesorganisation fast aller Versicherungsunternehmen, bietet dieses Wissen allen Interessierten an.

Eine rechtzeitige Berücksichtigung der in den Regelwerken (VdS-Richtlinien) festgeschriebenen höheren aber teilweise auch speziellen Forderungen bringt eine größere Sicherheit in die bauliche Anlage und in der Folge dem Betreiber wiederum niedrigere Prämien, eben weil ein erhöhter Aufwand für mehr Sicherheit beim Errichten des Bauwerkes durch das Rabattsystem der Versicherer niedrigere Prämien für den späteren Betrieb zur Folge hat. Dabei ist selbstverständlich, dass sich Prämien mindernd nur solche Maßnahmen auswirken können, die nicht schon gesetzlich vorgeschrieben sind.

Als Beispiel sei hier die Trennung von Brandabschnitten durch Brandwände angeführt. Die Gliederung eines größeren Betriebes in kleinere Komplexe durch zugelassene Trennungen macht einen Teilverlust wahrscheinlicher als einen Totalverlust. Eine verbesserte Ausführung einer normgerechten Brandwand als so genannte Komplextrennwand – quasi eine Brandwand mit höherer Sicherheit, der Begriff wird später noch erläutert – bringt zusätzlichen Schutz und das verminderte Risiko sichert niedrigere Prämien, auch wenn sie bauaufsichtlich zunächst ohne Bedeutung ist.

Ein anderes Beispiel ist die Abtrennung eines betrieblichen Bereiches erhöhter Gefahr, z.B. eines Farb- oder Lösungsmittellagers, eine Filteranlage u.a. Wenn eine Teilfläche als Gefahrenfläche mit einer Brandwand von der übrigen betrieblichen Nutzfläche abgetrennt wird, ergeben sich zwar zunächst höhere Baukosten durch die zusätzliche Trennwand, in der Folge aber niedrigere Prämien, so dass sich eine Amortisation der Zusatzmaßnahme je nach Umfang bereits nach wenigen Monaten oder Jahren ergibt.

3.6 Bauprodukte

Um europaweit Bauprodukte – Baustoffe, Bauteile oder Bauarten – mit vergleichbaren Produktparametern herzustellen, verkaufen und verwenden zu können, ist ein einheitliches Baurecht unumgänglich.

1988 wurde von der Europäischen Gemeinschaft die Bauproduktenrichtlinie erlassen, die von jedem Mitgliedsland in nationales Recht umgesetzt werden musste, dies geschah in der Bundesrepublik mit dem Bauproduktengesetz (BauPG) vom 10.08.1992 in der Fassung vom 28.04.1998. Die Musterbauordnung und vor allem die Landesbauordnungen mit ihren Forderungen an bauliche Anlagen mussten bezüglich der Verwendung bzw. Eignung von Baustoffen, Bauteilen oder entsprechender Anlagen überarbeitet werden. Bauprodukte müssen für den Verwendungszweck geeignet und brauchbar sein. Dieser Prozess war 1996 im Wesentlichen abgeschlossen.

Für die Umsetzung der Bauproduktenrichtlinie wurden und werden für Bauprodukte sowohl harmonisierte europäische Normen als auch Regeln für eine europäische technische Zulassung erarbeitet. In den entsprechenden Normen und Zulassungen sind Klassen – Bereich zwischen zwei Grenzwerten – und Stufen – nur in einer Richtung begrenzt – festgelegt. Die EU-Mitgliedsländer legen über nationales Recht fest, welche dieser Klassen und Stufen jeweils national einzuhalten und damit als verbindlich zu betrachten sind.

Die Bauproduktenrichtlinie legt die Brauchbarkeit von Bauprodukten in Abhängigkeit ihrer Verwendung in der baulichen Anlage fest. Dazu wurden 6 Grundlagendokumente für die wesentlichen Bauwerksanforderungen wie
♦ mechanische Festigkeit,
♦ Brandschutz,
♦ Hygiene, Gesundheit und Umweltschutz,
♦ Nutzungssicherheit,
♦ Schallschutz,
♦ Energieeinsparung und Wärmeschutz
erarbeitet, die alle formal gleich strukturiert sind [20]. Es ist durchaus bemerkenswert, dass vier von diesen sechs wesentlichen Anforderungen unmittelbar mit der Klärung von bauphysikalischen Sachverhalten am Bauwerk zu tun haben. Dies unterstreicht die Bedeutung der Bauphysik auch gegenüber den klassischen Bauingenieurdisziplinen.

Im Bauproduktengesetz werden durch die Bundesregierung das Inverkehrbringen und der freie Warenverkehr geregelt. Die Regelungen zum Einsatz der Bauprodukte liegen in der Kompetenz der Bundesländer. Dabei wird nach geregelten Bauprodukten, gebräuchlich und bewährt, und nicht geregelten Bauprodukten, bisher als „neu" bezeichnet, unterschieden. Bauprodukte sind nach Landesbauordnung (z.B. §2(9) ThürBO) Baustoffe, Bauteile und Anlagen, bzw. aus Baustoffen und Bauteilen vorgefertigte Anlagen, die dauerhaft in bauliche Anlagen eingebaut werden. Als Bauart wird das Zusammenfügen von Bauprodukten zu baulichen Anlagen bezeichnet.

Geregelte Bauprodukte stimmen mit den technischen Regeln der Bauregelliste A Teil 1 überein oder weichen nur geringfügig von diesen ab. Geregelte Bauprodukte können verwendet werden, wenn sie ein Übereinstimmungszeichen tragen und ihre Verwendbarkeit bestätigt ist.

Nicht geregelte Bauprodukte sind solche, für die es (noch) keine Regeln gibt oder die von den Regeln der Bauregelliste A Teil 1 wesentlich abweichen. Nicht geregelte Bauprodukte können dann verwendet werden, wenn ihre Verwendbarkeit sich aus der Übereinstimmung mit einer allgemeinen bauaufsichtlichen Zulassung ETA (European Technical Approval) durch das Deutsche Institut für Bautechnik in Berlin (DIBt) oder eines anderen EOTA-Institutes (European Organization for Technical Approval), einem allgemeinen bauaufsichtlichen Prüfzeugnis einer eigens dafür anerkannten Prüfstelle oder einer Einzelfallzustimmung der obersten Baubehörde eines Bundeslandes ergibt und sie deshalb das Übereinstimmungszeichen tragen. Eine ETA wird auf schriftlichen Antrag eines Herstellers oder dessen Vertreters in der EU durch eine europäische Zulassungsstelle, widerruflich für 5 Jahre und unbeschadet der Rechte Dritter erteilt und hat im EU-Raum und angegliederten Vertragsstaaten Gültigkeit [155].

Zulassungen stellen „vornormative" Regelungen mit individuelleren Verwendbarkeits- und Anwendbarkeitsnachweisen als Normen dar. Zulassungen ermöglichen Innovation und gewinnen für qualitativ hochwertige Produkte zunehmend an Bedeutung. Normen sind eher statisch und regeln einen breiten Anwendungsbereich bzw. regeln den breiten Standard [155].

Eine entsprechende Aussage zur Übereinstimmung gilt für die Anwendbarkeit nicht geregelter Bauarten.

Bauregelliste A

Teil 1   technische Regeln für Bauprodukte,
         gebräuchliche und bewährte Produkte

Teil 2   nicht geregelte Bauprodukte,

Teil 3   nicht geregelte Bauarten

Bauregelliste B

Teil 1   Bauprodukte nach Bauproduktengesetz,
         Klassen und Leistungsstufen für Produkte, CE

Teil 2   Bauprodukte mit zusätzlichem
         Verwendbarkeitsnachweis,
         CE und Übereinstimmungszeichen

Bauregelliste C

Bauprodukte untergeordneter Bedeutung
oder ohne technische Regeln

Abb. 3.2:
Übersicht zu den Bauregellisten

Die Bauregellisten haben daher in Zukunft eine zentrale Bedeutung. Eine Übersicht zu den drei Listen A, B und C ist in Abbildung 3.2 angegeben. Das Deutsche Institut für Bautechnik zeichnet für die Führung der Bauregellisten verantwortlich.

Bauregelliste A

In diese Liste werden nur die technischen Regeln aufgenommen, die zur Erfüllung der bauaufsichtlichen Anforderungen an bauliche Anlagen notwendig sind [21]. Die Normenorganisation CEN erarbeiten Europäische Normen EN. Die DIN 4102-Teil 4 ist der gegenwärtige nationale Nachweis geregelter Produkte.

Im **Teil 1** dieser Bauregelliste werden die Bauprodukte aufgenommen, für die eine Norm und bauaufsichtlich vorgegebenen Regeln vorhanden sind. Es können auch Normen und Regeln anderer Mitgliedstaaten aufgenommen werden [21], [142]. Beispiele für Bauprodukte sind Beton, Stahlbauteile, Dämmstoffe, Holzwerkstoffe, Türen, Feuerungsanlagen, Abgasanlagen u.a. Produkte.

Im **Teil 2** werden Produkte aufgenommen, für die es keine technischen Regeln gibt, die aber nach anerkannten Prüfverfahren beurteilt werden können. Weiterhin können auch Bauprodukte aufgenommen werden, die für die Sicherheit eines Bauwerkes von untergeordneter Bedeutung sind oder zu denen es keine anerkannten Regeln der Technik gibt. Beispiele sind Schornsteinaufsätze, Dachabdichtungen mit Flüssigkunststoffen, Aufsätze für Abgasanlagen u.a.

Der **Teil 3** enthält nicht geregelte Bauarten, für die es keine technischen Regeln gibt, aber nach anerkannten Prüfverfahren beurteilt werden können und Bauarten, die für die Sicherheit von untergeordneter Bedeutung sind oder zu denen es keine anerkannten Regeln der Technik gibt. Beispiele sind Bauarten zur Errichtung von Decken, Dächern, Trägern usw., Bauarten zur Errichtung von Lüftungsleitungen oder Bauarten zur Herstellung von Rohrummantelungen, u.a.

Bauregelliste B

In einem **Teil 1** werden Bauprodukte aufgenommen, die aufgrund des Bauproduktengesetzes in den Verkehr gebracht werden. Je nach Verwendungszweck werden die zu erfüllenden Klassen und Leistungsstufen, die in Normen, Leitlinien, europäischen technischen Zulassungen nach BauPG oder in anderen Vorschriften zur Umsetzung von Richtlinien der EG enthalten sind, festgelegt, die von den Bauprodukten zu erfüllen sind.

Bisher sind listenmäßig noch keine Festlegungen getroffen worden [142]. Die Produkte benötigen die CE-Kennzeichnung mit Angaben zur Klasse und Leistungsstufe.

Der **Teil 2** enthält Bauprodukte, die durch Vorschriften der EU, mit Ausnahme solcher, die die Bauproduktenrichtlinie umsetzen, in den Verkehr gebracht werden, wenn die Vorschriften wesentliche Anforderungen nach Bauproduktengesetz nicht berücksichtigen. Wesentliche Anforderungen sind im Grundlagendokument benannt, siehe Kapitel 13. Beispiele sind Kleinkläranlagen, verschiedene Abscheider, Abwasserhebeanlagen, Rauchschutzklappen für Lüftungsleitungen, u.a.

Die Produkte benötigen die CE-Kennzeichnung und das Übereinstimmungszeichen.

Bauregelliste C

In die Bauregelliste C werden Bauprodukte aufgenommen, für die es keine technischen Baubestimmungen und keine anerkannten Regeln der Technik gibt und die untergeordnete Bedeutung haben. Zusätzliche Anforderungen können z.B. aus der Sicht des Brandschutzes gestellt werden: z.B. das Einsatzverbot für leicht entflammbare Baustoffe.

Die entsprechenden Produkte dürfen kein Übereinstimmungszeichen tragen.

Bis zum Vollzug der Umstellung auf das harmonisierte europäische Baurecht werden sicher noch Jahre vergehen, in dem es Bauprodukte nach altem, nationalen Recht und Bauprodukte nach europäischem Recht und Bauproduktenrichtlinie nebeneinander geben wird.

3.7 Begriffe und Definitionen

Wie in allen Fachgebieten, so müssen auch im Baurecht und Bautechnischen Brandschutz bestimmte Begriffe durch Definitionen inhaltlich festgelegt werden, wodurch eine Abgrenzung zu verwandten oder umgangssprachlich ähnlichen Begriffen geschaffen wird und Fehldeutungen vermieden werden.

In Anlehnung an [19] werden im Anhang A.3 einige Begriffe aus Baurecht und Bautechnischem Brandschutz stichwortartig erklärt.

Ergänzend wird darauf verwiesen, dass eine Reihe von Begriffen, die im Bautechnischen Brandschutz Verwendung finden, in den Teilen 1 bis 9 der DIN 14011 „Begriffe aus dem Feuerwehrwesen" [18] von 1980 zusammengefasst und erklärt sind.

Es ist unbestritten, dass eine Vereinheitlichung der Begriffsbildung und Definitionen zu einer Förderung auch der Brandsicherheit beiträgt. Im Rahmen der weiteren Harmonisierung des europäischen Rechts sollte daher auch im Bautechnischen Brandschutz ein transparentes System einheitlicher Begriffe aufgestellt werden. Begriffe, die inhaltlich eindeutig festgelegt sind, werden von allen am Bau Beteiligten akzeptiert und benutzt. Ansatzweise geschieht dies im Punkt 1.3 des Grundlagendokumentes „Brandschutz" [22], in dem aber nur wenige Begriffe, wie z.B. Bauwerk oder Bauprodukt, erläutert werden. Es bleibt zu hoffen, dass durch die für die Harmonisierung erforderlichen Übersetzungen der Gesetzeswerke keine begrifflichen Irritationen entstehen und die schon bestehende begriffliche Vielfalt nicht weiter vergrößert wird.

4 Thermische Grundlagen und Brandverhalten

Wenn brennbare Stoffe mit Zündquellen ausreichender Energie in Berührung kommen, wird das in Folge zu einer Erwärmung und im Grenzfall zu einem Feuer führen. Wenn ein solcher Vorgang nicht gewollt ist, handelt es sich, korrekt ausgedrückt, um ein nicht bestimmungsgemäßes Brennen oder kurz um ein Schadensfeuer bzw. einen Brand. Da der für die Verbrennung notwendige Sauerstoff in der Umgebungsluft unter normalen Bedingungen ausreichend vorhanden ist, kann eine Brandentwicklung praktisch nicht ausgeschlossen werden. Die Abbildung 4.1 stellt im so genannten Branddreieck diesen Zusammenhang dar, eine Brandvermeidung ist nur möglich, wenn eine der drei erforderlichen Komponenten entfernt wird.

Abb. 4.1:
Branddreieck, nach [24]

Einem brennbaren Stoff kann die Zündenergie in Form von Strahlungsenergie durch offene Flammen, durch Wärmeleitung in Materialien, über Kontakt mit heißen Oberflächen, durch äußere Reibung oder durch Heißgasströme mittels Konvektion bzw. Funkenflug zugeführt werden. Dabei wird die Charakteristik des Brandes, die mit Begriffen wie Branddauer, Ausbreitungsgeschwindigkeit, Temperatur- und Zeitverlauf, Rauchgasentwicklung bzw. -ausbreitung im Zusammenhang steht, von den örtlichen Gegebenheiten im Brandraum bestimmt [24]. Als wesentliche Einflussgrößen können

♦ Art, Menge und Anordnung der brennbaren Stoffe,
♦ Raumströmungen, Anordnung und Größe von Öffnungen und deren Verschlussart,
♦ Beschaffenheit der Umgebungsbauteile und
♦ Geometrie bzw. Lage des Brandraumes

gelten. Schon aus diesen wenigen Bemerkungen wird deutlich, wie komplex die Möglichkeiten der Einflussnahme auf das Brandgeschehen und wie wichtig genauere Kenntnisse dazu sind.

4.1 Grundgrößen

Das Leben ist an das Vorhandensein von Wasser und Eiweiß gebunden. Der Mensch ist damit in seinem täglichen Leben durch zwei Grenztemperaturen in einem relativ engen Temperaturbereich festgelegt. Die untere Grenztemperatur ist durch den Gefrierpunkt des Wassers von 0 °C festgelegt, die obere Grenztemperatur ist die Denaturierungstemperatur des Eiweißes, die bei etwa 45 °C liegt. Theoretisch ist Leben dauerhaft damit nur in einem Temperaturintervall von 0 °C bis 45 °C möglich. Ohne aufwändige Schutzmaßnahmen wäre ein längerer Aufenthalt von Menschen in einer Umgebung außerhalb dieses Temperaturbereiches nicht möglich. Zu Schutzmaßnahmen können sowohl Bekleidung als auch Heizung, Kühlung, der Schutz vor Feuer oder Sonnenschutz zählen, wobei sich die Menschen situationsbedingt jeweils ein Mikroklima schaffen, das Behaglichkeit sichert und dem Zentralnervensystem eine für dessen korrekte Arbeit notwendige, relativ konstante Arbeitstemperatur sichert. Die Behaglichkeitstemperatur des Menschen liegt etwa bei 28 °C.

Die Temperatur als eine wichtige thermodynamische Grundgröße und Basiseinheit im Internationalen Einheitensystem (SI-System, Système International d'unités) ist ein Maß für den Wärmezustand eines Körpers und drückt die Qualität seines thermischen Zustandes aus. Die Maßeinheit der Temperatur mit dem Symbol T ist im SI-System mit

$$[T] = 1 \text{ Kelvin} = 1 \text{ K} \tag{4.1}$$

vorgeschrieben. Die Festlegung einer Temperaturskala erfolgt so, dass 1 Kelvin[1] der 273,16-te Teil der Temperaturdifferenz zwischen 0 K und dem Tripelpunkt des Wassers, der bei 0,01°C liegt, ist.

Da die verbindliche Einführung der absoluten Temperaturskala mit gleichzeitigem Verbot der Celsius-Skala[2] in allen Bereichen des Lebens unsinnigerweise nur dazu geführt hätte, dass alle Thermometer mit der Skalierung in Celsius durch solche in Kelvin hätten ersetzt werden müssen – diese wären nur mit anderen Zahlen, die eine Ziffer mehr aufweisen würden, beschrieben worden – wurde bei Einführung des SI-Systems die Celsius-Skala der Temperatur nicht verboten. Wir können diese weiterhin benutzen. Um aber ein Durcheinander der Maßeinheiten auf ein Minimum zu reduzieren, wurde festgelegt, dass bei allen Berechnungen und wissenschaftlichen Arbeiten das Kelvin benutzt werden muss. Dies führt zu einer Transformationsvorschrift zwischen beiden Maßeinheiten der Form

$$\vartheta(°C) = T(K) - 273{,}15 \text{ K} \tag{4.2}$$

[1] Lord Kelvin (William Thomson) engl.Physiker, 1824–1907
[2] Anders Celsius, schwedischer Astronom und Physiker, 1701–1744

wobei der griechische Buchstabe Theta ϑ für die Celsius-Skala steht. Die Festlegung der gebräuchlichen Temperaturskala, womit unsere Thermometer skaliert werden, geschieht mit Hilfe von Fixpunkten, so zum Beispiel wird unter Normalbedingungen die Temperaturdifferenz zwischen dem Siedepunkt und dem Gefrierpunkt des Wassers von

$$\Delta\vartheta = \Delta T = 100 \text{ K} \tag{4.3}$$

zur Eichung unserer Thermometer benutzt. Bei dieser Angabe zeigt sich übrigens die Tücke dieser Doppelstruktur der Temperaturmaßeinheiten: Temperaturdifferenzen dürfen nämlich grundsätzlich nur in Kelvin angegeben werden.

Weitere, bei uns weniger gebräuchliche Skalierungen, sind das Réaumur[3] mit

$$\vartheta(°R) = 0{,}8 \cdot \vartheta(°C) \tag{4.4}$$

und die Fahrenheit-Skala[4] mit

$$\vartheta(°F) = 32 + 1{,}8 \cdot \vartheta(°C) \tag{4.5}$$

die noch in Großbritannien und den USA verwendet wird.

Eine weitere wichtige Grundgröße stellt die Wärmemenge Q als Maß für den Energieinhalt eines Körpers dar, mit der Wärmemenge wird die Quantität seines thermischen Zustandes beschrieben. Die Wärmemenge ist für eine Temperaturänderung ΔT definiert als

$$Q = m \cdot c \cdot \Delta T = m \cdot c \cdot \Delta\vartheta \quad [Q] = \text{Ws} = \text{J} \tag{4.6}$$

mit m als der Masse des Körpers und c dessen spezifischer Wärmekapazität. Die Temperaturdifferenz kann sowohl in der Kelvin-Skala als auch der Celsius-Skala gebildet werden, die Maßzahlen sind identisch und die Maßeinheit ist in beiden Fällen das Kelvin. Die spezifische Wärmemenge c ist eine prinzipiell temperaturabhängige Materialeigenschaft und für alle gebräuchlichen Stoffe tabelliert.

Die Maßeinheit für Q macht deutlich, dass es sich bei der Wärmemenge um eine Energie handelt. Der Umgang mit Wärmemengen basiert damit selbstverständlich auf dem im Jahre 1842 von Robert Mayer[5] ausgesprochenen Energieerhaltungssatz. Wärmebilanzen sind daher immer Formulierungen des Energieerhaltungssatzes für abgegrenzte Prozesse oder Räume, dies gilt auch für jede Art von Brandmodellierung.

Eine besondere Form der Wärmemenge stellen die Umwandlungswärmen oder latenten Wärmen c_p dar, die bei Änderung des Aggregatzustandes von Stof-

---

[3] René-Antoine Ferchault de Réaumur, franz. Jurist und Naturwissenschaftler, 1683–1757

[4] Daniel Gabriel Fahrenheit, deutscher Physiker, 1686–1736

[5] Julius Robert Mayer, deutscher Arzt und Physiker, 1814–1878

fen maßgebend sind. Dazu zählt die Schmelzwärme bei einem Übergang von fest zu flüssig. Beispielsweise beträgt für den Übergang Eis/Wasser $c_{p,s} = 334$ kWs/kg, diese Wärmemenge wird bei einem Schmelzvorgang verbraucht, beim Gefrieren, dem umgekehrten Prozess, wird die gleiche Wärmemenge als Erstarrungswärme freigesetzt.

Der Übergang vom flüssigen in den gasförmigen Aggregatzustand wird als Verdampfungsvorgang bezeichnet. Die zugehörige Umwandlungswärme ist die Verdampfungswärme. Sie beträgt für den Übergang Wasser/Dampf $c_{p,v} = 2.265$ kWs/kg. Der umgekehrte Vorgang ist die Kondensation mit der frei werdenden Kondensationswärme. Verdampfen geschieht übrigens aus dem gesamten Volumen heraus, Verdunsten ist Verdampfen nur von der Oberfläche. Das Verdunsten geschieht bei jeder Flüssigkeit solange, bis sich ein Gleichgewicht im Dampfdruck einstellt oder alle Flüssigkeit verdampft ist.

Der Übergang vom festen in den gasförmigen Aggregatzustand wird als Sublimation bezeichnet und durch die Sublimationswärme beschrieben, die sich als Summe aus Schmelz- und Verdampfungswärme ergibt.

Allen Umwandlungsvorgängen ist gemeinsam, dass der jeweilige Phasenübergang, wie Abbildung 4.2 zeigt, bei einer festen Temperatur stattfindet und die aufzuwendende oder frei werdende Energie nur der Menge des umzuwandelnden Stoffes proportional ist. Die spezifische Umwandlungswärme c_p ist eine Materialgröße und fungiert als Proportionalitätsfaktor in der Gleichung $Q = c_p \cdot m$. Zwischen den Konversionstemperaturen ist die zuzuführende oder frei werdende Wärmemenge gemäß Gl. (4.6) der Masse des Stoffes und der Temperaturdifferenz proportional, dabei ist die spezifische Wärmekapazität c als Materialeigenschaft der Proportionalitätsfaktor und bestimmt damit jeweils den Anstieg der Geraden.

Die hohe Verdampfungswärme bei Wasser ist für die Realisierung von Schutzzielen im Bautechnischen Brandschutz nicht ohne Interesse, der Baustoff Gips ist nicht zuletzt aus diesem Grund mit seinem nicht unbedeutenden Wassergehalt in Form von Kristallwasser für Bekleidungen an bemessenen Konstruktionen sehr gut geeignet, worauf später noch einzugehen sein wird.

Ein Zahlenvergleich der bei der Umwandlung von 1 kg Eis von 0 °C in Dampf von 100 °C zuzuführenden Wärmeenergie (Summe entspricht 100%) soll das durchaus günstige Verhalten der Phasenumwandlung verdeutlichen:

Eis in Wasser bei 0 °C	0,093 kWh	Anteil 11%,
Wasser von 0 °C auf 100 °C	0,116 kWh	Anteil 14%,
Wasser in Dampf bei 100 °C	0,629 kWh	Anteil 75%.

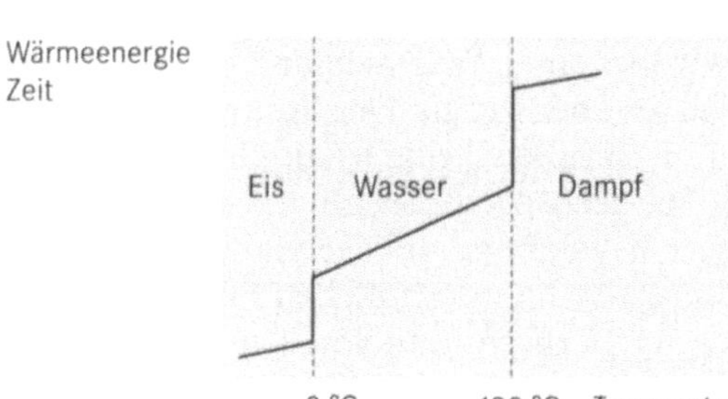

Abb. 4.2:
Wärmemenge Q oder Zeit als Funktion der Temperatur ϑ bei einer Umwandlung von Eis in Dampf

Tab. 4.1: Heizwerte einiger Stoffe

Material	H in kWh/kg	Material	H in kWh/m^3
Holz	4,5	Butan	34,4
Koks	6,5	Ethin	23,4
Holzkohle	8,6	Methan	13,5
Petroleum	11,3	Erdgas	12,2
Ethylalkohol	7,5	Pentan	12,5
Benzin	11,8	Propan	12,8
Holzfaserplatte		Wasserstoff	2,9
hart	3,3		
porös	4,8		

Die Wasser-Dampf-Umwandlung erfordert den weitaus größten Anteil an der Gesamtenergie; die kühlende Wirkung von verdampfendem Wasser, gerade in der Brandbekämpfung, wird deutlich.

Im Zusammenhang mit der Wärmemenge Q ist der Begriff des Heizwertes H zu erwähnen. Unter dem Heizwert ist die bei einem Verbrennungsvorgang sich entwickelnde Wärmemenge, auf die Masse des verbrannten Stoffes bezogen, zu verstehen.

$$H = \frac{Q_{ver}}{m_{ver}}, \quad [H] = \frac{\text{Ws}}{\text{kg}} \tag{4.7}$$

Die Maßeinheit entspricht der von latenten Wärmemengen, denn auch hier wird die Veränderung des Zustandes eines Feststoffes oder eines Gases bei einer mehr oder weniger konstanten Temperatur vor sich gehen.

Die Heizwerte sind tabelliert und werden bei der Brandlastberechnung benötigt. In Tabelle 4.1 sind einige Zahlenangaben aufgeführt. Der Heizwert wird für Stoffe im trockenen Zustand ermittelt, für feuchte Stoffe kann der veränderte Heizwert H_{feu} näherungsweise über

$$H_{feu} = H_{tro} \cdot (1 - 0{,}01 \cdot m_{wa}) - 0{,}007 \cdot m_{wa}, \quad [H_{feu}] = \frac{\text{kWh}}{\text{kg}} \tag{4.8}$$

aus dem Heizwert trockener Stoffe H_{tro} abgeschätzt werden [9], wobei m_{wa} die Stofffeuchte in Masse-% ist. Liegt das bei der chemischen Reaktion frei werdende Wasser in dampfförmiger Form vor, so wird in einer Wärmebilanz der Heizwert berücksichtigt. Liegt das frei werdende Wasser aber in flüssiger Form vor, d.h., der Dampf ist bereits kondensiert und die Kondensationswärme ist als Gewinn freigesetzt worden, so wäre in einer Wärmebilanz der Begriff Brennwert zu benutzen. Brennwert wird auch als oberer Heizwert bezeichnet. In der Heizungstechnik sind Brennwertkessel, die diese Umwandlung für einen rationellen Energieeinsatz nutzen, schon seit längerem bekannt. Bei der Verbrennung von 1 m^3 Erdgas mit einem Energieinhalt von etwa 11 kWh entsteht knapp 1 kg Wasserdampf, durch

Kondensation kann daraus eine Energiemenge von ca. 0,6 kWh wiedergewonnen werden, die ansonsten in die Atmosphäre abgegeben würde und außerdem bei zu geringen Abgastemperaturen den Schornstein (Versottung) belasten könnte, ein Vorgang, der vor allem bei nicht verrohrten Schornsteinen auftreten kann.

4.2 Ausbreitung von Wärme

Brandausbreitung ist ein Wärme- oder Energietransport vom Brandherd zu den noch nicht vom Feuer betroffenen Bauteilen oder Baustoffen.

Wärmetransportprozesse sind recht abstrakt, weil ein solcher Transport nicht sichtbar gemacht werden kann, und sie sind mathematisch schwierig zu behandeln, weil der Formalismus entsprechend hohe Anforderungen stellt. Für genaue Betrachtungen sei auf die einschlägige Literatur verwiesen, z.B. [25]. Nachfolgend werden daher im Sinne einer einheitlichen Begriffsbildung nur einige Grundsätze angesprochen.

Die Ausbreitung eines Brandes stellt Transport von Wärme oder Energie dar und ist somit prinzipiell durch physikalische Gesetze beschreibbar. Drei sehr unterschiedliche Vorgänge bestimmen diesen Wärmetransport. Wird der Transport durch einen Leitungsvorgang in einem ruhenden Träger verursacht, so spricht man von Wärmeleitung oder Transmission. Kommt es zu einem Transport in einem bewegten stofflichen Träger, einem Fluid, so handelt es sich um Wärmemitführung oder Konvektion. Geschieht der Wärme- oder Energietransport mithilfe elektromagnetischer Wellen, so spricht man von Strahlung. Alle drei Möglichkeiten sind an der Wärmeübertragung beteiligt, wenn auch mit von Fall zu Fall unterschiedlichen Anteilen und sich wechselseitig beeinflussend.

Die Wärmeleitung ist Transport von Wärmeenergie in einem Stoff durch Weitergabe von mehr oder weniger stark angeregten Gitterschwingungen bzw. durch Elektronen selbst, wodurch die innere Energie des Festkörpers lokal verändert wird. Damit ist klar, dass diese Ausbreitungsform im Wesentlichen auf Festkörper beschränkt ist.

Die Wärmeleitung wird mathematisch durch die so genannte Wärmeleitungsgleichung beschrieben, deren Lösung als Bestandteil mathematischer Modelle auch in der Brandmodellierung zunehmend an Bedeutung gewinnt.

Die Wärme aus der Umgebung von festen Stoffen wird durch einen Übergangsprozess auf den Festkörper selbst übertragen, um dann in diesem weitergeleitet zu werden. Der Übergang hängt von dem Strahlungsaustausch der Oberfläche mit der Umgebung, der Gasanströmung und der Oberflächenbeschaffenheit selbst ab, daher sind die Zahlenwerte sehr unterschiedlich und gerade bei hohen Temperaturen sehr groß. Die Weiterleitung im Festkörper wird durch dessen Materialwerte wie Dichte ρ , spezifischer Wärmekapazität c und Wärmeleitfähigkeit λ bestimmt. Der Vorgang der Wärmeleitung ist ein instationärer, d.h. zeitabhängiger Prozess, der in nicht wenigen Ausnahmefällen aber stationär, also zeitlich kon-

Tab. 4.2: Wärmeleitfähigkeit λ einiger Materialien

Material	λ in W/(m · K)	Material	λ in W/(m · K)
Kupfer	400	Laubholz	0,20
Aluminium	237	Nadelholz	0,13
Eisen	80	PVC	0,16
Guss	58	Hartgummi	0,17
Stahl	45	Sauerstoff	0,024
Naturstein	2,3	Wasserstoff	0,17
Glas	0,8	Luft, ruhend	0,024
Porenbeton	0,14–0,23	Kohlenstoffdioxid	0,015
Leichtbeton	0,7–1,2	Heizöl	0,16
Normalbeton	1,6–2,1	Benzin	0,13
Leichtziegel	0,3–0,5	Wasser	0,60
Normalziegel	0,5–1,2	Pulverschnee	0,06
Dämmstoffe	0,03–0,09	Eis	2,30

stant betrachtet werden kann, wodurch sich die Rechenmethoden deutlich vereinfachen und der Lösungsumfang verringert wird.

Auf den reinen Zahlenwert der Wärmeleitfähigkeit bezogen, gehören Metalle zu den sehr guten, nicht metallische Baustoffe zu den weniger guten und Dämmstoffe zu den schlechten Wärmeleitern, siehe Tabelle 4.2. Die schlechtesten Wärmeleiter sind ruhende Gase, sie weisen sehr geringe Wärmeleitfähigkeiten auf – Vakuum hat die Wärmeleitfähigkeit null. Bezogen auf die Probleme des Wärmeschutzes, sind allerdings Materialien mit kleinen Zahlenwerten der Wärmeleitfähigkeit als sehr gut einzuordnen. Notwendige Dämmstoffe im Bauwesen und im Bautechnischen Brandschutz müssen eine möglichst kleine Wärmeleitfähigkeit aufweisen.

Im Brandgeschehen spielt die Wärmeleitung vorrangig bei Metallen wie Eisen, Stahl oder Guss eine Rolle, da gerade bei Bauteilen aus diesen Materialien der schnelle Transport von großen Wärmemengen die Sicherheit von Bauwerksteilen entscheidend beeinflusst.

Die Wärmemitführung, oder kurz Konvektion, ist eine andere Form der Energieübertragung, die an das Strömen eines Fluids, d.h. an einen Massentransport gekoppelt ist. Die Bewegung eines Fluids ist dabei eine durch Temperatureinfluss verursachte Flüssigkeits-, Luft- oder Gasströmung.

Gasströme in Schornsteinen, Heißluftströme eines Föns, Meeresströmungen wie der Golfstrom oder Luftströmungen wie Passatwinde oder Jetströme sind Beispiele für die bedeutende Rolle dieser Fluidströme. Wärmetransport durch Massentransport geschieht ebenfalls in einer Warmwasserheizung oder dem Thermosyphonkühler durch strömendes Wasser. Bei diesen Prozessen ist die Temperaturabhängigkeit der Dichte von entscheidendem Einfluss, sie sorgt für Auftriebskräfte und damit für das Auftreten von Strömungsgeschwindigkeiten.

Die temperaturabhängige Dichte $\rho(T)$ der uns umgebenden Lufthülle beeinflusst außerdem beständig, natürlich auch unter Berücksichtigung globaler Einflüsse, die lokale Lüftung in unserer Umgebung, so z.B. die Fensterlüftung bzw. Fugenlüftung oder die Strömungsverhältnisse in Räumen.

Durch die Volumenvergrößerung der beteiligten Stoffe und die enorme Gas- bzw. Rauchbildung entsteht im Brandraum ein erhöhter Druck, der den konvektiven Wärmetransport beschleunigt. Aus der Sicht des Bautechnischen Brandschutzes hat die sich bildende Luftströmung große Bedeutung bei der Bemessung von Zuluft- und Abluftvolumenströmen zur Belüftung bzw. Entrauchung eines Brandherdes. Bei der Verbrennung entstehen als Verbrennungsprodukte u.a. große Mengen an Heißgasen. Eine Brandlast von 1 kg kann mehrere tausend Kubikmeter Gas mit Temperaturen von 200–300 °C erzeugen. Die daraus resultierenden großen Dichteunterschiede führen in Folge zu hohen Fluidgeschwindigkeiten. Diese schnell strömenden heißen Gase, die zusätzlich Ruß und Schadstoffe enthalten, sind in der Lage, auch in größeren Entfernungen vom Brandherd, weitere brennbare Stoffe zu entzünden und damit Sekundärbrände auszulösen. Die in den sich abkühlenden Brandgasen mitgeführten Schadstoffe können noch in großen Entfernungen vom Brandherd durch Sichtbehinderung und Rauchvergiftung zu einer ernsten Gefahr für Personen werden. Um solche Gefahrenlagen zu vermeiden, müssen die Heißgasströme schnell mit Frischluft vermischt, gekühlt und/oder ins Freie abgeführt werden. Die Entrauchung von Gebäuden ist daher eine vorrangige Aufgabe bei der Formulierung der Schutzziele.

Da sich im Brandraum wie erwähnt als Folge der geschilderten Vorgänge ein Überdruck ausbildet, wird die Weiterleitung von Brandgasen durch Risse, Fugen und kleinste Löcher in nicht vom Brand betroffene Räume begünstigt und Sekundärbrände können so auch an Stellen entzündet werden, an die kein am Bau Beteiligter je gedacht hätte, beispielsweise die Weiterleitung durch Kanäle, die Steckdosen verschiedener Räume verbinden, Fugen von Rohrdurchführungen, Haarrisse in Bauteiloberflächen oder über nicht bzw. schlecht verschlossene Hohlräume. Aktuelle Brandfälle zeigen die Gefährdung gerade aus diesem Bereich des Wärmetransportes.

Die dritte Möglichkeit des Energie- oder Wärmetransports stellt die Strahlung dar, d.h. die Energieübertragung mithilfe von elektromagnetischen Wellen. Die Erfahrung lehrt, dass jeder Körper entsprechend seiner Temperatur strahlt, dies wird in der Nähe von Heizkörpern spürbar und man kann es bei glühenden Metallen sehen. Der physikalische Vorgang kann mithilfe des Planckschen Strahlungsgesetzes[6] wellenlängenabhängig beschrieben werden. Integration über alle Wellenlängen führt auf das Stefan-Boltzmann-Gesetz[7]

$$\Phi_e = C_{1/2} \cdot A_1 \cdot (T_1^4 - T_2^4), \tag{4.9}$$

[6] Max Planck, deutscher Physiker, 1858–1947
[7] Joseph Stefan, österreichischer Physiker, 1835–1893, Ludwig Eduard Boltzmann, österreichischer Physiker, 1844–1906

hier in der Form des Strahlungsaustausches zwischen zwei Körpern. Dabei sind Φ_e der ausgetauschte Strahlungsstrom, d.h. Energie/Zeit (Maßeinheit Watt), T_1 und T_2 die Temperaturen der beiden Flächen und $C_{1/2}$ eine Strahlungsaustauschkonstante gemäß

$$C_{1/2} = \frac{\sigma}{\dfrac{1}{\varepsilon_1} + \dfrac{A_1}{A_2}\left(\dfrac{1}{\varepsilon_2} - 1\right)} \, , \tag{4.10}$$

in der die beiden austauschenden Flächen A_1 und A_2 und die zugehörigen Emissionskoeffizienten ε_1 und ε_2 als Materialparameter sowie $\sigma = 5{,}67 \cdot 10^{-8}$ W/m^2 · K^4 als Stefan-Boltzmann-Konstante berücksichtigt werden.

Ergänzend sei noch das Wiensche Verschiebungsgesetz[8] angefügt. Die Wellenlänge $\lambda_{\max}$ maximaler Strahlungsemission ist der absoluten Temperatur T umgekehrt proportional, das Verschiebungsgesetz kann daher auch als

$$\lambda_{\max} \cdot T = 0{,}002898 \text{ m} \cdot \text{K} \tag{4.11}$$

geschrieben werden. Stoffe mit Temperaturen zwischen 300 K und etwa 3.000 K strahlen gemäß Gl. (4.11) überwiegend im infraroten, d.h. im langwelligeren Bereich unterhalb des sichtbaren Bereichs des Spektrums, d.h. sie geben Wärme ab. Erst ab Temperaturen von etwa 600 °C wird ein Teil der Strahlung als Glut und/oder Flammen für das menschliche Auge sichtbar.

Die vierte Potenz der Temperatur in Gl. (4.9), hier darf nur die absolute Temperatur in Kelvin benutzt werden, verdeutlicht den enormen Einfluss des Strahlungswärmetransports schon bei geringen Temperaturänderungen. Jeder, der sich einmal in der Nähe eines größeren Lagerfeuers aufgehalten hat oder von einem Sonnenbrand betroffen war, weiß eine respektvoll eingehaltene Entfernung oder andere Schutzmaßnahmen zur Strahlungsquelle zu schätzen.

Die Strahlung eines Brandes breitet sich, da es sich um elektromagnetische Strahlung handelt, analog zum sichtbaren Licht aus. Die Ausbreitung erfolgt geradlinig, so dass auch Schattenbereiche entstehen. Materie absorbiert die Strahlung je nach Transparenz mehr (undurchsichtige Körper) oder weniger (Verglasung) und wandelt sie in Wärme um. Im Falle eines Brandes können daher durch die Strahlung der offenen Flammen noch in relativ großen Entfernungen vom Brandherd deutliche Temperaturerhöhungen der Bauteile verursacht werden. Brennbare Baustoffe können sich dadurch entzünden und sekundäre Brandherde erzeugen, nicht brennbare Stoffe können sich in ihrem Bestand verändern, z.B. schmelzen.

Ein Zahlenbeispiel: eine Fläche von 1 m^2 mit einer Temperatur von 500 °C strahlt in den Halbraum zu anderen Bauteilflächen, mit einer Temperatur von 20 °C, mit einer Strahlungsflussdichte oder Intensität von über 18.000 W/m^2, bei einer Temperatur von etwa 900 °C beträgt die Strahlungsflussdichte schon fast 100.000 W/m^2.

---

[8] Wilhelm Carl Wien, deutscher Physiker, 1864–1928

Eine spezielle Art der Brandausbreitung ist begrifflich nicht direkt mit den geschilderten physikalischen Gesetzmäßigkeiten verknüpft, aber Funkenflug und Flugfeuer stellen eigentlich auch nur einen „konvektiven Transport" von Energie in Form von kleinen „Festkörpern hoher Temperatur" dar, die durch Wind transportiert in der näheren oder weiteren Umgebung des Brandherdes herabfallen oder durch Explosionen impulsartig schnell verbreitet werden können. Sekundärbrände sind auch hier die negativen Folgen, Dächer sind daher vor allem gegen diese Übertragungsform von Wärmeenergie durch eine geforderte harte Bedachung zu sichern.

Die vorrangige Aufgabe des bautechnischen Brandschutzes, einer Brandentstehung und Brandausbreitung vorzubeugen, kann daher nur bedeuten, Zündquellen zu beseitigen oder zumindest diese in ihrer Zahl zu verringern und unkontrollierten Wärmetransport zu vermeiden.

4.3 Verbrennungsvorgang

Unter der Einwirkung von Wärme spalten sich die Bindungen organischer Stoffe auf, die Materialien sind nicht mehr existenzfähig, und es kommt zu einem Zersetzungsprozess. Im Ergebnis dieses komplexen chemischen Prozesses entstehen Bruchstücke, die brennbar sind oder den Verbrennungsvorgang unterstützen. Unbrennbare Bestandteile bleiben als Asche zurück.

Jeder Verbrennungsvorgang beginnt mit einer mehr oder weniger starken Erwärmung. Der betroffene Stoff wird durch eine erhöhte Umgebungstemperatur, durch Strahlung oder heiße Gasströme seine Temperatur erhöhen. In der Folge entstehen erste flüchtige Bruchstücke, es wird eine Gasphase gebildet, die, unter Berücksichtigung äußerer Bedingungen, durchaus schon entflammen kann. Es handelt sich dabei aber noch nicht um ein Entzünden im Sinne eines dauerhaften Prozesses, wird nämlich die externe Quelle wieder entfernt, so erlischt diese erste Flamme wieder.

Erst eine weitere Temperaturerhöhung führt kurze Zeit später zum Entzünden, dem selbstständigen und dauerhaften Weiterbrennen des Stoffes auch dann, wenn die externe Zündquelle wieder entfernt wird – der betreffende Stoff brennt. Unter Laborbedingungen mit definierten Umgebungsbedingungen von Druck, Temperatur, Feuchte etc. kann einem Stoff eine eindeutige Zündtemperatur zugeordnet werden. Unter den Bedingungen des natürlichen Schadensfeuers lassen unterschiedliche Ventilationsbedingungen, die Beschaffenheit des brennenden Stoffes, die Möglichkeiten der Wärmeabführung aus dem Brandraum oder die Geometrie des Brandraumes selbst eine solche eindeutige Festlegung nicht zu, die Zündtemperatur kann daher nicht als stoffliche Größe mit einem eindeutigen Zahlenwert belegt werden. Der Umgang mit der Zündtemperatur wird im Bautechnischen Brandschutz somit erschwert, wie noch zu zeigen sein wird.

Nach der Entzündung kommt es zu chemischen Vorgängen, zur Oxidation mit weiterer Flammenbildung und Entwicklung hoher Temperaturen. Die bei diesen vielgestaltigen chemischen Prozessen frei werdenden Wärmemengen, die Verbrennungswärmen, sind abhängig vom molekularen Aufbau und der chemischen Stabilität des betreffenden Stoffes. Das Aufbrechen von chemischen Verbindungen benötigt Energie, das Eingehen neuer Verbindungen, Produkte der Verbrennung, setzt Energie frei. Bei der Verbrennung eines Stoffes ist daher die Energiebilanz wichtig: In der Summe wird Energie freigesetzt – exotherme Reaktion – oder Energie wird verbraucht – endotherme Reaktion. Ein Stoff brennt umso leichter, je mehr Energie bei seiner Verbrennung entsteht und je weniger Zündenergie für seinen Verbrennungsvorgang benötigt wird [26].

Die Dichte des Stoffes spielt dabei für die Entzündung eine ebenso große Rolle wie das Verhältnis von Oberfläche zur Masse des Stoffes. Papier oder Holzwolle entzünden sich schneller als ein Holzstück, ein mit Fugen aufgesetzter Holzbretterstapel wiederum brennt schneller als ein solcher ohne Fugen oder ein Kieferholzbrett brennt schneller als ein dicker Eichenholzbalken.

Der typische Verbrennungsvorgang soll am Beispiel der Holzverbrennung verdeutlicht werden. Holz besteht zu etwa 75% aus Zellulose, der restliche Anteil ist das der Stützmatrix zuzuordnende komplexe, hochmolekulare Lignin, das bei der Zellstoffgewinnung herausgelöst wird. Bei der Papierherstellung ist es unerwünscht, es trägt zur Vergilbung bei. Die Zellulose kann durch zwei sehr verschiedenartige Reaktionen verändert werden.

Eine vollständige Verbrennung wird bei guter Belüftung, also ausreichender Sauerstoffzufuhr, nach folgender Reaktionsgleichung ablaufen:

$$C_6H_{10}O_5 + 6 \cdot O_2 \rightarrow 6 \cdot CO_2 + 5 \cdot H_2O, \quad \Delta H = +3.641 \ kWs/mol \qquad (4.12)$$

Bei der Bildung von Wasser wird dabei eine Energie von $\Delta H_w = 241$ kWs/mol und bei der Bildung von Kohlenstoffdioxid eine Energie von $\Delta H = 406$ kWs/mol freigesetzt, es handelt sich um eine exotherme Reaktion. Geschieht die Holzverbrennung ohne wesentliche Sauerstoffzufuhr nur durch Erhöhung der Temperatur, so verläuft die chemische Reaktion völlig anders.

$$C_6H_{10}O_5 \rightarrow 6 \cdot C + 5 \cdot H_2O, \quad \Delta H = -630 \ kWs/mol \qquad (4.13)$$

Diese Reaktion verbraucht Energie, es handelt sich um eine endotherme Reaktion. Im Verlauf der Reaktion kommt es zur Dehydratisierung, dem Holz wird Wasser entzogen, und es bleibt reiner Kohlenstoff als Gerüst zurück. Diese Art der Verkohlung wird in Meilern benutzt, um Holz- oder Grillkohle zu produzieren.

Reiner Kohlenstoff ist ein hochmolekulares Gebilde und brennt erst bei sehr hohen Temperaturen. Graphit, als einer Modifikation des Kohlenstoffs, wird daher als Elektrodenmaterial in der chemischen Industrie bzw. Glasindustrie oder als Material für Gefäße im chemischen Labor oder in Form von Kohlefaserwerkstoffen in der Raumfahrt eingesetzt.

Die vollständige Verbrennung nach der Reaktionsgleichung (4.12) mit Bildung einer Kohlenstoffverbindung ist für einen Brandverlauf ungünstig, da Energie erzeugt wird; im Fall der Dehydratisierung nach Gl. (4.13) ist die Bildung von reinem Kohlenstoff günstiger, da Energie verbraucht wird. Im üblichen Brandgeschehen wird ohne äußeren Eingriff der Reaktionsablauf in Abhängigkeit der Temperatur beide Reaktionsformen beinhalten. Bis etwa 200 °C überwiegt die Dehydratisierung, oberhalb dieser Temperatur die vollständige Verbrennung, dabei ist zusätzlich noch die Zeitdauer der einwirkenden Temperatur von Bedeutung.

In diesem Reaktionsablauf liegt auch die Bedeutung eines Einsatzes von Feuerschutzmitteln. Eine Behandlung von Holz mit diesen Chemikalien stellt einen äußeren Eingriff dar, um das Material schwerer entflammbar zu machen. Es wird die Zersetzungstemperatur herabgesetzt, so dass die Dehydratisierung schneller einsetzen und länger ablaufen kann, wobei das entstehende Kohlenstoffgerüst als Schutzhülle für das darunter befindliche, noch nicht beanspruchte Holzmaterial dient. Erläuterungen dazu erfolgen im Abschnitt 6.9.

Das übliche Brandgeschehen wird in der überwiegenden Anzahl der Fälle durch Fremdeinwirkung verursacht, d.h. eine externe Zündquelle erzeugt eine hinreichend hohe Temperatur, die zur Entzündung und zum selbstständigen Weiterbrennen ausreicht.

Brände können aber auch durch Selbstentzündung hervorgerufen werden. Bakterien erzeugen beispielsweise schon bei Umgebungstemperaturen von 20–30 °C eine solche Wärmemenge, die, wenn ungünstige Bedingungen für die Wärmeableitung vorliegen, zu einem lokalen Wärmestau und in kurzer Zeit zu einem Schwelbrand führen kann. Derartige Brände treten bei der Lagerung von Schüttgütern wie Kohle, Getreide, Heu u.a. auf. Beschleunigend auf die Brandentwicklung wirkt dabei, dass bei diesen Temperaturerhöhungen auch alle $\Delta T = 10$ K die Reaktionsgeschwindigkeit gemäß der Regel des Niederländers van't Hoff[9] zunimmt [27], der übrigens im Jahre 1901 den ersten Nobelpreis für Chemie erhielt.

4.4 Brandverlauf

Reale Brände sind nicht vorhersehbar, eine messtechnische Analyse zur Datengewinnung daher nicht möglich. Einen Ausweg bilden Brandversuche und numerische Experimente mit dem Ziel, Brandverlauf, Brandausbreitung und Brandfolgen zu untersuchen.

Der Verlauf eines Brandes lässt sich in mehrere Abschnitte unterteilen, wie Abbildung 4.3 zeigt. In einer ersten Phase, der Zündphase, ist zunächst eine unkritische Erwärmung festzustellen, die zwar ein Risiko aber noch keine unmittelbare Gefahr bedeutet. Allerdings ist die Einschätzung, bis zu welcher Temperatur diese Erwärmung als unkritisch anzusehen ist, sehr subjektiv und generell von der Qualität der Baustoffe bzw. Bauteile abhängig. Daher wird diese erste Phase oft übergangen und zumindest teilweise der nächsten Phase zugeordnet. In dieser zweiten Phase, der Schwelbrandphase, werden verstärkt Brandgase durch Pyrolyse gebildet, die unter Einwirkung von Luftsauerstoff verbrennen und Wärmeenergie frei-

---

[9] Jacobus Henricus van't Hoff, niederländischer Physiko-Chemiker, 1852–1911;

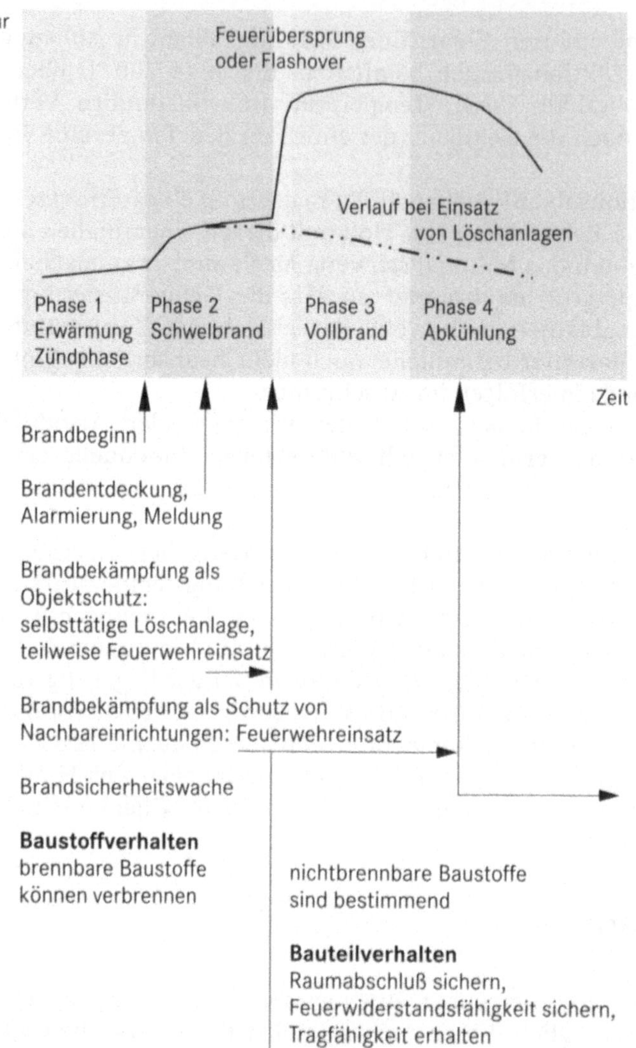

Abb. 4.3: Schematisierter Brandverlauf in seinen zeitlichen Phasen und Möglichkeiten seiner Beeinflussung

setzen, wodurch wiederum die chemischen Reaktionen beschleunigt werden und so zu höheren Temperaturen bis zur Entzündung führen. Dieser Zeitpunkt kann als Brandbeginn bezeichnet werden. Die nachfolgende Brandentwicklung ist weiterhin verzögert, weil der Brandherd noch lokalisiert im Brandraum vorhanden ist. Die Temperatur steigt aber nunmehr schneller an und es bilden sich verstärkt Brandgase mit einer sich schnell ausbreitender Verrauchung.

In einem begrenzten Temperaturbereich um eine bestimmte Temperatur kommt es zum so genannten Feuerübersprung oder Flashover, Abbildung 4.3. Die Temperaturen im Brandraum steigen durch die Wärmeübertragungsvorgänge schnell an, die Strahlung gewinnt zunehmend an Einfluss, heiße Brandgase durchziehen den Brandraum. Die Folge ist ein schlagartiges Ausbreiten des Feuers im gesamten Raum, ein Verlauf, der vor allem bei hohen Brandlasten bzw. in kleineren Räumen auftritt. Mit dieser Stufe der Entwicklung ist der Vollbrand, die dritte Brandphase erreicht. Die Temperaturen ändern sich nicht mehr allzu sehr, sie sind bereits auf einem hohen Niveau von 800–1.000 °C, bei einigen Brandlasten auch höher. Bedingt durch die kurze Zeitspanne, in der sich der Schwelbrand zum Vollbrand entwickelt, wird der Flashover nicht als eine fünfte Brandphase bezeichnet.

Wird der Verlauf des Vollbrandes durch eine Begrenzung der Luftzufuhr bestimmt, so handelt es sich um einen ventilationsgesteuerten Brand. Steht genügend Zuluft zur Verfügung, so bestimmt im Wesentlichen die vorhandene Brandlast den Brandverlauf, es handelt sich dann um einen brandlastgesteuerten Brand. In zunächst abgeschlossenen Räumen kann ein ventilationsgesteuerter Brand zu einem späteren Zeitpunkt in einen brandlastgesteuerten Brand umschlagen, wenn während des Brandgeschehens von selbst oder von außen zusätzliche Öffnungen entstehen bzw. geschaffen werden. Dieser Vorgang kann zum Teil explosionsartig verlaufen und der Brand breitet sich schnell in benachbarte Räume und Gebäude aus.

Nach dem Vollbrand, wenn keine Brandlasten mehr vorhanden sind, kommt es zur vierten und letzten Phase, der Abkühlung des Brandherdes bzw. der Brandreste. Diese Phase ist für den Bautechnischen Brandschutz ohne Belang.

Der gesamte Brandverlauf hängt selbstverständlich von Randbedingungen und einer ganzen Anzahl äußerer Einflüsse ab:
- Art und Menge der Brandlast,
- Verteilung der Brandlast im Raum,
- Verteilungsdichte der Brandlast im Raum,
- Geometrie des Brandraumes,
- thermische Eigenschaften der Bauteile, Wärmeleitfähigkeit, Dichte, spezifische Wärmekapazität,
- Beschaffenheit, Fläche und Anordnung der Belüftungsöffnungen, vertikale und horizontale Zuluft- und Abluftöffnungen,
- Löschmöglichkeiten und Löschmaßnahmen.

Nach dem Ausbruch des Vollbrandes bestehen im eigentlichen Brandraum für Rettungs- und Löschmaßnahmen kaum noch realistische Chancen auf Erfolg. Die Löschmannschaften werden sich dann hauptsächlich auf den Schutz des Umfeldes beschränken. Es ist daher notwendig, dass Bekämpfungs- und Rettungsmaßnahmen von der Feuerwehr sehr früh in der zweiten Brandphase einsetzen und durchgeführt werden können, ein sich noch entwickelnder Brand, ein Schwelbrand, kann erfolgreicher bekämpft und oft auch gelöscht werden.

Selbsttätige Löschanlagen entfalten ihre Wirkung zur Bekämpfung des Entstehungsbrandes ebenfalls fast ausschließlich in der 2.Brandphase, und dies in vielen Fällen mit Erfolg. Zumindest verhindern diese Anlagen einen deutlichen Temperaturanstieg bzw. verzögern den Feuerübersprung, so dass die Feuerwehr bei ihrem Eintreffen noch gute Möglichkeiten hat, den verzögerten Schwelbrand, strichpunktierte Kurve in Abbildung 4.3, erfolgreich bekämpfen zu können.

Um die Entwicklung zum Vollbrand zu vermeiden oder solange wie möglich zu verzögern, muss ein rechtzeitiger Feuerwehreinsatz und/oder der wirksame Einsatz einer selbsttätigen Löschanlagen über ein gut funktionierendes Detektions- und Meldesystem gesichert werden.

Zur Durchführung effektiver Rettungs- und Löschmaßnahmen sind Rauch und Wärme möglichst vom Brandherd zu entfernen. Um die bereits zu einem sehr frühen Zeitpunkt einsetzende Rauchentwicklung zu vermeiden, sollte eine sofortige Belüftung des Brandraumes erfolgen. Nur so sind erträgliche Sichtverhältnisse zu erreichen, kann der Brandraum von den Rettungs- und Löschkräften gesichert und der Vollbrand vermieden werden.

Abluftöffnungen können im Baukörper relativ unproblematisch an günstigen Stellen in oberen Bereichen von Wänden und Dächern untergebracht werden, sind doch in zahlreichen Fällen auch die vorhandenen Belichtungsöffnungen nutzbar. Um aber die Funktion der Abluftöffnungen zu sichern, müssen im Baukörper immer auch entsprechende Zuluftöffnungen vorhanden sein. Die bauliche Situation für diese Ventilationsöffnungen ist jedoch weitaus ungünstiger, was die strömungstechnischen Notwendigkeiten ihrer Anordnung in Fußbodennähe mit sich bringt. Aus dieser Anordnung ergeben sich nicht selten Probleme ganz anderer Art: nämlich solchen zur Einbruchsicherheit und zum Vandalismus, d.h. es geht um Probleme des normalen Versicherungsschutzes.

Die Kaltluftzufuhr sollte turbulenzarm mit geringer Geschwindigkeit erfolgen, normale Lüftungs- und Klimageräte sind für diese Zwecke weniger gut geeignet [28]. Folglich sind vom Planer separate Zuluftöffnungen im oder am Gebäude vorzusehen. Der heutige technische Stand ermöglicht es, dass sowohl normale Sicherheitsforderungen als auch die sichere Freigabe der Öffnungen im Brandfall realisiert werden können.

Das Brandverhalten in den ersten beiden Phasen bis zum Ausbruch des Vollbrandes wird zunächst durch das Verhalten brennbarer Baustoffe gekennzeichnet. Sind große Mengen brennbarer Stoffe vorhanden, kommt es schneller zum Vollbrand und es können auch höhere Temperaturen im Brandraum erreicht werden. Sind weniger brennbare Stoffe vorhanden, kann der Vollbrand unter Umständen vermieden werden oder dessen Ausbruch solange verzögert werden, bis durch selbsttätige Löschanlagen und Feuerwehr ein Feuerübersprung noch verhindert werden kann. In der Phase des Vollbrandes selbst sind eigentlich nur die nicht brennbaren Baustoffe entscheidend, weil diese den Bestand sichern und brennbare Stoffe unter Umständen gar nicht mehr existent sind oder eben noch brennen. Es ist folglich immer vorteilhaft, die Menge brennbarer Baustoffe zu reduzieren, der Planer hat damit eine Möglichkeit, durch geschickte und geeignete Baustoffauswahl einen möglichen Brandverlauf zu beeinflussen, vielleicht zu vermeiden. Da ein Vollbrand im Allgemeinen kaum zu löschen ist und daher ausbrennt, kommt der Feuerwiderstandfähigkeit der den Brandraum begrenzenden Bauteile zum Schutz umliegender Bauten und Objekte in der dritten Brandphase eine zentrale Bedeutung zu. Die Bauteile müssen im Brandfall ihre für den Bestand wesentlichen Eigenschaften „tragend" und/oder „raumabschließend" in der geforderten Zeitdauer unbedingt behalten.

Was aber ist die geforderte Zeitdauer? Es ist die Feuerwiderstandsdauer eines Bauteils in Minuten, während der die bemessenen Eigenschaften erhalten bleiben müssen. Auch hier hat der Entwurfsverfasser wiederum Möglichkeiten, auch in Abstimmung mit dem Auftraggeber, mithilfe einer partiell verbesserten Bauteilausführung ein wenig mehr für die Sicherheit und damit den Bestand des Bauwerkes zu tun.

Die Notwendigkeit, in der Projektierung mit den Kenntnissen gemäß dem Stand der Technik zu arbeiten, um das Sicherheitsniveau ständig zu verbessern bzw. auf dem aktuellen Niveau zu halten, wird somit in ihrer Bedeutung klar unterstrichen.

4.5 Normbrand und Einheitstemperaturkurve

Einen natürlichen Brand im Versuchsfeld darzustellen und messtechnisch zu erfassen ist eine überaus anspruchsvolle Aufgabe und mit einem großen materiellen, geräte- und rechentechnischen Aufwand verbunden, der im Hinblick auf mögliche Ergebnisse und Aussagen sicher nur selten gerechtfertigt ist. Exakte Vorhersagen zum zeitlichen Ablauf und zur Temperaturentwicklung sind auch dann nicht möglich.

Um trotzdem mit vertretbarem Aufwand verallgemeinerungsfähige Aussagen aus Brandereignissen zu gewinnen, wurden und werden verstärkt andere Wege beschritten. In den letzten Jahren wird mit zunehmendem Erfolg versucht, das thermische Verhalten von Brände mathematisch/physikalisch zu modellieren, oft parallel zu Brandversuchen.

Eine komplexe mathematische Modellierung durchzuführen bedeutet, die Lösung eines Differentialgleichungssystems zu bestimmen, das aus Wärmeleitungsgleichung für den Energietransport, den Navier-Stokes-Gleichungen[10] für die Fluidbeschreibung bzw. Impulstransport und der Kontinuitätsgleichung für die Massenerhaltung unter Berücksichtigung möglichst präziser Rand- und Anfangsbedingungen besteht.

Gegenwärtig werden spezielle Brandprobleme mit Brandsimulationsrechnungen behandelt, wobei vereinfachte mathematische Darstellungen in Form von Bilanzmodellen zum Massen-, Energie- und Impulstransport benutzt werden. Eine übersichtliche und praktikable Verfahrensweise mit Orientierung in die nahe Zukunft ist in Kapitel 12 enthalten.

Die Interpretation derartiger Modellergebnisse wird durch Erkenntnisse erleichtert, die aus Brandauswertungen und in zahlreichen Brandversuchen in Prüfständen systematisch gewonnen wurden und auch weiterhin, wenn auch mit abnehmender Tendenz, gewonnen werden. Die normativ vorgeschriebenen Bedingungen für diese Brandversuche ermöglichen vergleichende Aussagen und

---

[10] Georg Gabriel Stokes, englischer Physiker, 1819–1903; Claude Henry Navier, franz. Mathematiker, 1785–1836

eröffnen damit Möglichkeiten, Ergebnisse von Versuchsbränden mit der Wirkung von Realbränden zu vergleichen.

Maßgebend für diese Prüfuntersuchungen ist ein eindeutiger Temperatur-Zeit-Verlauf im Brandraum, der auf nationaler Ebene als Einheitstemperaturkurve (ETK) in der DIN 4102-2 von 1977 [18] festgelegt wurde, Abbildung 4.4. Dieser Temperaturverlauf ist als Standardkurve in der EU und anderen Ländern eingeführt und kann gemäß [141,160] mit

$$\vartheta(t) = 345 \cdot \log_{10}(8 \cdot t + 1) + 20 \,, \quad [\vartheta] = {}^\circ\text{C} \tag{4.14}$$

berechnet werden, wobei t die Zeitdauer in Minuten ist. Im Prüfablauf dürfen nach 5 Minuten die Abweichungen der mittleren Temperaturen im Brandraum ±100 K nicht übersteigen.

Die Einheitstemperaturkurve stellt keine Brandsimulation dar, sie stellt einen Maßstab dar, an dem das Brandverhalten von Bauteilen beurteilt und verglichen werden kann. Die ETK schließt somit an den schematisierten Brand an, wie er in Abbildung 4.3 dargestellt ist, die ETK steht für Flashover und Vollbrand und beginnt erst nach der Phase 2, dem Schwelbrand. Die hohe Temperaturbeanspruchung im Brandraum soll durch wenige Zahlen verdeutlicht werden: Nach 30 Minuten muss im Brandraum bereits mit über 800 K Temperaturerhöhung gerechnet werden, nach 90 Minuten mit einer solchen von über 980 K. Eine Temperatur von 500 °C wird bereits nach 300 Sekunden erreicht.

Neben dieser ETK stehen weitere Normbrandkurven, siehe Abbildung 4.4, für spezielle Brandszenarien zur Verfügung. Für Hydrocarbon- oder Öllachenbrände [160] wurde die Kohlenwasserstoffkurve gemäß

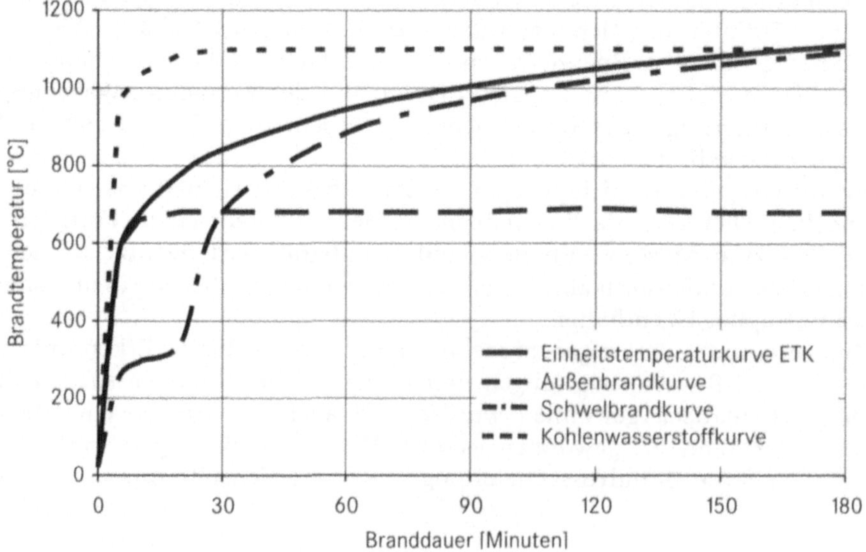

Abb. 4.4: Normbrandkurven nach Gln. (4.14) bis (4.18)

$$\vartheta(t) = 1080 \cdot [1 - 0,325 \cdot e^{-0,167 \cdot t} - 0,675 \cdot e^{-2,5 \cdot t}] + 20 \,, \quad [\vartheta] = {}^\circ C \tag{4.15}$$

definiert. Für die Behandlung von Schwelbränden wurde eine Schwelbrandkurve [141] über

$$\vartheta(t) = 154 \cdot t^{0,25} + 20 \,, \quad [\vartheta] = {}^\circ C, \, 0 < t \le 21 \text{ Minuten} \tag{4.16}$$

$$\vartheta(t) = 345 \cdot \log_{10}(8 \cdot (t - 20) + 1) + 20 \,, \quad [\vartheta] = {}^\circ C, \, t > 21 \text{ Minuten} \tag{4.17}$$

festgelegt. Eine Außenbrandkurve [141] wird gemäß

$$\vartheta(t) = 660 \cdot (1 - 0,687 \cdot e^{-0,32 \cdot t} - 0,313 \cdot e^{-3,8 \cdot t}) + 20 \,, \quad [\vartheta] = {}^\circ C \tag{4.18}$$

für geringere Brandbeanspruchung vorgeschrieben. Diese gilt z.B. für die Beanspruchung von Außenwänden durch einen äußeren Brand oder einen aus den Fenstern schlagenden Brand und ist in ihrem Verlauf in Abbildung 4.4 gestrichelt dargestellt. Außenwände sind aufgrund ihrer Anordnung und durch die mögliche Vermischung der heißen Brandgase mit kühler Außenluft nicht so hohen Temperaturbelastungen ausgesetzt wie Innenbauteile.

In naher Zukunft werden auch für Tunnelbrände Temperatur-Zeit-Kurven als Maßstab für Untersuchungen verbindlich vorliegen.

Abbildung 4.5 zeigt die Unterschiede im Temperaturverlauf zwischen einem Benzinbrandverlauf, dargestellt sind zwei Brände mit unterschiedlichen Brandlasten, und der ETK. Benzinbrände sind Beispiele für einen impulsförmige Verlauf der Temperatur-Zeit-Kurve: sehr schnelles Ansteigen der Temperatur – innerhalb von 5 Minuten auf 1.000 °C – und relativ schnelles Abklingen der Temperatur – nach 20 Minuten auf 200 °C. Ein Vergleich mit der ETK ist nicht mehr möglich, daher wurde eine eigene „ETK", die Kohlenwasserstoffkurve, für diese Brandauswirkungen zur Verfügung gestellt.

Die Abbildungen 4.6 und 4.7 ermöglichen einen Vergleich der Temperatur-Zeit-Verläufe von natürlichen Bränden und der Einheitstemperaturkurve. In Abbildung 4.6 sind Temperaturverläufe für Holzkrippenbrände unter Laborbedingungen dargestellt. Die in Klammern angefügten Zahlenwerte geben die relative Größe der Brandraum-Belüftungsöffnungen an, vor den Klammerwerten sind die Brandlasten in kg Holz/m^2 angegeben. Holzkrippen stellen dabei definierte Brandlasten dar, dazu werden eine vorgegebene Anzahl von Holzquadern mit definierten Abmessungen und definierter Holzfeuchte in bestimmter Anordnung aufgeschichtet und mit einer definierten Brandlast als Zündquelle in Brand gesetzt. Eine typische Holzkrippe weist etwa 40 kg Holz auf und entspricht somit einer Brandenergie von ca. 200 kWh.

Aus Abbildung 4.6 wird ersichtlich, dass steigende Brandlast bei gleichen Ventilationsbedingungen zu einer Verschiebung des Maximums der betreffenden Kurven zu höheren Temperaturen zur Folge hat.

Bei konstanter Brandlast und zunehmend besserer Belüftung des Brandes verschiebt sich das Maximum zu kürzeren Zeiten. Die relativ gleichmäßigen Kurvenverläufe sind Ausdruck der normierten Bedingungen im Versuchsstand. Im

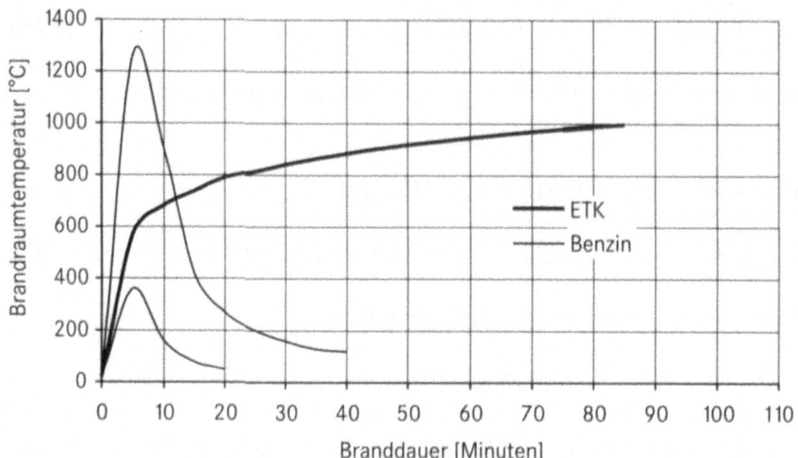

Abb. 4.5: Benzinbrandkurven mit unterschiedlichen Brandlasten und ETK im Vergleich, Benzin in Wannen mit begrenzter Brandlast, nach [9]

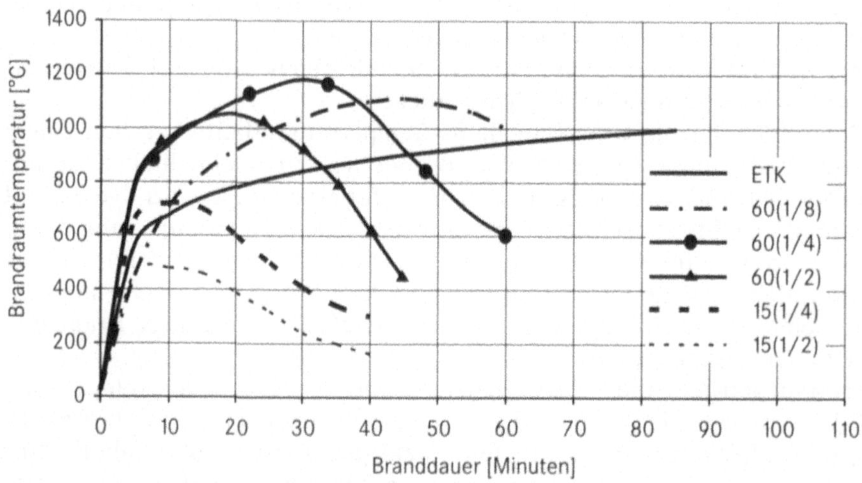

Abb. 4.6: Temperatur-Zeit-Verläufe für Labor-Holzkrippenbrände, nach Kordina [30]
Zahl vor der Klammer: Brandlast in kg Holz/m^2, Zahl in der Klammer : Anteil Wandfläche als Öffnungsfläche

Vergleich mit der ETK wird deutlich, dass diese als Maßstab und Basis für Untersuchungen von Bränden gut geeignet sind, im Einzelfall aber doch Abweichungen auftreten können. In der ETK widerspiegeln sich langjährige Erfahrungen und Erkenntnisse, die es uns heute ermöglichen, die mit der ETK geprüften Bauteile als sicher im Sinne der Bemessung anzusehen.

In Abbildung 4.7 sind Holzkrippenbrände und ein Mobiliarbrand in einem Abrissgebäude untersucht worden, d.h. nicht unter Laborbedingungen. Dabei werden Unterschiede deutlich, die aus nicht normierten Prüfbedingungen bezüglich Gestaltung des Brandraumes und Lage der Belüftungsöffnungen resultieren, aber

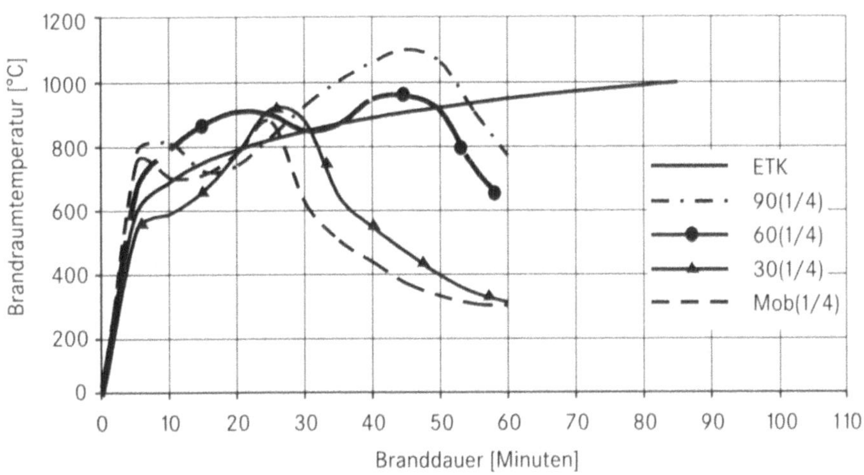

Abb. 4.7: Temperatur-Zeit-Verläufe von Mobiliar- und Holzkrippenbränden unter natürlichen Brandbedingungen, nach Kordina [30]
Zahl vor der Klammer: Brandlast in kg Holz/m², Zahl in der Klammer : Anteil Wandfläche als Öffnungsfläche

wiederum mit der Feststellung, dass die Benutzung der ETK als Vergleichsmaßstab gerechtfertigt ist, vor allem, wenn eine größere Anzahl von Brandversuchen berücksichtigt wird.

Der Zusammenhang zwischen dem Normbrand, dargestellt durch die ETK, und dem natürlichen Schadensfeuer muss über den Vergleich der Brandwirkungen geschehen. Die Wirkungen, die im Prüfstand unter ETK-Bedingung erreicht werden, müssen mit denen von natürlichen Bränden verglichen werden. Werden solche Untersuchungen langzeitig betrieben und die Erfahrungen über Jahre oder Jahrzehnte kumuliert, so können hinreichend gesicherte Aussagen getroffen werden, wie sie beispielsweise in der DIN 4104-T4 dokumentiert sind. Die dort aufgeführten Bauteile können bezüglich der Feuerwiderstanddauer mit großer Sicherheit benutzt werden.

Aus Kostengründen wird angestrebt, die Zahl der Brandversuche zu verringern. Ergänzende Aussagen sollen mit Methoden der mathematischen Modellierung thermischer Prozesse gewonnen werden. Mit höherer Aussagefähigkeit und verbesserter Handhabbarkeit dieser mathematischen Modelle und Brandsimulationsprogramme wird es möglich, die Zahl der Versuche zu verringern bzw. die Sicherheit der Prüfergebnisse durch Ergebnisse aus Modellrechnungen zu erhöhen.

Der notwendige Vergleich zwischen den Ergebnissen der Brandversuche und den Wirkungen des natürlichen Schadensfeuers auf Bauteile wird begrifflich mithilfe der äquivalenten Branddauer vollzogen, Abbildung 4.8 zeigt die Vorgehensweise. Als äquivalente Branddauer $t_{ä}$ wird die Zeitdauer eines Normbrandes definiert, bei der die gleiche Schadenswirkung am Bauteil entsteht wie durch den Gesamtablauf eines natürlichen Schadensfeuers. Löschmaßnahmen finden bei dieser Betrachtung keine Berücksichtigung.

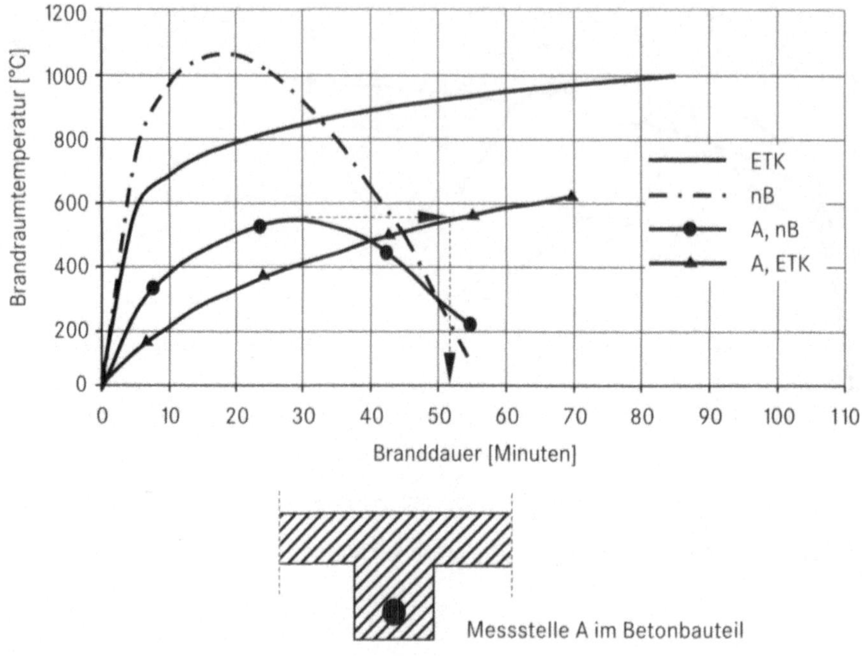

Abb. 4.8: Definition der äquivalenten Branddauer $t_{\ddot{a}}$, nach [9]
nB: Verlauf natürlicher Brand
A, nB: Verlauf natürlicher Brand am Punkt A
A, ETK: Verlauf ETK am Punkt A
Messstelle im Bauteil mit entsprechender Beanspruchung

In der Abbildung sind ETK und natürlicher Brand sowohl im Brandraum als auch im Bauteil an bezogener Stelle, Punkt A im Bauteil, in ihrem Verlauf angegeben. Von den größten Auswirkungen des natürlichen Brandes am Punkt A – die maximale Temperatur ist dem größtmöglichen Schädigungspotenzial von Bemessungsgrößen wie Tragfähigkeit, Dehnung u.a. zugeordnet – wird auf die gleiche Temperatur im ETK-Verlauf projiziert. Der zugehörige Abszissenwert der Branddauer führt auf die Angabe der äquivalenten Branddauer $t_{\ddot{a}}$, in der Abbildung führt dies etwa auf $t_{\ddot{a}} = 52$ Minuten.

Es ist nicht auszuschließen, dass weitere Normbrandkurven erarbeitet werden, um an Stelle der ETK den so genannten Naturbrand, Maßstab einer geringeren Brandbelastung als der durch die ETK repräsentierten, für eine Reihe von Brandbeanspruchungen verwenden zu können. Die Industriebaurichtlinie benutzt bereits indirekt solche veränderten Brandbelastungen durch die Zuordnung einer äquivalenten Branddauer aus der konkreten Brandlastverarbeitung. Voraussetzung ist allerdings, dass die Brandlast bekannt und als Zahlenwert angebbar ist. Zukünftig ist mit weiteren Veränderungen zugunsten der mathematischen Modellierungen zu rechnen, Ziel könnte das nutzungsbezogene, individuelle Brandschutzkonzept für jedes Gebäude oder zumindest für jeden brandschutztechnisch eigenständigen Gebäudeteil sein.

5 Thermisches Verhalten und Klassifizierung von Baustoffen und Bauteilen

Bauteile werden aus Baustoffen gefertigt, damit können Materialeigenschaften von Baustoffen benutzt und übertragen werden, um neue Baustoffe mit bestimmten Eigenschaften zu schaffen oder Bauteile mit genormten Eigenschaften herzustellen.

Diese Eigenschaften sind entsprechend den Vorschriften zu prüfen. Sie müssen jederzeit nachweisbar und damit bekannt sein. Eine solche Feststellung gilt zunächst für alle wichtigen Materialeigenschaften unter normalen klimatischen Umgebungsbedingungen. Unter dem Einfluss eines Brandes mit Temperaturen von 1.000 °C und mehr müssen Baustoffe und Bauteile aus dem Blickwinkel des Bautechnischen Brandschutzes für feuerwiderstandsfähige Konstruktionen ebenfalls bestimmte Eigenschaften aufweisen, die durch Prüfungen zu belegen sind, da die physikalischen und chemischen Eigenschaften bei hohen Temperaturen von denen unter normalen Temperaturen zum Teil beträchtlich abweichen können.

Da die Auswirkungen einer Beanspruchung mit hohen Temperaturen, wie sie im Brandfall vorliegen, nur wenig oder gar nicht bekannt sein dürften, ist der Umgang mit einer solchen „fiktiven" thermischen Beanspruchung und deren Berücksichtigung bei der Planung und Bemessung ungewohnt oder schwer nachvollziehbar und damit nicht ohne Gefahr.

Das Gespür für die Reaktion des Baustoffes und die Aufgaben eines Bauteils im Brandfall kann nur dann entwickelt werden, wenn die wichtigsten Hochtemperatureigenschaften bekannt und diese in den Auswirkungen nachvollziehbar sind.

5.1 Hochtemperatureigenschaften ausgewählter Baustoffe

Die wichtigsten Hochtemperatureigenschaften einiger in der Praxis verbreiteten und häufig benutzten Baustoffe sollen nachfolgend erläutert werden.

5.1.1 Stahl

Die Eigenschaften von Stahl werden durch seine chemische Zusammensetzung und den Herstellungsprozess bestimmt. Veränderungen im Mikrogefüge, im

Gitteraufbau führen bei der Veredlung von Stahl außerhalb des Hochofens zu speziellen Eigenschaften, die seinen Verwendungszweck bestimmen. Dieser Veredelungsprozess läuft bei Temperaturen bis ca. 1.500 °C ab, d.h. in einem Temperaturbereich, dem das Stahlbauteil auch im Brandfall ausgesetzt sein kann. Die Materialeigenschaften werden durch diese erneute, nicht gewollte thermische Beanspruchung verändert, zurückgebildet und sogar abgebaut. Dieser Prozess beginnt in Abhängigkeit von der Stahlqualität für kalt verformte Betonstähle bereits bei Temperaturen von etwa 350 °C und für naturharte Betonstähle bei 500 °C. Die Zeitdauer dieser Ausheilvorgänge verringert sich mit steigender Temperaturbeanspruchung. Abbildung 5.1 zeigt den temperaturabhängigen Spannungs-Dehnungs-Verlauf für zwei Stahlsorten, die Spannungs-Dehnungs-Beziehung stimmt mit Angaben zum Eurocode EC 2 überein.

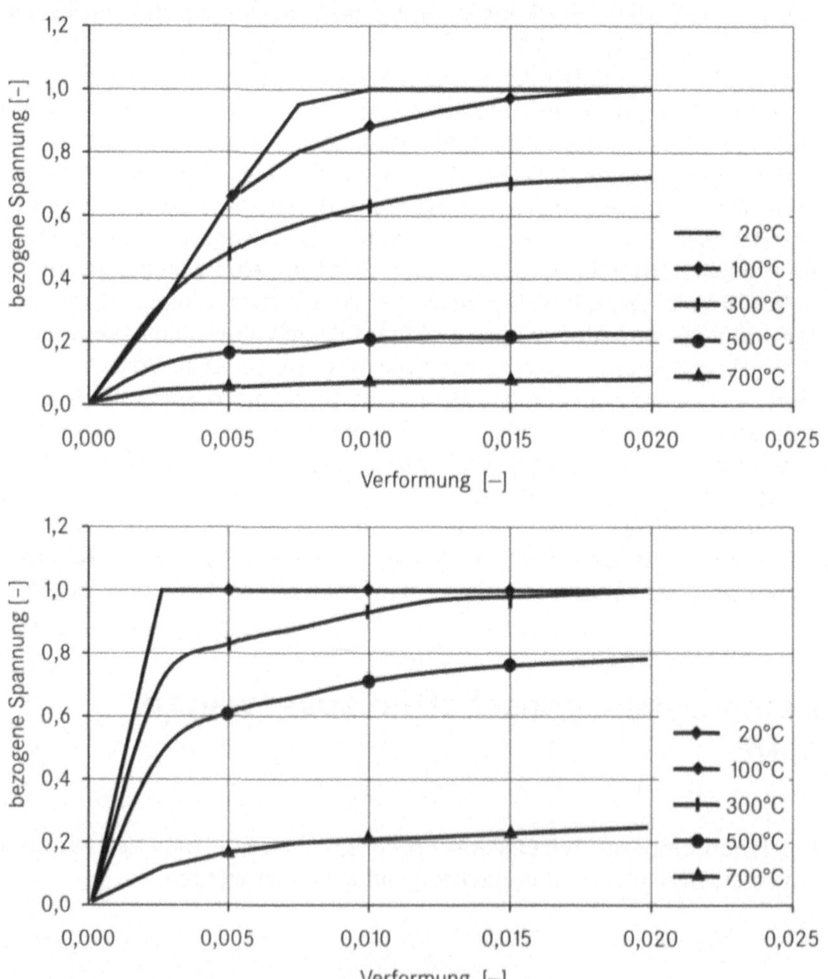

Abb. 5.1: Temperaturabhängiger Spannungs-Dehnungs-Verlauf für 2 Stahlsorten, nach [9]
Oben: kalt verformter Spannstahl, f_y = 1.570 N/m²,
Unten: naturharter Betonstahl, warm gewalzt, f_y = 1.420 N/m²

Gemäß Einheitstemperaturkurve, Abbildung 4.4, werden Temperaturen von 400 °C schon nach etwa 2 Minuten erreicht. Stahl ist somit ein Material, dass ohne zusätzlichen Schutz nicht für bemessene Konstruktion verwendet werden kann oder überspitzt formuliert ist ungeschützter Stahl aus der Sicht des Bautechnischen Brandschutzes eines der schlechtesten Materialien. Trotzdem lassen sich bedeutende Stahlkonstruktionen errichten, z.B. das World-Trade-Center als höchstes Gebäude in New York. Dieses Bauwerk mit seinen zwei Türmen wurde im September 2001 durch Flugzeugabsturz mit Benzin-Folgebrand zum Einsturz gebracht.

Das Festlegen einer kritischen Stahltemperatur, der Temperatur, ab der die Eigenschaften des Materials sich negativ verändern, geschieht im so genannten Warmkriechverhalten über das Prüfen der Verform- oder Dehngeschwindigkeit in Abhängigkeit von der Zeit eines Stahlbauteils mit aufgebrachter Last. Diese Dehngeschwindigkeit ergibt sich aus dem Anstieg der Tangente (relative Dehnung / Zeit in Sekunden) an die Dehnungs-Zeit-Kurve zu einem bestimmten Zeitpunkt mit einer zuzuordnenden Temperatur. Als Grenzwert wird ein maximaler Anstieg und damit eine Dehngeschwindigkeit von $\varepsilon = 0{,}0001 \cdot s^{-1}$ festgelegt, oberhalb derer die Kriechverformung relativ schnell in eine Fließverformung mit anschließendem Zugbruch übergeht. Kritische Temperaturen von Beton- und Spannstählen sind in Tabelle 1 der DIN 4109 Teil 4 [18] zusammengefasst. Die Temperaturen (crit T) liegen zwischen 350 °C für Spannstahl bzw. kalt gezogene Drähte sowie 500 °C für Betonstahl.

Abbildung 5.2 zeigt das Fließverhalten in Abhängigkeit der Temperaturbeanspruchung als bezogene Streckgrenze von Baustählen als Ergebnisse von Versuchen nach [9].

Als typischer Zahlenwert für crit T wird nachfolgend immer eine Temperatur von 500°C angesetzt, die Werte für Fließgrenze und Zugfestigkeit betragen dann nur noch zwischen 50% und 60% im Vergleich zu denen bei einer Temperatur von 20 °C.

Erschwerend kommt hinzu, dass das Auftreten einer kritischen Temperatur nicht nur eine reine Materialkennwertabhängigkeit ist, sie wird zusätzlich von der Bauteilbelastung, den Profilabmessungen, der Profilform, der Temperaturverteilung und vom statischen System beeinflusst.

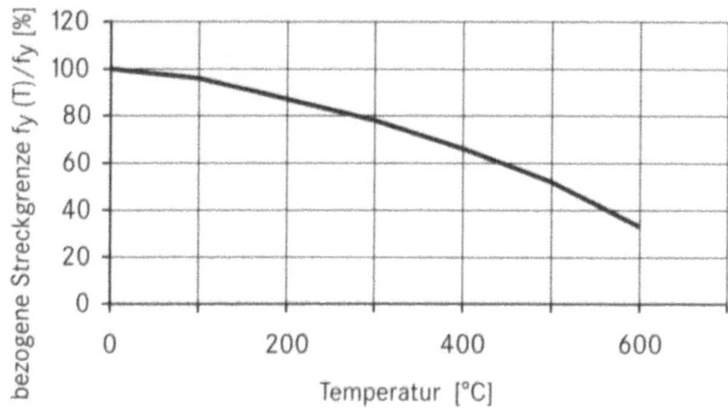

Abb. 5.2: Relative Streckgrenze von Baustählen, nach [9]; Kurve als Mittelwert verschiedener Autorenangaben

Tabelle 5.1 gibt einen Überblick über die Temperaturabhängigkeit der typischen Materialparameter von Stahl nach Eurocode EC 3 [104].

Die Dichte ρ von Stahl ist die Materialgröße, welche, bedingt durch die Volumenausdehnung bei konstanter Masse, mit steigender Temperatur abnimmt, aber im Wesentlichen in einem Temperaturbereich bis zur kritischen Temperatur als konstant angenommen werden kann; die Dichte für Stahl beträgt damit $\rho =$ 7.850 kg/m^3. Eine Temperaturabhängigkeit der Dichte spielt daher ausschließlich bei der mathematischen Modellierung hochthermischer Prozesse eine Rolle.

Die hohe Wärmeleitfähigkeit von Stahl führt dazu, dass Wärme im Material sehr gut weitergeleitet wird und eine ungeschützte Stahlkonstruktion im Brandfall innerhalb kurzer Zeit fast überall im beanspruchten Bauteil hohe Temperaturen aufweist. Unter Beachtung der kritischen Temperaturgrenze ist damit eine solche ungeschützte Konstruktion in ihrem Bestand gefährdet, und dies in Einwirkungszeiten, die weit unterhalb eines Bemessungsminimums von derzeit noch 30 Minuten liegen, worauf noch einzugehen sein wird.

Tab. 5.1: Wärmeleitfähigkeit λ, spezifische Wärmekapazität c, thermische Dehnung $\Delta\, l/l$ und Dichte ρ für Stahl nach Eurocode 3 [104]; ϑ_s : Stahltemperatur in °C;

Größe	Berechnung	Geltungsbereich
λ	$54 - 0{,}0333 \cdot \vartheta_s$	$20\,°C \leq \vartheta_s < 800\,°C$
W/(m · K)	$27{,}3$	$800\,°C \leq \vartheta_s \leq 1.200\,°C$
	$27{,}3$	vereinfachte Berechnung
c	$425 + 0{,}773 \cdot \vartheta_s - 0{,}00169 \cdot \vartheta_s^2 + 10^{-6} \cdot \vartheta_s^3$	$20\,°C \leq \vartheta_s < 600\,°C$
Ws/(kg · K)	$666 + 13002 / (738 - \vartheta_s)$	$600\,°C \leq \vartheta_s < 735\,°C$
	$545 + 17820 / (\vartheta_s - 731)$	$735\,°C \leq \vartheta_s < 900\,°C$
	650	$900\,°C \leq \vartheta_s \leq 1.200\,°C$
	600	vereinfachte Berechnung
$\Delta\, l/l$	$1{,}2 \cdot 10^{-5} \cdot \vartheta_s + 10^{-8} \cdot \vartheta_s^2 - 0{,}000241.6$	$20\,°C \leq \vartheta_s < 750\,°C$
m/m	$0{,}011$	$750\,°C \leq \vartheta_s < 860\,°C$
	$0{,}00002 \cdot \vartheta_s - 0{,}0062$	$860\,°C \leq \vartheta_s \leq 1.200\,°C$
	$0{,}000014 \cdot (\vartheta_s - 20)$	vereinfachte Berechnung
ρ	7850	generell
kg/m^3		

Die Wärmeleitfähigkeit λ von reinem Eisen beträgt bei 20 °C 80 W/(m · K), für Stahl wird, in Abhängigkeit von der chemischen Zusammensetzung, die Wärmeleitfähigkeit bei 20 °C in einem Wertebereich von 40–60 W/(m · K) angegeben, als typischer Einzahlwert kann $\lambda = 45$ W/(m · K) gelten. Für Bau- und Betonstähle nimmt die Wärmeleitfähigkeit mit steigender Temperatur etwa linear ab, oberhalb von 800 °C kann die Wärmeleitfähigkeit mit 27,3 W/(m · K) als konstant angenommen werden. Bei hochlegierten Stählen kann die Wärmeleitfähigkeit auch steigen.

Die spezifische Wärmekapazität c, die zusammen mit der Dichte für die Speicherung von Energie im Material und damit für die Behandlung zeitabhängiger Wärmetransportvorgänge von Bedeutung ist, liegt im Bereich von 440 Ws/(kg · K) bei Umgebungstemperatur und 670 Ws/(kg · K) bei einer Temperatur von 500 °C. Ab 900 °C kann die spezifische Wärme konstant mit 650 Ws/(kg · K) angenommen werden.

Der Elastizitätsmodul E von Stahl als der charakteristischen Kenngröße für die Elastizität des Materials nimmt mit steigender Temperatur ab; bei thermisch nachbehandelten Stählen schneller als bei naturharten Betonstählen. Entspricht der E-Modul bei Umgebungstemperatur ($E = 200$ GPa) 100%, so ist er bei 500 °C auf etwa 60% abgesunken. Die Zahlenwerte für den E-Modul bewegen sich bei Umgebungstemperatur bei fast allen Stahlsorten zwischen 195 GPa und 205 GPa.

Die thermische Dehnung von Stahl spielt im Brandgeschehen eine wichtige Rolle und ist daher auch in der Planungsarbeit eine beachtenswerte Größe. Der Längenausdehnungskoeffizient beträgt $\beta = 0{,}000014 \cdot$ K^{-1}. Für die Berechnung der temperaturabhängigen Länge $L(\vartheta)$ bei einer Temperatur ϑ aus der Bezugslänge L_0 bei Umgebungs- oder Bezugstemperatur ϑ_0 gilt, mit der Temperaturdifferenz $\Delta\vartheta = \vartheta(t) - \vartheta_0$,

$$L(\vartheta) = L_0(1 + \beta \cdot \Delta\vartheta). \tag{5.1}$$

Durch Umformung der Gleichung und mit $L(\vartheta) - L_0 = \Delta L$ wird die Verformung des Stahls

$$\frac{\Delta L}{L_0} = \beta \cdot \Delta\vartheta. \tag{5.2}$$

bestimmt. Nach dem Hookeschen Gesetz[1] sind elastische Spannung und Verformung zueinander proportional, es gilt $\sigma \sim \Delta L / L_0$. Mit dem Elastizitätsmodul E als Proportionalitätsfaktor und mit Gl. (5.2) folgt

$$\beta \cdot \Delta\vartheta = \sigma / E. \tag{5.3}$$

Die Auswirkungen der Längenausdehnung bei hohen Temperaturen verdeutlicht folgendes Zahlenbeispiel. Ein Stahlträger der Länge $L_0 = 10$ m wird von $\vartheta_0 = 20$ °C auf die kritische Stahltemperatur von $\vartheta(t) = 500$ °C erwärmt. Die neue Länge $L(\vartheta)$ unter Berücksichtigung der Temperaturdifferenz von $\Delta\vartheta = 480$ K folgt aus der ursprünglichen Länge und der temperaturbedingten Längenänderung von $\Delta L = 6{,}7$ cm; die relative Verformung beträgt etwa 0,007 und ist in Abbildung 5.4 dem Baustahl zuzuordnen. Gemäß Gl. (5.3) entspricht der Verformung eine Spannung von $\sigma = 1.344$ MPa. Wird diese Längenänderung beim Gebäudeentwurf – Industriebau, Kraneinbau, Trägeraussteifung, usw. – nicht berücksichtigt, so können durch die auf kleine Flächen wirkenden großen Kräfte enorme Drücke aufgebaut werden und gravierende Verformungen entstehen. Stabile Brandwände

---

[1] Robert Hooke, engl. Physiker, 1635–1703

aus Stahlbeton können regelrecht durchstoßen oder Gebäudeteile zum Einsturz gebracht werden.

Ein anderer Gesichtspunkt ist die Auswirkung der Längenänderung im Verbund unterschiedlicher Materialien. Was bei einem Bimetallstreifen gewollt ist, muss bei einem Stahltrapezprofildach im Verbund mit Dämmstoff nicht unbedingt beabsichtigt sein. Die Längenausdehnungskoeffizienten von Stahl ($\beta = 0{,}000.014 \cdot K^{-1}$) und Schaumkunststoffdämmstoff ($\beta = 0{,}000.070 \cdot K^{-1}$) unterscheiden sich etwa um den Faktor 5. Auf das Beispiel Stahltrapezprofildach bezogen würde dies bedeuten, dass die Längenänderung von 6,7 cm für Stahl bei einer wirksamen Temperaturänderung von 20 °C auf 500 °C bei dem aufliegenden Dämmstoff bereits bei einer Temperaturänderung von 20 °C auf 116 °C vollzogen wäre. Die Dämmstoffe müssen daher auf dem Stahlprofildach gut befestigt werden, damit der Verbund im Falle der Beanspruchung durch höhere Temperaturen nicht verloren geht und keine ungewollten Hohlräume entstehen, die der Rauch- und Wärmeweiterleitung dienen können. Es muss im Einzelfall entschieden werden, ob Kleben oder Dübeln oder beides in sinnvoller Ergänzung vorzunehmen ist.

Der Temperaturkoeffizient β ist prinzipiell von der Temperatur abhängig, er steigt linear mit der Temperatur, für Näherungsbetrachtungen reichen aber Einzahlangaben wie oben angegeben aus.

Stahl ist ein Material, das konstruktiv und statisch hervorragende Eigenschaften hat. Aus der Sicht des Bautechnischen Brandschutzes aber ist eine ungeschützte Stahlkonstruktion als bemessene Konstruktion kaum zulassungsfähig. Stahl muss geschützt werden, um seine guten Eigenschaften im Bauwerk wirksam werden zu lassen. Nur dann sind zum Beispiel auch Hochhausbauten möglich. Einige Stahlbauten konnten aber auch deswegen errichtet werden, weil Kompensationsmaßnahmen, mit denen im Brandfall ihr Bestand im Bemessungszeitraum gesichert wird, die Schutzmaßnahmen teilweise ersetzen.

5.1.2 Beton

Beton ist ein Material mit stark inhomogener Struktur und zeigt bei Erwärmung Veränderungen sowohl im Mikrogefüge als auch im Makrogefüge. Bei Temperaturbeanspruchung von Beton kommt es zu strukturellen Veränderungen, es kommt zu chemischen und zum Teil auch zu mineralogischen Umsetzungen. Mit steigender Temperatur nimmt die Verformbarkeit zu und seine Druckfestigkeit ab.

Aus Versuchsergebnissen kann eine kritische Betontemperatur abgeleitet werden. Zu deren Festlegung wird eine über alle Grenzen anwachsende Stauchgeschwindigkeit (Bruchgrenze) benutzt, der Temperaturbereich liegt etwa bei 600–700 °C [31]. Spannungs-Dehnungskurven zeigen bis zu diesem Temperaturbereich eine mit steigender Temperatur abnehmende Festigkeit bei zunehmender Verformungsneigung, wie in Abbildung 5.3 dargestellt.

Betonbauteile neigen zu einem relativ ausgeprägten Abplatzverhalten, welches durch Feuchteverteilungen und einen lokal erhöhten Feuchtegehalt im Bauteil begünstigt wird, aber auch bei dünnen Betonbauteilen und Kanten von Betonbau-

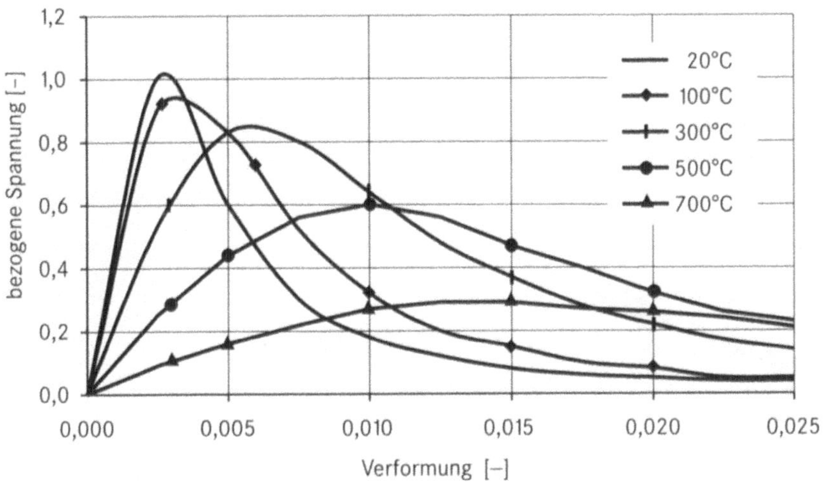

Abb. 5.3: Temperaturabhängiger Spannungs-Dehnungs-Verlauf für Beton, nach [9]

teilen auftritt, die einer erhöhten Temperaturbeanspruchung ausgesetzt sind. Ein Vorgang, der auch dann auftreten kann, wenn die Betonüberdeckung sachgerecht ausgeführt wurde. Das Abplatzen von Teilen der Betonoberfläche führt zu einer örtlich stark erhöhten thermischen Beanspruchung der Bewehrung bzw. Stahlteile und ist daher sehr ungünstig. Als Folge wird die mechanische Beanspruchung des verbleibenden Querschnitts erhöht, wodurch wiederum die kritische Temperatur vermindert und das Betonbauteil noch stärker gefährdet wird.

Die Dichte der jeweiligen Betonqualität kann als unabhängig von der Temperaturbeanspruchung und damit konstant angesehen werden. Dichteschwankungen selbst können durch den Wassergehalt und einen nachträglich möglichen Wasserverlust auftreten. Dichteangaben sind den jeweiligen Baustoffunterlagen oder Normen zu entnehmen. Die Zahlenwerte bewegen sich zwischen 600 kg/m^3 für Leichtbetone und 2.400 kg/m^3 für Schwerbetone.

Die Zahlenangaben zur Wärmeleitfähigkeit λ der verschiedenen Betonqualitäten korrespondieren mit den Dichtewerten und liegen zwischen 0,2 W/(m · K) für Leichtbetone (ρ ~ 600 kg/m^3) und 2,3 W/(m · K) bei Schwerbetonen (ρ ~ 2.400 kg/m^3). Mit steigender Temperatur nimmt die Wärmeleitfähigkeit ab, bis etwa 100 °C bestimmt der Feuchtegehalt die Abnahme auf etwa 75% des Ausgangswertes, bei Temperaturen um 800 °C kann dann mit einer Halbierung der Zahlenwerte gerechnet werden.

Die spezifische Wärmekapazität c ist ebenfalls von der Betonqualität abhängig. Allerdings sind die Unterschiede gering, da praktisch nur mineralische Bestandteile mit ähnlichen spezifischen Wärmekapazitäten verwendet werden. Bei Umgebungstemperatur wird für die spezifische Wärmekapazität ein Zahlenwert zwischen 850 Ws/(kg · K) und 1.000 Ws/(kg · K) benutzt. Bis zu Temperaturen von etwa 500 °C können sich die Zahlenwerte um 50% erhöhen, wobei im

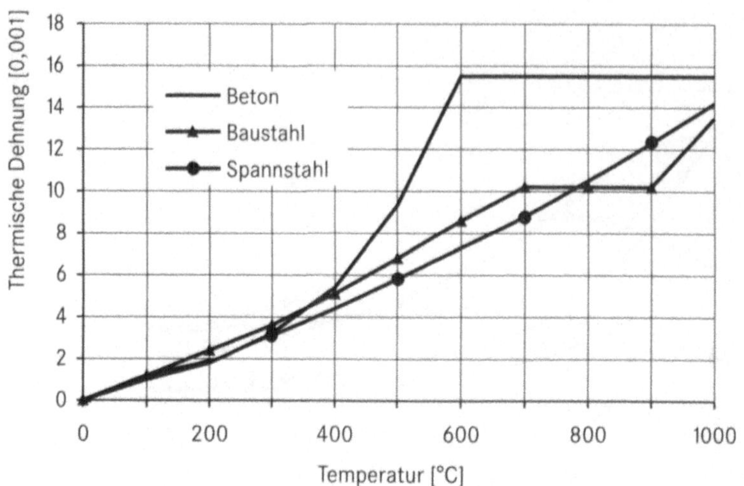

Abb. 5.4: Temperaturabhängige Längenänderung von Beton und Stahl, nach [9]

Temperaturbereich zwischen 100 °C und 200 °C eine ausgeprägte Peakbildung mit $c_{max} = 1.500$ Ws/(kg · K) auftreten kann. In diesem Temperaturbereich wird das Wasser freigesetzt und damit dessen hohe spezifische Wärmekapazität ($c = 4.186$ Ws/(kg · K)) merkbar.

Die temperaturabhängige Längenänderung von Beton ist bis etwa 400 °C mit der von Stahl vergleichbar, oberhalb dieser Temperatur liegt sie über der von Stahl, wie aus Abbildung 5.4 ersichtlich. Das Zahlenbeispiel für den Stahlträger aus Abschnitt 5.1.1 führte auf etwa 0,7% Längenänderung, in Abbildung 5.4 entspricht dies dem Wert für Bau- und Betonstahl.

Für die typische Temperaturbeanspruchung durch einen Normbrand, d.h. in 90 Minuten bis zu 1.000 °C, ist es notwendig, den Verbund von Stahl und Beton durch eine ausreichende Betonüberdeckung so zu sichern, dass im Bemessungszeitraum die kritische Stahltemperatur von der Grenzfläche Beton–Stahl möglichst ferngehalten wird.

Aus der Sicht des Bautechnischen Brandschutzes übernimmt bei Stahlbeton- und Spannbetonbauteilen der Beton die Schutzfunktion für alle Stahlteile und ist somit zunächst das bestimmende Element für das beanspruchte Bauteil. Unabhängig von aufwändigen Versuchen kann mithilfe berechneter Temperaturverteilungen in einem Bauteil die jeweils lokale Beanspruchung deutlich gemacht werden. Mit Hilfe von Methoden der mathematischen Modellierung thermischer Prozesse lässt sich zeigen, dass durch den Stahl mit seiner 30–40 mal höheren Wärmeleitfähigkeit keine nennenswerte Veränderung der globalen Temperaturfelder hervorgerufen wird und sein Einfluss auf den Temperaturverlauf daher vernachlässigbar ist. In unmittelbarer Umgebung der Stahlteile im Beton sind natürlich Änderungen erkennbar. Abbildung 5.5 zeigt das Ergebnis eines solchen numerischen Experimentes für den Querschnitt einer quadratischen Stahlbetonstütze. Es sind zwei Temperaturverläufe im Stützenquerschnitt von der Oberfläche bis etwa 70 mm Tiefe nach 60 Minuten Beanspruchung gemäß ETK eingezeichnet.

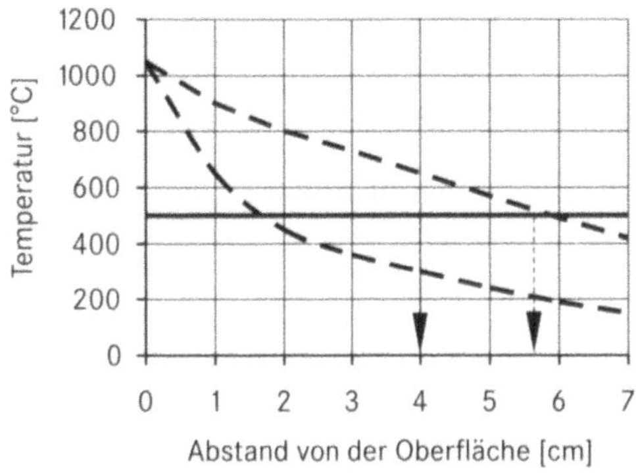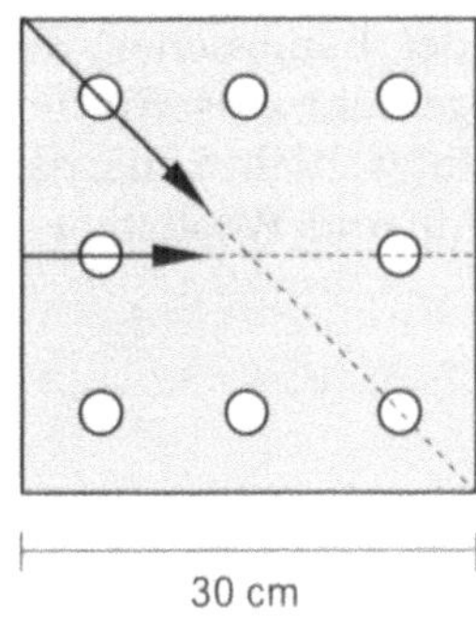

Abb. 5.5: Temperaturverlauf in einem quadratischen Stahlbetonquerschnitt nach 60 Minuten, ohne Berücksichtigung lokaler Effekte, nach [30]
Obere Kurve: T-Verlauf von der Ecke aus, Abstand Stahlmitte–Ecke 56 mm
Untere Kurve: T-Verlauf von der Oberfläche Mitte aus, Abstand Stahlmitte–Oberfläche 40 mm,

Die kritische Temperatur von 500°C hat die vier Stahlstäbe in den Ecken (rechter Pfeil) gerade erreicht, während an den beiden anderen Stäben (linker Pfeil) erst eine Temperatur von ca. 300°C vorhanden ist.

Leichtbetone weisen aus der Sicht des Bautechnischen Brandschutzes, bedingt durch ihre niedrige Wärmeleitfähigkeit, günstige thermische Eigenschaften auf. Betone, bei denen Anteile der mineralischen Zuschläge durch Kunststoffe ersetzt werden, sind aus der Sicht des Bautechnischen Brandschutzes vertretbar und weisen relativ gute Eigenschaften auf.

Betone, bei denen das Bindemittel allein aus Kunststoff besteht, sind für bemessene Konstruktionen unbrauchbar und nicht erlaubt.

5.1.3 Mauerwerk

Die Hochtemperatureigenschaften von Mauerwerk sind denen von Beton ähnlich, da auch hier fast ausschließlich mineralische Baustoffe zum Einsatz kommen. Vorteilhaft macht sich bei Temperaturbeanspruchung bemerkbar, dass Ziegel selbst schon einen Hochtemperaturprozess durchlaufen haben.

Aus der Sicht der Bemessung im Bautechnischen Brandschutzes wird nicht der einzelne Ziegel, sondern immer das Bauteil aus Ziegel und Fuge mit Mörtel in seiner Gesamtheit betrachtet und bewertet. Dies gilt insbesondere für Bauteile aus Vollsteinen.

Probleme können bei Verwendung von hochdämmendem Ziegelmaterial mit geringer Dichte und stark filigraner Struktur im Ziegelquerschnitt unter Brandbeanspruchung durch flächenhafte Abplatzungserscheinungen auftreten. Der Verlust an Querschnitt kann erheblichen Einfluss auf Standsicherheit und Raumabschluss des Bauteils haben. Bei Einsatz von Ziegelmaterial geringer Dichte ist daher Vorsicht geboten bzw. immer die Mindestdichten für die jeweilige Ziegelqualität in der bemessenen Konstruktion zu beachten. Die Gefährdung kann durch normgerecht ausgeführte Putzschichten verringert werden. Bei Brandwänden ist die Putzschicht zunächst ohne Bedeutung, hier liegt der Schwerpunkt auf Materialdichte und Wandabmessung.

5.1.4 Gips

Der Baustoff Gips steht nicht nur in großen Mengen für eine Weiterverarbeitung zur Verfügung, er weist zugleich Eigenschaft auf, die einen Einsatz unter den Bedingungen des Bautechnischen Brandschutzes in besonderem Maße rechtfertigen. In Tabelle 5.2 sind zunächst übliche Materialeigenschaften zusammengefasst.

Die Bedeutung von Gipsbauteilen für Brandschutzkonstruktionen begründet sich weniger auf dessen temperaturabhängigen Eigenschaften als vielmehr auf der Verhaltensweise des Baustoffes Gips aufgrund seiner chemischen Zusammensetzung.

Tab. 5.2: Materialparameter für Gips

Wärmeleitfähigkeit in W/(mK)	0,21 – 0,35
spezifische Wärmekapazität in Ws/(kg · K)	900
Dichte in kg/m³	900 – 1.200

Gips mit der chemischen Formel $CaSO_4 \cdot 2\,H_2O$ enthält ca. 20 Masse% Kristallwasser. Bei einer mittleren Dichte von Gips mit $\rho = 1.000$ kg/m³ sind folglich in einer Gipskartonplatte der Fläche $A = 1$ m² und der typischen Dicke $d = 12{,}5$ mm etwa 2,5 kg Wasser chemisch gebunden. Wenn dieses Wasser unter Temperaturbeanspruchung eines Brandes aus dem Gips entweicht, wird für diesen Prozess eine beträchtliche Wärmemenge benötigt, die aus dem Brandraum entnommen werden muss. Es wird damit sowohl das Bauteil geschützt, als auch der Energieinhalt des Brandraumes verringert. Die Entwässerung beginnt bei ca. 40 °C, die reguläre Verdampfung setzt bei 100 °C ein, wobei dazu die Verdampfungswärme $c_{p,v} = 2.265$ kWs/kg verbraucht wird. Ab einer Temperatur von 200 °C beginnt der Restwasserentzug und etwa ab 900 °C setzt die thermische Zersetzung des Anhydrits ein.

Bis zu Temperaturen von ca. 150 °C dehnt sich ein Gipsbauteil thermisch bedingt aus, die Dehnung beträgt dabei weniger als 2°/₀₀. Nach dem wesentlichen Entwässern beginnt oberhalb dieser Temperatur ein Schrumpfungsprozess. Um diesem entgegenzuwirken und um das Plattengefüge zu sichern, erhalten die handelsüblichen, zugelassenen Gipskartonplatten eine Fasereinlage aus Kurzglasfasern oder Zellulosefasern. Diese als GKF-Platten (Gipskarton-Feuerschutzplatten) bezeichneten Bauteile sind überwiegend für bemessene Konstruktionen im Einsatz, für unbewehrte Gipskarton-Bauplatten (GKB) gibt es Einsatzmöglichkeiten fast nur noch in nicht bemessenen Konstruktionen.

Tab. 5.3: Wärmeeindringkoeffizient b einiger Materialien

	ρ kg/m³	λ W/(m · K)	c Ws/(kg · K)	b Ws$^{1/2}$/m² · K
Aluminium	2.800	160	800	18.931
Stahl	7.800	50	450	13.247
Beton	2.200	1,65	1.000	1.905
Glas	2.500	0,81	840	1.304
Gips	1.020	0,31	900	533
Holz	600	0,13	1.600	353
Kork	400	0,065	1.500	197
Mineralwolle	100	0,04	840	58

Berechnungen zum instationären Temperaturverlauf an der Kontaktfläche zweier unterschiedlicher Materialien führen auf eine nicht uninteressante Baustoffkenngröße, die Wärmeeindringfähigkeit, die gemäß

$$b = \sqrt{\lambda \cdot \rho \cdot c}, \quad [b] = \text{Ws}^{1/2} / \text{m}^2 \cdot \text{K} \tag{5.4}$$

aus Materialkenngrößen bestimmt werden kann. Tabelle 5.3 enthält für gebräuchliche Baustoffe Materialwerte wie Dichte ρ, spezifische Wärmekapazität c sowie Wärmeleitfähigkeit λ und den Wärmeeindringkoeffizienten b.

Große Zahlenwerte für b wie bei Metallen bedeuten hohe Wärmeübertragung, Metalle fühlen sich kalt an. Dämmstoff dagegen fühlen sich warm an. Der Wert b für Gips befindet sich nahe bei Holz und tendiert zu den Eigenschaften eines Dämmstoffes, Gips kommt damit dem menschlichen Empfinden im Umgang mit Baustoffen in seiner Umgebung durchaus entgegen, Gips verfügt außerdem wegen seiner günstigen wärmetechnischen Kennwerte über ein gutes Wärmespeichervermögen.

Den Einfluss von Gipsplatten zum Schutz von Bauteilen, die einem Brand gemäß ETK ausgesetzt sind, zeigt Abbildung 5.6. Ein Stahlträger unter einer Rohdecke wird durch kastenförmige Bekleidung mit zwei 15 mm GKF-Platten geschützt. In der Abbildung ist der Temperaturverlauf, angegeben sind Mittelwerte, auf der Oberfläche des Untergurtes des Stahlträgers und auf der Innenseite der Bekleidung dargestellt. Der Abstand Bekleidung–Stahlträger beträgt ca. 15 mm. Die Temperatur an der Platteninnenfläche wird durch die geschilderten thermisch-hygrischen Reaktionen im Gips über eine Zeitdauer von 90 Minuten unter der kritischen Temperatur von 500 °C gehalten, die Stahloberfläche, damit der Stahl als Ganzes, weist eine noch geringere Temperatur auf. Erst bei ca. 100 Minuten beschleunigt sich der thermische Zersetzungsprozess der Gipsplatten von außen nach innen mit gleichzeitig zunehmender Temperaturbeanspruchung

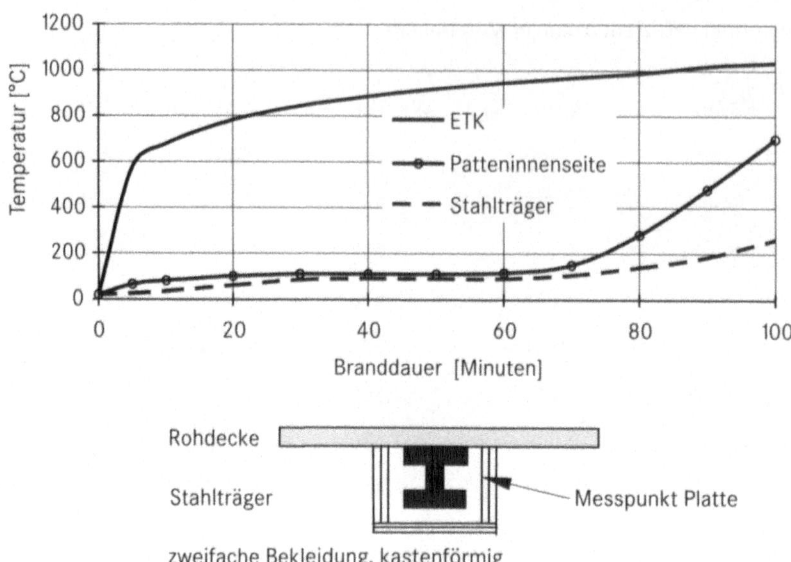

Abb. 5.6: Temperaturverlauf an einem I-Stahlträger, ETK zum Vergleich, auf 3 Seiten mit 2 x 0,015 m GKF-Platten beplankt, dreiseitig beflammt, Temperaturen gemessen am Unterzug Stahlträger und Platteninnenfläche, nach [32]

des Stahls, die Mehrlagigkeit der Plattenbekleidung macht Sinn gegenüber einer gleich dicken Einzelplatte, die Zerstörung der äußeren Platte lässt die weiter innen befindlichen noch weitestgehend unberührt, wodurch ein thermisch sicherer Abschluss des zu schützenden Bauteils gewährleistet wird.

5.1.5 Holz

Holz ist ein brennbares organisches Material mit einer inhomogenen Struktur, die aus Zellulose, Hemizellulose und Lignin gebildet wird. Sehr geringe Anteile (unter 1%) nicht brennbarer Stoffe führen zur Veraschung und sind ohne Bedeutung.

Als brennbarer Stoff kann Holz keine Hochtemperatureigenschaften wie etwa Beton oder Stahl aufweisen. Es ist aber notwendig, das Abbrandverhalten von Holz zu kennen, um aus der Kenntnis dieser Eigenschaften ggf. Rückschlüsse auf den Einsatz von Holz auch in bemessenen Konstruktionen ziehen zu können.

Die Holzfestigkeit wird von der Dichte, der Struktur und dem Feuchtegehalt des Materials bestimmt. Feuchtes Holz ist sehr elastisch und damit weniger fest, mit abnehmender Feuchtigkeit wird die Festigkeit größer, ein Vorgang, der im Brandfall von Bedeutung ist.

Die Abbildung 5.7 zeigt Festigkeitseigenschaften von Holz in Abhängigkeit von der Temperatur.

Die thermische Dehnung von Holz weist durch seine inhomogene Struktur eine Richtungsabhängigkeit auf. Da die thermisch bedingte Längenänderung im Vergleich zu der von Beton und Stahl sehr klein ist, wird ungeachtet dieser Rich-

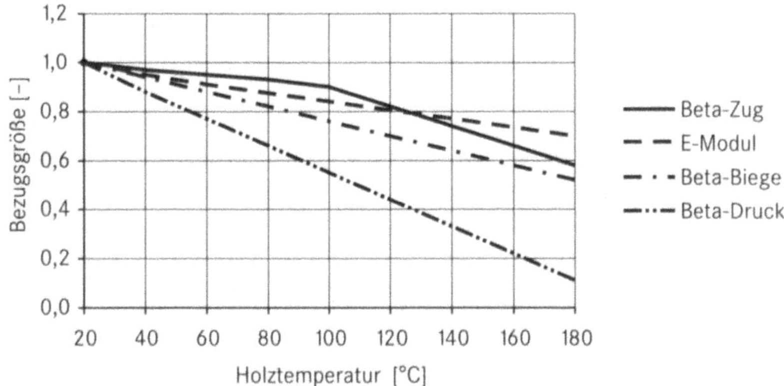

Abb. 5.7: Festigkeitseigenschaften von Holz in Abhängigkeit von der Temperatur, nach [32] Bezugsgrößen: $\beta_i(T)/\beta_i(20\,°C)$ und $E(T)/E(20\,°C)$, i : Zugbeanspruchung, Druckbeanspruchung, Biegebeanspruchung

tungsabhängigkeit generell mit einem Zahlenwert von $\beta = 5 \cdot 10^{-6}$ K^{-1} gearbeitet. In der Praxis können thermische Dehnungen vernachlässigt werden [32], der relevante Temperaturbereich ist zu klein.

Die Wärmeleitfähigkeit λ ist in Tabelle 5.4 für einige Holzarten angegeben. Sie ist vom Feuchtegehalt abhängig, die üblichen Zahlenangaben gelten für trockenes Holz mit Feuchteanteilen unter 20 M%; halb feuchtes Holz weist Holzfeuchte bis 30 M% auf, für höhere Feuchtegehalte des Holzes besteht die dringende Gefahr eines zu langsamen Austrocknens und damit des Schädlingsbefalls. Die baupraktischen Holzfeuchten von weniger als 20 M% sind als Schutzwirkung im Brandfall ohne Belang.

Die spezifische Wärmekapazität von Holz kann im Mittel mit $c = 1.600$ Ws/(kg · K) angegeben werden. Für Eiche beträgt sie etwa 2.400 Ws/(kg · K), für Fichte 2.100 Ws/(kg · K) und für Kiefer 1.400 Ws/(kg · K) [33]. Eine Tempe-

Tab. 5.4: Materialwerte ausgewählter Holzarten, nach [32]

Holzart	ρ kg/m³	λ W/(m · K)	E N/mm²
Balsa	160	0,063	2.600
Tanne, Weißtanne	450	0,13	11.000
Fichte, Rottanne	470	0,13	11.000
Douglasie	510	0,12	11.500
Kiefer	520	0,13	12.000
Mahagonie	600	0,16	80.000
Eiche, Traubeneiche	690	0,20	13.000
Eiche, Roteiche	700	0,20	12.800
Buche, Rotbuche	720	0,20	16.000

raturabhängigkeit wird nicht berücksichtigt. Die relativ hohen Zahlenwerte im Vergleich zu denen mineralischer Baustoffe belegen das gute Wärmespeichervermögen von Holz.

Holz als brennbarer Baustoff wird sich, bei hinreichender Erwärmung, entzünden und ohne äußere Zündquelle weiterbrennen. Bei diesem chemischen Vorgang kommt es ab einer Temperatur von 60 °C zu einer Braunfärbung mit zunehmender Verdampfung des freien Wassers. Ab einer Temperatur von 100 °C wird die Zellulose durch chemische Vorgänge abgebaut, das freie Wasser wird intensiv verdampfen und brennbares Holzgas entsteht. Nachfolgend setzt die Verkohlung mit Glutfeuer ein, deren zeitlicher Verlauf wesentlich von Rissen, Ästen, Holzdichte und von der Bauteilbeanspruchung bestimmt und mit dem Begriff der Abbrandgeschwindigkeit charakterisiert wird.

Die Wärmeleitfähigkeit von Holzkohle wird mit $\lambda = 0,07$ W/(m · K) angegeben und liegt damit im Bereich der Dämmstoffe. Das bedeutet, dass die während des Abbrandes entstehende äußere Holzkohleschicht das darunter befindliche Holz schützt und das weitere Abbrandverhalten wiederum günstig beeinflusst wird.

Es ist nicht möglich, eine einzige Entzündungstemperatur als Materialkenngröße festzulegen, weil die Zeitdauer der Erwärmung eine entscheidende Rolle spielt. Eine sehr schnelle, spontane Entzündung findet statt, wenn das Holzbauteil unmittelbar hohen Temperaturen über 300 °C ausgesetzt wird. Dagegen kann es bis zur Entzündung Stunden dauern, wenn das Holz nur Temperaturen um 100 °C ausgesetzt ist. Abbildung 5.8 zeigt diesen Zusammenhang unter Berücksichtigung eines Streubereiches.

Die Entzündungstemperatur ist gleichfalls eine von der Holzdichte abhängige Größe. Wird das weit verbreitete Nadelschnittholz als Basis festgelegt, so haben leichte Hölzer im Vergleich dazu einen niedrigeren Zündverzug – Balsa als Nicht-Bauholz etwa 20% weniger – und schwerere Hölzer, wie Eichenholz, einen um ca. 10% höheren Zündverzug. Buchenholz weist im Vergleich der im Baugeschehen üblichen Holzarten den höchsten Zündverzug auf, es sind etwa +20% im Vergleich zum Nadelschnittholz. Übrigens ist die exotische Holzart Quebacho

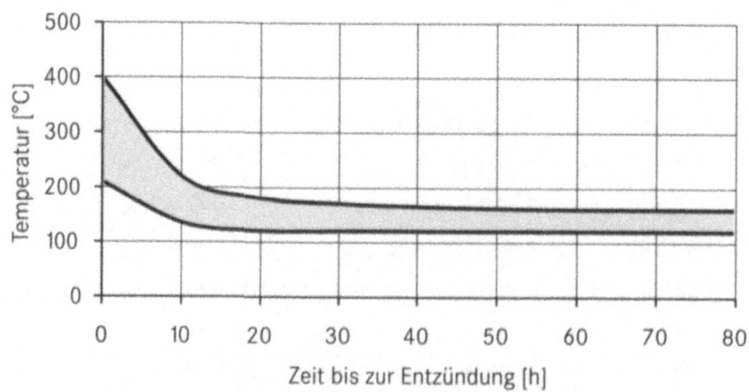

Abb. 5.8: Bereich der Entzündungstemperatur von unbehandeltem Holz als Funktion der Zeitdauer der Temperatureinwirkung, nach [32]
Feuchtegehalt: 15 M%, Dichte: ≥ 400 kg/m³

Tab. 5.5: Abbrandgeschwindigkeit von Nadelschnittholz

Bauteil	Ort	Abbrandgeschwindigkeit mm / Minute
Stütze	Seiten	0,70
Balken	Seiten	0,80
Balken	Fläche unten	1,10

(Dichte über 1.200 kg/m³) diejenige mit dem größten Zündverzug und erfüllt sogar die B1 Prüfkriterien [32]. In der Praxis haben die Dichteschwankungen bei Nadelschnittholz auf die Abbrandgeschwindigkeit eine geringe Bedeutung.

Nach der Entzündung des Holzbauteils setzt dessen Abbrand mit Verkohlung ein. Das Fortschreiten der Verkohlungsgrenze in das Bauteil wird durch die Abbrandgeschwindigkeit beschrieben, einer für die Charakterisierung des Brandverhaltens von Holz außerordentlich wichtigen Größe. Die mögliche Berechnung der Eindringtiefe des Abbrandes ist Maß für den verbleibenden Restquerschnitt, damit Maß für die Restfestigkeit des Holzbauteils nach dem Brand und daher für die Bestimmung der Feuerwiderstandsdauer von Bedeutung.

Die Entwicklung der Abbrandtiefe unter ETK-Beanspruchung für einen Holzbalken zeigt Abbildung 5.9. Untersuchungen zum Abbrandverhalten führen gemäß Tabelle 5.5 auf Zahlenangaben für Balken und Stützen aus Nadelholz.

Um die Handhabung des Abbrandverhaltens für den Planer zu vereinfachen, wurden aus einer Vielzahl von Untersuchungen Einzahlangaben für die typischen Holzverwendungen formuliert, die in Tabelle 5.6 zusammengestellt sind.

Der Einsatz von einheimischem Laubholz als Bauholz für bemessene Konstruktionen ist nur mit Eichenholz möglich. Buchenholz ist zwar ein sehr hartes Holz, weist die größere Dichte gegenüber Eichenholz auf, aber sein Abbrandverhalten ist relativ schlecht. Daher wird im Bauwesen immer Eichenholz und keine Buche als Hartholz verwendet.

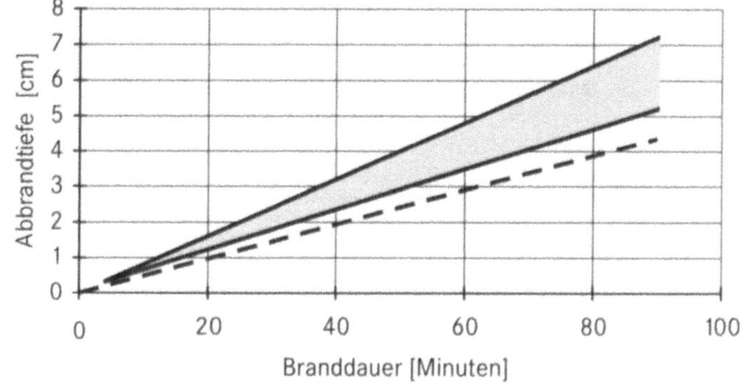

Abb. 5.9: Abbrandtiefe eines rechteckigen Holzbalkens, nach [32]
Beanspruchung durch ETK: Fläche für Nadelschnittholz: obere Linie für Unterseite, untere Linie für Seitenfläche; untere Kurve für Eichenholz

Tab. 5.6: Einzahlangaben zur Abbrandgeschwindigkeit, nach [32]

Holzart	Abbrandgeschwindigkeit mm / Minute
Nadelvollholz	0,80
Nadelbrettschichtholz	0,70
Laubholz ($\rho > 600$ kg/m^3)	0,56

Wenn Abbrandgeschwindigkeiten zahlenmäßig bekannt sind, kann zum Beispiel bei der Beurteilung überdimensionierter Holzbauteile in der Sanierung die Reserve an Holzsubstanz in Abbrandzeiten umgerechnet werden und mit normativen Bemessungswerten verglichen werden.

Wenn beispielsweise eine unbekleidete Stütze aus Eichenholz, frei im Raum stehend, einen quadratischen Querschnitt mit 25 cm Kantenlänge aufweist und somit eine Feuerwiderstandklasse F30-B erreichen würde, die nach Norm aber nur eine Kantenlänge von 16 cm erfordert, so kann dafür durch die allseitige Reserve von 4,5 cm eine zusätzliche Abbrandzeit von etwa 80 Minuten errechnet werden, bis der geforderte Regelquerschnitt vom Brand erreicht wird. Eine darauf Bezug nehmende Argumentation kann hilfreich sein, um beispielsweise als Kompensation für eine, für Holz nicht erreichbare, geforderte Baustoffeigenschaft „nicht brennbar" benutzt zu werden.

Abbildung 5.10 zeigt die Temperaturverteilung in einem Holzbalken mit quadratischem Querschnitt von (28 x 28) cm^2, es ist der Temperaturverlauf von der Oberfläche (0 cm) in den Balken hinein in der Flächenmitte für zwei Zeiten dargestellt. Es wird deutlich, dass von der gesamten Querschnittsfläche nach 30 Minuten noch 80% und nach 60 Minuten noch 70% eine Temperatur von unter

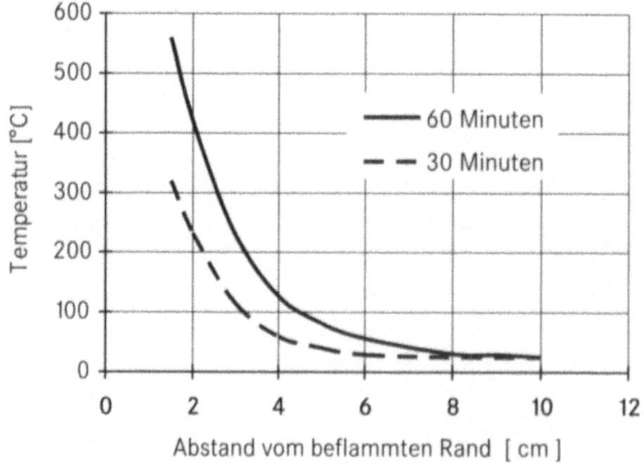

Abb. 5.10: Temperaturverlauf in einem Holzbalken; nach 30 Minuten und 60 Minuten ETK-Beanspruchung, quadratischer Querschnitt mit Seitenlänge 28 cm, nach [32]

100 °C aufweisen. Holz, als brennbarer Stoff, hat tatsächlich ein erstaunlich gutes Brandverhalten – gut im Sinne von brauchbar aus der Sicht des Bautechnischen Brandschutzes. Zur Berechnung von Temperaturverläufen in brandbeanspruchten Querschnitten sind in [32] entsprechende Möglichkeiten ausgeführt.

5.1.6 Kunststoffe

Wie eingangs bei der Formulierung der Schutzziele bereits erwähnt, stellt die Qualmbildung im Brandfall die höchste Stufe der Bedrohung dar. Die überwiegende Anzahl der Brandtoten sind Rauchtote. Einer Verrauchung von Gebäuden oder Gebäudeteilen muss durch Minimierung der Rauchlasten und Einbau gut funktionierender Entrauchungsmöglichkeiten unbedingt entgegengewirkt werden.

Menschen, die in dichten Rauchwolken sich selbst oder andere retten wollen, müssen über eine Mindestsichtweite verfügen, um sich orientieren zu können. Wird diese Sichtweite unterschritten, kommt es fast in allen Fällen zu Panikreaktionen und damit zu unkontrollierten Handlungen. Diese Mindestsichtweite liegt etwa bei 2–5 m, eine Sichtweite von mindestens 10 m, siehe Tabelle 5.9, sollte möglichst gesichert werden.

Die Verrauchungspotenziale bestimmter Stoffe, siehe Tabelle 5.7, lassen die Gefährdung erkennen. Die Angaben sind als Richtgrößen zu betrachten. Erst die genaue Zusammensetzung der Bauteile und Baustoffe entscheidet über die Art der Rauchbildung und -mengen.

Neben der Planung von Rauchabzugsanlagen muss vor allem der Einsatz rauchbildender Materialien auf ein Minimum reduziert, noch besser unterlassen werden. Das würde bedeuten, dass Kunststoffe aller Art nicht mehr verwendet werden könnten; eine Utopie bei der Fülle von Gegenständen aus Kunststoffen in allen Haushalten, Büros, im Gewerbe und der Industrie.

Kunststoffe sind normal entflammbare, brennbare Materialien der Baustoffklasse B 2, mit Brandschutzausrüstung auch schwerentflammbar B 1. Gemeinsam ist diesen Materialien, dass sie zum größten Teil unter Temperatureinfluss nicht

Tab. 5.7: Orientierungswerte zu Rauchpotenzialen einiger Materialien, nach [165]

1 kg Material	erzeugt m³ Rauch	1 kg Material	erzeugt m³ Rauch
Schaumgummi	2.500	PVC (hart)	400
Heizöl	2.500	Linoleum	250
Schaumstoff	2.200	Hartfaserplatte	800
Polystyrol	2.000	Sperrholz (Birke)	800
Petroleum	1.900	Holzwerkstoffe	750
Papier	1.000	Weichfaserplatte	150
Polypropylen	700		

Tab. 5.8: Gebräuchliche Kunststoffe mit Angaben zu Heizwert und Zündtemperatur

Bezeichnung	Kurzzeichen	Heizwert kWh/kg	Zündtemperatur °C
Thermoplaste			
Polyethylen	PE	9 – 13	340
Polypropylen	PP	12 – 13	320
Polyvinylchlorid	PVC	4 – 6	390
Polymethylmethacrylat	PMMA	7 – 8	300
Polystyrol	PS	10 – 12	350
Polytetrafluorethylen	PTFE	1 – 2	560
Elastomere			
Polyurethan	PUR	6 – 9	310
Duromere			
Aminoplaste	UF	4 – 6	
Melaninharz	MF	5 – 6	450
Phenolharz	PF	6 – 9	335
Polyesterharz (ungesättigt)	UP	5 – 6	350
Epoxidharz	EP	9 – 10	390

formstabil sind und in kurzer Zeit zu brennen beginnen. Dabei spielt es nur eine untergeordnete Rolle, ob es sich um glasig starre Thermoplaste, gummiartig elastische Elastomere bzw. Duromere oder plastische Polymere in Form von Silikonen handelt. Kunststoffe sind für bemessene Konstruktionen nicht geeignet und erzeugen große, zu große Mengen von tiefschwarzem Rauch.

Vereinzelt werden heute schon technische Thermoplaste durch eine veränderte Polymerstruktur, durch Flammen hemmende Ausrüstung aus fluorhaltigen Salzen, inerten Substanzen u.ä. oder durch Carbonatisierung verbessert. Aber die Qualmbildung ist beim Verbrennen nicht zu vermeiden, ganz abgesehen von freigesetzten toxischen Gasen. In Tabelle 5.8 sind gebräuchliche Industriekunststoffe mit Angaben zu Heizwerten und Zündtemperaturen aufgeführt. Zum Vergleich sei erwähnt, dass 12 kWh/kg im Mittel dem Heizwert von 1 kg Erdöl oder Benzin entsprechen und somit die obere Grenze möglicher spezifischer Heizwerte darstellen. Dies zeigt die Gefahr, die als Brandlast von einem Kunststoffeinsatz im Brandraum ausgehen kann.

Die Rauchpotenziale, d.h. die sich entwickelnden Rauchmengen wurden als Gefährdung schon angesprochen. Eine weitere Gefahr entsteht bei der Verbrennung von Kunststoffen durch die chemische Zusammensetzung des Rauches,

Tab. 5.9: Ausgewählte Überlebensgrenzwerte bei Verrauchung, nach [134]

Kriterium	Grenzwert	Grenzwert mit Sicherheitsfaktor
Sauerstoff-Konzentration	> 12 Vol%	> 14 Vol%
CO_2-Konzentration	< 6 Vol%	< 5 Vol%
CO-Konzentration	< 1.400 ppm	< 700 ppm
Höhe der rauchfreien Schicht	> 1,5 m	> 1,8 m
Erforderliche Sichtweite	> 10 m	> 20 m
Temperatur der unteren Gasschicht	< 65 °C	< 50 °C

seine Toxizität. Eine Erwärmung führt bereits bei Temperaturen zwischen 200 °C und 300 °C, also noch unter der jeweiligen Zündtemperatur, zur Zersetzung von Kunststoffen und zur Bildung von Zerfallsprodukten wie Kohlenstoffoxide, Salzsäure, Cyanide, Phenole, Styrole u.a., die für den Menschen in höchstem Maße gefährlich sind.

Um die im Zusammenhang mit dem Einsatz von Kunststoffen bestehenden Gefahren zu verdeutlichen, sind in Tabelle 5.9 Beispiele rechnerischer Grenzwerte für Überlebensbedingungen bei Verrauchung zusammengefasst. Die Aufgaben des Bautechnischen Brandschutzes müssen daher immer auch in der Einhaltung solcher Grenzwerte für das Überleben oder Retten gesehen werden.

5.1.7 Aluminium

Aluminium als metallischer Werkstoff, mit einer Dichte von 2.700 kg/m^3 ein Leichtmetall, ist ein nicht brennbares Material, und so gesehen wäre ein verstärkter Einsatz beim Bauen mit brandschutztechnisch bemessenen Konstruktionen wünschenswert. Es hat aber in diesem Rahmen nur eine untergeordnete Bedeutung, Aluminium kann für bemessene Konstruktionen nicht eingesetzt werden.

Die Ursache liegt in seinem niedrigen Schmelzpunkt begründet, Aluminium schmilzt bereits bei 600 °C, einer Temperatur, bei der Stahl „erst" weich wird. Unter Zugrundelegung einer ETK-Beanspruchung würde dieser niedrige Schmelzpunkt bedeutet, dass Konstruktionen aus Aluminium höchsten für 8 Minuten ungeschützt in ihrem Bestand gesichert wären, um ihre Struktur dann quasi aufzulösen.

Aus der Sicht des Bautechnischen Brandschutzes ist ein Einsatz von Aluminium aber überall dort möglich, wo Brandprodukte niedriger Temperatur vorhanden sind, das betrifft beispielsweise Rauchschutztüren. Brandrauch mit einer maximalen Temperatur von 200 °C schadet dem Aluminium nicht, d.h. bemessene Rauchschutztüren aus diesem Material sind für das Abhalten von kaltem Rauch geeignet und zugelassen. Es handelt sich dabei aber um reine Rauchschutztüren und keine Feuerschutzabschlüsse.

Aluminium weist eine sehr hohe Wärmeleitfähigkeit von 237 W/(m · K) auf, seine spezifische Wärmekapazität beträgt 897 Ws/(kg · K) und seine thermische Dehnung $2{,}3 \cdot 10^{-5}$ K^{-1}.

5.2 Klassifizierung von Baustoffen und Bauteilen

5.2.1 Baustoffe

Eine bloße Zweiteilung der Baustoffe in brennbare und nicht brennbare ohne Berücksichtigung weiterer Kriterien hätte zur Folge, dass es sich bei nicht brennbaren Baustoffen ausschließlich um mineralische Baustoffe und Metalle handeln würde und alle anderen Stoffe brennbar und somit in ihrer Einsetzbarkeit problematisch wären. Eine solche Zweiteilung wäre zwar durch Prüfung auf einfache Weise zu sichern aber für die Praxis eine zu grobe Strukturierung, um auch brennbare Baustoffe sinnvoll und wirtschaftlich einsetzen zu können.

Deshalb wird eine für den praktischen Umgang zweckmäßige weitergehende Unterteilung vorgenommen, wobei die Abstufungen jeweils durch definierte Prüfkriterien und -verfahren abgesichert werden. Nach gültigem Regelwerk erfolgt bei den nicht brennbaren Baustoffen die Unterteilung in zwei, bei den brennbaren in drei weitere Unterklassen. Zukünftig wird es im Zuge der Harmonisierung des europäischen Rechts sieben Klassen geben. Es besteht die Hoffnung, dass sich die bisher in der Bundesrepublik bewerteten Baustoffe und Bauprodukte im europäischen System in etwa gleichen Klassen wiederfinden.

Das Brandverhalten von Baustoffen ist durch Prüfungen nachzuweisen, z.B. [34]. Grundlage für die Durchführung der Prüfungen und die daraus folgende Klassifizierung sind in Deutschland zurzeit noch die Teilnormen der DIN 4102,

Klasse	Bennenung	Prüfnachweis
A	**nicht brennbare Baustoffe**	
A1	ohne brennbare Bestandteile	DIN P
A2	mit brennbaren Bestandteilen	DIN PZ
B	**brennbare Baustoffe**	
B1	schwer entflammbar	DIN PZ
B2	normal entflammbar	DIN P
B3	leicht entflammbar	Einsatzverbot

Abb. 5.11: Baustoffklassen nach DIN 4102 Teil 1, PZ: Zulassung mit Prüfzeichen des DIfB, P: Zulassung mit Prüfzeugnis, DIN: Zulassung, wenn in DIN 4102-T4 enthalten

wie sie in Tabelle 3.1 aufgeführt sind. Entsprechend dem Brandverhalten werden die Baustoffe in Klassen, siehe Abbildung 5.11, eingeteilt.

Für alle Baustoffe, die in der DIN 4102-T4 benannt sind, gilt der Nachweis über das Brandverhalten als erbracht; Tabelle 5.10 zeigt in Kurzfassung die allgemein bauaufsichtlich zugelassenen Materialien. Für Baustoffe, die nicht in der Norm aufgeführt sind, ist das Brandverhalten durch Prüfung nachzuweisen. Dies geschieht für die kritischen Baustoffklassen A2 bzw. B1 unmittelbar unter Aufsicht des Deutschen Institutes für Bautechnik in Berlin (DIBt) und wird mit Erteilung eines Prüfzeichens abgeschlossen. Die Prüfung von Baustoffen der Klassen A1 und B2 kann durch vom DIBt autorisierte Prüfeinrichtungen wie MFPA, Institute an Universitäten u.a. durchgeführt werden.

Tab. 5.10: Kurzfassung zugelassener Baustoffe gemäß DIN 4102, Teil 4 [35]

Baustoffe Klasse A1

a) Sand, Kies, Lehm, Ton

b) Mineralien, Erde, Lavaschlacke, Naturbims

c) Zement, Kalk, Gips, Anhydrit, Blähton, Perlite, Vermiculite, Schaumglas

d) Mörtel, Beton, Stahlbeton

e) Mineralfasern ohne organische Zusätze

f) Ziegel, Glas, Steinzeug, keramische Platten

g) Metalle, Legierungen

Baustoffe Klasse A2

a) Gipskartonplatten mit geschlossener Oberfläche

Baustoffe Klasse B1

a) HWL-Leichtbauplatte

b) Mineralfaser-Mehrschicht-Leichtbauplatte

c) Gipskartonplatte mit gelochter Oberfläche

d) Kunstharzputze (miner. Zuschläge)

e) Wärmedämmputzsysteme

f) Rohre und Formstücke (PVC-U, PVCC, PP)

g) Fußbodenbeläge: Eichen-Parkett, Flexplatten, Gußasphaltestrich

Baustoffe Klasse B2

a) Holz,Holzwerkstoffe: > 400 kg/m^3 und $d > 2$ mm, > 230 kg/m^3 und $d > 5$ mm

b) genormte Holzwerkstoffe

c) kunststoffbeschichtete Flachpreßplatten

d) kunststoffbeschichtete Holzfaserplatten

e) Schichtpreßstoffplatten

f)   Gipskarton-Verbundplatte

g)   Hartschaum-ML-Platte

h)   PVC-Tafeln weichmacherfrei

i)   Rohre, Formstücke

j)   Tafeln aus Polymethylmethacrylat > 2 mm

k)   Polystyrol > 1,6 mm

l)   Gießharzformstoffe

m)   Polyethylen: >1,4 mm und < 940 kg/m^3, >1mm und > 940 kg/m^3

n)   Polypropylen > 1,4 mm

o)   Polyamid >1 mm

p)   Fugendichtungsmasse

q)   Fußbodenbeläge auf bel. Grund

r)   Asphalt

s)   Hochpolymere Dach- und Dichtungsbahnen

t)   Bitumen-, Dach- und Dichtungsbahnen

Für Baustoffe der Klassen A2 und B1, für die ein Prüfzeichen erteilt wird, besteht Kennzeichnungs- und Überwachungspflicht. Die Kennzeichnung erfolgt mit Angaben zur DIN, Baustoffklasse, Genehmigungsnummer und Hersteller etwa in der Form [DIN 4102-B1, PA III, 2.403, Firmenname], wobei PA III auf den entsprechenden Prüfausschuss hinweist.

Erteilte Genehmigungen gelten grundsätzlich nur für den geprüften Baustoff und sind nicht übertragbar. Sie gelten auch nicht für einen Verbund oder für Kombinationen von Baustoffen. Diese bedürfen in jedem Fall einer eigenen Zulassung. Entscheidend ist immer der Einsatz des Baustoffs im Bauwerk, wenn für Bauteile nicht brennbare Baustoffe gefordert werden, so sind alle beteiligten Baustoffe im jeweiligen Einsatz auf diese Forderungen abzustimmen. An dieser Nahtstelle kommt es nicht selten zu Fehlanwendungen irgendeines Baustoffs und damit quasi zu einem Verlust der Zulassung des betreffenden Bauteils als bemessene Konstruktion.

Für Baustoffe der Klasse B3 gilt gemäß Landesbauordnung (z.B. §26(1) ThürBO) Einsatzverbot. Die Einschränkung in der LBO, dass das Einsatzverbot nicht gilt, wenn diese leicht entflammbaren Baustoffe durch Verbindung mit anderen Baustoffen veredelt aufgewertet werden, ist sinnfällig, wie das Beispiel Holzwolle – Baustoffklasse B3 – und Holzwolle-Leichtbauplatte (HWL) – Baustoffklasse B1 – zeigt.

Tab. 5.11: Brandrisiken und Prüfverfahren für Baustoffe, nach [34]

Klasse	Risiko	Prüfverfahren
A1	Flammenausbreitung Wärmeentwicklung Rauchentwicklung Toxizität	Ofenprüfung
A2	Flammenausbreitung Wärmeentwicklung Rauchentwicklung Rauchentwicklung	Ofenprüfung oder Wärmeentwicklungsprüfung Brandschachtprüfung Bestimmung Rauchentwicklung Inhalationstoxische Prüfung
B1	Flammenausbreitung Wärmeentwicklung	Brandschachtverfahren
B2	Entflammbarkeit Abtropfverhalten	Kleinbrennerverfahren

Baustoffe der Klasse A2 weisen bestimmte Mengen brennbarer Bestandteile auf, wobei die Menge vorab nicht quantifiziert wird, da die Prüfung das geforderte Brandverhalten bestätigen muss. Standardbeispiel ist die Gipskartonplatte mit geschlossener Oberfläche, weil sie zurzeit der einzige, allgemein zugelassene Vertreter dieser Klasse in der DIN 4102-T4 ist. Zur Baustoffklasse A2 könnte auch Strohlehm für den Fachwerkbau oder Holzbeton gehören.

Das Prüfen der Baustoffe geschieht mit unterschiedlichen Verfahren entsprechend den Risiken, die für den Einsatz von Baustoffen in den jeweiligen Baustoffklassen maßgebend sind, dargestellt in Tabelle 5.11.

Baustoffe der Klasse A1 werden auch nach den Kriterien der Klasse A2 geprüft, es sei denn, dass die Anforderungen A2 zweifelsfrei auch ohne diese Prüfungen festgestellt werden können. Die Baustoffe B1 müssen die Forderungen der B2-Prüfung erfüllen. Fußbodenbeläge werden generell separat geprüft und sind auch mit eigenen Prüfvorschriften versehen.

Baustoffe, die keine der in Tabelle 5.11 dargestellten Prüfungen erfüllen, sind der Baustoffklasse B3 zuzuordnen und daher nicht einsetzbar.

Europäische Klassifikationen
Die Beurteilung von Bauprodukten wird zurzeit noch von jedem europäischen Land durch eigene Prüfbestimmungen geregelt. Im Zuge der europäischen Harmonisierung wird sich die Bewertung von Baustoffen aus der Sicht des Bautechnischen Brandschutzes verändern. Ohne diese Vorgänge bereits einer abschließenden Wertung zu unterziehen, sind in Tabelle 5.12 die sieben Klassen zur Bewertung des Brandverhaltens von Bauprodukten aufgeführt, die auf der Grundlage der neuen DIN EN 13501-T1 [18] vom Juni 2002 vorgeschlagen und verbindlich erklärt wurden.

Bei den Prüfverfahren konnte zum Teil auf ISO-Prüfverfahren, die angepasst und teilweise erheblich geändert wurden, zurückgegriffen werden, zum Teil mussten neue Prüfmethoden – z.B. der SBI-Test oder „Single Burning Item Test" gemäß DIN EN 13823 – entwickelt werden.

Für die neue Klasse A1 wurde in Anlehnung an die DIN 4102-Teil 4 ein Verzeichnis der Produkte mit zu beachtenden Randbedingungen veröffentlicht. Weitere Verzeichnisse für andere Klassen können folgen [152].

Für Bodenbeläge werden auch weiterhin von den übrigen Bauprodukten getrennte Prüfbedingungen ausgewiesen. Die Klassifizierung umfasst die gleichen Klasseneinteilungen, die dann durch den Index fl (Floor) gekennzeichnet sind. So gesehen ergeben sich in Deutschland auch zukünftig bezüglich Prüfverfahren und Klassifizierung keine wesentlichen Änderungen.

Zusätzlich zu den Baustoffklassifizierungen der Tabelle 5.12 sind zukünftig noch weitere Klassifizierungen erforderlich, die in Tabelle 5.13 zusammengefasst sind. Sie kennzeichnen die Rauchentwicklung und das brennende Abtropfen bzw. Abfallen von Materialien unter Brandbedingungen und stellen eine überaus sinnvolle Erweiterung dar. Für die Bewertung der Inhalationstoxizität von Brandgasen steht der informative Anhang C der DIN 4102-1 zur Verfügung [152], allerdings nur noch auf nationaler Ebene.

Tab. 5.12: Klassifizierung der Baustoffe nach europäischer Harmonisierung

Klasse neu	alt	Prüfmethode neu	Anforderungen an Baustoffe
A1	A1	EN ISO 1182 EN ISO 1716	kein Beitrag zum Brandgeschehen
A2	A2	EN ISO 1182 EN ISO 1716 EN 13823	kein wesentlicher Beitrag zu Brandlast und Brandanstieg
B	B1	EN 13823 EN ISO 11925-2	wie C (mit strengeren Forderungen)
C	B1	EN 13823 EN ISO 11925-2	wie D (mit strengeren Forderungen) und zusätzlich bei Beanspruchung durch einzelnen brennenden Gegenstand eine begrenzte seitliche Flammenausbreitung
D	B2	EN 13823 EN ISO 11925-2	wie E, Baustoffe können zusätzlich für längeren Zeitraum Angriff einer kleinen Flamme ohne wesentliche Flammenausbreitung und bei Beanspruchung durch einzeln brennenden Gegenstand mit verzögerter Wärmefreisetzung standhalten
E	B2	EN ISO 11925-2	können für kurze Zeit Angriff durch kleine Flamme ohne wesentliche Flammenausbreitung standhalten
F	B3		Brandverhalten nicht bestimmbar, nicht in Klassen A bis E klassifizierbar

Tab. 5.13: Zusätzliche Klassifizierung der Baustoffe gemäß Tabelle 1 der DIN EN 13501-T1 bzw. DIN EN 13823, nach [152]; SMOGRA: Geschwindigkeit der Rauchentwicklung in m^2/s^2, TSP: freigesetzte Rauchmenge in 600 s in m^2

Klasse	Anforderungen Rauchentwicklung
s1	strengere Kriterien als s2 gefordert, SMOGRA $\leq$ 30 m^2/s^2, TSP $\leq$ 50 m^2 in 600 s
s2	Rauchentwicklung ist beschränkt, SMOGRA $\leq$ 180 m^2/s^2, TSP $\leq$ 200 m^2 in 600 s
s3	keine Beschränkung zur Rauchentwicklung gefordert, weder s2 noch s1
Klasse	**Anforderungen brennendes Abtropfen/Abfallen**
d0	kein brennendes Abtropfen/Abfallen innerhalb 600 s beim Versuch nach EN 13823
d1	kein brennendes Abtropfen/Abfallen, das länger als 10 s innerhalb 600 s beim Versuch nach EN 13823 andauert
d2	keine Beschränkung, weder d1 noch d0

Einzelheiten zu den Prüfverfahren, Randbedingungen und Zeitabläufe können den betreffenden Normen entnommen werden. Grundkenntnisse über die Prüfverfahren schärfen das Verständnis für den richtigen Einsatz eines Bauproduktes am und im Bauwerk. Baustoffe in diesem Sinne sind eben auch Dämmschichten, Bekleidungen, Formstücke, Rohre, Beschichtungen, Platten, bahnenförmige Baustoffe und Verbundwerkstoffe.

Für Rohre, Leitungen oder Kabel konnte im europäischen Prüfsystem noch keine Lösung gefunden werden.

Eine Veränderung, die gewisse Probleme, aber auch Zusatzkosten bereiten könnte, betrifft die Erfassung der Wärmefreisetzung bei der Verbrennung. Die bisherigen Angaben zum Heizwert PCI (*Pouvoir Calorifique Inférieur*) entfallen zu Gunsten des Brennwertes PCS (*Pouvoir Calorifique Supérieur*), damit wird die bei der Kondensation frei werdende Wärmemenge nunmehr den Bauprodukten zugerechnet. Regelungen zur optionalen Bewertung über den Heizwert werden angestrebt [152].

Für bemessene Konstruktionen dürfen nur geprüfte Baustoffe und Bauprodukte eingesetzt werden, entsprechende Prüfunterlagen müssen vom Hersteller oder Lieferanten im Zweifelsfall immer zur Verfügung gestellt werden.

5.2.2 Bauteile

Bauteile müssen ebenso wie Baustoffe, aus denen sie hergestellt werden, bestimmte Forderungen erfüllen. Diese ergeben sich aber vor allem aus Aufgaben der Bauteile am und im Bauwerk, die auf die Funktionen tragend/nicht tragend, Wärmedämmung und raumabschließend/nicht raumabschließend, ergänzt durch Sonderbauteile mit davon abweichenden bzw. ergänzenden Funktionen, wie Rauchdichtheit und Strahlung, selbst schließend oder mechanische Beanspru-

Tab. 5.14: Funktionen von Bauteilen

| Funktion | | Bauteil |
raumabschließend	tragend	
ja	ja	Decke, Trennwand, Dach
nein	ja	Stütze, Wandscheibe, Unterzug, Träger, Balkon, Treppe
ja	nein	Trennung, Ausfachung
nein	nein	Brüstung

chung, reduziert werden können. Allen Funktionen ist gemeinsam, dass sie in einer bestimmten Zeitdauer die Bestandsicherung der Bauteile und Bauwerksteile gewährleisten müssen. Eine Übersicht zu den wichtigsten Bauteilen der angesprochenen Funktionen gibt Tabelle 5.14.

Insbesondere bei Wänden spielen die Kriterien Standsicherheit und Raumabschluss eine wichtige Rolle, weil die Abmessungen ebenso wie die Gestaltung notwendigerweise vorhandener Öffnungen gleichermaßen für die Sicherheit von Bedeutung sind. Im Teil 4 der DIN 4102 werden dazu Festlegungen getroffen.

Nicht tragende Wände werden überwiegend nur durch ihre Eigenlast beansprucht, Windlasten müssen auf tragende Bauteile abgeleitet werden. Tragende Bauteile sind überwiegend auf Druck beansprucht, neben der Eigenlast müssen daher Fremdlasten – vor allem vertikale Deckenlasten und/oder horizontale Windlasten – abgetragen werden.

Im Brandfall hat neben der Gewährleistung der Standsicherheit die Funktion Raumabschluss große Bedeutung, wobei Raumabschluss heißt, dass eine Abschlusswirkung von Bauteilen gegenüber den Einwirkungen eines Brandfalls nachzuweisen ist.

Raumabschließende Wände sind für einseitige Brandbeanspruchung vorgesehen, wie Wände von Rettungswegen, Treppenraumwände, Trennwände, Brandwände und Außenwandscheiben mit einer Breite B > 1 m. Bei diesen Bauteilen würde eine zweiseitige Brandbeanspruchung keinen Sinn machen, da sie in einem solchen Brandfall ihre Funktion der Brandabtrennung verloren hätten.

Nichtraumabschließende Wände mit tragender Funktion sind mindestens einer zweiseitigen wenn nicht drei- oder vierseitigen Brandbeanspruchung ausgesetzt. Dazu zählen u.a. gemauerte Pfeiler bzw. kurze Wände mit weniger als zwei ungeteilten Steinen oder einer Querschnittsfläche mit weniger als 0,10 m^2 [35].

Als nichtraumabschließende Wandabschnitte aus Mauerwerk gelten solche, deren Querschnittsfläche mindestens 0,10 m^2 und deren Breite weniger als 1 m beträgt.

Im Brandfall müssen die vorgenannten Eigenschaften in der Bemessungszeit erhalten bleiben. Für eine einheitliche Prüfgrundlage der Bauteile wurde dazu die Einheitstemperaturkurve ETK festgelegt.

Für die Sicherung der Funktion Raumabschluss, hier wird die Verbindung zur Funktion Wärmedämmung deutlich, darf die Temperatur auf der dem Brand abgekehrten Seite des Bauteils im Mittel um nicht mehr als $\Delta T = 140$ K zunehmen, wobei punktuell auf der Bauteiloberfläche eine Temperaturerhöhung von $\Delta T = 180$ K nicht überschritten werden darf. Zusätzlich wird zur Sicherung des vollständigen Raumabschlusses noch ein Wattebauschversuch vorgeschrieben. Ein auf der feuerabgekehrten Wandfläche vorbeigeführter Wattebausch definierter Geometrie (100 mm x 100 mm / 3,5 g / ofentrocken) darf sich nicht entzünden, eventuelle Riss- und Spaltenbildungen sollen so detektiert werden, um den Durchtritt heißer Gase zu vermeiden.

Die Bedeutung der Funktion Raumabschluss ist aus Abbildung 5.12 ersichtlich. In einem Wohnbereich wurden dazu Brandversuche, auch als Lehrter Brandversuch bekannt, durchgeführt [9]. Im Raum 1 wurde ein Brand entzündet und in diesem und einem benachbarten Raum – Trennwand 11,5 cm Ziegel – wurden Messungen zum Temperaturverlauf und zur Gaskonzentration durchgeführt. Beide Räume haben je ein Fenster ins Freie und waren mit je einer Tür über einen gemeinsamen Flur verbunden. Die Ergebnisse der umfangreichen Messungen sind dargestellt. Das Eindringen von Gasen zeigt im Nachbarraum sehr schnell negative Auswirkungen, nach 5 Minuten erreicht die Kohlenstoffmonoxid-Konzentration 3%, wobei bereits eine Konzentration von 1% zur Bewusstlosigkeit und 4% zum Tode führen. Damit entsteht eine außerordentlich große Gefährdung für anwesende Personen, obwohl das Brandgeschehen – man vergleiche die Temperaturverläufe in beiden Räumen – noch nicht übergegriffen hat.

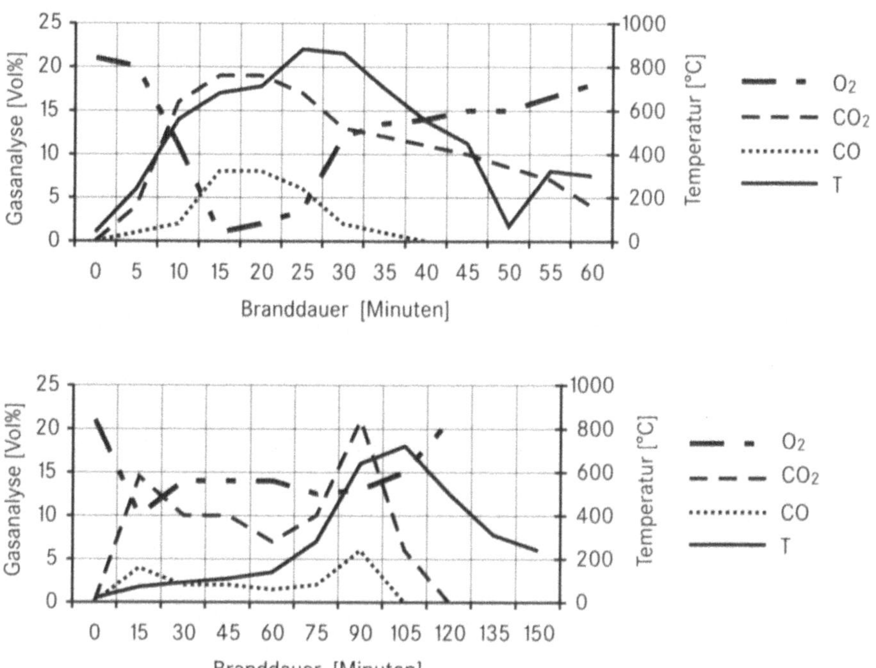

Abb. 5.12: Temperaturverlauf (T) und Gaskonzentrationen (O_2, CO_2, CO) in einem Brandraum (oben) und einem Nachbarraum (unten), nach [9]

Die Festigkeit raumabschließender Wände wurde entsprechend den Prüfvorschriften der DIN 4102-Teil 2 bisher durch Kugelschlagversuche mit einer Aufprallenergie von 20 Nm geprüft, sie entfällt nach Einführung der DIN EN 1363 Teil 2 [160]. Die Standsicherheit von Brandwänden wurde früher schon deutlich schärfer mit einer Stoßbeanspruchung entsprechend DIN 4102-Teil 3 geprüft. Der Begriff der Brandwand ist zukünftig in der europäischen Normung nicht mehr vorhanden. Nach europäischer Norm DIN EN 1363 [160] kann aber die raumabschließende Wirkung bestimmter Klassen von Wänden durch Stöße mit einem Stoßkörper der Masse 200 kg, an einem 2,75 m langen Stahlseil angebracht, so geprüft werden, dass auf dem Prüfkörper eine Stoßenergie von 3.000 Nm freigesetzt wird. Bei tragenden Wänden wird dazu der Probekörper innerhalb von 5 Minuten nach Beendigung der Klassifizierung dreimal durch Stoß beansprucht, zweimal mit Prüflast und einmal ohne Prüflast. Die Prüfung ist spätestens 2 Minuten nach dem dritten Stoß zu beenden.

Diese Prüfvorschrift für Wandtypen mit Raumabschluss entspricht damit der bis 1999 vorgeschriebenen Brandwandprüfung. Die Sicherung der notwendigen Qualität von Brandwänden, zukünftig REI-M 90-A Wand, bezüglich Materialauswahl und Errichtung wird, zumindest in Deutschland, auch in der Zukunft mit diesen Angaben deutlich unterstrichen.

Die Prüfung der Tragfähigkeit an statisch bestimmt gelagerten Bauteilen wurde mittels des Kriteriums der maximalen Durchbiegegeschwindigkeit nach DIN 4102-Teil 2 mit

$$\frac{\Delta f}{\Delta t} = \frac{l^2}{9000 \cdot h} \quad , \quad \left[\frac{\Delta f}{\Delta t}\right] = \frac{cm}{min} \tag{5.5}$$

überprüft, wobei
Δf Durchbiegung im Zeitintervall 1 Minute in cm
Δt Zeitschritt 1 Minute
l Stützweite in cm
h statische Bauteilhöhe in cm

sind. Die höchstzulässige Durchbiegegeschwindigkeit darf nicht überschritten werden. Die aktuellen Veränderungen durch die europäische Normenlage sind aus Gln. (5.6) bis (5.9) ersichtlich.

Das Brandverhalten von Bauteilen wird durch den Begriff der Feuerwiderstandsdauer gekennzeichnet. Es handelt sich dabei um die Zeitdauer in Minuten, in der das Bauteil den geforderten Temperatur- und Festigkeitsbeanspruchungen standhält. Ein Versagen liegt vor, wenn es vor dem Ende der Zeitdauer zum Verlust der raumabschließenden Wirkung bzw. zum Verlust der rechnerisch ermittelten Tragfähigkeit kommt.

Die Qualität und die Baustoffklasse lassen noch keinen hinreichenden Schluss auf die Feuerwiderstanddauer eines Bauteil zu. Der jeweilige Einsatz in der Konstruktion ist wichtig und muss deshalb geprüft werden.

Als Beispiel mögen Stahl und Holz formal, d.h. ohne Berücksichtigung weiterer Gesichtspunkte, verglichen werden. Stahl ist ein unbrennbares Material der

Tab. 5.15: Feuerwiderstandsklasse (FWK) nach DIN 4102-T2 und bauaufsichtliche Benennung; [1] es handelt sich um eine Benennung, keine bauaufsichtliche Bezeichnung

FWK	bauaufsichtliche Benennung	Kurzbezeichnung
F 30	feuerhemmend	F 30-B
	feuerhemmend und in den wesentlichen Teilen aus nicht brennbaren Baustoffen	F 30-AB
	feuerhemmend und aus nicht brennbaren Baustoffen	F 30-A
F 60	hochfeuerhemmend	F 60-B
	in wesentlichen Teilen aus nichtbrennbaren Baustoffen	F 60-AB
	aus nichtbrennbaren Baustoffen	F 60-A
F 90	feuerbeständig und in den wesentlichen Teilen aus nicht brennbaren Baustoffen	F 90-AB
	feuerbeständig und aus nicht brennbaren Baustoffen	F 90-A
F 120	[1]	F 120-B
	in wesentlichen Teilen aus nicht brennbaren Baustoffen [1]	F 120-AB
	aus nicht brennbaren Baustoffen [1]	F 120-A
F 180	[1]	F 180-B
	in wesentlichen Teilen aus nicht brennbaren Baustoffen [1]	F 180-AB
	aus nicht brennbaren Baustoffen [1]	F 180-A

Baustoffklasse A1. Ein Stahlbauteil verliert seine Tragfähigkeit und seinen Raumabschluss aber bereits ab einer Zeitdauer von ca. 8 Minuten gemäß ETK-Beanspruchung und erreicht demnach keine Feuerwiderstandsklasse.

Holz ist ein brennbarer Baustoff der Klasse B2; ist aber ein Holzbauteil hinreichend dimensioniert, so bleibt nach dem Abbrand in der Bemessungszeit, entsprechend der Abbrandgeschwindigkeit der Holzart, noch ein für das jeweilige Tragverhalten notwendiger Querschnitt erhalten und Holz kann durchaus die Feuerwiderstandsdauer 90 Minuten erreichen (F 90-B).

In der DIN 4102-Teil 2 werden die Feuerwiderstandsklassen und deren Kurzbezeichnungen festgelegt. Die Verbindung zu den bauaufsichtlichen Benennungen der Landesbauordnungen geschieht über die Brandanordnung [36] bzw. über Einführungserlasse der Länder. In Tabelle 5.15 sind Bezeichnungen der DIN, Kurzbezeichnung und bauaufsichtliche Benennung zusammengefasst.

Wesentliche Bauteile im Sinne der Tabelle 5.15 sind nach DIN 4102-2 (Tab. 2) „alle tragenden oder aussteifenden Teile, bei nicht tragenden Bauteilen auch die Bauteile, die deren Standsicherheit bewirken, bei raumabschließenden Bauteilen eine in Bauteilebene durchgehende Schicht, die bei der Prüfung nach dieser Norm

Tab. 5.16: Bezeichnungen für Feuerwiderstandklassen mit Verweis auf Prüfnorm DIN 4102

Bezeichnung	Bauteil	DIN 4102
F	Wände, Brandwände, Decken, Stützen	Teil 2
W	nichttragende Außenwände	Teil 3
L	Lüftungsleitungen	Teil 6
K	Absperrvorrichtungen Lüftungsleitungen	Teil 6
S	Kabelabschottungen	Teil 9
I	Installationsschächte, -kanäle	Teil 11
R	Rohrabschottungen	Teil 11
E	Funktionserhalt elektrischer Kabel	Teil 12
F	Verglasung (Strahlung verhindert)	Teil 13
G	Verglasung (Strahlung behindert)	Teil 13
T	Feuerschutzabschlüsse	Teil 5

nicht zerstört werden darf. Bei Decken muss diese Schicht eine Gesamtdicke von mindestens 50 mm besitzen, Hohlräume im Innern dieser Schicht sind zulässig" [37].

Als typische feuerhemmende Klasse kann die F 30-B und als die typische feuerbeständige Klasse die F 90-AB gelten.

Im praktischen Umgang mit diesen Bezeichnungen erhält ein Bauteil, das keiner Feuerwiderstandsklasse angehört, die Bezeichnung F 0. Die Feuerwiderstandsklasse F 60 wird nach LBO als hochfeuerhemmend bezeichnet, die Klassen F 120 und F 180 als hochfeuerbeständig, beide haben ihre Bedeutung vor allem im Hochhausbereich, also bei Gebäuden mit Fußbodenhöhe über 22 m Geländeniveau. Die Klassen F 90-B, F 120-B, F 180-AB und F 180-B haben in der Praxis so gut wie keine Bedeutung.

Die Bezeichnung der Feuerwiderstandsklasse bzw. die Kurzbezeichnung bezieht sich mit dem Buchstaben „F" nur auf bestimmte Bauteile, zurzeit gibt es weitere Bauteilkennzeichnungen und damit Buchstaben, die auf andere Bauteile hinweisen, Tabelle 5.16 gibt dazu eine Übersicht.

Die Feuerwiderstandsdauer eines Bauteils kann durch eine Reihe von Maßnahmen beeinflusst werden [35], die auch als Kriterien für die Auswahl bemessener Bauteile nach Norm bekannt sein müssen. Einen Einfluss auf die Widerstandsfähigkeit haben

♦ der verwendete Baustoff oder Baustoffverbund,
♦ ein- oder mehrseitig mögliche Brandbeanspruchung,
♦ Bauteilabmessungen wie Querschnitt, Schlankheit, Achsabstände, Überdeckung,

♦ bauliche Ausbildung als Auflager, Anschlüsse, Befestigung, Verbindungsmittel,
♦ statisches System bestimmte/unbestimmte Lagerung, Einspannung, Lastabtragung,
♦ Ausnutzungsgrad, Festigkeiten und
♦ Bekleidungen.

Diese Einflussgrößen stellen wesentliche Randbedingungen für die Arbeit mit klassifizierten Bauteilen dar. Es bleibt die abschließende Feststellung, dass eine Klassifizierung von Einzelbauteilen immer in der Kategorie erfolgen muss, die die Gesamtkonstruktion benötigt. Die Feuerwiderstandsklasse der Gesamtkonstruktion bestimmt die Klassen der anzuschließenden oder ergänzenden Bauteile. Ein Feuerschutzabschluss, der mit Kunststoffdübeln in einer Massivwand befestigt wird, verliert seine Zulassung als bemessenes Bauteil. Eine Tragkonstruktion ist erst dann richtig bemessen, wenn eben auch Befestigungsmittel, Hilfskonstruktionen, Unterstützungen oder Konsolen mindestens der gleichen Feuerwiderstandsklasse angehören.

Europäische Klassifikationen
Im Grundlagendokument [22] bzw. in der DIN EN 13501-T2 [141] werden die europäischen Klassifikationen vorgestellt. Anders als bei der Einordnung von Baustoffeigenschaften wird es zukünftig eine völlig neue Klassifizierung mit Buchstabenfolgen geben, aus deren Kombination die Eigenschaften des Bauteils bereits deutlich werden, wobei jeder Buchstabe für eine bestimmte Eigenschaft steht.

Charakteristische Eigenschaften zur Klassifizierung der Feuerwiderstandsfähigkeit von Bauteilen bzw. Bauprodukten und zugehörige Symbole sind nach [141]:

R Tragfähigkeit (*Résistance*)
Bauteilfähigkeit, unter festgelegten mechanischen Einwirkungen ohne Verlust der Standsicherheit einer Brandbeanspruchung für eine Zeitdauer zu widerstehen, Kriterien sind Verformung und Grenzwerte der Verformungsgeschwindigkeit für Biegung bzw. axiale Belastung,

E Raumabschluss (*Étanchéité*)
Bauteilfähigkeit, der Beanspruchung eines Feuers von einer Seite zu widerstehen, ohne Übertragung des Feuers zur abgekehrten Seite durch Flammen oder heiße Gase, die dort die Entzündung von Materialien verursachen

I Wärmedämmung (*Isolation*)
Bauteilfähigkeit, einer einseitigen Brandbeanspruchung ohne Übertragung von Feuer zu widerstehen, die Übertragung ist soweit zu begrenzen, dass weder die dem Feuer abgekehrte Seite noch Materialien in dessen Nähe entzündet und Personen in der Nähe geschützt werden,
Kriterien $\Delta T \leq 140$ K im Mittel und $\Delta T_{\mathrm{max}} \leq 180$ K punktuell,
bei Türen, Toren und Klappen 2 Unterklassen I_1 und I_2, siehe [141].

Diese wesentlichen Anforderungen und Kennbuchstaben zur ausschließlichen Klassifizierung aller Bauteile können durch folgende Eigenschaften erweitert und/oder optional ergänzt werden:

W **Strahlungsdurchlässigkeit**
gemessene Strahlung von 15 kW/m^2 im Zeitraum wird nicht überschritten, ein Bauteil mit der Erfüllung der Eigenschaft I erfüllt auch W, ist ein optionaler Verhaltensparameter, z.B. zu REW 90,

M **Widerstand gegen mechanische Beanspruchung**
Stoßbeanspruchung gemäß Prüfvorschrift darf nicht zum Verlust der Eigenschaften R, E und/oder I führen, dient zur Erweiterung der Verhaltensparameter, z.B. REI-M 60,

C **selbst schließende Eigenschaft**
für Türen mit selbst schließender Eigenschaft, dient zur Erweiterung der Verhaltensparameter, z.B. EI 60-C,

S **Rauchdurchlässigkeit**
Bauteile mit besonderer Begrenzung des Rauchdurchtritts, Bauteile ohne FW-Klasse werden nur mit S klassifiziert, dient zur Erweiterung der Verhaltensparameter, z.B. REI 30-S,

IncSlow **Schwelbrandverlauf**
zur Angabe der Reaktion eines Produktes auf die Schwelbrandkurve, dient zur Erweiterung der Verhaltensparameter, z.B. EI 60-IncSlow,

-sn **annähernd natürlicher Brand**
wenn das Verhalten unter Beanspruchung eines annähernd natürlichen Brandes eine gesetzliche Forderung ist, nur für wenige leichte Unterdecken, dient zur Erweiterung der Verhaltensparameter, z.B. RE 60-sn.

Spezielle Leistungsmerkmale besonderer Bauprodukte können durch eigenen Symbole charakterisiert werden [152], Beispiele sind:

G **Rußfeuerwiderstand**
für Schornsteine und Schornsteinprodukte,

K **Schutzwirkung äußerer Bauprodukte**
Schutzwirkung auf innen liegende Baustoffe bei kurzzeitiger ETK-Einwirkung,

P **Aufrechterhaltung Energieversorgung**
gilt für ETK-Einwirkung,

PH **Aufrechterhaltung Energieversorgung**
gilt für andere als ETK-Einwirkung,

B **Ableitung von Brandgasen**
bei Rauch-Wärmeabzugsgeräten mit natürlichem Auftrieb,

F **Funktionsfähigkeit RWA**
für maschinell betriebene Rauch-Wärmeabzugsgeräte,

V **Wärmebeständigkeit**
für Ventilatoren von Rauch-Wärmeabzugsgeräten und,

D **Rauchschürzen**
Funktionsfähigkeit von Rauchschürzen.

Wie bisher werden diesen Symbolen ergänzend die Mindest-Leistungszeiten in Minuten angefügt. Für diese wichtigen Angaben stehen zukünftig mehr Zeitangaben von

15, 20, 30, 45, 60, 90, 120, 180, 240 Minuten

zur Verfügung. Prüfergebnisse werden wie bisher zur nächst niedrigeren Klasse abgerundet. Bei Kombination von Merkmalen ist die Zeit des Merkmals mit der geringsten Zeit maßgebend. Da die Zeiten für die Feuerwiderstandsfähigkeit nach europäischen Prüfnormen den Zeiten nach DIN-Prüfung gleichgesetzt werden können [132], sind auch die Klassifizierungen gleichwertig; Tabelle 5.17 zeigt die Verknüpfungen der wichtigsten bauaufsichtlichen Benennungen aus den Landesbauordnungen.

Da zukünftig sehr viele Eigenschaften konkret gekennzeichnet werden können, kann die Kombination von diesen Eigenschaften zu einer größeren Transparenz der Bauteileigenschaften in der Klassifizierung führen. Die Angaben zur mechanischen Beanspruchung – Symbol M – führen direkt auf den Begriff der Brandwand, der als solcher allerdings nicht mehr erscheinen wird, die Brandwand wird zu einem tragenden Bauteil mit Raumabschluss und Wärmedämmung, welches zusätzlich einer definierten mechanischen Beanspruchung standhält und, wie bisher, aus nicht brennbaren Baustoffen hergestellt sein muss; diese Eigenschaften müssen mindestens 90 Minuten gewährleistet werden, die Brandwand ist daher ein REI-M 90-A Bauteil, bisher F 90-A mit dem entsprechenden Hinweis auf eine Brandwand.

Während Unterdecken wie bisher nur mit der Rohdecke zusammen eine Feuerwiderstandsklasse erhalten können, ist für Unterdecken, die allein einer Feuerwiderstandsklasse angehören, die Bezeichnung EI 30 möglich, sie weisen damit auf Raumabschluss und Wärmedämmung hin.

Feuerschutzabschlüsse müssen den Raumabschluss sichern und erhalten zum Beispiel die Bezeichnung E 90, weisen sie zusätzlich eine Wärmedämmung auf, ergibt sich als typische Angabe EI 90. Bei geprüfter Stoßbelastung wird daraus EI-M 90.

Verglasungen stellen keine besonderen Bauteile mehr dar, sie sind quasi als Trennwände, Außenwände oder tragende Bauteile einzugruppieren und können

Tab. 5.17: Bauaufsichtliche Anforderungen, nach [132]; Europäische Klassen und bisherige Klassen nach DIN 4102, auf notwendige Baustoffangaben wurde in der Tabelle verzichtet

	tragende Bauteile, kein Raumabschluß	tragende Bauteile, Raumabschluß	nicht tragende Innenwand
feuerhemmend	R 30, bisher F 30	REI 30, bisher F 30	EI 30, bisher F 30
feuerbeständig	R 90, bisher F 90	REI 90, bisher F 90	EI 90, bisher F 90
Brandwand	-	REI-M 90, bisher F 90	EI-M 90

zusätzlich zu den jeweiligen Bezeichnungen das Symbol W für die Verhinderung des Strahlungsdurchtritts erhalten.

Lüftungsleitungen, Leitungen, Brandschutzklappen, Installationskanäle und -schächte, Kabelabschottungen, Rauch- und Wärmeabzugsklappen oder Rohrabschottungen werden im Wesentlichen mit den Symbolen E bzw. EI gekennzeichnet sein.

Die neun Zeitangaben zur Feuerwiderstandsdauer stehen zwar für alle Bauteile zur Verfügung, müssen aber nicht in jedem Fall komplett vergeben werden. Es kann Einschränkungen geben, die für bestimmte Bauteile festzulegen sind, beispielsweise ist eine Feuerwiderstandsdauer von 240 Minuten für Verglasungen zurzeit aus technischen Gründen noch nicht sinnvoll.

Eine völlig neue Möglichkeit zur Kennzeichnung der Bauteileigenschaften besteht darin, die Leistungszeiten einzeln den wichtigsten Klassifizierungen wie Tragfähigkeit R, Raumabschluss E und Wärmedämmung I zuzuordnen und diese auch anzugeben.

Für ein Bauteil beispielsweise, das 120 Minuten Tragfähigkeit, 60 Minuten Raumabschluss und 30 Minuten Wärmedämmung gewährleistet, kann die Bezeichnung

R 120 - RE 60 - REI 30

gewählt werden, um so in jedem Leistungszeitraum die speziellen Eigenschaften zu erklären.

Tragende Bauteile ohne raumabschließende Funktion

In Erweiterung des Tragfähigkeitskriteriums in Gl. (5.5) wird als Versagenskriterium der Tragfähigkeit für tragende Bauteile ohne raumabschließende Funktion angenommen, dass sowohl die Durchbiegung D gemäß

$$D = \frac{L^2}{400 \cdot d} \ , \quad [D] = \mathrm{mm} \tag{5.6}$$

als Grenzdurchbiegung mit
L: lichte Spannweite in mm,
d: statischer Abstand in mm,
als auch die Durchbiegegeschwindigkeit gemäß

$$\frac{\mathrm{d}D}{\mathrm{d}t} = \frac{L^2}{9000 \cdot d} \ , \quad \left[\frac{\mathrm{d}D}{\mathrm{d}t}\right] = \frac{\mathrm{mm}}{\mathrm{min}} \tag{5.7}$$

als Grenzwert überschritten werden. Dies gilt für Träger, tragende Decken und Dächer ohne raumabschließende Funktion, Balkone, Treppen und Laubengänge.

Für tragende Wände ohne Raumabschluss und Stützen gilt, dass die axiale Verkürzung

$$C = \frac{h}{100} \ , \quad [C] = \mathrm{mm} \tag{5.8}$$

und deren Geschwindigkeit

$$\frac{\mathrm{d}C}{\mathrm{d}t} = \frac{3 \cdot h}{1000} \ , \quad \left[\frac{\mathrm{d}C}{\mathrm{d}t}\right] = \frac{\mathrm{mm}}{\mathrm{min}} \tag{5.9}$$

mit
h: Ausgangshöhe in mm
nicht überschritten werden dürfen.
Folgende Klassen sind festgelegt.

R	15	20	30	45	60	90	120	180	240

Tragende Bauteile mit raumabschließender Funktion
Für tragende Wände mit raumabschließender Funktion gelten die Forderungen nach den Gln. (5.8) und (5.9) entsprechend. Zusätzlich müssen die geprüften Funktionen Raumabschluss, Wärmedämmung, Strahlung und mechanische Beanspruchung eingehalten werden, nachfolgende Klassen sind möglich.

RE	–	20	30	–	60	90	120	180	240
REI	15	20	30	45	60	90	120	180	240
REI-M	–	–	30	–	60	90	120	180	240
REW	–	20	30	–	60	90	120	180	240

Die Wand REI-M 90 würde der bisher üblichen Brandwand entsprechen.
Für tragende Decken und Dächer mit raumabschließender Funktion gelten die Gln (5.6) und (5.3) und zusätzlich die Erfüllung der Funktionen Raumabschluss und Wärmedämmung, festgelegte Klassen sind nachfolgend aufgeführt.

RE	–	20	30	–	60	90	120	180	240
REI	15	20	30	45	60	90	120	180	240

Produkte zum Schutz von Bauteilen
Weitere Festlegungen wird es zu Produkten und Systemen zum Schutz von Bauteilen oder Gebäudeteilen geben. Dazu gehören horizontale Membranen (Unterdecken), vertikale Membranen, Feuerschutzbeschichtungen und Bekleidungen jeweils für Beton, Stahl, Verbundbauteile oder Holzbauteile. Diese Produkte

besitzen keine eigene Feuerwiderstandsfähigkeit, sondern sie verbessern oder gewährleisten die Feuerwiderstandsfähigkeit des jeweiligen Bauteil, an dem sie angebracht werden. Die Klassifizierung richtet sich nach dem Rohbauteil.

Nicht tragende Bauteile
Für nicht tragende Bauteile wird es gleichfalls Verhaltenskriterien und festgelegte Klasseneinteilungen geben. Dies betrifft die folgenden Systeme und Bauteile.

Trennwände

E	–	20	30	–	60	90	120	180	240
EI	15	20	30	45	60	90	120	180	240
EI-M	–	–	30	–	60	90	120	180	240
EW	–	20	30	–	60	90	120	180	240

Vorhangfassaden und Außenwände

E	15	–	30	–	60	90	–	–	–
EI	15	–	30	–	60	90	–	–	–

Unterdecken mit eigener FW-Klasse

EI	15	–	30	45	60	90	120	180	240

Doppelböden

R	15	–	30	–	–	–	–	–	–
RE	–	–	30	–	–	–	–	–	–
REI	–	–	30	–	–	–	–	–	–

Feuerschutztüren, Klappen

E	15	–	30	45	60	90	120	180	240
EI_1	15	20	30	45	60	90	120	180	240
EI_2-M	15	20	30	45	60	90	120	180	240
EW	–	20	30	–	60	–	–	–	–

Rauchschutztüren

S_{200} S_a[2]

[2] S_a erfordert nur eine Prüfung bei Umgebungstemperatur, S_{200} erfordert Prüfungen bei Umgebungstemperatur und bei 200 °C

Abschlüsse Förderanlagen, bahngebundene Transportsysteme

E	15	–	30	45	60	90	120	180	240
EI_1	15	20	30	45	60	90	120	180	240
EI_2	15	20	30	45	60	90	120	180	240

Abschlüsse Durchführungen, Fugenverschlüsse

E	15	–	30	45	60	90	120	180	240
EI	15	20	30	45	60	90	120	180	240

Installationskanäle und Schächte

E	15	–	30	45	60	90	120	180	240
EI	15	20	30	45	60	90	120	180	240

Schornsteine

G

Die Vereinheitlichung und Erweiterungen der Klassifizierungen in der europäischen Normung bedeuten für die Nutzer zunächst ein gewisses Umdenken, stellen aber mit ihrer Logik in der Bezeichnungsweise eine neue Qualität und durchaus eine Verbesserung dar, sie sind als Vorteil zu werten.

Dächer
Für die Prüfung von Dächern ist die DIN EN 1187 erarbeitet worden [152]. Dabei werden drei Prüfmethoden vorgesehen.

Die erste Methode basiert auf der DIN 4102-7 mit dem typischen Flugfeuer und der Wärmestrahlung als Einwirkung auf andere Dächer.

Die zweite Methode berücksichtigt Flugfeuer, das durch Windeinfluss verstärkt auf andere Dächer einwirkt, die skandinavische Prüfmethode.

Die dritte Methode aus Frankreich geht von erheblicher Wärmestrahlung und einem stärker als Zündquelle wirkenden Flugfeuer aus.

Es ist vorgesehen, dass sich die EU-Länder jeweils für eine der drei Methoden entscheiden, in Deutschland sind daher keine gravierenden Änderungen zum Nachweis der harten Bedachung zu erwarten.

6 Bemessung von Bauteilen

Bauaufsichtliche Anforderungen an Baustoffe und Bauteile gelten als erfüllt, wenn diese nach Teil 4 der DIN 4102 klassifiziert sind. Für häufig benutzte Bauteile werden nachfolgend Hinweise für deren Bemessung und Einsatz am Bauwerk gegeben. Der Begriff Bauteil umfasst dabei auch Verglasungen, Brandschutzausrüstungen u.a. wichtige Bestandteile.

6.1 Stahlbetonbauteile

Grundlage für den Einsatz klassifizierter Stahlbetonbauteile ist deren Ausführung mit normgerechten Baustoffen wie Normalbeton, Porenbeton oder Leichtbeton mit geschlossenem Gefüge und ebensolchem Beton- oder Spannstahl [42]. Bei der Bezeichnung der Stahlsorten ist zu beachten, dass die in der DIN 4102-T4 gewählten Angaben zukünftig durch neue Bezeichnungen ersetzt werden. Die für den Stahl brandschutztechnisch entscheidende Eigenschaft ist die kritische Temperatur T_{crit}, bei der die Bruchspannung auf die im Bauteil vorhandene Stahlspannung absinkt, wie bereits im Abschnitt 5.1.1 angesprochen.

Zur Untersuchung der Brandbeanspruchung wird das unterschiedliche Tragverhalten von typischen Stahlbetonbauteilen wie Biegegliedern, Druckgliedern und Zuggliedern benutzt. Bei Biegegliedern, den statisch bestimmt gelagerten Platten oder Balken, wird das Bauteilversagen mit großer Wahrscheinlichkeit dann erfolgen, wenn durch Brandeinwirkung von unten auf die Zugzone die im Beton vorhandene Stahleinlage die kritische Stahltemperatur erreicht und damit ihre Festigkeit verliert.

Stützen als typische Druckglieder werden in ihrem Brandverhalten u.a. von ihrem Schlankheitsgrad, dem Bewehrungsgrad und der Lagerart an den Enden bestimmt, die von außen nach innen fortschreitende Temperaturerhöhung führt zu einer auch in dieser Richtung abnehmenden Biegesteifigkeit und in Folge zum Versagen.

Bei den Stahlbetonzuggliedern hat der Beton fast ausschließlich eine isolierende Wirkung, der Stahl ist für das Verhalten im Brandfall entscheidend. Die Stahleinlage wird durch Temperaturanstieg nicht nur ihre Festigkeitseigenschaften abbauen, sondern auch thermisch bedingte Längenänderungen ausführen.

Die kritische Temperatur von Stahl liegt bei ca. 500 °C, bei einigen Stahlsorten bei niedrigeren Temperaturen. Die Betonschicht über der Stahleinlage hat somit eine Schutzfunktion zu übernehmen und darf in der Bemessungszeit des Bauteils nicht abplatzen. Die Beschreibung erfolgt mithilfe charakteristischer Parameter wie Achsabstände und Betondeckungen. Achsabstände sind die Abstände zwischen der Längsachse der Bewehrungsstäbe und der beflammten Bauteiloberfläche. Sie werden nach ihrer Lage mit u_o für die oberseitigen, u_s die seitlichen und u die unterseitigen Achsabstände bezeichnet. Die Achsabstände setzen sich daher aus dem halben Stabdurchmesser und der darüber befindlichen Betonüberdeckung zusammen. Die Betonüberdeckung wird gemäß DIN 1045 gefordert, die Achsabstände werden gemäß DIN 4102 bemessen.

Für Stabbündel gilt als Achsabstand die Weglänge zwischen Bündelachse und beflammter Oberfläche. Bei einlagig und mehrlagig bewehrten Balken mit unterschiedlichen Stabdurchmessern ist der mittlere Achsabstand u_m gemäß Abbildung 6.1 und Gleichung (6.1) zu bestimmen, d.h. die Achsabstände der einzelnen Stäbe werden mit ihren jeweiligen Querschnittsflächen A_i ($i = 1 \ldots n$) zum mittleren Achsabstand gewichtet.

$$u_m = \frac{A_1 \cdot u_1 + A_2 \cdot u_2 + \cdots + A_n \cdot u_n}{\displaystyle\sum_{i=1}^{n} A_i} \tag{6.1}$$

Der kleinste Achsabstand kann dabei an Unterseite, Oberseite oder Seitenflächen auftreten und muss entsprechend bestimmt werden. Weichen die kritischen Stahltemperaturen der verwendeten Stahlqualität von 500 °C ab, können, nach Tabelle 1 der DIN 4102-T4, für die Achsabstände u Zuschläge Δu ($T_{crit} < 500$ °C) notwendig werden, in Einzelfällen ($T_{crit} > 500$ °C) auch Abminderungen erfolgen.

Den Einfluss der Balkenbreite und des Mindestachsabstandes auf die Feuerwiderstandsdauer zeigt Abbildung 6.2, die Angaben basieren auf Zahlenangaben der Tabelle 6 der DIN 4102-T4. Je schmaler die Balken werden, desto kritischer ist der Achsabstand anzusehen, im Falle einer sehr großen Balkenbreite – Übergang zur Platte – ist die Feuerwiderstandsdauer bei gleichem Achsabstand deutlich höher.

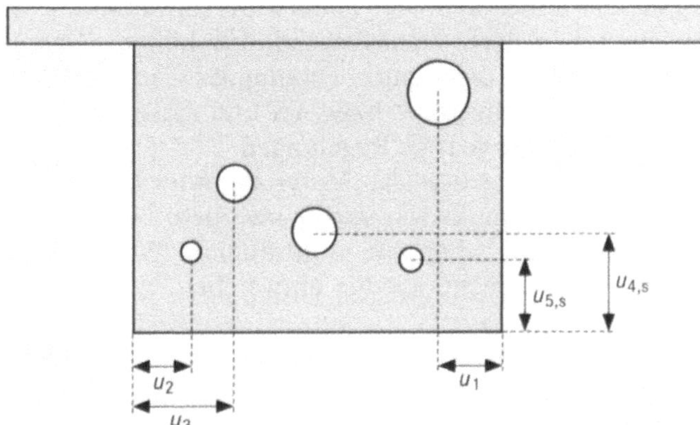

Abb. 6.1: Zur Berechnung des mittleren Achsabstandes bei mehrlagiger Bewehrung mit unterschiedlichen Stabdurchmessern

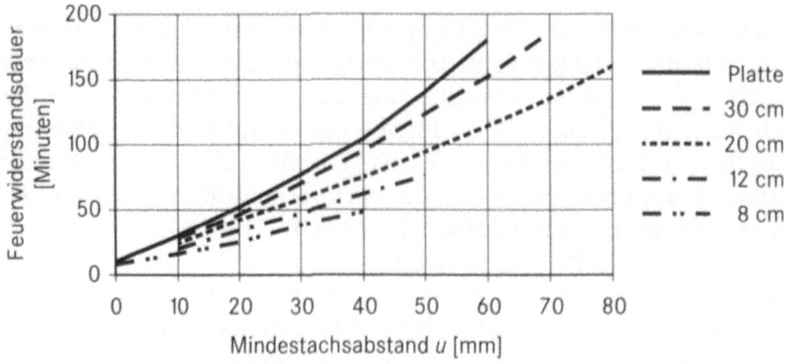

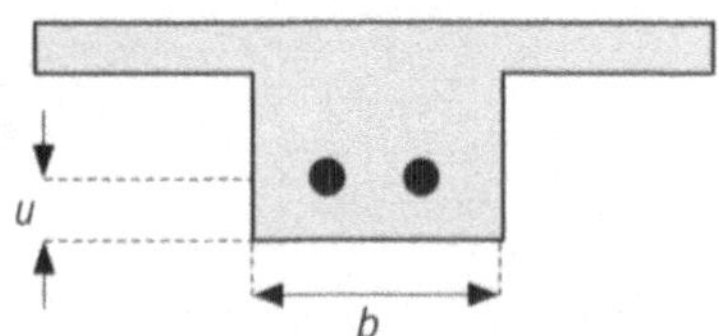

Abb. 6.2: Feuerwiderstandsdauer als Funktion von Mindestachsabstand u und Balkenbreite b eines statisch bestimmt gelagerten Normalbetonbalkens; Platte: Balkenbreite $b \rightarrow \infty$, nach [30]

Die Betondeckung, üblich mit c bezeichnet, ist als Abstand zwischen Staboberfläche und beflammter Oberfläche des Bauteils festgelegt und wird für Längsstäbe und Querbewehrung unterschieden. Beträgt die Betondeckung bei biegebeanspruchten Bauteilen mehr als 50 mm, so ist eine Schutzbewehrung einzufügen, Bügel dürfen dabei berücksichtigt werden.

Abstandshalter für die Bewehrung aus Kunststoff sind zugelassen, ein Bauteil verliert bei Einsatz dieser Hilfsmittel seine Zulassung nicht.

Betonbauteile können durch Putzbekleidungen zusätzlich geschützt werden, damit wird es möglich, Bauteile, die mindestens der Feuerwiderstandklasse F 30 angehören, so zu verstärken, dass geforderte Achsabstände für höhere Klassen erreicht werden. Für die Putzauswahl – Normalputz, Dämmputz – und die Verarbeitung – zum Beispiel mit und ohne Putzträger bzw. Art und Ausführung der Putzträger – gibt es in der DIN 4102-T4 eindeutige Regelungen.

Betonbauteile sind durch den Feuchtegehalt des Materials einer besonderen Gefährdung im Brandfall ausgesetzt. Normalbeton und Schwerbeton sind porige Materialien mit geringer Kapillarstruktur, aber mit Hohlräumen. Wasser kann zwar schlecht eindringen aber auch schlecht wieder entweichen, wenn es im Betonbauteil vorhanden ist.

Wird bei einer im Material vorhandenen Feuchtemenge die äußere Oberflächentemperatur, zum Beispiel durch Brandeinwirkung, erhöht, so kommt es in den Hohlräumen zur Verdunstung bzw. Verdampfung und damit zu einer Erhöhung des Dampfdruckes, der sich unter Umständen explosionsartig durch mechanische Veränderungen, d.h. mehr oder weniger großflächige Abplatzungen, abbauen kann. Die Folgen sind eine Verringerung des wirksamen Bauteilquerschnitts und eine Freilegung des Stahls im Beton. Das Bauteil kann seine bemessenen und zugelassenen Funktionen nicht mehr erfüllen.

Abplatzungen sind ungünstig, aber auch bei sachgerechter Bemessung nicht völlig zu vermeiden, geringfügige Abplatzungen werden bei bemessenen Bauteilen akzeptiert. Bei Innenbauteilen besteht bei einem typischen Feuchtegehalt von weniger als 2 Masse% eine geringe Gefährdung durch Abplatzungen.

Bei Außenbauteilen, vor allem solchen mit Erdberührung, sind möglicherweise höhere Feuchtegehalte vorhanden. Über 4 Masse% besteht eine relativ große Abplatzungsgefahr mit großflächigen Zerstörungen. Ein solcher Feuchtegehalt sollte dauerhaft vermieden werden. Bei einem Feuchtegehalt von mehr als 2 Masse%, aber deutlich unter 4 Masse% ist die Gefahr von Abplatzungen durchaus gegeben, es werden aber im Regelfall keine großflächigen Zerstörungen hervorgerufen.

Die Angabe Masseprozent (Masse%) bezieht sich auf die massebezogene Feuchte w_M, die mit der volumenbezogenen Feuchte w_V gemäß

$$w_\mathrm{M} = \frac{m_\mathrm{Wasser}}{m_\mathrm{Material}} = \frac{\rho_\mathrm{Wasser} \cdot V_\mathrm{Wasser}}{\rho_\mathrm{Material} \cdot V_\mathrm{Material}} = \frac{\rho_\mathrm{Wasser}}{\rho_\mathrm{Material}} \cdot w_\mathrm{V} \qquad (6.2)$$

zusammenhängt. Bei einer Feuchte $w_\mathrm{M} = 4$ Masse% bedeutet dies für das Betonbauteil, dass 4% der Betonmasse im Bauteil in Form von Wasser vorhanden sind. Mit der Dichte des Wassers $\rho_\mathrm{w} = 1000$ kg/m^3 und einer angenommenen Betondichte von $\rho_\mathrm{B} = 2000$ kg/m^3 führt das auf eine volumenbezogene Feuchte von $w_\mathrm{V} = 8$ Vol%, d.h. 8% des Betonvolumens sind mit Wasser gefüllt. Bei Polystyrol, Dichte $\rho_\mathrm{Pol} = 40$ kg/m^3, werden aus $w_\mathrm{M} = 4$ Masse% nur $w_\mathrm{V} = 0{,}16$ Vol%. In der Praxis ist daher unbedingt zwischen beiden Angaben zu unterscheiden und die Kennzeichnung des entsprechenden Feuchtegehaltes vorzunehmen.

In Abbildung 6.3 sind Untersuchungsergebnisse bezüglich der Grenze zwischen zerstörenden und nicht zerstörenden Abplatzungen dargestellt.

Es wird deutlich, dass sich, selbstverständlich nur in gewissen Grenzen, durch sinnvolle Zuordnung von Druckspannung und Bauteilgeometrie durchaus die Abplatzungsgefahr verringern kann, auf jeden Fall sollte der Beton eine Ausgleichsfeuchte von weniger als 2 Masse% aufweisen.

Bei Bauwerken, wie Tunnelbauten o.ä., mit einseitiger Erdberührung und permanenter Berührung mit Erdfeuchte, sollte geprüft werden, ob eine Zugabe von Stahlnadeln oder Kunststofffasern zum Beton erfolgen kann, um so möglichen Abplatzungen entgegenzuwirken. Mit diesen Zusätzen kann im Brandfall Porenraum gebildet werden kann, der den Abbau des Dampfdruckes begünstigt und Abplatzungen verhindert. Erfolgversprechende Veröffentlichungen dazu gibt es aus verschiedenen Forschungs- und Prüfeinrichtungen [38].

Eine normative Bemessung von Betonbauteilen soll, stellvertretend für andere Bauteile, anhand eines Beispiels zur Überprüfung eines Balkens aus Stahl- oder Spannbeton an der DIN 4102-T4 orientierten Abläufe für Betonbauteile erläutert werden.

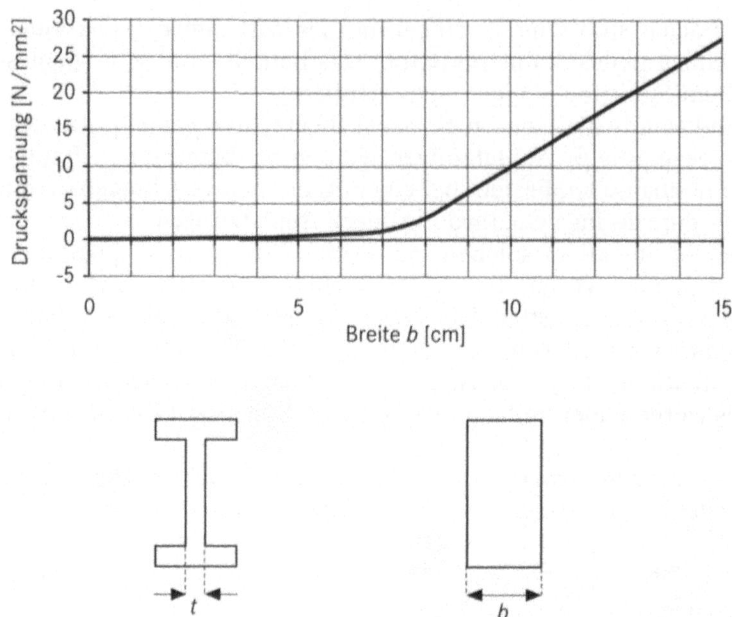

Abb. 6.3: Druckspannung als Funktion der Bauteilbreite b, Kurve als Grenze zwischen zerstörenden (oberhalb) und nicht zerstörenden Abplatzungen (unterhalb) für wenig bewehrten Beton
($w_M \geq 2$ Masse%), Breite = Stegdicke t = Balkenbreite b, nach [9]

Es möge ein Stahl- oder Spannbetonbalken aus Normalbeton mit einem
Querschnitt gemäß Abbildung 6.4 überprüft werden. Die kritische Temperatur des
Betonstahls beträgt $T_{\mathrm{crit}} = 500\ °C$. Die Gurtbreite betrage $b = 200$ mm bei überall
gleicher Gurthöhe $d_u = 160$ mm und die Stegdicke sei $t = 100$ mm. Das Bauteil soll
bei dreiseitiger Beflammung auf eine Feuerwiderstandsklasse F 90-A hin überprüft werden.

Bei einem dreiseitig brandbeanspruchten Balken werden die folgenden
Betrachtungen nur für den Untergurt notwendig, wäre der Balken vierseitig
beansprucht anzunehmen, so müssen die Betrachtungen auch auf den Obergurt
erweitert werden.

Handelt es sich um einen angeschrägten Gurt nach Abbildung 6.4, so wird die
Gurthöhe als Mittelwert aus d_u und d_{su} gemäß $d_u{}' = d_u + d_{su}/2$ ermittelt, entsprechend für d_o.

Bei relativ filigranen Strukturen mit einem Verhältnis $b/t > 3{,}5$ hat die Bemessung des Untergurtes nach der Vorschrift für Zugglieder zu erfolgen.

Die Prüfung erfolgt mit Hinweisen auf die Tabellen bzw. Abschnitte der DIN
4102-Teil 4.

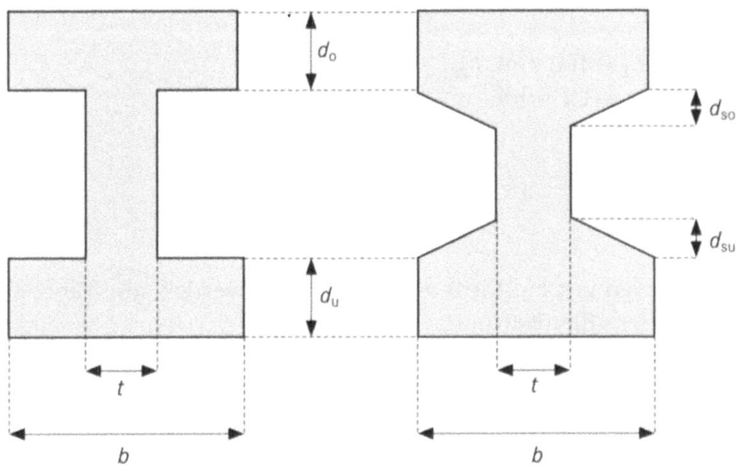

Abb. 6.4: Balken aus Stahlbeton mit geradem und angeschrägtem Gurt; Gurtbreite b, Gurthöhe d_u, d_o bzw. d_{su}, d_{so}, Stegdicke t

1. Schritt: Prüfung der Mindestquerschnittsabmessungen
Prüfung der Mindestbreite b
Forderung aus Tabelle 3 (Zeile 1.1 + Spalte 4): $b \geq 150$ mm,
vorhanden: $b = 200$ mm; **erfüllt**

Prüfung Stegdicke t
Forderung aus Tabelle 3 (Zeile 3.1 + Spalte 4): $t \geq 100$ mm
vorhanden: $t = 100$ mm; **erfüllt**

Prüfung Untergurthöhe d_u
Forderung aus Punkt 3.2.2.3.: $d_u \geq b$
vorhanden $d_u = 160$ mm > 150 mm; **erfüllt**

2. Schritt: Prüfung der Mindestachsabstände und Mindeststabzahl der Bewehrung
Vorprüfung bezüglich b/t oder d_u/b_{min}:
b_{min} bedeutet Mindestbreite b nach Tab 3, im Beispiel: $b_{min} = 150$ mm;

wenn $b/t \leq 1{,}4$ oder $d_u/b_{min} \geq 1{,}4$: es kann sofort Tabelle 6 der DIN 4102-T4 benutzt werden

wenn $b/t \geq 1{,}4$ oder $d_u/b_{min} \leq 1{,}4$: dann erfolgt Korrektur mit

$$\alpha = 1{,}85 - \sqrt{\frac{t}{b} \cdot \frac{d_u}{b_{min}}} \geq 1{,}0$$

und Umrechnung auf veränderte Achsabstände $u{'} = u \cdot \alpha$ bzw. $u_s{'} = u_s \cdot \alpha$.

Zurück zum Beispiel:
$b = 200$ mm, $t = 100$ mm, $d_u = 160$ mm, $b_{min} = 150$ mm,
$b / t = 2 > 1{,}4$ oder $d_u / b_{min} = 1{,}1 < 1{,}4$
Korrektur mit

$$\alpha = 1{,}85 - \sqrt{\frac{100\ \text{mm}}{200\ \text{mm}} \cdot \frac{160\ \text{mm}}{150\ \text{mm}}} = 1{,}1 \geq 1{,}0$$

Mindestachsabstände müssen mit Faktor $\alpha = 1{,}1$ korrigiert werden, aus Tabelle 6 der DIN 4102-T4 folgen die Zahlenwerte:
$u = 45$ mm $u_s = 55$ mm $n = 3$
und damit die zu benutzenden, zum Teil korrigierten Werte:
$u = 49{,}5$ mm $u_s = 60{,}5$ mm $n = 3$,
Die Anzahl der Stäbe $n = 3$ wird von der Korrektur nicht berührt.

3. Schritt: Einsatz Schutzbewehrung

Forderung aus Punkt 3.1.5.2: wenn die Betondeckung bei biegebeanspruchten Bauteilen $c > 50$ mm beträgt, so ist eine Schutzbewehrung gegen Abplatzung einzusetzen:
Stabdurchmesser: $\geq 2{,}5$ mm,
Maschenweite: ≥ 150 mm x 150 mm, aber ≤ 500 mm x 500 mm.

Die Mindestachsabstände können nach oben gerundet werden. Die Prüfung der Betondeckung kann bei bekannten Stabdurchmessern der Bewehrung erfolgen.

Gemäß Punkt 3.2.4.6 der DIN 4102-T4 werden für Aussparungen Forderung erhoben. Befinden sich Aussparungen in den Balken und Stegen von $\perp$-, **I**- oder **T**-Querschnitten, die die Mindestquerschnittsabmessungen aufweisen, müssen diese Mindestachsabstände auch an der Aussparungsseite eingehalten werden.

Die Mindestachsabstände können in Abhängigkeit von der kritischen Temperatur der Stahlqualität verändert werden. In Tabelle 1 der DIN 4102-T4 sind für übliche Stahlsorten die kritischen Temperaturen angegeben, die für Betonstahl und warm gewalzten Spannstahl bei 500 °C, vergütete Drähte bei 450 °C und kalt gezogene Drähte bei 350 °C bzw. 375 °C liegen und sich zunächst auf eine vorhandene, bekannte Stahlspannung beziehen; die für Betonstahl mit $0{,}572 \cdot f_s(20\ °C)$ und für Spannstahl mit $0{,}555 \cdot f_z(20\ °C)$ angegeben wird [35], $f_{s,z}(20\ °C)$ ist die Fließgrenze nach DIN 1045.

Sind aus der Bemessung die im Bruchzustand bei Brandeinwirkung vorhandenen Stahlspannungen vorh σ unter Gebrauchslast bekannt, kann die kritische Temperatur T_{crit} aus den Kurven der Abbildung 6.5 unter Berücksichtigung der Fließgrenze $f_s(20\ °C)$ oder $f_z(20\ °C)$ bestimmt und die Korrektur Δu der Mindestachsabstände gemäß

$$\Delta u = 10 \text{ mm für } \Delta T_{crit} = 100 \text{ K} \tag{6.3}$$

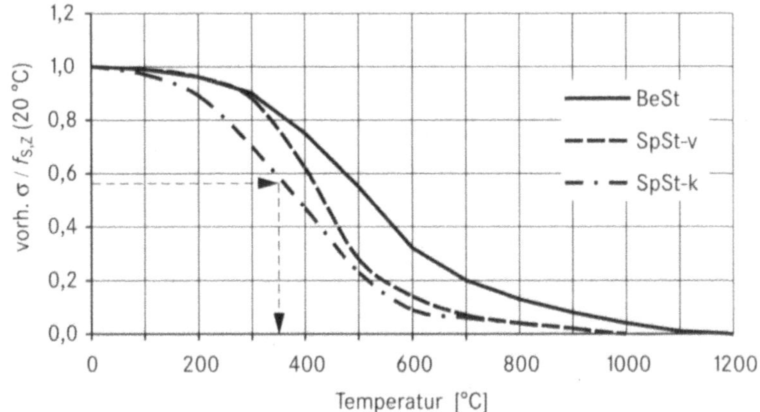

Abb. 6.5: Verhältnis vorh $\sigma/f_{s,z}$(20 °C) von Stählen als Funktion der kritischen Temperatur T_{crit}, nach [9]; BeSt: Betonstahl, SpSt-v: Spannstahl vergütet, SpSt-k: Spannstahl kalt gezogen; Beispiel: Spannstahl St1570 mit [vorh σ/f_z(20 °C)] = 0,555 : T_{crit} = 350 °C

festgelegt werden [35], ΔT_{crit} ist dabei die Differenz zu den Angaben der kritischen Temperaturen in Tabelle 1 der DIN 4102-T4.

Beispiel
ermittelt $T_{\text{crit}} = 570$ °C, $\Delta u = -7$ mm
ermittelt $T_{\text{crit}} = 375$ °C, $\Delta u = +12,5$ mm

Eine Abminderung der Mindestachsabstände unter die jeweils für die Feuerwiderstandsdauer F 30 maßgebenden Werte darf nicht erfolgen.

Die nach DIN 1045 notwendigen Betonüberdeckungen sind im Allgemeinen ausreichend, um die brandschutztechnisch geforderten Mindestachsabstände zu gewährleisten. Dies gilt für die Feuerwiderstandsklassen F 30 und F 60 und teilweise sogar für F 90 [39].

Stützen aus Normalbeton müssen als bemessenen Bauteile Mindestdicken und Mindestachsabstände besitzen. Mindestdicke ist entweder der Durchmesser bei kreisförmigem Querschnitt oder die Länge der kleinsten Seite bei Rechteckquerschnitt.

Stützen können einseitig bis vierseitig beflammt sein, in der Regel sind sie mehrseitig beflammt und ihr Querschnitt wird daher schnell von der Oberfläche her einer steigenden Temperatur ausgesetzt sein. Die in der Folge auftretende Verringerung der Materialfestigkeit führt zu einer zunehmenden Verformung. Bei schlanken Stützen – Schlankheit als Verhältnis von Dicke zu Länge – wird daher eher Versagen eintreten als bei weniger schlanken Stützen. Ebenso kann bei bewehrungsintensiven Stützen durch eine über der kritischen Temperatur liegenden Temperaturbeanspruchung bei außen liegender Bewehrung ein Versagen beschleunigt werden.

Stützen mit mehrseitiger Beflammung werden hinsichtlich ihrer Mindestdicke entscheidend durch den Auslastungsgrad bestimmt, der als Verhältnis von vorhandener Beanspruchung zu zulässiger Beanspruchung nach DIN 1045 [166] festgelegt ist. Beispielsweise muss eine F 90-A Stütze mit einem Ausnutzungsgrad 1,0 eine Dicke von 0,24 m haben, mit einem Ausnutzungsgrad von 0,3 aber nur eine Dicke von 0,18 m. Hier liegen deutliche Reserven für die Bauteilplanung.

Für Wände aus Normalbeton gelten ähnliche Bemessungsgrundlagen wie für Stützen. Die Angabe zur Mindestdicke bezieht sich, bis auf beschriebene Ausnahmen, auf eine unbekleidete Wand. Die Planung von Einbauten und Installationen in bemessenen Wänden kann nur unter Beachtung der Forderungen geschehen, die in den Bemessungsgrundlagen formuliert sind.

6.2 Brandwände

Eines der wirksamsten und daher auch ältesten Prinzipien ist das Abschottungsprinzip, das zunächst durch großzügige räumliche Trennungen umgesetzt werden kann und Sicherheit bietet. Wenn dafür nicht genügend Raum zur Verfügung steht, weil Bauwerke nicht in hinreichend großen Abständen zueinander errichtet werden können, muss das Abschottungsprinzip durch bauliche Maßnahmen gewährleistet werden. Die Brandwand ist eine solche bauliche Maßnahme, die zur Trennung und Abgrenzung von Gebäuden und/oder Gebäudeteilen dient und somit die Brandausbreitung verhindern soll.

Als Brandwände gelten nur unbekleidete Bauteile aus den zugelassenen Materialien in der Ausführung F 90-A, die die zusätzlichen Prüfbedingungen erfüllen. Die Prüfung bezieht sich sowohl auf den Raumabschluss als auch auf die Stoßbelastung, wie im Abschnitt 5.2.2. bereits dargestellt wurde. Somit wird erreicht, dass sich ein Brand auch nach 90 Minuten mit hinreichender Sicherheit nicht über bzw. durch die Brandwand ausbreiten kann.

Allgemein bauaufsichtlich zugelassene Brandwände können aus Normalbeton nach DIN 1045, Leichtbeton mit haufwerkporigem Gefüge nach DIN 4232, bewehrtem Porenbeton nach DIN 4223, Mauerwerk nach DIN 1053 und Ziegelfertigbauteilen bestehen. Bei der Auswahl des Materials ist unbedingt auf die Rohdichteklasse und die Schlankheit des Bauteils zu achten.

Anschlüsse und Fugen zwischen Brandwänden und Decken bzw. anderen Wänden sind normgerecht in der geforderten Qualität auszuführen, der Durchtritt von Feuer und Rauch muss auch im Detail vermieden werden. Abbildung 6.6 zeigt die notwendige Ausführung von Anschlüssen aus Mauerwerk oder Stahlbeton nach DIN 4102-T4 [35].

Bauteile, die in Brandwände eingreifen oder eingebaut werden, müssen der gleichen Feuerwiderstandklasse angehören. Dazu zählen auf jeden Fall Verschlüsse von Öffnungen, aber auch Stürze oder Aussteifungen.

Brandwände sind vom Fundament bis unter die Dachhaut bzw. über das Dach durchgehend in der geforderten Wandstärke auszuführen, die Wandstärke wird

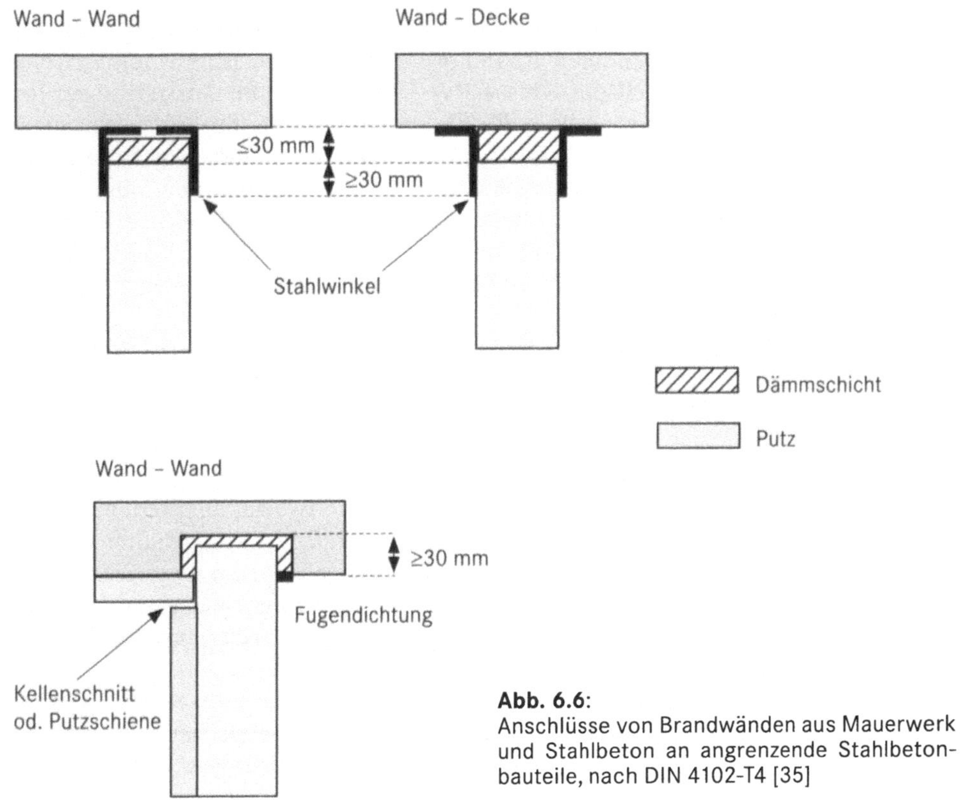

Abb. 6.6:
Anschlüsse von Brandwänden aus Mauerwerk und Stahlbeton an angrenzende Stahlbetonbauteile, nach DIN 4102-T4 [35]

bis auf wenige Ausnahmen ohne Putzschichtdicke bemessen; ein nachträglicher Verputz ist möglich. Die bemessenen Wandquerschnitte dürfen an keiner Stelle geschwächt werden, d.h. nicht zugelassene Einbauten, Auflagerungen oder das Anbringen von Schlitzen in diese vorgeschriebene Mindestwandstärke sind nicht erlaubt. Einbauten und Auflagemöglichkeiten können nur zugelassen werden, wenn die dafür benötigte Wandstärke zusätzlich zur Verfügung steht.

Versetzte Brandwände sind prinzipiell nicht erlaubt, auch nicht geschossweise. Im Industriebau sind aber „Wände in der Bauart von Brandwänden" als eine Möglichkeit vorgesehen, geschossweise versetzte Wände in der Qualität von Brandwänden zur inneren Erschließung zu ermöglichen. Über die klassifizierten Brandwandkonstruktionen hinaus werden von Herstellern Brandwandkonstruktionen mit speziellen Zulassungen angeboten, zum Beispiel Trockenbauwände. Die gemäß Zulassung festgelegten Randbedingungen beim Errichten dieser Konstruktionen wie maximale Höhe oder Lastabtragung sind unbedingt einzuhalten und daher im Vorfeld der Planung detailliert zu klären.

Im Zusammenhang mit der Brandwand ist auf den Begriff der Komplextrennwand hinzuweisen, einer verbesserten Konstruktion, die brandschutz- und versicherungstechnisch höhere Anforderungen zu erfüllen, aber bauaufsichtlich keine Bedeutung hat. Für diese bauliche Trennung wird eine Feuerwiderstandsdauer von 180 Minuten nachgewiesen, sie muss einer Stoßbelastung von 4.000 Nm standhalten und den notwendigen Raumabschluss sichern. Eine Komplextrennwand stellt daher ein Bauteil der Klasse FW 180-A dar. Alle Aussteifungen und eingreifenden Bauteile müssen ebenfalls dieser Feuerwiderstandsklasse angehören. Bei bewehrten Wänden sind die erforderlichen Mindestachsabstände größer auszuführen. Randbedingungen der DIN 4102-T4 für Brandwände müssen auch für Komplextrennwände eingehalten werden. Dies betrifft Schlankheit, Wandanschlüsse, Stützen vor Wänden u.a. Feuerschutzabschlüsse, die in Komplextrennwände eingebaut werden, benötigen wie bei Brandwänden mindestens die Feuerwiderstandsklasse T 90.

Eine Komplextrennwand kann aus Mauerwerk mit Steinen der Rohdichteklasse > 1,2, aus Normalbeton, Leichtbeton und Ziegelfertigbauteilen errichtet werden. Die typische Komplextrennwand aus Mauerwerk der Rohdichteklasse 1,2 fordert Wandstärken von mindestens 0,365 m. Bei Brandwänden reichen in dieser Rohdichteklasse bereits Wandstärken von 0,24 m.

Für Brandmauern, dem Vorgängerbegriff zur Brandwand, mussten bis etwa in das Jahr 1930 für Ziegelmauerwerk Wandstärken von 0,38 m eingehalten werden, die Komplextrennwand schließt damit eigentlich nur wieder an diese Sicherheitsstandards an und stellt daher keine völlig neue Bauteilkategorie dar; im Gegenteil, es zeigt sich, dass die Forderungen zur damaligen Zeit bereits auf einem hohen Niveau waren.

Die Bemessung von Brandwänden gemäß Zahlenangaben nach DIN 4102-T4 ist üblich und stellt ein bewährtes Verfahren dar. Die Angaben basieren auf einer Normbrandbeanspruchung und mechanischen Zusatzprüfungen, andere Brandszenarien können nur mit entsprechenden Nachweisverfahren benutzt werden, die aber erst in der Zukunft an Bedeutung gewinnen werden.

6.3 Stahlbauteile

Ungeschützte Stahlbauteile in bauüblichen Abmessungen erreichen unter Normbrandbedingungen Feuerwiderstandsdauern zwischen 5 und höchstens 20 Minuten, kommen ohne zusätzliche Maßnahmen für bemessene Konstruktionen daher nicht in Betracht. Dies ist vor allem eine Folge hoher Wärmeleitfähigkeit. Große Wärmestromdichten bewegen sich durch den Bauteilquerschnitt, die Temperaturen steigen rasch an und erreichen die kritische Temperatur, bei der die Festigkeitseigenschaften von Stahl schnell abfallen [12]. Eine Beeinflussung der Hochtemperatureigenschaften, wenn auch in sehr engen Grenzen, ist über die Auswahl der Stahlsorte und eine erhebliche Abminderung der Belastung möglich.
Maßnahmen, um die Feuerbeständigkeit einer Stahlkonstruktion zu verbessern, sind die deutliche Abminderung der zulässigen Belastung, eine unwirtschaftliche Überdimensionierung der Bauteile, der Einsatz von Strahlungsschirmen vor Stahlbauteilen, der Einsatz von wassergefüllten Stahlbauteilen, Einhalten größerer Abstände oder Verlegen der Tragkonstruktion nach außerhalb des Gebäudes. Eine Kombination unterschiedlicher Maßnahmen kann durchaus zu einer Feuer-

widerstandsdauer von 90 Minuten führen, aber Wirtschaftlichkeit ist damit nicht zu erreichen, abgesehen davon, dass mit einigen Maßnahmen auch das äußere Erscheinungsbild des Bauwerkes beeinflusst wird.

Das Brandverhalten von Stahlkonstruktionen ist fast ausschließlich nur durch Schutzmaßnahmen am Bauteil selbst zu verbessern. Dazu zählen Schutzanstriche, Platten- oder Putzbekleidungen und Verbundkonstruktionen.

Bei der Bemessung von Tragwerken aus Stahlbauteilen, z.B. [66], und erforderlichen Schutzmaßnahmen spielt der so genannte Verhältniswert oder Profilfaktor U/A des Stahlprofils eine wichtige Rolle. Dieses Verhältnis wird aus der Oberfläche $A_{\text{Oberfläche}}$ des Stahlbauteil und seinem Volumens V gebildet. Unter der praxisnahen Voraussetzung, dass ein Bauteil eine konstante Länge L aufweist und die Querschnittsfläche A bekannt ist, kann aus dem Verhältnis von Oberfläche zu Volumen

$$\frac{A_{\text{Oberfläche}}}{V} = \frac{2 \cdot A + U \cdot L}{A \cdot L} = \frac{U}{A} \quad , \quad \left[\frac{A}{V}\right] = \text{m}^{-1} \tag{6.4}$$

ein Verhältniswert der Abwicklung U zur Querschnittsfläche A bestimmt werden, wobei die Schnittflächen $2 \cdot A$ im Zähler im Vergleich zur übrigen Hüllfläche $U \cdot L$ vernachlässigt werden, was ohne Beschränkung der Allgemeinheit möglich ist. Der Profilfaktor wird aus dem Verhältnis des beflammten Umfangs U in m und der erwärmten Querschnittsfläche A in m^2 gebildet, U/A selbst trägt die Maßeinheit m^{-1}.

Die Querschnittsfläche ist mit den Bauteilabmessungen festgelegt. Die Abwicklung ist von der Ausführung der Bekleidung abhängig; als beflammter Umfang gilt bei profilfolgender Bekleidung des Stahlbauteils die Abwicklung dieses Bauteils, bei kastenförmiger Bekleidung die Abwicklung der inneren Kastenoberfläche.

Der Verhältniswert ist für die Bemessung von Schutzmaßnahmen unverzichtbar. Seinen Einfluss auf den Temperaturverlauf im Stahlbauteil zeigt Abbildung 6.7. Filigrane, schlanke Profile mit großem U/A-Wert zeigen ein deutlich schlechteres thermisches Verhalten als kompakte, überdimensionierte Profile mit kleinem U/A-Wert. Der Verhältniswert für klassifizierte Bauteile ist auf $U/A \leq 300$ m^{-1} begrenzt, zu filigrane Strukturen müssen daher bezüglich ihres Brandverhaltens separat geprüft werden.

Ergebnisse von instationären thermischen Berechnungen und Messungen an Profilen machen deutlich, ab wann bei einem bestimmten Verhältniswert die kritische Temperatur von 500 °C erreicht werden kann, Tabelle 6.1 zeigt dazu Zahlenwerte.

Ein U/A-Wert von 25 m^{-1} würde zum Beispiel von einem Vollzylinder mit einem Durchmesser von 0,16 m erreicht werden. Ein I-Profil mit einer Gurtbreite von 0,20 m und einer Profilhöhe von 0,40 m käme bei einer an allen Stellen gleichen Materialstärke von 10 mm auf $U/A = 202$ m^{-1}, bei 30 mm bereits auf $U/A = 69$ m^{-1}. Gerade dieser Vergleich verdeutlicht den Einfluss der Profilgestaltung und zeigt, dass schon eine Bemessung von 30 Minuten unter bauüblichen Materialausführungen nicht oder nur schwer erreicht werden kann. Als

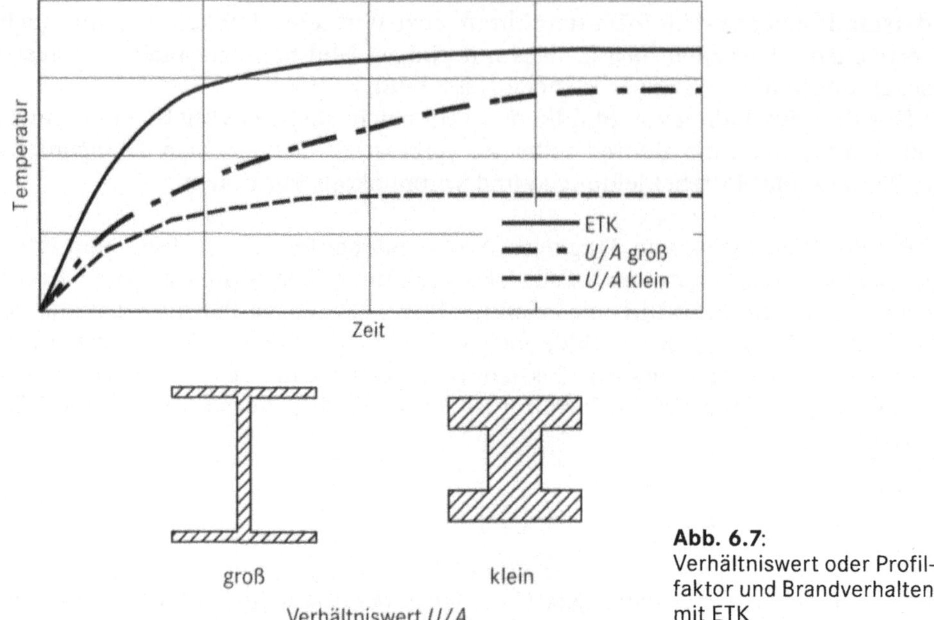

Abb. 6.7:
Verhältniswert oder Profilfaktor und Brandverhalten
mit ETK

Tab. 6.1: Zeitspanne in Minuten bis zum Erreichen der kritischen Stahltemperatur, T_{crit} = 500 °C unter ETK-Einfluss

U/A in m^{-1}	25	50	75	100	125	150
Zeit in Minuten	37	25	20	16	14	12

Schutzmaßnahmen sind Bekleidungen sehr häufig und geeignet, eine bestimmte Feuerwiderstandsdauer für das Bauteil zu sichern, wobei die Art und Weise der Anordnung der Bekleidung durchaus Einfluss auf das thermische Verhalten des zu schützenden Bauteils hat. Entweder folgt die Bekleidung dem Profil und liegt überall am Bauteil an oder die Bekleidung wird mit Abstand zum Profil beispielsweise als Kastenprofil angebracht. In Abbildung 6.8 sind Temperaturverläufe an einem I-Profil mit profilfolgender Bekleidung und mit Kastenprofil im Vergleich zur ETK-Einwirkung dargestellt, wobei ETK-Einwirkung hier bedeutet, dass jede Temperaturänderung unmittelbar auf der Bauteiloberfläche und durch die hohe Wärmeleitfähigkeit sogleich auch im Inneren des Bauteils wirksam wird; so als wäre das I-Profil unbekleidet der Brandeinwirkung ausgesetzt.

Ohne Bekleidung würde dieses I-Profil mit einer Materialstärke von 1 cm durch die hohe Wärmeleitfähigkeit fast zeitgleich dem ETK-Temperaturverlauf folgen und bereits nach etwas mehr als 3 Minuten die kritische Temperatur erreicht haben.

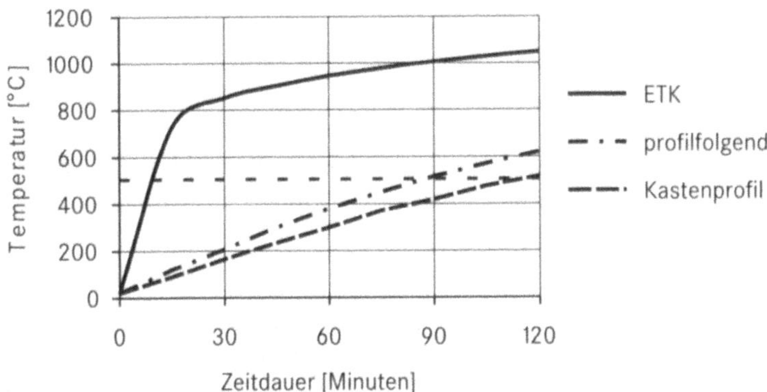

Abb. 6.8: Vergleich von Temperatur-Zeit-Verläufen bekleideter Stahlbauteile
(---) 500 °C-Linie für kritische Stahltemperatur; profilfolgende Bekleidung $U/A \approx 150$ m^{-1};
Kastenprofilbekleidung $U/A \approx 100$ m^{-1}

Mit einer profilfolgenden Bekleidung würde auf der Stahloberfläche die
500 °C-Grenztemperatur in etwas weniger als 90 Minuten auftreten, mit einer
kastenförmigen Bekleidung wird auf der Stahloberfläche diese Grenztemperatur
nach mehr als 90 Minuten erreicht und das Stahlprofil wäre in diesem Fall eine
bemessene, feuerbeständige Konstruktion.

Die technische Ausführung der Bekleidungen am Bauteil erfordert Sorgfalt,
daher sei auf einige wesentliche Konstruktionsgrundsätze hingewiesen. Wenn
nicht bemessene Stahlkonstruktionen an tragende und aussteifende Konstruktionen mit FW-Klasse angeschlossen werden müssen, so sind die nicht bemessenen
über eine festgelegte Länge mit gleichen Schutzmaßnahmen zu versehen wie die
klassifizierten Konstruktionen. Dadurch wird vermieden, dass im Brandfall durch
schnellen Wärmetransport vom ungeschützten Bauteil her an der bemessenen
Konstruktion bzw. unter einer Bekleidung eine unzulässige Temperaturerhöhung
bewirkt und lokal an dem Verbindungselement die kritische Temperatur überschritten wird. Für F 30 bis F 90 Bauteile beträgt die Schutzlänge 300 mm, darüber hinaus 600 mm [35].

Verbindungsmittel von Stahlbauteilen sind in gleicher Stärke zu schützen wie
die übrige Konstruktion, dergleichen ist für die Ränder von Aussparungen erforderlich. Die Bekleidung darf durch Leitungen wie Rohre, Kabel oder Kabeltrassen
nicht gefährdet werden. Leitungen sind auf nicht brennbaren Trägern aufzulegen.

Bekleidung mit Spezialputzen in vorgeschriebener Qualität und Ausführung
dürfen ohne Putzträger nur mit separatem Nachweis angebracht werden. Üblich
sind Putzträger der Baustoffklasse A, die mit Abstandshaltern anzubringen und
durch normativ vorgeschriebene Maßnahmen zu sichern sind.

Stahlträger gelten als dreiseitig beflammt, wenn sie von einer bemessenen
Deckenkonstruktion abgedeckt sind. Eine vierseitige Beanspruchung gilt für den
frei im Raum befindlichen Träger oder für einen solchen, dessen Oberseite durch
Holz, Stahl oder Kunststoff bzw. mit zur Abdeckung zwar zugelassenen Materialien, aber diese in nicht ausreichender Schichtdicke, abgedeckt ist.

Es sei hier auf den Einsatz von Unterdecken hingewiesen, der im Abschnitt 6.6 behandelt wird. Durch den Einsatz von klassifizierten Unterdecken kann auf eine Bekleidung der Stahlträger im Zwischendeckenbereich verzichtet werden.

Bei Stahlstützen gelten ebenfalls einige Besonderheiten. Bekleidungen müssen von der Oberkante Rohdecke bzw. von der Oberkante Fußboden dann, wenn der Fußbodenaufbau aus Baustoffen der Klasse A besteht, bis Unterkante Decke angebracht werden. Die Bekleidung muss somit auch im Zwischenraum über bemessenen Unterdecken vorhanden sein.

Stahlstützen mit geschlossenem Querschnitt und einer Beton- oder Mörtelfüllung müssen mit Lochpaaren als Entspannungsöffnung zum Dampfdruckausgleich versehen werden, die mit einer Fläche von mindestens 6 cm^2 je Lochpaar alle 5 m sowie am Fuß und Kopf der Stütze nach Vorschrift angebracht werden.

Bekleidungen aus Platten sind auf einer Metall-Unterkonstruktion oder unmittelbar an der Stütze zu befestigen. Jede Lage der Bekleidung ist separat zu befestigen und zu verspachteln, Fugenversatz ist zu sichern. Abbildung 6.9 zeigt eine Plattenbekleidung für F 90, bei der drei Lagen Gipskarton-Feuerschutzplatten GKF, jeweils 15 mm stark, auf der Stütze angebracht sind. Bei Ansatz unmittelbar an der Stütze muss jede Lage mit Stahlbändern oder Rödeldraht gesichert werden, nur die letzte Lage kann durch eine Befestigung nach DIN 18181 ersetzt werden. Eckschutzschienen sind zum Schutz der Bekleidung immer notwendig und daher vorgeschrieben. Eine Umhüllung eines Stahlbauteils mit Beton oder eine Ummauerung mit Steinen ist zu Gunsten des Einsatzes vorgefertigter Verbundbauteile zurückgedrängt worden.

Eine weitere Schutzmöglichkeit bieten bei Stahlbauteilen die Brandschutzbeschichtungen. Auf diese Möglichkeit wird in Abschnitt 6.9 eingegangen. Es handelt sich dabei um spezielle Anstrichsysteme, die unter Wärmeeinwirkung aufblähen und einen isolierenden Schaum um das Bauteil bilden. Zulassungen für diese Systeme werden von den Herstellern beantragt und müssen als Einzelzulassung vorgelegt werden, mögliche Einschränkungen für einen Einsatz sind dabei unbedingt zu beachten. Diese betreffen den Einsatz innen/außen, den Erneuerungszeitraum für den Anstrich und die zu erreichende FW-Dauer.

Der Einsatz wassergekühlter Stahlhohlprofile ist technisch möglich, das Prinzip schon über 100 Jahre bekannt. Eine Reihe von Gebäuden zeigen dazu

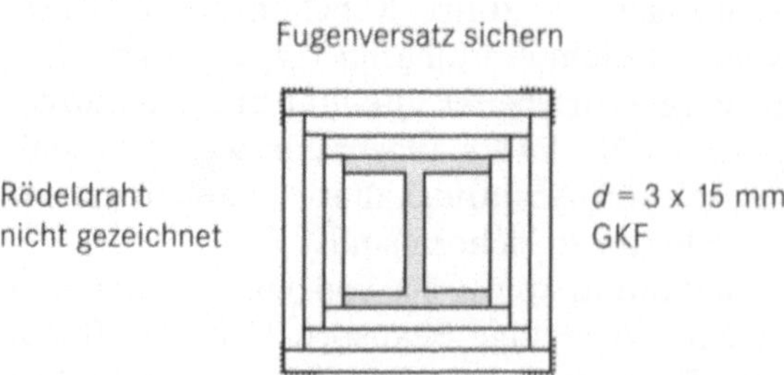

Abb. 6.9:
GKF-Plattenbekleidung an einer
Stahlstütze in FW 90, nach [35]

architektonisch gute Lösungen [153]. Die Stahltemperatur kann mit relativ aufwändigen technischen Maßnahmen (Speicher, Dampfabweiser, Druckausgleich, Überwachung, Rohrsysteme) dauerhaft bei ca. 200 °C gehalten und eine hohe Feuerwiderstandsdauer erreicht werden.

Bemessene Stahlbauteile benötigen in der überwiegenden Zahl der Fälle Schutzmaßnahmen, insofern spielen rechnerische Nachweise zurzeit noch eine untergeordnete Bedeutung. Wenn sich nämlich als Ergebnis von relativ aufwändigen rechnerischen Nachweisen ergibt, dass die Bekleidungsdicke geringfügig reduziert werden kann, ist eine solche Aussage wenig hilfreich, weil auch nicht wirtschaftlich. Insofern bleiben derartige Nachweise auf weniger bedeutende Stahlbauteile beschränkt, wo im Ergebnis wenigstens festgestellt werden kann, dass eine Schutzmaßnahme verzichtbar ist [9].

6.4 Gussbauteile

Gussbauteile sind in der Baupraxis fast ausnahmslos nur als Gussstützen vertreten, da nur bei diesen Bauteilen Gussmaterial sinnvoll eingesetzt werden kann.

Bei der Sanierung und Umnutzung von Bauwerken ist immer wieder die Frage zu beantworten, wie die brandschutztechnische Bewertung solcher Stützen vorzunehmen ist, da ein Ersatz dieser Bauteile aus Kostengründen, aber auch aus denkmalpflegerischen Gründen kaum in Betracht kommt. Oft werden sogar bisher versteckte – ummauerte oder bekleidete – Stützen freigelegt und müssen dann aus Sicherheitsgründen neu bewertet werden. Beispiele dazu sind häufig, in Weimar ist es die Bibliothek der Fakultät Architektur der Bauhaus-Universität, die aus einem ehemaligen denkmalgeschützten Fabrikgebäude mit Gussstützen revitalisiert wurde, und im Staatshauptarchiv Thüringens, dem ehemaligen Marstallgebäude des Weimarer Hofes, wurden im Erdgeschoss Gussstützen wieder freigelegt.

Allgemein bauaufsichtliche bzw. normative Hinweise zur Bewertung von Gussstützen existieren nicht. Wahrscheinlich ist der Aufwand für diese Prozedur zu hoch, denn Aussagen sind nur mit Hilfe von Brandversuche möglich, die an geborgenen Stützen durchgeführt werden können. Ergebnisse solcher Versuche sind somit immer nur bedingt verallgemeinerungsfähig, da die Formenvielfalt der Stützen, die zusätzlichen künstlerischen Gestaltungselemente und Unterschiede in der Gussqualität schwer zu verallgemeinern sind. Vielleicht wird die Gussproblematik auch deswegen nicht intensiver behandelt, weil die Gesamtzahl der zu bewertenden Stützen einfach zu gering ist.

Einige Bemerkungen seien trotzdem angefügt. Zunächst zeigt Tabelle 6.2 einen Vergleich der wichtigsten Materialwerte von Guss und Stahl bei einer Temperatur von 20 °C.

Wenn auch die Zahlenangaben für Guss im Wesentlichen als Mittelwerte verschiedener Qualitäten zu verstehen sind, zeigt sich, dass ein wesentlicher Unterschied zu Stahleigenschaften nur in der Zugfestigkeit besteht; Guss ist für Stützen gut geeignet, für Träger nicht.

Tab. 6.2: Vergleich der Materialwerte von Stahl und Guss, nach [40]

Eigenschaft	Maßeinheit	Stahl	Guss
Dichte	kg/m^3	7850	7200
Wärmeleitfähigkeit	$W/m \cdot K$	45	52
spez. Wärmekapazität	$Ws/kg \cdot K$	450	540
lin. Ausdehnungskoeffizient	$10^{-6} \cdot K^{-1}$	14	9
Zugfestigkeit	N/mm^2	700	160
Druckfestigkeit	N/mm^2	700	600

Das thermische Verhalten von Stahl und Guss stimmt im Wesentlichen überein. Bei Betrachtungen zum Trag- und Brandverhalten der Gussstützen sind, wie bei Stahlbauteilen, die Bemessungsgrößen, der Profilfaktor U/A und die Schlankheit, das Verhältnis Länge/Durchmesser, zu beachten. Zusätzlich ist bei Gussstützen durch die Herstellung bedingt – sie wurden üblich als Hohlkörper gegossen – die Exzentrizität, bezeichnet mit e, zu berücksichtigen. Es handelt sich dabei um das Verhältnis der Abweichung der Mittelpunkte zwischen äußerem und innerem Stützenkreis bezogen auf den äußeren Durchmesser d.

Praktische Untersuchungen zum Trag- und thermischen Verhalten von Stützen haben zunächst zu oberen Grenzwerten für Bemessungsgrößen geführt. Als Grenzwerte werden der Profilfaktor mit $U/A \leq 100$ m^{-1}, die Schlankheit mit $L/d \leq 100$ und die Exzentrizität mit $e/d \leq 0{,}06$ festgelegt. Eine Gussstütze mit einem Außendurchmesser von 0,2 m und einem Innendurchmesser von 0,16 m würde in diesem Grenzbereich folgende Bemaßung zulassen: Profilfaktor $U/A = 56$ m^{-1}, Exzentrizität e 1,2 cm und Stützenlänge $L \leq 20$ m.

Eine Bekleidung von Gussstützen führt in Analogie zur Bemessung von Stahlbauteilen auf eine bemessene Konstruktion mit einer Feuerwiderstandsdauer und wird daher hier nicht weiter behandelt.

Aus Untersuchungen [40] zum Brandverhalten von Gussstützen konnten Ergebnisse gewonnen werden, die in Tabelle 6.3 zusammengefasst sind. Stützen können demnach durch eine Betonfüllung des Hohlkörpers und/oder durch einen Anstrich mit einem Dämmschichtbildner zusätzlich geschützt werden. Schon die wenigen Zahlenangaben der Tabelle 6.3 verdeutlichen, dass auch ohne Bekleidung eine sichtbare Gussstütze mit Anstrichsystemen oder Verfüllung soweit geschützt werden kann, dass, eventuell noch in Verbindung mit brandschutztechnischen Kompensationsmaßnahmen, die Gesamtkonstruktion hinreichend sicher bemessen werden kann.

Eine Verfüllung des Stützen-Hohlraums wird eher selten eingesetzt. Der Beton müsste vor Ort eingebracht werden, der Stützenkern dazu zugänglich sein und das Tragverhalten der Gesamtkonstruktion entsprechende Reserven aufweisen, sicher wenig erfolgversprechend, von den Kosten einmal abgesehen. Der Betonkern der Stütze würde im Brandfall nach Erreichen einer kritischen Temperatur

Tab. 6.3: Feuerwiderstandsdauer von Gussstützen ohne und mit Schutz durch Betonverfüllung oder dämmschichtbildenden Anstrich, nach [40]

Schutzart	max. U/A in m^{-1}	Lastausnutzung --	FW-Dauer in Minuten
ohne	60	1,0	30
ohne	60	0,5	60
Betonfüllung	100	1,0	40
Betonfüllung	100	0,6	60
Betonfüllung	60	0,6	65
Betonfüllung	60	1,0	50
DSB-Anstrich	100	1,0	75

Lastanteile von der Stütze übernehmen und den weiteren Bestand sichern, wobei der Durchmesser des Betonkerns ebenso eine Rolle spielt wie die Wandstärke der Stütze. Die Betonqualität ist bei diesem Vorgang von untergeordnetem Interesse.

Günstiger sind dämmschichtbildende Anstrichsysteme, die als Spezialanstriche mehrere Millimeter dick aufgebracht werden. Es können die gleichen Anstrichsysteme benutzt werden wie bei Stahlbauteilen.

6.5 Verbundbauteile

Die Ergebnisse langjähriger Untersuchungen zum Brandverhalten von Verbundbauteilen, siehe [14], führten dazu, dass Angaben zum Brandverhalten von Verbundbauteilen – Stützen und Träger – in den Teil 4 der DIN 4102 vom März 1994 aufgenommen wurden.

Klassifiziert sind Verbundträger mit ausbetonierten Kammern, Verbundstützen aus betongefüllten Hohlprofilen, Verbundstützen aus vollständig einbetonierten Stahlprofilen und Verbundstützen aus Stahlprofilen mit ausbetonierten Kammern. Die handelsüblichen Stahlprofile müssen aus normgerechtem Stahl hergestellt sein, können gewalzt oder aus Teilen zusammengeschweißt sein.

Klassifizierte Verbundträger, Abbildung 6.10, sind Bauteile, bei denen der Untergurt des Trägers von außen sichtbar bleibt und somit nicht geschützt ist. Der außenliegende, ungeschützte Unterzug verliert im Brandfall seine Tragfähigkeit. Die ausbetonierten Profilkammern übernehmen in Verbindung mit der Zulagebewehrung die bei höheren Temperaturen ausfallenden Lastanteile und dürfen daher für die typische Bemessung bei 20 °C (Kaltbemessung) nicht berücksichtigt werden.

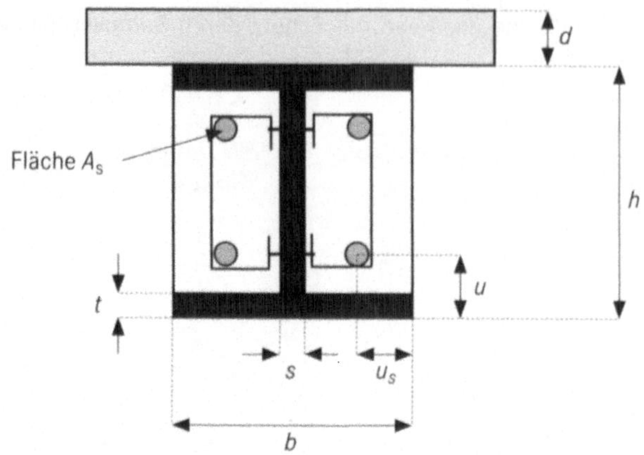

Abb. 6.10: Verbundträger mit ausbetonierten Kammern und oberer Abdeckung, Bezeichnungen nach [35]; Voraussetzungen: $b/s \geq 18$, $t/s \leq 2$, $d \geq 15$ cm, Betongüte: $\geq$ B25, Bewehrungsverhältnis Kammerbeton: $(A_s/(A_s + A_{Beton}) \leq 0,05$

Verbundträger mit ausbetonierten Kammern sind für eine dreiseitige Brandbeanspruchung klassifiziert, die Oberseite muss dazu mit klassifizierten Stahlbetonplatten ohne Hohlraum der Mindestdicke 150 mm oder durch zugelassene Verbunddecken abgedeckt sein. Bei Abdeckung mit Verbunddecken gilt, dass der Träger gegen einen Brandangriff von oben dann geschützt ist, wenn 90% der Obergurtfläche brandschutztechnisch sicher sind.

Die Längsbewehrung ist bis auf jeweils 50 mm über die volle Trägerlänge zu führen. Der Kammerbeton ist entweder mit am Steg angeschweißten Bügeln oder mit durch Bohrungen im Steg verbundene Steckhaken oder durch am Steg angeschweißte Kopfbolzen fest anzuschließen. Die Randbedingungen dazu sind detailliert vorgegeben und genau einzuhalten.

Verbundträger sind in geeigneter Weise an Stützen oder andere Träger anzuschließen. In der DIN 4102-T4 werden dazu Beispiele angeführt. Gut geeignet sind Anschlussmöglichkeiten mit Knaggen, die durch Kopfbolzen in der Stütze rückverankert sind und Laschenbleche, die durch die Stütze gesteckt und an derselben angeschweißt sind.

Bei Laschenanschluss ist die Montageöffnung durch Mörtelverguss zu verschließen. Ein Spalt von maximal 10 mm zwischen Träger und Stütze ist unkritisch, größere Spalte müssen, z.B. durch Mineralwolle, verschlossen werden. Eine Übersicht geeigneter Anschlussmöglichkeiten ist u.a. in [9] enthalten.

Ein Bemessungsbeispiel sei für einen Verbundträger mit ausbetonierten Kammern als Einfeldträger in einer zu fordernden Feuerwiderstandsklasse F 90 angefügt. Tabelle 6.4 enthält die notwendigen Angaben für diesen Träger.

Zunächst kann festgestellt werden, dass Stahlqualität, Dicke der Deckenplatte (h = 150 mm) und die Qualität des Kammerbetons (B25) eingehalten sind. Die Voraussetzungen für die weitere Bemessung mit $b/s \geq 18$ (im Beispiel: 18,33) und

Tab. 6.4: Angaben für Verbundträger in FW 90

Stützweite	$l = 9{,}0$ m
Belastung	$q = 80$ kN/m
Stahlprofil	IPE 600 in St37
Stahlbetondecke	$d = 0{,}15$ m, B25
Kammerbeton	B25
Profilhöhe	$h = 600$ mm
Unterzugbreite	$b = 220$ mm
Unterzugdicke	$t = 19$ mm
Stegdicke	$s = 12$ mm

$t/s \leq 2$ (im Beispiel: 1,58) sind ebenfalls erfüllt. Aus Tabelle 103 der DIN 4102-T4 kann für einen angenommenen Ausnutzungsfaktor 0,7 für die Feuerwiderstandsklasse F 90-A bei einer geforderter Profilhöhe $h \geq 3{,}0 \cdot b_{\min}$ eine Mindestbreite $b_{\min} = 190$ mm abgelesen werden, die im Beispiel um 30 mm höher liegt.

Neben der Mindestbreite wird das Verhältnis der erforderlichen Bewehrung (Fläche A_s) zur Flanschfläche $A_{Fl} = b \cdot t$ als zweite Bedingung mit $A_s/A_{Fl} = 0{,}2$ angegeben.

Die Verwendung der Stahlsorte St37 ermöglicht die Reduzierung der erforderlichen Bewehrung auf 70%. Damit ergibt sich eine Bewehrungsfläche von $A_s = A_{Fl} \cdot 0{,}7 \cdot 0{,}2 = 220$ mm $\cdot$ 19 mm $\cdot 0{,}7 \cdot 0{,}2 = 585$ mm^2. Bei der Profilbreite $b = 220$ mm sind als Mindestachsabstände seitlich $u_s = 55$ mm und von unten $u = 90$ mm einzuhalten.

Verbundstützen gelten als vierseitig brandbeansprucht. Die allgemein bauaufsichtlich zugelassenen Stützenformen sind in Abbildung 6.11 dargestellt, ihr Einsatz setzt voraus, dass normgerechte Qualität des Betons und Bewehrungsstahls, bei Hohlprofilen auch des Profilstahls, eingehalten wird.

Bei den Verbundstützen aus betongefüllten Hohlprofilen verliert im Brandfall die äußere Stahlhülle ihre Tragfähigkeit, entsprechend muss die Betonfüllung tragfähig ausgebildet werden, um im Brandfall Lastanteile zu übernehmen. Bei außen liegenden Stahlteilen kann durch eine größere Stahlschichtdicke oder eine bessere Stahlqualität so gut wie kein stabileres Brandverhalten erzeugt werden. Entsprechend der Feuerwiderstandsklasse werden Mindestabmessungen wie Seitenlängen bzw. Durchmesser, Mindestbewehrungsverhältnisse und Mindestachsabstände gefordert, die wiederum vom Ausnutzungsgrad der Konstruktion abhängen.

Bei Verbundstützen aus vollständig einbetonierten Stahlprofilen muss der außen liegende Beton die Schutzfunktion für den Stahl übernehmen. Entsprechend wichtig ist die Anordnung einer Längsbewehrung zum Schutz der Eckbe-

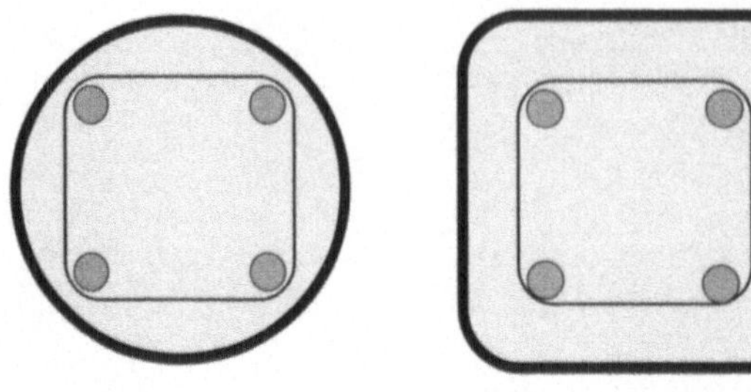

Verbundstützen aus betongefüllten Hohlprofilen

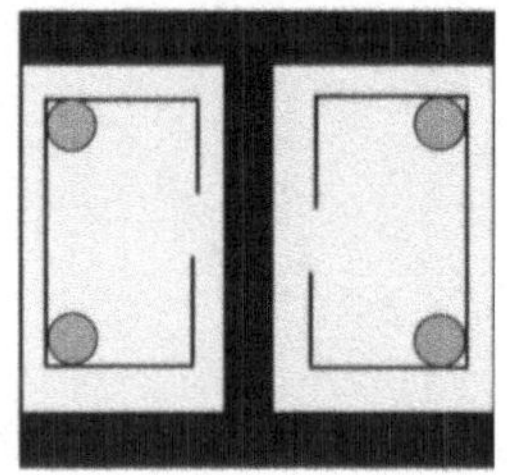

Abb. 6.11:
Querschnitte von klassifizierten
Verbundstützen, nach [35]

Verbundstützen aus vollständig ein- bzw. ausbetoniertem Stahlprofil

reiche. Gemäß Feuerwiderstandsklasse werden Mindestabmessungen im Querschnitt, Mindestachsabstände der Längsbewehrung und Mindestbetondeckung des Stahlprofils gefordert.

Bei Verbundstützen aus Stahlprofilen mit ausbetonierten Kammern muss der Kammerbeton gegen Herausfallen gesichert und daher zugfest am Profilsteg angeschlossen werden. Entsprechend der Feuerwiderstandsklasse werden Mindestabmessungen der Querschnittsfläche, Mindestachsabstände u der Längsbewehrung und ein Mindestverhältnis der Stegdicke s zur Flansch- oder Unterzugdicke t gefordert, die gleichfalls vom Ausnutzungsgrad der Konstruktion abhängen.

Für die Einschätzung des Brandverhaltens von Verbundbauteilen wird das Verhalten der Einzelbauteile als Grundlage benutzt, damit sind Beeinflussungen aus Verformungen des Gesamtbauwerkes nicht zu berücksichtigten. Dies ist die typische Vorgehensweise der DIN 4102. Bei Bauwerken mit Tragwerken aus Profilverbundrahmen können die Reaktionen aus dem Auftreten von Bränden in Gebäudeteilen beträchtliche Auswirkungen auf Systemverformungen in anderen, nicht vom Brand betroffenen Bereichen haben. Die Bemessung aus der Sicht des Bautechnischen Brandschutzes hat daher „nur" die Aufgabe, das Bauwerk in der vorgegebenen Zeitdauer im Bestand zu sichern, im Brandfall auftretende mechanische Auswirkungen in Nachbarbereiche müssen akzeptiert oder andere Konstruktionen gewählt werden. Die Auswirkungen dürfen natürlich den Bestand des Gebäudes nicht gefährden.

Den ingenieurtechnischen rechnerischen Nachweisen als Bemessungshilfen für Verbundbauteile können zukünftig eine erhebliche baupraktische Bedeutung zukommen [9]. Eine solche Annahme resultiert aus der zunächst noch überschaubaren Anzahl an Verbundbauteilen wie Träger und Stützen, aber auch Verbunddecken, die in diese Nachweise einbezogen werden müssen.

6.6 Unterdecken

Der Einsatz von Unterdecken ist im modernen Bauen aus Zweckmäßigkeit und ästhetischen Gründen außerordentlich weit verbreitet. Wenn Unterdecken mit Decken oder Dächern gemeinsam eine bemessene Konstruktion bilden, übernehmen sie Aufgaben des Brandschutzes. Vor allem in Bürogebäuden und solchen mit gewerblicher Nutzung sind derartige Konstruktionen unverzichtbar geworden.

Unterdecken sichern mit der Rohdecke den Raumabschluss zum nächsten Geschoss oder Dach, ermöglichen zum Raum hin eine optisch saubere Gestaltung und bilden einen Zwischenraum zur Verlegung von Leitungen etc. In der Regel ist das Verhalten abgehängter Unterdecken unter thermischer Beeinflussung günstiger als direkt aufgebrachte Bekleidungen, wie aus dem Temperaturverlauf bei Stahlträgern mit profilfolgender bzw. Kastenbekleidung schon zu entnehmen war.

Die folgenden Ausführungen gelten sowohl für Decken als auch gleichzustellende Dächer. Bemessene Unterdecken bilden mit der darüber befindlichen Rohdecke eine Einheit. Die Rohdecke muss einer Brandbeanspruchung von oben und die Unterdecke einer solchen von unten widerstehen. Eine Brandbeanspruchung aus dem Zwischendeckenbereich wird zunächst ausgeschlossen, daher müssen dort befindliche Brandlasten minimiert werden um eine Brandbeanspruchung der Unterdecke von oben auszuschließen. Völliger Verzicht auf Brandlasten im Zwischendeckenbereich würde ihre Einsatzmöglichkeiten aber drastisch einschränken. Daher sind begrenzte Brandlasten im Zwischendeckenbereich zugelassen.

Entsprechend der Qualität der Rohdecke werden 3 Bauartklassen unterschieden. Die Rohdecke kann aus einer Stahlträgerdecke mit unterschiedlicher Abdeckung oder aus Stahlbeton- bzw. Spannbetondecken bestehen. Damit ergeben sich drei Bauarten,

Bauart I Stahlträgerdecke mit Abdeckung aus Leichtbeton,
Stahlbetonbalkendecke mit Füllkörpern aus Leichtbeton oder Ziegeln,
Stahlbetonrippendecke mit Füllkörpern aus Leichtbeton oder Ziegeln,
Stahlbetondecke mit im Beton eingebetteten Stahlträgern,

Bauart II Stahlträgerdecke mit Abdeckung aus Normalbeton, Fertigdeckenplatte mit statisch wirksamer Ortbetonschicht und

Bauart III Stahlbeton- oder Spannbetondecke,
Stahlbeton- oder Spannbetonhohldielen,
Stahlbetonrippendecke mit Füllkörpern aus Normalbeton,
Stahlbetonbalkendecke mit Füllkörpern aus Normalbeton,
Kassettendecken aus Normalbeton.

Die Stahlträger können Gitterträger, Fachwerkträger oder Vollwandträger sein, wobei für alle Teile eine Obergrenze Profilfaktor $U/A \leq 300$ m^{-1} eingehalten werden muss. Die Abdeckung muss in allen Bauarten mindestens 50 mm dick sein. Für die einzelnen Bauartklassen ergeben sich in Abhängigkeit vom Material der Unterdecke maximale Feuerwiderstandsklassen, die in Tabelle 6.5 angegeben sind.

Unterdecken, die bei einer Brandbeanspruchung von unten allein einer Feuerwiderstandsklasse angehören, stellen eine weitere Form bemessener Unterdecken dar.

Tab. 6.5: Zu erreichende Feuerwiderstandsdauer von Unterdecken in Abhängigkeit von Material-auswahl und Bauart

Unterdecke aus hängende Drahtputzdecken	
Bauart I	bis F 120-A
Bauart II	bis F 120-A
Bauart III	bis F 180-A
Unterdecke aus Holzwolle-Leichtbauplatten mit und ohne Putz	
Bauart I	bis F 60-AB
Bauart II	bis F 60-AB
Bauart III	bis F 60-AB
Unterdecke aus Gipskarton-Putzträgerplatten (GKP) mit Putz	
Bauart I	bis F 30-A
Bauart II	bis F 60-A
Bauart III	bis F 90-A
Unterdecke aus Gipskarton-Feuerschutzplatten (GKF)	
Bauart I	bis F 30-A
Bauart II	bis F 30-A
Bauart III	bis F 120-A
Unterdecke aus Deckenplatten DF oder SF aus Gips	
Bauart I	bis F 30-A
Bauart II	bis F 90-A
Bauart III	bis F 120-A
Unterdecke, die allein einer FW-Klasse angehören, Brandbeanspruchung von unten	
aus hängenden Drahtputzdecken	bis F 60-A
aus GKF-Platten	bis F 60-A

Bei der Verarbeitung der Unterdecken-Materialien sind detaillierte Verarbeitungsbedingungen zu beachten. Dazu gehören Platten- und Putzdicken, Befestigungsart, Befestigungsabstände, ggf. Dämmschichten mit Schmelzpunkt über 1000 °C in vorgegebener Dicke und Dichte und auch ein möglicher Einsatz von Tragprofilen aus Holz bzw. Metall. Eine Traglattung aus Holz hat zur Folge, dass die Konstruktion der Baustoffklasse AB zugeordnet werden muss.

Der Einbau von bemessenen Unterdecken erfordert die Beachtung einer Reihe zusätzlicher Hinweise. Unterdecken sind so einzubauen, dass, abgesehen vom Eigengewicht, keine Fremdlasten darauf abgetragen werden können. Im Zwischendeckenbereich verlegte Leitungen und Rohre müssen unbedingt auf nicht brennbaren Trägern, die an der Rohdecke befestigt sind, aufgelegt werden.

Wie schon erwähnt, muss der Zwischendeckenbereich frei von Brandlasten sein. Ausgenommen sind solche Brandlasten, die zur Konstruktion gehören, wie Traglatten aus Holz oder HWL-Platten. Brandlast Null im Zwischendeckenbereich würde aber auch bedeuten, dass Kabel mit Kunststoffummantelung oder PVC-Rohre nicht verlegt werden könnten, bzw. völlig abgeschottet werden müssten. Aus diesem Grunde gilt für Brandlasten im Zwischendeckenbereich eine Obergrenze von 7 kWh/m^2 als erlaubt, die Brandlast ist gleichmäßig zu verteilen. Bei höheren Brandlasten ist die Eignung der Unterdecke speziell nachzuweisen. Brandlasten von Kabeln, die vorrangig über Unterdecken verlegt werden, sind in Tabelle 6.6 zusammengefasst, die Verbrennungswärme von halogenhaltigen und halogenfreien Kabeln ist nahezu gleich [41].

Alle normativen Angaben für bemessene Unterdecken gelten ohne Einbauten. Werden Beleuchtungskörper, Mündungen oder Klimaanlagen in bemessene Unterdecken eingebaut, so bedürfen diese Bauteile eines entsprechenden Prüfzeugnisses. Dieses ist von den betreffenden Herstellerfirmen vorzulegen. Ein Nachrüsten von bemessenen Unterdecken mit notwendigen Einbauten ist möglich, sollte aber vermieden werden, da die Fehleranfälligkeit relativ hoch ist.

Ein Hindurchführen von einzelnen elektrischen Leitungen durch klassifizierte Unterdecken ist möglich, es muss eine Abdichtung des verbleibenden Lochquerschnittes mit Gips o.ä. Material erfolgen, bei der Rohdecke muss mit Beton abgedichtet werden. Eine Durchführung von Leitungsbündeln mit mehr als einer Leitung ist nur mithilfe zugelassener Abschottungen möglich.

Abhänger aus Stahl für Lampen sowie Sprinklerrohre können durch bemessene Unterdecken hindurchgeführt werden. Bei Unterdecken, die einer FW-Klasse bei Brandbeanspruchung von unten allein angehören, muss allerdings dafür Sorge getragen werden, dass keine wesentliche Temperaturerhöhung auf der dem Feuer abgekehrten Deckenseite am Abhänger stattfindet, wenn dieser durch die Unterdecke geführt ist.

Der Anschluss von Unterdecken an Massivwände muss so ausgeführt werden, dass der Raumabschluss gesichert wird, Feuer und Rauch dürfen den Anschlussbereich nicht durchdringen. Zusätzliche Bekleidungen an Unterdecken dürfen nicht angebracht werden. Dies ist ein Grundsatz, der bei brandschutztechnisch erforderlichen Bekleidungen generell gilt. Außen angebrachte Metallbleche stellen dabei eine ganz besondere Gefährdung der Konstruktion dar.

Tab. 6.6: Brandlasten von halogenhaltigen Kabeln und Leitungen; A / N : Aderzahl und Nennquerschnitt, Q : Verbrennungswärme des Isoliermaterials, nach PROMAT-Firmenunterlagen [41]

A / N	Q in kWh/m		A / N	Q in kWh/m		A / N	Q in kWh/m	
	NYM	NYY		NYM	NYY		NYM	NYY
3x 1,5	0,44	0,55	4x 1,5	0,53	0,83	5x 1,5	0,58	0,94
3x 2,5	0,58	0,83	4x 2,5	0,67	0,94	5x 2,5	0,75	1,08
3x 4	0,72	1,08	4x 4	0,92	1,25	5x 4	1,11	1,44
3x 6	0,92	1,22	4x 6	1,08	1,42	5x 6	1,28	1,64
3x 10	1,28	1,42	4x 10	1,50	1,67	5x 10	1,83	2,00
3x 16	1,53	1,69	4x 16	1,86	2,03	5x 16	2,31	2,39
3x 25	2,39	2,47	4x 25	2,89	2,89	5x 25	3,42	3,42
3x 35	2,78	2,14	4x 35	3,28	2,61			
3x 50	–	2,60	4x 50	–	3,31	6x 1,5	0,67	–
3x 70	–	3,08	4x 70	–	4,08			
3x 95	–	4,06	4x 95	–	5,11	7x 1,5	0,67	1,08
3x 120	–	4,47	4x 120	–	5,69	7x 2,5	–	1,22
3x 150	–	5,42	4x 150	–	6,97	7x 4	–	1,67

Anstriche bzw. Beschichtungen und Dampfsperren – bei Dächern meistens unverzichtbar – können verarbeitet werden. Als Richtmaß gilt dabei eine Schichtdicke von etwa 0,5 mm, Tapeten sind erlaubt.

6.7 Holzbauteile

Holz ist ein brennbares Material und erfährt bei Brandbeanspruchung einen Abbrand. Abbrandgeschwindigkeit und weitere thermische Eigenschaften von Holz wurden im Abschnitt 5.1.5 besprochen.

Zunehmender Abbrand von Holzbauteilen bedeutet abnehmende Tragfähigkeit, d.h. der Restquerschnitt eines Holzbauteils bestimmt den weiteren Bestand der Konstruktion. Dieses auf den ersten Blick negative Verhalten muss relativiert werden. Viele Brandfälle haben bewiesen, dass das Brandverhalten von Holz aus der Sicht des Bautechnischen Brandschutzes so schlecht gar nicht ist. Seine moderate Abbrandgeschwindigkeit, die einsetzende Verkohlung mit der geringen Wärmeleitfähigkeit der Holzkohle und der daraus folgenden Schutzfunktion, die geringe Längenänderung, aber auch die hohe Wärmespeicherfähigkeit und die relativ lange bestehende Festigkeit erweisen sich als günstige Eigenschaften.

Entscheidend für den Feuerwiderstand von Holzkonstruktionen sind neben den thermischen Eigenschaften vor allem die Querschnittsabmessung der Bauteile und die Kompaktheit der Konstruktion. Filigrane Strukturen haben im Brandfall keinen Bestand, während eine dicke Eichenholztür auch nach 90 Minuten noch einen Raumabschluss sichern kann. Überdimensionierte Konstruktionen erweisen sich bei Holzbauten als besonders vorteilhaft.

Für neu zu errichtende Holzkonstruktionen oder Bauteile gibt die DIN 4102-T4 sehr viele konstruktive Hinweise zu einer ganzen Reihe von Bauteilen wie Decken in Holztafelbauart, Holzbalkendecken, Dächern aus Holz oder Holzwerkstoffen, Holzbalken, Holzstützen, Holz-Zuggliedern, Holzverbindungen, Fachwerkwänden mit ausgefülltem Gefach, Wänden in Holztafelbauweise, Wänden aus Vollholz-Blockbauweise oder Gebäude-Abschlusswänden (sog. F30-F90-Wände).

Bei Sanierung alter Holzbauwerke ist eine Einschätzung der Feuerwiderstandsfähigkeit dieser Konstruktionen mithilfe der Abbrandeigenschaften möglich und oft notwendig. Vergleiche mit normativen Angaben und Bemessungsforderungen sind sinnvoll, um das vorhandene Bauwerk brandschutztechnisch einschätzen zu können und um die Konstruktion entsprechend bemessen bzw. schützen zu können. Es sei der Hinweis angebracht, dass bei der Sanierung und Umnutzung von Gebäuden in Holzbauart in der Regel nur mit Kompromissbereitschaft aller am Bau Beteiligten eine vernünftige Lösung erreicht werden kann.

Auf alle Holzbauteile einzugehen, würde den Rahmen dieser Abhandlung sprengen, zumal detaillierte Angaben und Darstellungen in Regelwerken und der Literatur [32] eine gute Arbeitsgrundlage darstellen. Daher werden nachfolgend einige wichtige Konstruktionsgrundsätze für Bauteile aus Holz angesprochen.

Holzbalken

Die Bemessungsangaben beziehen sich auf Balken mit Rechteckquerschnitt und statisch bestimmter oder unbestimmter Lagerung, die entweder nur auf Biegung oder auf Biegung und Druckkraft beansprucht werden.

Bemessene Holzbalken werden mit drei- oder vierseitiger Beflammung eingeordnet. Der von oben abgedeckte Holzbalken gilt nur dann als dreiseitig beflammt, wenn eine Abdeckung aus Betonbauteilen, Beplankung bzw. Schalung aus Holz bzw. Holzwerkstoffen oder aus Holztafeldecken in der jeweils zu fordernden FW-Klasse vorhanden ist. Andere Abdeckungen oder mit den o.g. in einer geringeren als der geforderten FW-Klasse führen zu einer Bemessung mit vierseitiger Beflammung.

Unbekleidete Balken aus Nadelvollholz sind in Abhängigkeit von der Spannungsausnutzung zu bemessen und als feuerhemmend F 30-B allgemein klassifiziert. Balken aus Brettschichtholz sind feuerhemmend bis F 60-B klassifiziert.

Zapfen oder Bolzenlöcher gelten nicht als zu bemessende Aussparungen. Bei alten Hölzern kann aber ein tief in das Holz gearbeitetes Zapfenloch in Verbindung mit starker Rissbildung in dessen Umgebung ein ungünstiges Abbrandverhalten und somit eine Gefahr für das Bauteil darstellen.

Um die Feuerwiderstandsdauer von Holzbalken zu verbessern, können diese bekleidet werden, eine Lösung, die u.a. aus optischen Gründen nur in Ausnahmen Verwendung finden wird bzw. nur dann, wenn die Holzquerschnitte tatsächlich keinerlei Reserven aufweisen und die Tragfähigkeit des Bauteils gesichert werden muss.

Eine Bekleidung von Balken aus Vollholz kann mit GKF-Platten (12,5 mm), Sperrholz (19 mm), Spanplatten (19 mm) oder Spundbrettern (24 mm) erfolgen und sichert für das Bauteil die allgemeine Zulassung als feuerhemmend F 30-B; mit einer 2 x 12,5 mm GKF-Bekleidung wird F 60-B erreicht. Es sind auch andere Plattenarten als Bekleidung einsetzbar. Zum Beispiel kann eine 12,5 mm dicke GKF-Platte durch eine 10 mm FERMACELL-Platte ersetzt werden [32].

Mit Bekleidungen ist auch eine höhere Feuerwiderstandsdauer erreichbar. Eine F 90-B für Holzbauteile ist selten gefordert aber durchaus möglich. Bei der Sanierung von Gebäuden vielleicht Anlass zur speziellen Genehmigung. Eine Bekleidung mit 25 mm Fireboard-Platten stellt z.B. eine F 90 Lösung dar, wenn auch mit spezieller Zulassung, wobei Mindestforderungen an den Holzquerschnitt ($b/h > 100/160$ mm) und die maximale Biegespannung (< 10 N/mm^2) zu beachten sind [32].

Werden für Holzbalken Laubhölzer, außer Buche, mit einer Dichte größer 600 kg/m^3 verwendet, dürfen normative Zahlenwerte mit dem Faktor 0,8 multipliziert werden [32].

Holzstützen

Die Bemessungsangaben beziehen sich auf durch Druck oder Biegung und Druck beanspruchte Stützen mit vorwiegend rechteckigem Querschnitt.

Die vierseitig beanspruchte Holzstütze kann eine unbekleidete Vollholzstütze (normativ F 30-B) oder Brettschichtholzstütze (normativ bis F 60-B) oder eine für eine Klassifizierung nicht ausreichend bekleidete Stütze sein.

Die dreiseitig beanspruchte Holzstütze muss auf ihrer vierten Seite eine Abdeckung aufweisen, die der für die Stütze geforderten Feuerwiderstandsklasse entspricht. Die Abdeckung wird meist durch eine Wand aus Mauerwerk oder Beton realisiert.

Brettschichtholz-Stützen, die in Holzwände eingebunden sind, unterliegen einer nur zweiseitigen Brandbeanspruchung.

Für unbekleidete Brettschichtholzstützen mit kreuzförmigen oder I-förmigen Querschnitten können rechteckförmige Ersatzquerschnitte – Gleichheit der Flächen – bestimmt werden, auf die wiederum normativ verwiesen wird. Unbekleidete Stützen werden nach gleichen Tabellen bemessen wie Balken.

Bekleidete Stützen sind allgemein bauaufsichtlich dann zugelassen, wenn eine vierseitige Bekleidung von 50 mm Gips-Wandbauplatten (bis F 60-B) nach DIN 18163 eingesetzt wird. Bei dreiseitiger Bekleidung werden für eine F 60-B zwei 12,5 mm GKF Platten benötigt. Eine F 30-B Stütze kann auch mit anderen Materialien einlagig bekleidet werden. Eine F 90-B ist mit Bekleidung von Gips-Wandbauplatten der Dicke 80 mm ohne Probleme erreichbar, wobei 60 mm auch schon ausreichend wären, aber wegen der Sicherheit im Fugenbereich (kein Fugenversatz) die größere Dicke gewählt werden muss [32]. Bekleidungen aus Mauerwerk bei Holzbauteilen sind nicht mehr gebräuchlich, der Trockenbau wird immer zu bevorzugen sein. Für Laubholzeinsatz gilt die 0,8-Regel wie bei Holzbalken.

Zugglieder
Die Bemessung erfolgt für reine Zugglieder ausschließlich unter Zugbeanspruchung und für Untergurte von Fachwerkbindern mit Zugbeanspruchung und Biegung.

Unbekleidete Zugglieder müssen für Vollholz (F 30-B) und Brettschichtholz (bis F 60-B) in Abhängigkeit der statischen Beanspruchung und der Brandbeanspruchung (drei- oder vierseitig) ein bestimmtes Seitenverhältnis h/b aufweisen.

Für bekleidete Zugglieder gelten sinngemäß die Angaben zu Stützen bzw. Balken mit dreiseitiger Bekleidung mit Mindestdicke der Bekleidung aus GKF, Sperrholz, Spanplatte oder gespundeten Brettern. Laubholzeinsatz ist wie schon oben erwähnt möglich.

Decken in Holztafelbauart
Decken in Holztafelbauart gelten als von unten oder von oben brandbeansprucht. Die Beflammung von unten ist ungünstiger, weil die Deckenoberseite durch einen Fußbodenaufbau besser geschützt wird. Zusätzliche Bekleidungen – außer Stahlblech – können an der Unterseite der klassifizierten Decke angebracht werden. Einzelne elektrische Leitungen können durch die Decke hindurch geführt werden, sofern der verbleibende Lochquerschnitt mit Gips oder ähnlichen Materialien verschlossen wird. Leitungsbündel müssen mit Schotts geführt werden. Eingelegte Dampfsperren sind ohne Bedeutung.

Die Breite der Holzrippen im Deckenaufbau muss mindestens 40 mm betragen. Untere und obere Bekleidungen sind nach Vorgaben auszuführen, wobei Platten und Bretter auf den Holzrippen dicht gestoßen zu verlegen sind, bei mehrlagigen Bekleidungen ist auf Fugenversatz zu achten.

Decken können für die Klassifizierung notwendige Dämmschichten enthalten, die aus Mineralfaserdämmstoff der Baustoffklasse A mit einem Schmelzpunkt über 1000 °C bestehen müssen, der Einsatz anderer Dämmstoffe ist immer mit Eignungsprüfung abzusichern. Von Bedeutung ist der dichte Einbau der Dämmstoffe zwischen den Rippen. Bei Verwendung von Mattenmaterial müssen diese auf Maschendraht aufgesteppt sein.

Holztafeldecken, für deren Klassifizierung keine Dämmschicht erforderlich ist, dürfen mit und ohne eine solche ausgeführt werden. Der zusätzliche Dämmstoff muss mindestens B2 sein. Weitere Forderungen bestehen nicht.

Auf der oberen Beplankung ist ein schwimmender Estrich oder Fußboden mit 20 mm Estrich (Mindestforderung an Estrichdicke) auf Dämmstoff erforderlich. Die erforderliche Dämmschicht unter dem Estrich muss normal entflammbarer Mineralfaserdämmstoff sein und eine Mindestdichte von 30 kg/m^3 besitzen. In bestimmten Fällen kann diese Dämmschicht durch Gipskartonplatten ersetzt werden. Eine unter diesen Platten angebrachte Trittschallschutzfolie beeinflusst das Brandverhalten nicht negativ [32].

Durch den schwimmenden Fußbodenaufbau kommt es zu akustischen Verbesserungen und einer Vergleichmäßigung in der Nutzlastverteilung, wodurch

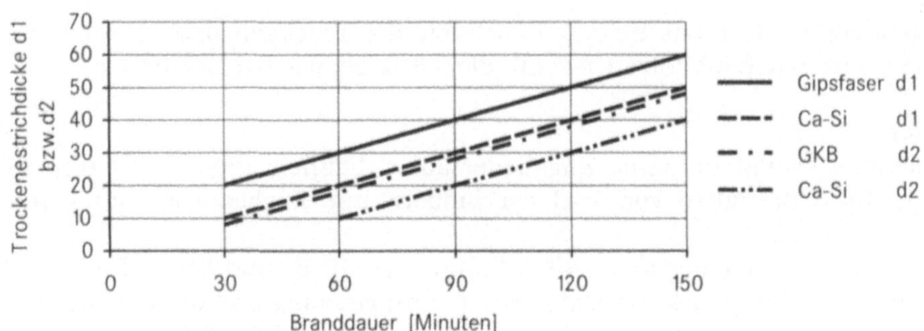

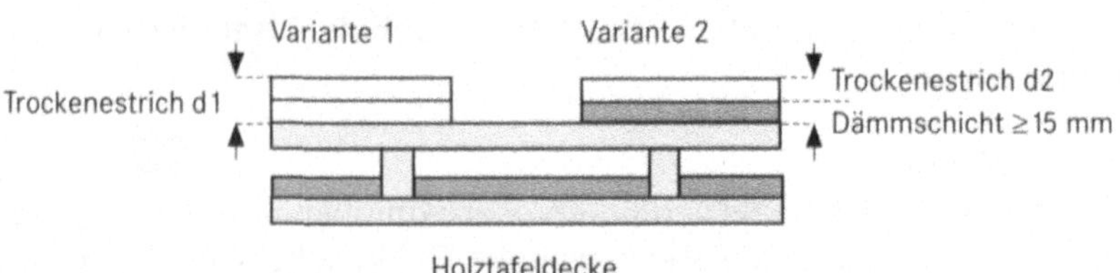

Abb. 6.12: Mindestdicken von Trockenestrichen (weiß) auf Holztafeldecke (grau), nach [32] Variante 1 ohne Dämmung unter Estrich; Variante 2 mit Dämmung unter Estrich

wiederum eine im Sinne des Bautechnischen Brandschutzes ungünstige Materialveränderung vermieden wird. Auf den Einbau eines schwimmenden Estrichs/Fußbodens kann dann verzichtet werden, wenn die obere Beplankung bzw. Schalung aus Spanplatten oder Brettern zusätzlichen Forderungen hinsichtlich Mindestdicke und Dichte genügt und keine Verkehrslasten größer 1000 N/m^2 zu tragen sind.

Klassifizierte Decken in Holztafelbauart erreichen maximal die Feuerwiderstandklasse F 60-B, höhere Feuerwiderstandsklassen bis F 120-B können nach [32] mit Trockenestrichen aus GKB- oder anderen Platten erreicht werden, deren Mindestdicken in Abbildung 6.12 angegeben sind. Bei Einsatz von Gipsfaserplatten (FERMACELL) darf die Dicke der Mineralfaserschicht minimal 10 mm betragen, bei Einsatz von 20 mm Perliteschüttung als Dämmmaterial und zweimal 10 mm Gipsfaserplatten als Trockenestrich wird eine Feuerwiderstandsfähigkeit bis 120 Minuten erreicht. Die Zulassung dazu sollte vorliegen und mögliche Einbauanforderungen geprüft werden.

Analoge Aussagen betreffen den Einsatz von Schwalbenschwanzplatten, die durch die auszugießenden Profilbleche eine ebene Oberfläche und eine sehr gute Lastverteilung ermöglichen und relativ große Spannweiten in der Verlegung erlauben.

Holzbalkendecken
Alle Hinweise zu Decken in Holztafelbauweise gelten im Wesentlichen für Holzbalkendecken sinngemäß. Zunächst werden die Decken nach Lage der tragenden

Holzbalken unterschieden: Holzbalkendecken mit vollständig frei liegenden Balken und dreiseitiger Beflammung, Decken mit teilweise frei liegenden Balken und dreiseitiger Beflammung und Decken mit verdeckten Balken.

Bei vollständig frei liegenden Holzbalken mit aufgelegten Fußböden (Schalung) werden diese zunächst wie Holzbalken mit den für diese Bauteile geforderten Mindestabmessungen betrachtet. Die besondere Bedeutung der Sicherung des Raumabschlusses liegt in der Fugenausbildung der Beplankung auf der Oberseite der Balken. Nut-Feder-Verbindungen bei Holzbalkendecken ohne schwimmenden Estrich oder Fußbodenaufbau mit einlagiger oberer Schalung sind nach Vorgabe zwar aufwändig zu fertigen, aber unbedingt notwendig, um Durchbrand und Rauchdurchtritt zu vermeiden. Holzbalkendecken mit zweilagiger oberer Schalung aus Spanplatten müssen fugendicht und gut verschraubt ausgeführt werden. Eine Zwischenlage aus Pappe oder Filz – aus akustischen Gründen erforderlich – ist zugelassen.

Holzbalkendecken mit verdeckten Balken können als Holzbalkendecke mit Unterdecke angesehen werden. Die geforderte, relativ starre Befestigung der Beplankung gemäß Norm lässt eine Abhängung wie bei Unterdecken allerdings nicht zu, obwohl sich abgehängte Unterdecken brandschutztechnisch günstiger verhalten würden als direkt am Balken befestigte. Ausführungshinweise gelten entsprechend wie für Decken in Holztafelbauweise. Anstelle einer notwendigen Dämmschicht darf ein Einschubboden mit Lehmschlag in einer Mindestdicke von 60 mm zum Einsatz kommen. Auch dürfen Querhölzer zwischen der oberen Schalung und den Balken angebracht werden. In [32] wird ausgeführt, dass für Einschubböden mit Lehmschlag die Feuerwiderstandsdauer zwischen 9 Minuten und 25 Minuten betragen kann.

Bei Holzbalkendecken mit teilweise frei liegenden Balken sind diese im unteren Bereich dreiseitig beansprucht. Je geringer dieser frei liegende Anteil des Balkens ist, desto günstiger erweist sich die Feuerwiderstandsfähigkeit. Es kann die Feuerwiderstandsklasse F 60-B erreicht werden. Als Bekleidungen kommen die Materialien in Betracht, die schon bei Holztafeldecken verwendet wurden. Zu ergänzen ist, dass diese Platten immer sehr dicht an die Balken angeschlossen werden müssen. Im Zwischenraum kann eine – normativ nicht notwendige – Dämmschicht verlegt werden. Ist diese brandschutztechnisch wirksam (Klasse A, Schmelzpunkt 1000 °C und Dichte mindestens 30 kg/m^3), so können die Dicke der Schalung und die Dicke der Bekleidung verringert werden. Die Schalung ist mit schwimmendem Estrich oder Fußboden in geforderter Qualität auszuführen.

Liegen die Balken soweit auseinander, dass die normativen Spannweiten (625 mm für F 30-B und 400 mm für F 60-B [35]) für die Bekleidung unten überschritten werden, so darf zwischen Bekleidung und am Balken angenagelten Holzlatten (40/60 mm) eine quer verlaufende Konterlattung im Abstand der maximalen Spannweite angebracht werden [32].

Dächer
Bei Dächern werden Forderungen zunächst nur an den äußeren Abschluss der Dachkonstruktion, die Bedachung als auszuführende „harte Bedachung" gestellt,

d.h. Schutz gegen Brandbeanspruchung von außen, gegen Flugfeuer und Strahlungswärme.

Bei klassifizierten Dächern aus Holz und Holzwerkstoffen geht es dagegen um eine zusätzliche Schutzfunktion aus dem Innenraum heraus. Die Bedachung wird dabei in ihrer Ausführung von den an die Dachkonstruktion zu stellenden Forderungen nicht berührt. Es wäre somit auch eine weiche Bedachung auf einer klassifizierten Dachkonstruktion möglich.

Eine feuerhemmende Ausführung des Daches ist bei aneinander gereihten, giebelständigen Gebäuden (siehe z.B. §31(6) ThürBO) notwendig. Dächer von Anbauten, die an aufgehende Wände mit Fenstern anschließen, sind in einem Abstand von 5 m so widerstandsfähig gegen Feuer herzustellen, wie die Decken des anschließenden Gebäudes (siehe z.B. §31(7) ThürBO). Ähnliche Forderungen treten auch bei Gebäuden mit besonderer Nutzung auf.

Klassifizierte Dächer werden mit Brandbeanspruchung von unten und durchgehender Bedachung berücksichtigt. Dachöffnungen können, wenn die Feuerwiderstandsfähigkeit der Dachkonstruktion nicht eingeschränkt wird, vorhanden sein. Ein unsachgemäßer Einbau führt in den meisten Fällen in der Umgebung der Dachöffnungen zu schwerwiegenden brandschutztechnischen Problemen.

Unterspannbahnen müssen mindestens normal entflammbar sein, Dampfsperren haben keinen Einfluss auf die Feuerwiderstandsfähigkeit.

Klassifizierte Dächern mit verdeckt angeordneten Sparren oder ähnlichem (Aussage DIN 4102-T4) in bestimmten Abmessungen (Breite $b \geq 40$ mm), die eine obere Beplankung besitzen, können, wenn die Oberseite mit mindestens 50 mm Kies oder Betonplatten oder mit schwimmendem Estrich versehen ist, auch bei Brandbeanspruchung von oben in die jeweilige FW-Klasse F 30-B oder F 60-B eingestuft werden.

Weitere klassifizierte Dachformen sind Dächer mit Dach-Trägern oder Dachbindern, mit frei liegenden, dreiseitig beanspruchten Sparren und mit teilweise frei liegenden, dreiseitig beanspruchten Sparren.

Fachwerkwände mit ausgefüllten Gefachen
Klassifizierte Fachwerkwände mit ausgefüllten Gefachen können höchstens der Feuerwiderstandsklasse F 30-B zugeordnet werden, wobei folgende Randbedingungen zu erfüllen sind: Die Holzbauteile müssen bei einseitiger Brandbeanspruchung Querschnittsabmessungen von mindestens 100 mm x 100 mm aufweisen, bei zweiseitiger Beanspruchung 120 mm x 120 mm, die Gefache müssen vollständig mit Lehmschlag, Mauerwerk oder HWL-Platten ausgefacht sein und mindestens eine Wandseite muss bei raumabschließenden Wänden eine Bekleidung tragen, die möglichen Bekleidungen sind in Tabelle 6.7 zusammengefasst.

Fachwerkwände mit höherer Feuerwiderstandsdauer als 30 Minuten müssen jeweils als Einzelfall beurteilt werden. Dies gilt für Fachwerkwände sowohl mit als auch ohne Bekleidung.

Wenn Fachwerkinnenwände als gestalterisches Element nach der Entkernung nicht wieder ausgefacht werden sollen, so muss eine Bewertung der Konstruktion als einfache Holzkonstruktion erfolgen, d.h. Stützen und Balken werden mit

Tab. 6.7: Bekleidungen für klassifizierte Fachwerkwände, nach [35]

Material	Mindestdicke in mm
GKF-Platten	12,5
GKB-Bauplatte	18,0
Putz	15,0
HWL + Putz	25,0 + Putz
Holzwerkstoffplatte, $\rho \geq 600$ kg/m^3	16,0
Brettschalung, Spund oder Feder	22,0

vierseitiger Beanspruchung beurteilt und in der Konstruktion eingeschätzt. Die zu fordernden Mindestquerschnittsabmessungen der Fachwerk-Holzteile zeigen, dass Fachwerkwände im Bestand durchaus die Feuerwiderstandsklasse F 30-B übertreffen. Als Schwachpunkte stellen sich üblicherweise die Verbindungen und Anschlüsse in der Gesamtkonstruktion heraus, hier kann eine geforderte Feuerwiderstandsfähigkeit mit mehr als 30 Minuten nur durch Kompensationsmaßnahmen wie Meldeanlagen, Einzelsprinklerung wichtiger Bauteilverbindungen, selbsttätige Löschanlagen oder andere Maßnahmen erreicht werden, die abgestimmt im Bauwerk oder nur in Teilen davon wirksam werden.

Wände in Holztafelbauweise
Solche klassifizierten Bauteile sind einschalige tragende und nicht tragende Wände mit Beplankungen aus Holzwerkstoffplatten, Gipskartonplatten, Brettern oder anderen Bauplatten. Raumabschließende Wände benötigen zusätzlich eine Dämmschicht der Baustoffklasse A mit einem Schmelzpunkt über 1000 °C und einer Mindestdichte von 30 kg/m^3. Etwaige Dampfsperren sind ohne Einfluss.

Klassifizierte tragende nichtraumabschließende Wände erreichen eine F 60-B, raumabschließende Wände sogar F 90-B und raumabschließende Außenwände sind sowohl für F 30-B als auch F 60-B nachgewiesen.

Besondere Beachtung kommt den Anschlüssen dieser Wände an angrenzende Bauteile zu. Sie müssen zu Massivbauteilen dicht ausgeführt werden, wobei neben der Verschraubung eine Dichtung mit Mineralfaserdämmstoff die Durchrauchung verhindern soll.

Wenn raumabschließende Wände an andere Wände oder Decken aus Holztafeln angeschlossen werden, so sind zur Vermeidung eines Durchbrandes die Anschlüsse an Holzrippen gemäß Abbildung 6.13 oder bei Decken als Sondermaßnahmen in Form eines Querbalkens oder Mineralfaserschotts auszuführen, wie es Abbildung 6.14 zeigt.

Dampfsperren sind auch hier ohne Einfluss. Hinterlüftete Fassaden können die Feuerwiderstandsfähigkeit klassifizierter Wände verbessern.

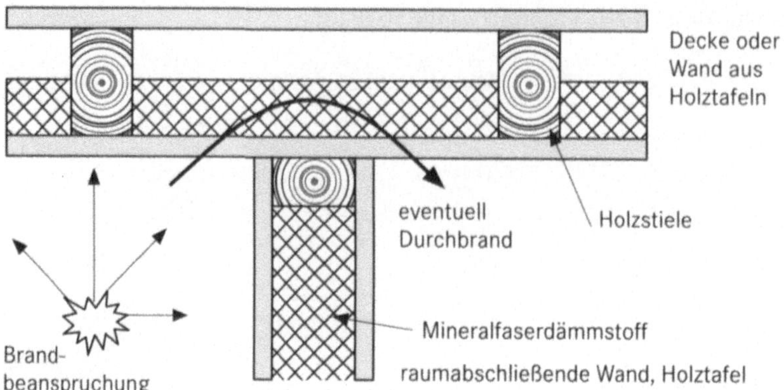

Abb. 6.13: Durchbrandgefahr bei Anschluss einer raumabschließenden Holztafelwand an eine andere Holztafel, Holztafeln grau unterlegt, nach [32]

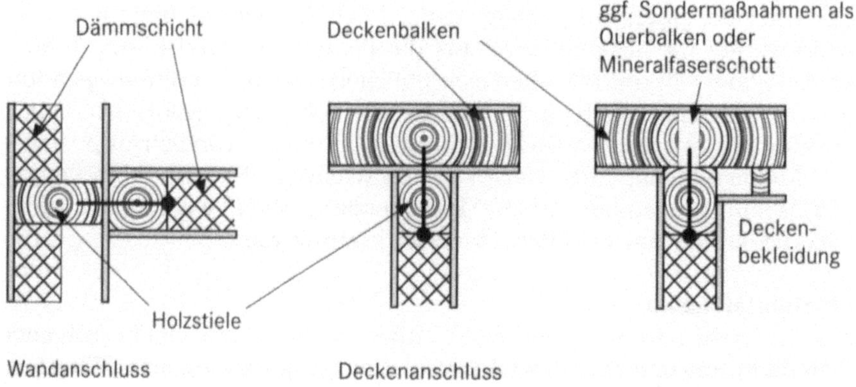

Abb. 6.14: Wand- und Deckenanschlüsse von Holztafelwänden, nach [35]

Gebäudeabschlusswände

Nach Gesetzeslage können für Wohngebäude geringer Höhe mit nicht mehr als zwei Wohnungen zum Abschluss des Gebäudes bei einer Entfernung von weniger als 2,5 m bis zur Grundstücksgrenze anstelle von Brandwänden feuerbeständige Wände zugelassen werden, Wände mit brennbaren Baustoffen können gestattet werden, wenn brandschutztechnisch keine Bedenken bestehen (z.B. §29(3) ThürBO).

Zur Erfüllung dieser Forderungen und auch als Schutz bei aneinander gereihten Gebäuden auf demselben Grundstück sind klassifizierte Gebäudeabschlusswände nach DIN 4102-T4 mit der Bezeichnung [(F 30-B)+(F 90-B)] einsetzbar. Abbildung 6.15 zeigt ein solches Bauteil und dessen symmetrischen Aufbau.

Die Bemessung der Holztafeln, Bekleidungen und einzuhaltende Abstände und Abmessungen sind in der Norm festgehalten. Eine Zusammenstellung von Prüfergebnissen zur Beurteilung dieses Wandtyps erfolgt in [32].

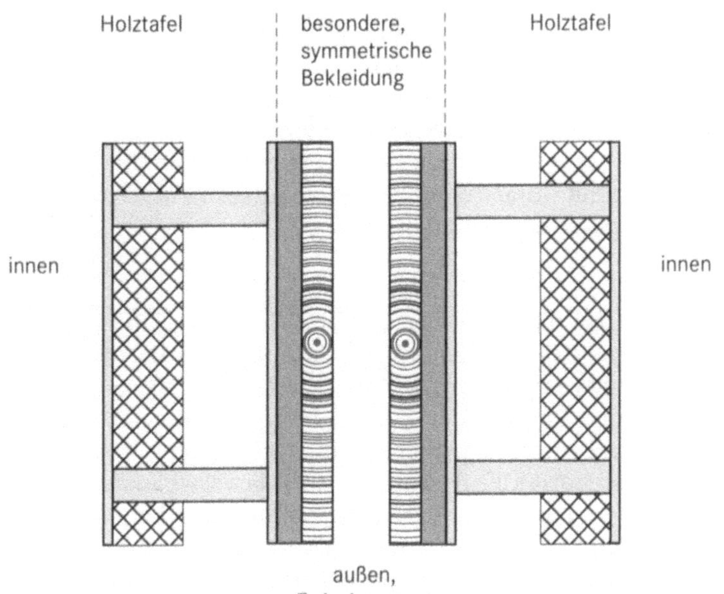

Abb. 6.15: Gebäudeabschlusswand [(F 30-B)+(F 90-B)], nach [35]

Die allgemein bauaufsichtliche Zulassung zeigt, dass es sich um eine brandschutztechnisch sichere Konstruktion handelt. Sicherheit aber nur, wenn Abmessungen und Anordnung aller Materialien genau eingehalten werden. Im Zusammenspiel aller Bauteile am Bauwerk ist dem Übergangsbereich von diesem trennenden Bauteil zum Dach verstärkte Aufmerksamkeit zu widmen. Übergreifende Brandlasten wie Dachlatten oder Schalung unterstützen eine Brandausbreitung, die unbedingt verhindert werden sollte.

Wände aus Vollholz-Blockbalken
Wohngebäude aus einschaligen oder zweischaligen Vollholz-Blockbalken finden, wenn auch zögernd, eine zunehmende Verbreitung. Zur Erfüllung einer gegebenenfalls notwendigen Feuerwiderstandsklasse F 30-B müssen bestimmte Mindestforderungen eingehalten werden, die der DIN 4102-T4 zu entnehmen sind.

Weitere Bauteile aus Holz
Ein Einsatz von Montagewänden, Schrankwänden oder Trennwänden zur Erfüllung der Anforderung an feuerhemmende Bauteile ist im Gebäude möglich. Da aber dazu keine klassifizierten Konstruktionen in der DIN 4102-T4 ausgewiesen werden, müssen die Herstellerzulassungen beachtet werden. In [32] werden Hinweise gegeben und Einsatzmöglichkeiten erläutert. In diesem Zusammenhang sei darauf hingewiesen, dass „Rettungstunnel" in feuerhemmender Ausführung, bestehend aus Schrankwand, Oberlichtverglasung mit F-Verglasung oder G-Verglasung, wenn letztere mindestens 1,8 m über Fußboden beginnt, und klassifizierter Unterdecke durchaus genehmigungsfähig sind. Das ist für die innere

Erschließung von Gebäuden und besonders für die Ausbildung von Fluchtwegen wichtig, da die Verglasung zum Teil eine natürliche Belichtung sichert. Die Gesamtkonstruktion eines solchen „Rettungstunnels" muss in einer solchen Bauweise mit Einzelzulassung des jeweiligen Herstellers geprüft sein. Rettungstunnel ist begrifflich an dieser Stelle nicht korrekt, da es sich eigentlich um Flure handelt. Ein Rettungstunnel an sich stellt immer einen sicheren Ausgang ins Freie dar, er ist Verbindung zwischen Treppenraum und Ausgang.

Holzverbindungen
Die richtige Bemessung und korrekte Ausführung von Bauteilverbindungen hat eine große Bedeutung für den Bestand jedes Bauteils und muss in der Bauteilplanung von Beginn an berücksichtigt werden. Der am Holzbauteil im Brandfall stattfindende Abbrand darf den Bestand der Konstruktion an diesen Verbindungen nicht gefährden, daher sind zusätzliche Sicherheiten gefordert. Aus Abbildung 6.16 geht hervor, dass auch bei korrekter Bemessung, z.B. Feuerwiderstandsdauer F 30, die Verbindungen im Vergleich zu anderen Bauteilen einen Schwachpunkt darstellen; ihr Versagenszeitpunkt liegt ca. 5 Minuten vor dem anderer Bauteile. Sind Verbindungen nicht entsprechend den Vorschriften ausgeführt, so kann nicht ausgeschlossen werden, dass die Gesamtkonstruktion ihre bemessene Feuerwiderstandsdauer nicht einhalten kann.

Die brandschutztechnische Bemessung von Bauteilen und ihren Verbindungen erfordert zunächst die Einhaltung der Bemessungsforderung für die Bauteile selbst und außerdem die Einhaltung der Forderungen an die Verbindungen bzw. die Verbindungsmittel. Bemessene, mechanische Holzverbindungen nehmen in den Regelwerken wegen ihrer Bedeutung einen breiten Raum ein. Sie werden sehr detailliert dargestellt und entsprechende Randbedingungen formuliert.

Die Vorgaben gelten für auf Druck, Zug oder Abscheren beanspruchte Verbindungen und nicht für solche, die in axialer Richtung beansprucht werden. Sie gel-

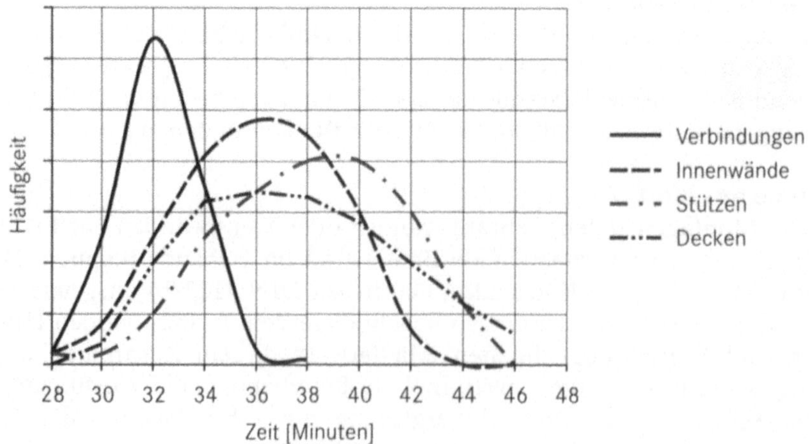

Abb. 6.16: Häufigkeit der Feuerwiderstandsdauer verschiedener Bauteile F 30, nach [32]

ten auch nur für symmetrische Verbindungen. Die Einschätzung asymmetrischer Verbindungen muss ggf. mit Gutachten erfolgen [32].

Bei der Bemessung geht es zunächst um die korrekte Einhaltung der Holzabmessungen an den Verbindungen, insbesondere um Randabstände und Seitenholzdicken, die für die einzelnen Feuerwiderstandsklassen in entsprechender Dicke gesichert werden müssen. Dies betrifft auch die Dicke einer über den Verbindungsmitteln angebrachten Abdeckung.

Der nach DIN 1052-T2 einzuhaltende Randabstand ist für F 30 um ein Vorhaltemaß von $c_f = 10$ mm und für F 60 um ein solches von $c_f = 30$ mm zu vergrößern. Bei einer Abbrandgeschwindigkeit von 0,7 mm/Minute bedeutet diese Vergrößerung quasi eine Zunahme der Standzeit von rund 15 Minuten bzw. 45 Minuten, womit für die ungeschützte Verbindung in beiden Fällen von einer Standzeit in der Größenordnung 15 Minuten ausgegangen wird.

Die Seitenholzdicke beträgt für F 30 mindestens 50 mm und für F 60 mindestens 100 mm. Wenn nach DIN 1052-T2 Mindestholzdicken vorgegeben werden, so sind diese Dicken um das jeweilige Vorhaltemaß c_f des Randabstandes zu vergrößern.

Bei Dübelverbindungen, Pressbolzenverbindungen oder Bolzenverbindungen spielen die zulässigen Belastungen eine Rolle, bei Nagelverbindungen sind Nagellängen bzw. Einschlagtiefen und Nagelbilder einzuhalten. Bei der Verwendung von Stahlteilen wie Stahlbleche oder Verbinderstahlteile sind Mindestdicke und geometrische Randbedingungen zu beachten, um eine schnelle Erwärmung der Holzteile über die Stahlteile zu vermeiden.

Bei Holz–Holz-Verbindungen mit Stirnversatz ist nachzuweisen, dass die zu übertragende Kraft die zulässige Kraft nicht übersteigt. Außerdem ist jeder Versatz mit drei Befestigungsmitteln lagegesichert auszuführen.

Ein Holzbauteil kann wie eine Stahlbetonbauteil ungeschützt oder wie ein Stahlbauteil geschützt eingesetzt werden. Da Holz aber ein brennbarer Baustoff ist, wird die Feuerwiderstandsklasse immer nur mit der Baustoffklasse „B" verbunden werden können, d.h., wo die Forderung „aus nicht brennbarem Material" besteht, kann Holz nicht eingesetzt werden, auch wenn sein Brandverhalten nach Erreichen der Bemessungs-Feuerwiderstanddauer unter Umständen günstiger als das eines Stahlbauteils ist. Gerade im Sanierungsbereich sind dann Kompromissfähigkeit und Kreativität aller am Bau Beteiligten gefordert, um eine respektable Holzkonstruktion nicht mehr oder weniger verstecken zu müssen und trotzdem hinreichend sicher zu gestalten. Holz ist am Bau sehr vielseitig einsetzbar. Die Zahl der bauaufsichtlich zugelassenen Konstruktionen und solcher mit Einzelzulassungen sind vielfältig, um Planungsarbeit sicher und umfassend zu unterstützen.

6.8 Holzwerkstoffe

Bauteile aus Holzwerkstoffen – oft pauschal als Spanplatten bezeichnet – finden ihre Regelanwendung als Bekleidungen im Innenbereich von Gebäuden, in Ausnahmefällen sind Platten auch für Außenanwendung geeignet. Für alle Platten, die in und an bemesssenen Konstruktionen zum Einsatz kommen, muss eine Zulassung vorliegen.

Holzwerkstoffplatten mit allgemein bauaufsichtlicher Zulassung können in den angegebenen Dicken nur verwendet werden, wenn die Rohdichte mindestens 600 kg/m^3 beträgt. Höhere Dichten verbessern die Feuerwiderstandsfähigkeit, geringere führen zur Verschlechterung.

Bei der Herstellung der Werkstoffplatten kann die Holzspanmasse entweder mit Harz oder mineralisch mit Gips bzw. Zement gebunden werden, wobei die Plattendichte in dieser Reihenfolge zunimmt. Im ersten Fall können die Platten die Baustoffklasse schwerentflammbar B1 und im zweiten Fall die Klasse nicht brennbar A2 erreichen. Holzwerkstoffplatten mit Brandschutzausrüstung, eine Imprägnierung mit Feuerschutzmitteln (FSM) hoher Dosierung, erreichen die Klasse B1. Für die Erfüllung der Forderungen der Klasse A2 müssten sehr hohe Konzentrationen an FSM zugegeben werden, wodurch verfahrenstechnische Probleme entstehen können [32].

Der Abbrand von Holzwerkstoffen in Tafelform – der überwiegenden Einsatzform – verhält sich ähnlich wie der Abbrand von Nadelschnittholz, siehe Abbildung 6.17. Dem Streubereich für Spanplattenabbrand ist die Abbrandkurve für eine Geschwindigkeit von 1,1 mm/Minute zum Vergleich beigefügt. Die untere Begrenzung des Streubereiches entspricht etwa einer Abbrandgeschwindigkeit von 0,6 mm/Minute. Damit liegen alle typischen Nadelholz-Abbrandgeschwindigkeiten im Streubereich der Spanplatten, Laubholz ($v = 0{,}56$ mm/Minute) würde demnach den Wertebereich nach unten begrenzen. Die Versagenszeiten oder Durchbrandzeiten t_{180} ($\Delta T \geq 180$ K auf der brandabgekehrten Seite) von Spanplat-

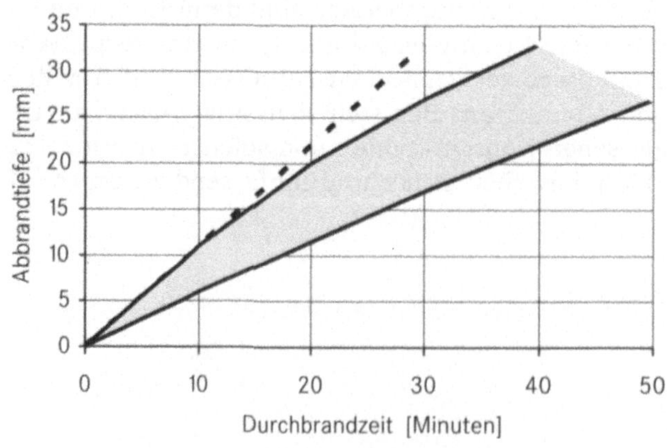

Abb. 6.17:
Abbrandtiefe (Streubereich) von Holzwerkstoffplatten, nach [32]
Dichte $\rho > 600$ kg/m^3, keine Feuerschutzmittel, gestrichelte Linie gültig für $v = 1{,}1$ mm/Minute zum Vergleich

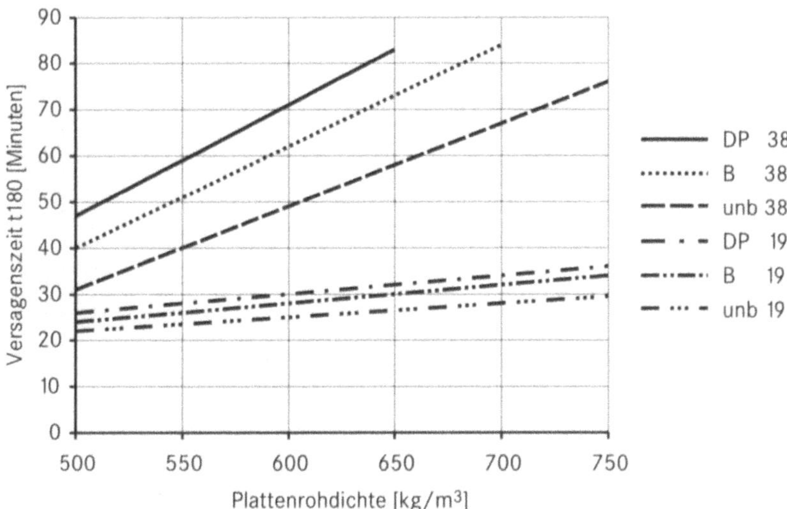

Abb. 6.18: Versagenszeit t_{180K} von Spannplatten der Dicke 19 mm und 38 mm, nach [32]; Behandlung der Platten mit DP: Diammonphosphat, B: Borsäure, unb: nicht behandelt

ten bestimmter Dichte mit und ohne Brandschutzausrüstung für zwei Dicken sind in Abbildung 6.18 dargestellt.

Weitere, allgemein bauaufsichtlich zugelassene Holzwerkstoffe können der DIN 4102-T4 entnommen werden, wo sie in der Baustoffklasse B2 aufgeführt sind; von Herstellern sind weitere Holzwerkstoffe mit speziellen Zulassungen im Angebot.

In der Baustoffklasse A2 der DIN 4102-T4 ist die Holzwolle-Leichtbauplatte aufgeführt, ebenfalls ein Holzwerkstoff, der aber durch die übliche Kurzbezeichnung „HWL-Platte" oder „Sauerkrautplatte" fast nicht mehr als solcher angesehen wird.

6.9 Brandschutzausrüstung

Eine Befähigung von Baustoffen und Bauteilen zu einem erhöhten Brandschutz kann auf verschiedenen Wegen erreicht werden. Bei Bauteilen aus Stahl, Guss, Holz, Beton u.a. wurden Ausführungen mit Bekleidungen und Putzen zur Verbesserung der Feuerwiderstandsfähigkeit schon angesprochen. Weitere Möglichkeiten bieten Speziallackierung, die auf die Bauteiloberflächen aufgetragen werden und Feuerschutzmittel, mit denen Baustoffe behandelt werden.

Brandschutzbekleidungen
Tabelle 6.8 fasst die wichtigsten Bekleidungsmaterialien aus der Sicht des Bautechnischen Brandschutzes zusammen; sie werden häufig benutzt und ihre Eigenschaften sind bekannt.

Tab. 6.8: Gebräuchliche Brandschutzdämmplatten, nach [9]

Material	Baustoffklasse DIN 4102-T4	Wärmeleitfähigkeit λ in W/m $\cdot$ K
Gipskartonbauplatte F (GKF)	A2, B1	0,21
Gipsfaserplatte	A2	0,29
Glasvlies-Gipsbauplatte	A1	0,21
Fibersilikatplatten (Calciumsilikat mit Mineralfaser)	A1	0,08–0,18
Vermiculiteplatten	A1	0,12
magnesit-,gips- oder zementgebundene Holzwolleleichtbauplatte	B1	0,095–0,15
Holzspanplatte	B2(B1)	0,14–0,20
Mineralfaserplatte (ohne organische Zusätze)	A1	0,04

Putzbekleidung

Putzbekleidungen verzögern die Erwärmung der betreffenden Bauteile. Sie sind in normgerechter Qualität unter Beachtung entsprechender Hinweise zu Putzdicke, Dichte, Art und Anordnung der Putzträger, Haftung am Untergrund u.a. aufzubringen.

Als Putze kommen normgerechte Putze mit und ohne Putzträger unterschiedlicher Mörtelgruppen nach DIN 18550-Teil 1 und Teil 2 und Dämmputze wie Vermiculite- oder Perliteputze auf Zement- oder Gipsbasis in vorgegebenen Mischungsverhältnissen auf Putzträger in Betracht.

Feuerschutzmittel (FSM)

Feuerschutzmittel sind Chemikalien zur Stabilisierung oder Verbesserung der Baustoffklasse. Sie werden, z.B. bei Spanplatten, bereits während der Herstellung eingesetzt, indem die Platte als Ganzes imprägniert oder nur die Holzspäne vor dem Zusatz von Bindemittel damit getränkt werden. Die FSM können außerdem zur Behandlung von Holz oder Textilien eingesetzt und bei der Herstellung von Kunststoffen wie z.B. Bodenbelägen verwendet werden. Durch Einsatz dieser Mittel wird die Entzündbarkeit herabgesetzt bzw. die Flammenbildung behindert. Brennbare Baustoffe, die mit Feuerschutzmitteln behandelt werden, können eine höhere Baustoffklasse erreichen.

Die Verwendung organischer Verbindungen mit Chlor oder vor allem Brom in Feuerschutzmitteln läuft auf die Bildung von Halogenwasserstoffe hinaus, die durch chemische Reaktionen Energie binden bzw. Reaktionen mit Sauerstoff hemmen. Halogenierte Flammschutzmittel sind umweltschädlich, weil Halogene in der Natur kaum abgebaut und im Brandfall auch noch Dioxine gebildet werden, die sich sowohl in Brandrückständen als auch in der Umgebung des Brandherdes festsetzen können und schädigend wirken.

Als halogenfreie Alternative von Flammschutzmitteln kommen roter Phosphor und phosphorhaltige Chemikalien zum Einsatz, z.B. Ammoniumpolyphosphat oder Triarylphosphat. Unter Wärmeeinwirkung, bei Temperaturen über 250 °C, wird dabei eine feste, schützende Oberflächenschicht aus Phosphor gebildet. Ebenfalls unproblematisch in der Anwendung ist Aluminiumtrihydroxid oder Magnesiumdihydroxid. Unter Wärmeeinwirkung kommt es zur Zersetzung dieser Produkte mit Energieverbrauch.

Bei der Behandlung von Holz mit Anstrichen muss beachtet werden, dass geschütztes Holz nach wie vor ein brennbarer Baustoff ist. Risse und Fugen vermindern außerdem die Wirkung der Feuerschutzanstriche. Eine Reihe salzhaltiger Schutztränkungen verzögern das Entflammen und überführen den Baustoff Holz aus der Klasse B2 in die Klasse B1, sichern aber keine feuerhemmende Einstufung. Um eine Holzkonstruktion zu schützen, kann der Einsatz von Dämmschichtbildner dazu die günstigere Möglichkeit darstellen.

Brandschutzanstrichsysteme
Bei Brandschutzanstrichen handelt es sich, abgesehen von selten benutzten Sondersystemen, um Spezialbeschichtungen, die aufgrund ihrer Wirkungen als dämmschichtbildende Systeme zur Erzielung einer vergrößerten Feuerwiderstandsdauer eingesetzt werden können. Es kann durch Einsatz dieser Systeme die Zuordnung zu einer höheren Feuerwiderstandsklasse erreicht werden. Diese Systeme werden auch als Intumeszenz-Flammschutzsysteme oder kurz als Intumeszensbeschichtungen bzw. Dämmschichtbildner (DSB) bezeichnet.

Bei diesen Beschichtungen, die zur Bildung einer Dämmschicht führen, handelt es sich um komplizierte chemische Systeme, die so aufgebaut sind, dass unter Brandeinwirkung aus einer wenige Millimeter starken Schicht ein deutlich dickerer rußiger Schutzschaum entsteht. Dieser poröse Schaum ist sowohl wärmedämmend als auch hinreichend standfest, um ein Bauteil schützen zu können. Durch die thermische Beanspruchung aus dem Brandraum verändert der Schaum mit der Zeit seine Konsistenz, er kann zähflüssig werden und veraschen. Seine Schutzwirkung ist zeitlich begrenzt.

Als Beispiel sei das Diammoniumhydrophosphat $(NH_4)_2HPO_4$ erwähnt, welches bei ca. 150 °C in Phosphorsäure H_3PO_4 und Ammoniak NH_3 aufspaltet. Die Phosphorsäure wirkt als Katalysator für die Dehydrierung von Zellulosebestandteile $C_6H_{10}O_5$ in Kohlenstoff C und Wasser H_2O. Bei diesem Prozess wird Energie aus dem Brandraum verbraucht. Aus Ammoniak und Wasserdampf entsteht ein inertes Gas, welches das Kohlenstoffgerüst aufbläht und einen standfesten, feinporigen Schaum entstehen lässt. Die Dämmwirkung des Schaumes schützt das darunter befindliche Material [43]. Aus dem geschilderten Vorgang wird die in der Praxis häufige Bezeichnung Dämmschichtbildner oder kurz DSB abgeleitet.

Die Systeme werden oft in mehreren Schichten – Korrosionsschutz, Dämmschichtbildner und Deckschicht – mit Mindestauftragmengen aufgebracht, es entstehen Trockenfilmstärken zwischen 0,5 und 2,0 mm. Die Beschichtung soll gleichmäßig aufgetragen werden und kann mit Pinsel, Rolle oder Sprühgerät erfolgen. Der Untergrund muss frei von Staub, Schmutz, Fett oder Wachs sein, alte Anstriche müssen meistens entfernt oder zumindest mit den neuen Beschichtungen auf Verträglichkeit geprüft werden.

In der Praxis werden in Abhängigkeit von der Struktur der Auftragsoberfläche zwischen 350 und 1000 g/m^2 aufgetragen, genaue Herstellerangaben dazu liegen in den Zulassungen vor und sind einzuhalten. Das Verarbeiten dieser Spezialbeschichtungen sollte nur durch Firmen erfolgen, die vom Hersteller der Systeme autorisiert sind bzw. empfohlen werden.

Eine Revision und Erneuerung der Beschichtungen ist in bestimmten, vorgegebenen Zeitabständen erforderlich. Wichtig ist, dass der Deckanstrich immer in einem einwandfreien Zustand sein muss. Ein wiederholtes Nachlackieren der Decklackschicht ist nicht möglich, weil eine zu dicke Deckschicht die Wirkung des DSB nachteilig beeinflussen kann.

Es entstehen üblicherweise Dämmschichtdicken von 15–60 mm, in selteneren Fällen Schaumhöhen von mehr als 90 mm (z. B. Flammadur A77 mit $h = 90$ mm, DIBt Z. 19.11-305 [161]). Die Veränderung der Schichtdicke, ausgehend von der Dicke der Beschichtung bis hin zur Dicke der Schaumschicht, wird auch als Expansionsfaktor bezeichnet.

Die dämmschichtbildenden Beschichtungen sind vor allem für Materialien mit glatten Oberflächen wie Stahl, Guss, Kabel, Schotts, Lüftungsabschlüsse und andere Installationen sehr gut einsetzbar, aber durchaus auch für Holz geeignet.

Durch den Einsatz von Dämmschichtbildnern können Stahlbauteile mit einem üblichen Profilfaktor $U/A \leq 300$ m^{-1} auf eine Feuerwiderstandsklasse von mindestens F 30 befähigt werden, es sind F 60 und sogar F 90 möglich, allerdings bei kleineren Profilfaktoren. Da Profilfaktor und Dicke der Beschichtung Einfluss auf die FW-Dauer haben, sind die Herstellervorgaben genau einzuhalten.

Die beim Abbrand von Holz sich an der Oberfläche bildende Holzkohleschicht funktioniert übrigens nach dem gleichen Wirkprinzip, die geringe Wärmeleitfähigkeit von Holzkohle von 0,07 W/(m · K) bildet eine schützende Dämmschicht um das Holz und verzögert den Abbrand. Transparente Schutzanstriche für Holz ermöglichen den Erhalt des optischen Eindrucks der Holzoberfläche.

Eine weitere Art von Brandschutzausrüstung stellen Ablationsbeschichtungen dar, die ursprünglich für die Raumfahrt entwickelt wurden. Es handelt sich dabei um Systeme, die im Brandfall nur gering oder gar nicht expandieren und bei Temperaturbeanspruchung Energie durch chemische und/oder physikalische Vorgänge verbrauchen [44]. Das beschichtete Material wird damit „gekühlt" und zusätzlich werden noch feuerhemmende Substanzen an die Umgebung abgegeben.

Brandschutzbeschichtungen erlangen eine immer größere Bedeutung in der Baupraxis. Die gestalterischen Vorteile von Beschichtungen gegenüber Bekleidungen, gerade bei Stahlbauteilen, sind unbestritten. Vorteilhaft ist auch die geringere Masse der Anstriche im Vergleich zur Bekleidung, womit wiederum das statische System des Bauteils nur wenig verändert wird. Anstrichsysteme wurden in der Vergangenheit zunächst für Innenbauteile entwickelt, heute sind auch dauerhafte, wasserbeständige Systeme für Außenanwendung am Markt vorhanden.

Konstruktionen, die mit Brandschutz-Beschichtungen versehen wurden, sind dauerhaft mit Schildern zu kennzeichnen, aus denen Zulassungsnummer, Anstrichsystem, Anstrichschichten, ausführende Firma und Jahr des Anstrichs hervorgehen.

6.10 Dämmstoffe

Dämmstoffe spielen im Baugeschehen eine wichtige Rolle, da sie aus bauphysikalischen Gründen in fast alle Gebäudeteile eingebaut werden müssen. Hauptsächliches Einsatzgebiet ist der Wärmeschutz, aber auch die Bauakustik erfordert ebenso wie der Bautechnische Brandschutz einen nicht unerheblichen Dämmstoffeinsatz.

Zur Erfüllung von Forderungen des Bautechnischen Brandschutzes bestehen klare Vorgaben bezüglich der Baustoffklasse der einzubauenden Dämmmaterialien. Im Normalfall werden nicht brennbare Dämmstoffe zum Einsatz kommen müssen. Es sind aber auch schwer und normal entflammbare Materialien zugelassen. Die nicht brennbaren Materialien wie Schaumglas und Mineralfaserdämmstoffe ohne organische Zusätze haben Schmelzpunkte über 1000 °C und stellen keine Brandlast dar. Untersuchungen [63] haben aber gezeigt, dass Mineralfaserprodukte zu einem Schwelbrand durch zeitbeständige Glutnester im Inneren neigen. Bei Brandversuchen wurden nach einem größeren Zeitabstand an der Oberfläche noch Temperaturen zwischen 300 °C und 400 °C gemessen, d.h. im Inneren waren Glimmnester mit Temperaturen von 600 °C bis 900 °C vorhanden. Hier wird deutlich, dass die Beurteilungskriterien auch für nicht brennbare Dämmstoffe um solche für das Glimm- bzw. Schwelverhalten ergänzt werden müssen.

Brennbare Dämmstoffe, die sowohl normal entflammbar als auch schwerentflammbar sein können, sind überwiegend Schaumkunststoff-Dämmstoffe. Diese Materialien werden aus Erdölprodukten hergestellt und stellen daher erhebliche Brandlasten und Rauchpotenziale dar. Ab Temperaturen oberhalb 100 °C erweichen diese Materialien, beginnen zu schmelzen und setzen dabei gasförmige Zersetzungsprodukte frei; sie entzünden sich bei Temperaturen von ca. 500 °C und brennen dann selbstständig weiter.

Seit 1995 ist der Einsatz von unbrennbarem FCKW als Treibmittel bei Dämmstoffen verboten. Derzeit benutzte Treibmittel wie Pentan sind zwar brennbar, haben aber keine negativen Auswirkungen auf das Brandverhalten dieser Materialien. Auch die Frage der Langzeitstabilität der für Schaumkunststoff-Dämmstoffe ausgewiesenen Baustoffklassen wird oft diskutiert, werden doch diesen Materialien zur Erfüllung der brandschutztechnischen Forderungen halogenhaltige oder radikalbildende Feuerschutzmittel (FSM) zugefügt. Untersuchungen zur Zerfallskinetik haben gezeigt, dass die FSM bei normalen Temperaturbelastungen bis 40 °C eine Standzeit von ca. 100 Jahren haben. Da für Dämmstoffe selbst aber nur Standzeiten von 50 Jahren gefordert werden, sind die Forderungen an die Baustoffklassen B1 und B2 stabil erfüllt [45].

Tab. 6.9: Forderungen für den Einsatz von Dämmstoffen an Wohngebäuden und Gebäuden ähnlicher Nutzung sowie Hochhäusern bis 60 m
Bemerkungen: ab 2 VG: AW-Verkleidungen dürfen nicht brennend abfallen oder abtropfen; Hochhäuser hier: 22 m < Höhe < 60 m; Hochhäuser über 60 m Höhe: nur Klasse A;

Art der Anbringung / Einsatz		$\leq$ 2 VG	3 VG $\rightarrow$ 22m	HH
1	**Innenwanddämmung**			
1.1	allgemein	B2	B2	B1
1.2	wenn Unterseite Decke A1	B2	B2	B2
2	**Außenwanddämmung**			
2.1	im Inneren von Außenwänden	B2	B2	B1
2.2	Stabförmige Unterkonstruktionen			
2.2.1	allgemein	B2	B1	B1
2.2.2	Abstand DÄ-Verkleidung < 4 cm	B2	B2	B2
	A1 um Fenster/Türen, abgedichtet			
2.3	Befestigungsmittel	A	A	A
2.4	Dämmung auf AW unter Verkleidung, auch hinterlüftet:			
2.4.1	1 m Streifen A von Trennwand oder	B2	–	–
	0,5 m A vor Hauswand oder			
	1 m Hauswandversatz mit A			
2.4.2	–		B1	–
2.4.3	–	–	–	A
	Wände ohne Öffnungen,	–	–	B1
	nicht bei Wand Sicherheitstreppe			
	Wand mit Öffnung, wenn Verkleidung allseitigen	–	–	B1
	Abstand > 1 m hat			
3	**Dämmung auf Decken**			
3.1	allgemein	B2	B2	–
3.2	Decke F30, 60, 90, 2 cm Estrich über DÄ	B3	B3	–
4	**Dämmung unter Decken**			
4.1	allgemein	B2	B2	A
4.1.1	Wand ist mit B1 bekleidet	B2	B2	B1
4.1.2	nach HH-Richtlinie			
	Bekleidung von Decken	–	–	B1
	Unterdecke unter F90 Decke	–	–	B1
4.2	Verkleidung von Rettungswegen	A	A	A
5	**Dämmung unter Dachhaut**			
	5 m Abstand von Wand mit Öffnung	B2	B2	B2
	mit Kies abdecken			
6	**Fugen**			
6.1	zwischen raumumschl. Bauteile	B1	B1	B1
6.2	Abdeckung und Randdicht. o.g. Fugen	B2	B2	B2

Der Einsatz von Dämmstoffen in Wohngebäuden und Gebäuden ähnlicher Nutzung wird durch die Richtlinie über Verwendung brennbarer Baustoffe im Hochbau [16] und für Hochhäuser durch die Hochhausbaurichtlinie [46] geregelt.

Weitere Sonderbauverordnungen nehmen auf die Hochbaurichtlinie Bezug. In Tabelle 6.9 sind Forderungen an die Baustoffklassen der Dämmstoffe entsprechend dem Einsatzgebiet oder Einsatzort zusammengefasst.

Als Beispiel für die Umsetzung dieser Anforderungen werde ein Hochhaus mit einer Höhe von 30 m betrachtet.

Rohdecken und Wände bestehen aus Bauteilen F 90-A und erfüllen die Forderungen der Hochhausbaurichtlinie. Als Aufgabe sollen in Räumen Dämmstoffe mit Verkleidung auf Wänden und Decken angebracht werden. Die Wandverkleidung muss gemäß Tabelle 6.9 Punkt 1.1 in Klasse B1 errichtet werden. Da die Unterseite der Decke aus Beton in der Baustoffklasse A1 ausgeführt ist, kann die Innenwanddämmung auch normal entflammbar in B2 ausgeführt werden.

Für die Deckenverkleidung gilt zunächst eine Forderung nach Baustoffklasse A, die zu erfüllen ist, wenn Wände, wie angenommen, nur in B2 ausgeführt werden. Erfüllen die Wände die schärfere Forderung B1, kann die Decke mit Baustoffen der Klasse mit B1 anstelle A verkleidet werden.

Zur begrifflichen Klarstellung sei angefügt, dass in der Hochhausbaurichtlinie über Bekleidungen befunden wird, in der Hochbaurichtlinie aber über Verkleidungen. Beide Begriffe beschreiben mehr oder weniger gleiche Sachverhalte.

In Tabelle 6.10 sind Forderungen an Außenwandverkleidungen zusammengestellt, soweit diese in Sonderbauverordnungen enthalten sind. Anderenfalls muss auf die Ausführungen der Hochbaurichtlinie, Tabelle 6.9, zurückgegriffen werden. Außenwandverkleidungen, die brennend abtropfen oder abfallen, dürfen bei Gebäuden mit mehr als 1 VG nicht zum Einsatz kommen.

Außenwandverkleidungen aus Dämmstoffen werden heute überwiegend als Wärmedämm-Verbundsysteme (WDVS) ausgeführt, die zurzeit noch als Gesamtsystem im Einzelfall beurteilt werden müssen. Das Dämmbauteil wird dazu als ein System, bestehend aus dem Dämmstoff (Dicke < 200 mm), mineralischem Armierungsputz mit Gewebe (Dicke ≈ 7 mm) und mineralischem Deckputz (Dicke ≈ 3 mm), beurteilt. Bei WDVS mit Schaumkunststoffdämmplatten der Klasse B1 kann im Brandfall ein Überdruck hinter dem Putz entstehen, der zur partiellen Ablösung des WDVS vom Dübel oder der Klebung führen kann. Pyrolysegase können aus Rissen und Fugen austreten, eine Flammenausbreitung unter dem Putz, in der Regel vertikal, über einige Meter ist möglich.

Größere Sicherheit gegen eine vertikale Brandausbreitung kann ein Materialwechsel bewirken, indem sich B1-Systeme und A-Systeme z.B. etagenweise abwechseln. Mit dieser Variante wird auch einer unerwünschten, vertikalen Kaminbildung durch Unebenheiten der Wände oder unsauber gearbeiteten Plattenstoßfugen vorgebeugt.

Einige neue Dämmstoffarten, z.B. solche auf Basis von synthetischem Kautschuk, erreichen nur dann ein gutes Brandverhalten, wenn sie mit halogenhaltigen Flammschutzmitteln versetzt werden. Diese Zusätze sind in starkem Maße qualmbildend und daher ungünstig. Eine allgemein bauaufsichtliche Zulassung

Tab. 6.10: Zusammenstellung von Forderungen für Außenwandverkleidungen an Sonderbauten

Hochhaus	< 60 m	A
	< 60 m ohne Öffnung	B1
Verkaufsstätte	2–5 VG	B1
	≥ 6 VG	A
Versammlungsstätte	keine Aussage → RbBH	B1
Gaststätte	keine Aussage → RbBH	B1
Krankenhaus	2–5 VG	B1
	≥ 6 VG	A
Schule	≥ 2 VG	B1
		+ W30 Brüstung
Erlaß Alten-/Pflegeheim		A

für diese Materialien gibt es nicht. Die Entwicklung zu brauchbaren halogenfreien Dämmstoffen ist noch nicht abgeschlossen.

6.11 Wand- und Deckendurchführungen

Die Landesbauordnungen schreiben vor, dass Leitungen, Lüftungsanlagen, Installationsschächte und Installationskanäle, die durch bemessene Bauteile wie Brandwände, feuerbeständige Wände anstelle von Brandwänden (bei Gebäuden geringer Höhe und nicht mehr als zwei Wohnungen), Treppenraumwände, Trennwände und feuerbeständige Decken hindurchgeführt werden müssen, so zu verlegen sind, dass Feuer und Rauch nicht in Nachbarräume übertragen werden.

Um die Maßnahmen zur Erfüllung dieser Forderungen fachlich zu unterstützen, sind von der Fachkommission „Bauaufsicht" Muster-Richtlinien über brandschutztechnische Anforderungen an Leitungsanlagen [15] bzw. brandschutztechnische Anforderungen an Lüftungsanlagen [47] herausgegeben worden, die durch Forderungen der Richtlinie über den Einsatz brennbarer Baustoffe im Hochbau [16] ergänzt werden.

Die Musterrichtlinie über Leitungsanlagen liegt in der Fassung von 1998 vor, die Musterrichtlinie über Lüftungsanlagen in der von 1984 – die Herausgabe einer Neufassung hat sich wohl immer wieder verzögert.

Rohrdurchführungen, Schotts
Durchführungen durch bemessene Bauteile müssen den Durchtritt von Feuer und Rauch verhindern, Druckbelastungen aushalten und sollten, soweit vorgefertigte Systeme eingesetzt werden, unkomplizierte und sichere Nachbelegungen ermöglichen.

Bei der relativ unkritischen Verlegung von nicht brennbaren Rohren durch Wände und Decken ist zu beachten, dass bei längeren Rohren die thermische Dehnung des Rohrmaterials zur mechanischen Belastung der überbrückten Bauteile führen kann. In diesen Fällen ist der Dehnungsausgleich durch Lyrabogen oder Kompensatoren zu gewährleisten. Die Rohre sind fugendicht einzubauen. Größere Fugen müssen vor der Vermörtelung mit Mineralfaser-Dämmstoff ausgefüllt werden, womit zugleich eine geringfügige Eigenbeweglichkeit der nicht brennbaren Rohre abgefangen und der Raumabschluss gesichert wird. Die Abschottung stärker beweglicher Rohre sollte in jedem Fall mit Kompensatoren erfolgen. Eine Dämmhülle der Rohre darf selbstverständlich nur bis an die Massivbauteile und nicht durch diese hindurchgeführt werden.

Durchführungen von brennbaren Rohren, dazu gehören wegen ihrer Hochtemperatureigenschaften auch alle Rohre aus Faserzement und Aluminium, durch Trennwände – nicht durch Brandwände – müssen gegen Brandausbreitung und Durchrauchung gesichert werden. Dies wird erfüllt, wenn die Rohre beiderseits der Trennwand über eine Gesamtlänge von 4 m mit einer Putzschicht von mindestens 15 mm mit einem nicht brennbarem Putzträger – oder gleichwertigen Verkleidungen aus nicht brennbaren Baustoffen Klasse A ummantelt werden oder zugelassenen Absperrvorrichtungen eingebaut sind, Abbildung 6.19.
Rohrführungen durch Decken, bedingt durch die potenziell größere Gefährdung eines vertikalen, geschossübergreifenden Brandes, unterscheidet man auch noch hinsichtlich der Entflammbarkeit des verwendeten brennbaren Rohrmaterials. Werden normal entflammbare Rohre B2 durch bemessene Decken geführt, so sind die Rohre in jedem Geschoss mit Putz oder gleichwertigen Verkleidungen der Klasse A zu ummanteln. Bei schwerentflammbaren Rohren der Klasse B1 genügt es, wenn in jedem zweiten Geschoss die entsprechende Ummantelung vorgenommen wird. Geeignete und am richtigen Ort platzierte Absperrvorrichtungen können diese Maßnahmen ersetzen. Abzweige, die bei Deckendurchführungen nur innerhalb eines Geschosses und bei Wanddurchführungen nur auf einer Wandseite verbleiben, müssen in ihrem weiteren Verlauf nicht in diese Schutzmaßnahmen einbezogen werden.

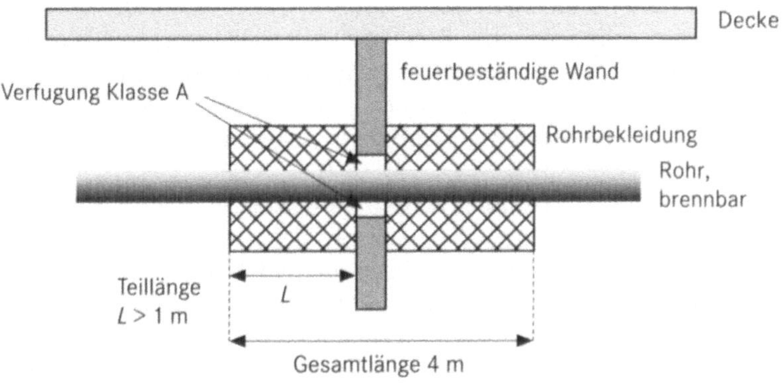

Abb. 6.19: Bekleidung brennbarer Rohre bei Wanddurchführung

Um eine Brandübertragung durch trennende Bauteile zu verhindern, stehen heute neben den traditionellen Ummantelungen moderne technische Möglichkeiten wie Schotts oder Manschetten zur Verfügung. Die in den Manschettengehäusen befindlichen Rohre aus brennbarem Material werden mit aufschäumenden, intumeszierenden Materialien umhüllt, die sicherstellen, dass ab einer bestimmten Temperatur – etwa 160 °C – durch die aufschäumende Beschichtung das Rohr vollständig abgedrückt und sowohl Feuer wie Rauch der Weg durch das Bauteil versperrt werden. Manschetten können noch nachträglich, nach erfolgter Rohrmontage aufgesetzt werden. Sie können aber auch bereits im Rohbau mit Muffen in die Wände und Decken eingefügt werden, an die die Rohre später montiert werden.

Kabeldurchführungen

Bei Kabeldurchführungen muss abgesichert werden, dass der Raumabschluss durch das brennende Isolationsmaterial der Kabel nicht gefährdet wird. Bei Durchführung von Einzelleitungen durch Massivbauteile müssen diese vollständig eingeputzt werden.

Eine Verlegung von Kabelbündeln auf Tragkonstruktionen hat mit Hilfe von zugelassenen Abschottungen in der notwendigen Feuerwiderstandsfähigkeit zu erfolgen, oder sie müssen innerhalb von Installationsschächten oder -kanälen geführt werden.

Bei den Schotts handelt es sich um mehr oder weniger vorgefertigte Systeme. Die einfachste Ausführung ist das Mörtelschott mit dem geringsten Vorfertigungsgrad, bei dem der verbleibende Querschnitt der Wand- und Deckenöffnungen durch Kabelbausteine und speziellen, schwindarmen Brandschutzmörtel geschlossen wird. Sie können ab Wandstärken von 175 mm bzw. Deckenstärken von 150 mm eingesetzt werden. Eine Nachbelegung wäre durch Anbohren möglich. Für diese Systeme sind, den Notwendigkeiten des Industriebaus Rechnung tragend, große Öffnungen zugelassen; bei Wänden Abmessungen von maximal 3,5 m x 15,0 m und bei Deckenöffnungen von maximal 0,8 m x unbegrenzt [49].

In der Baupraxis werden häufig Plattenschotts aus Mineralfaserplatten mit dämmschichtbildenden Anstrichen eingesetzt. Die durch diese Schotts geführten Kabel, dazu zählen auch Lichtwellenleiter, werden von Mineralfaserformteilen fugendicht umschlossen. Die Schottoberfläche und maximal 500 mm der Kabellängen auf beiden Seiten werden anschließend mit einer Intumeszensbeschichtung versehen. Die Plattenschotts können bei entsprechender Belegungsplanung mit Öffnungen vorgefertigt werden, Blindstopfen sichern eine spätere günstige Nachbelegungmöglichkeit. Plattenschotts haben eine geringere Einbautiefe als Mörtelschotts.

Element- oder Modulschotts garantieren den Raumabschluss mit einem den Plattenschotts ähnlichem Aufbau, nur werden zusätzlich Forderungen an Wasserdichtheit und Gasdichtigkeit gestellt, was schon aus Kostengründen nur einen Einsatz zur Erfüllung sehr spezieller baulicher Forderungen rechtfertigt.

Variable Abschottungen mit „Brandschutzsäckchen" können dort eingesetzt werden, wo ständige Nach- und Umbelegungen erforderlich sind. Dabei muss auf die Zulassung sowohl des Hüllmaterials des Säckchens als auch des Füllmaterials geachtet werden. Eigene Kompositionen sind nicht möglich und sollten aus Sicherheitsgründen auch unterbleiben.

Jede zugelassene Abschottung muss mit einem Schild, aus dem Name des Herstellers, System der Abschottung, Zulassungsnummer und Erstellungsjahr hervorgehen, dauerhaft gekennzeichnet werden.

Installationsschächte, Installationskanäle
Installationsschächte und -kanäle, einschließlich ihrer Revisionsöffnungen und Abschlüsse, sind senkrecht bzw. waagerecht angeordnete, bemessene Bauteile, in denen Rohre, Kabel und andere Installationen geschossübergreifend oder horizontal verlegt werden können. Für Schächte und Kanäle, die nicht nach DIN 4102-T4 klassifiziert sind, ist ein Prüfzeugnis erforderlich.

Solche Bauteile, zur Aufnahme von brennbaren und nicht brennbaren Installationen vorgesehen, ermöglichen die Einhaltung des Abschottungsprinzips und sichern die Umgebung gegen die Brandlast der verlegten Installationen quasi aus einem eigenen Brandabschnitt heraus, so dass auf andere Brandschutzmaßnahmen verzichtet werden kann. Zu beachten ist, dass durch die mögliche Luftbewegung, insbesondere in Schächten, eine besondere Gefahr der Brandausbreitung besteht. Daher wird gefordert, dass in Schächten und Kanälen, in denen brennbare Stoffe vorhanden sind, in jeder Deckentrennung eine mindestens 200 mm dicke Mörtelschicht als Deckenverguss eingebaut werden muss [151]. Für spätere Nachbelegung eingesetzte Leerrohre dürfen einen Durchmesser von maximal 120 mm haben und müssen mindestens 200 mm lang sein. Sie müssen mit Baustoffen der Klasse A ausgefüllt werden. Für notwendige Maßnahmen zur Körperschalldämmung sind nur geeignete Materialien bzw. zugelassene Ummantelungen zu verwenden. Ähnliche Aussagen gelten auch für den Wärmeschutz, wobei Forderungen des Bautechnischen Brandschutzes sicher Priorität genießen. Auf Abschottungen durch Deckenverguss an jeder Decke kann nur dann verzichtet werden, wenn alle Leitungen aus dem Nutzerraum mit zugelassenen Schotts in den Schacht oder Kanal geführt werden. Die Brandwirkung bleibt dann auf den Installationsschacht beschränkt und kann bei korrekter und sachgerechter Ausführung der Abschottung nicht auf angrenzende Räume übergreifen. Kontrollen in der Bauausführung sind bei diesen Arbeiten besonders wichtig.

Werden elektrische Leitungen außerhalb von Installationsschächten bzw. -kanälen durch Wände geführt, müssen diese rauchdicht eingemörtelt werden oder es sind bauaufsichtlich zugelassene Durchführungen zu verwenden; letzteres gilt für Leitungsbündel.

In Schächten und Kanälen verlegte Brennstoffleitungen sind wegen der erhöhten Gefahrenlage nur aus Baustoffen der Klasse A zugelassen. Weitere Leitungen der Klasse B sowie Leitungen, die Stoffe mit einer Temperatur über 100 °C transportieren dürfen ebenso nicht mit verlegt werden. Eine Längsbelüftung der Kanäle und Schächte muss gewährleistet werden.

Installationsschächte und -kanäle können als zugelassene Konstruktionen aus Leichtbetonformstücken errichtet oder aus klassifizierten Wänden gebildet werden. Schächte können zusätzlich aus Formstücken für Hausschornsteine errichtet werden.

Revisionsöffnungen und Abschlüsse in Schächten und Kanälen sind, wie schon erwähnt, in der gleichen Feuerwiderstandsdauer zu bemessen wie Schächte oder Kanäle selbst.

Die Landesbauordnungen enthalten Forderungen an die Baustoffklasse, die Benennung einer Feuerwiderstandsdauer bleibt Richtlinien und Ausführungsbestimmungen vorbehalten. Dabei sind Ausnahmen möglich, die in den einzelnen Bundesländern in Verwaltungsvorschriften mehr oder weniger konkret festgehalten sind. Im Wesentlichen wird die Feuerwiderstandsdauer der durch Wände und Decken geführten Kanäle und Schächte mit I 90 festzulegen sein, da Decken und Trennwände der gleichen Feuerwiderstandsdauer genügen müssen. Abgeschwächte Forderungen bei Gebäuden geringer Höhe und bei höheren Gebäuden in Abhängigkeit von der Geschosszahl sind möglich.

6.12 Lüftungsanlagen

Die Landesbauordnungen enthalten bezüglich der Planung von Lüftungsanlagen (z.B. §39 ThürBO) allgemein formulierte Schutzziele und die Forderung, dass Lüftungsleitungen, deren Verkleidungen und Dämmstoffe aus nicht brennbaren Baustoffen bestehen müssen. Ausnahmen sind möglich, wenn für den Brandschutz keine Bedenken bestehen. Für weiterführende Regelungen wird in der Verwaltungsvorschrift auf die Lüftungsanlagenrichtlinie verwiesen. Wie schon erwähnt, ist die Neufassung dieser Musterrichtlinie in Arbeit, die letzte Fassung datiert aus dem Jahr 1984.

Die Forderungen der Lüftungsanlagenrichtlinie betreffen Lüftungsanlagen, raumlufttechnische Anlagen und Warmluftheizungen. Gemäß Landesbauordnung bestehen keine Forderungen für Wohngebäude mit nicht mehr als zwei Wohnungen und auch keine für Lüftungsanlagen, die innerhalb einer Wohnung verlegt sind.

Die oben erwähnten Ausnahmeregelungen werden für Leitungen, die keine feuerwiderstandsfähigen Bauteile durchdringen, für Leitungen mit Absperrvorrichtungen an der Durchdringung oder für untergeordnete Bauteile wirksam. In diesen Fällen können Lüftungsleitungen aus brennbaren Baustoffen – schwerentflammbar B1 – eingesetzt werden. Für Lüftungsleitungen in Rettungswegen, über bemessenen Unterdecken oder Leitungen, in denen Luft mit einer Temperatur von mehr als 85 °C transportiert wird oder in denen sich brennbare Stoffe anlagern können – z.B. Abluftleitungen aus Küchen und ähnlichen Nutzungen – sind keine Ausnahmen zugelassen.

Eine Übertragung von Feuer und Rauch bei Durchführung von Lüftungsleitungen durch Massivbauteile kann ausgeschlossen werden, wenn die erforderlichen Feuerwiderstandsdauern gemäß Tabelle 6.11 eingehalten werden. Bei Einsatz von Lüftungsleitungen aus Metall sei auf die bekannten Auswirkungen einer möglichen thermischen Längenänderung und der damit verbundenen Beanspruchung der Massivbauteile verwiesen, die unbedingt vermieden werden muss.

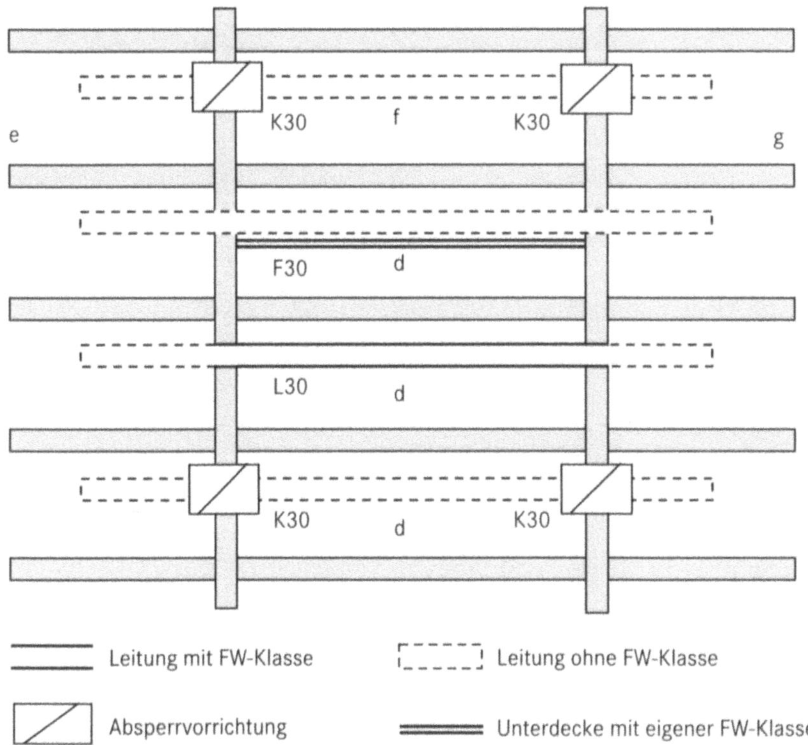

Abb. 6.20a: Leitungsdurchführungen durch feuerbeständige Wände, Überbrückung Brandwand; a, b, c: verschiedene durch Brandwände getrennte Abschnitte, nach [47]

Lüftungsleitungen müssen keine Feuerwiderstandfähigkeit aufweisen, wenn diese durch Massivbauteile unter Einsatz zugelassener Absperrvorrichtungen, den Abschottungen, hindurchgeführt werden. Forderungen an die Baustoffklassen bleiben davon unberührt. Die Abbildungen 6.20a/b zeigen prinzipiell mögliche Leitungsführungen durch feuerbeständige Bauteile mit bemessenen Leitungen, zugelassenen Absperrvorrichtungen oder speziell zugelassenen Unterdecken, die von beiden Seiten einer Brandbeanspruchung ausgesetzt sein können.

Tab. 6.11: Feuerwiderstandsdauern in Minuten für Lüftungsleitungen, nach [47]

Gebäudeart	Überbrückung von		
	Decken	Brandwänden	Flurwänden/Trennwänden F 30 oder F 90
≤ 2 VG	–	90	30
3–5 VG	30	90	30
> 5 VG (≤ 22m)	60	90	30
> 22 m (Hochhaus)	90	90	30

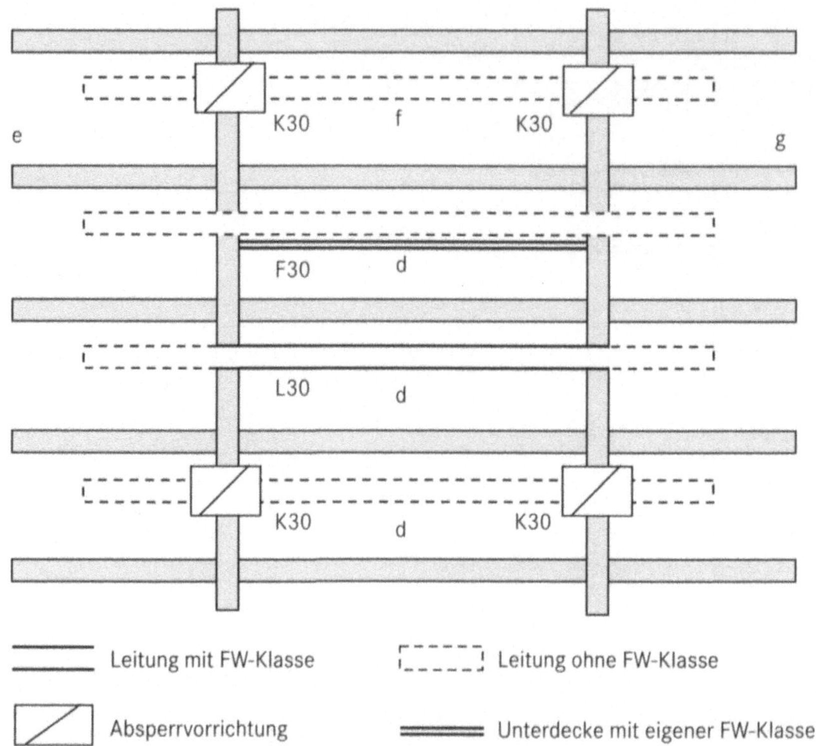

Abb. 6.20b: Leitungsdurchführungen bei Überbrückung Trennwand, Flurwand, nach [47]; d, e, f, g: allgemein zugänglicher Flur oder durch Trennwände getrennte Bereiche

In Gebäuden mit mehr als zwei Vollgeschossen sind Luftaufbereitungsanlagen und Ventilatoren in speziellen Räumen, den Lüftungszentralen, oder innerhalb von Lüftungsleitungsabschnitten aufzustellen, wenn die an diese technischen Anlagen anschließenden Leitungen in mehrere Geschosse oder Brandabschnitte führen. Lüftungszentrale oder Lüftungsleitungsabschnitt dürfen dabei nicht anderweitig genutzt werden. Für die bauliche Ausführung von Lüftungszentralen sind entsprechende Forderungen aus der Lüftungsanlagenrichtlinie einzuhalten, beispielsweise müssen Ausgänge aus Lüftungszentralen ins Freie oder in Rettungswege führen. Lüftungsleitungen in Lüftungszentralen benötigen dann keine Feuerwiderstandfähigkeit, wenn sie an den Durchführungen zu Wänden und Decken über bemessene Absperrvorrichtungen verfügen.

Abbildung 6.21 zeigt drei Brandschutzkonzepte gemäß der Lüftungsanlagenrichtlinie, die aus Sicht des Bautechnischen Brandschutzes als gleichwertig angesehen werden können. Wenn mehrere Geschosse mit einer Lüftungsleitung versorgt werden, so muss in jeder Durchdringung eine bemessene Absperrvorrichtung eingebaut sein. Die Decke unter oder über der Lüftungszentrale, letzteres, wenn die Zentrale im Untergeschoss angeordnet ist, benötigt diese technischen Einrichtungen nicht. Die zweite Variante b) weist eine feuerwiderstandsfähig ausgeführte Hauptleitung aus, von der, mit bemessenen Absperrvorrichtungen ver-

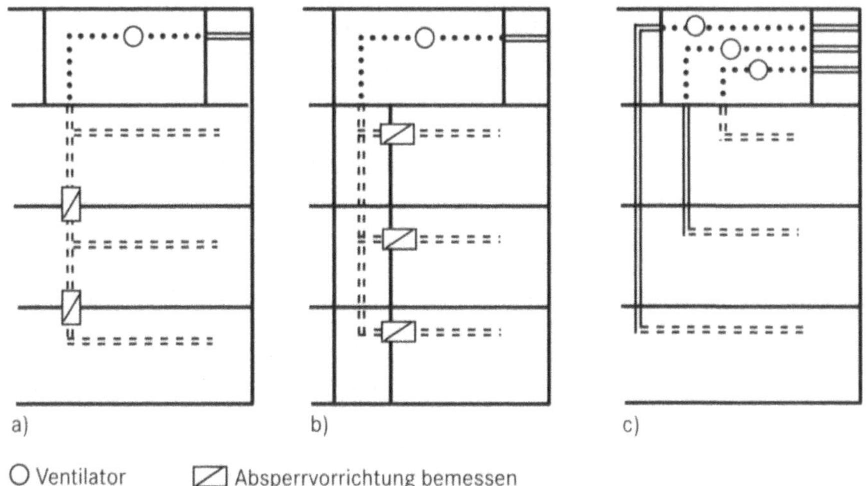

Abb. 6.21: Lüftungsleitungsführung im Gebäude, nach [49]
gestrichelt: Leitung ohne Feuerwiderstandsfähigkeit,
durchgezogen: Leitung mit Feuerwiderstandsfähigkeit,
punktiert: Leitungen in Zentrale nach Richtlinie

sehen, die Geschossleitungen abzweigen. Im dritten Fall c) wird jedes Geschoss durchgängig mit einer eigenen, in den jeweils anderen Geschossen feuerwiderstandsfähigen Lüftungsleitung versorgt.

Es ist nicht ohne weitere Maßnahmen möglich, Lüftungsanlagen mit thermisch auslösenden Absperrvorrichtungen – z.B. Rauchschutzklappen – zur Entrauchung einzusetzen. Nur bei einer Leitungsführung ohne Absperrvorrichtungen und entsprechender Auslegung der Ventilatoren und technischen Einrichtungen bezüglich der zu erwartenden thermischer Beanspruchung im Brandfall kann eine Entrauchung durchgeführt werden. Auf entsprechende Zulassungen ist zu achten.

Abluftleitungen von Küchen ohne Ventilatoren und Absperrvorrichtungen müssen vom Wanddurchtritt an feuerwiderstandsfähig ausgeführt sein. Innerhalb einer Wohnung können die Abluftleitungen aus normal entflammbaren Baustoffen Klasse B1 bestehen, wenn die Landesbauordnung dies nicht verbietet.

In Lüftungsleitungen selbst dürfen sich nur technische Einrichtungen der Lüftungsanlage und zugehörige Leitungen befinden. Lüftungsleitungen, in denen sich brennbare Stoffe ablagern können oder die in Räumen mit erhöhter Brandgefahr bzw. Explosionsgefahr verlegt sind, dürfen weder untereinander noch mit anderen Leitungen verbunden sein, außer es sind zugelassene Absperrvorrichtungen als Trennungen eingebaut.

6.13 Elektrische Leitungen und Funktionserhalt elektrischer Leitungen

In den Landesbauordnungen wird von Leitungsanlagen gefordert, dass diese durch raumabschließende Wände und Decken so hindurchgeführt werden müssen, dass Feuer und Rauch an den Durchdringungen nicht hindurchgelassen werden können. Die Musterrichtlinie über brandschutztechnische Anforderungen an Leitungsanlagen [47] stellt eine einheitliche Arbeitsgrundlage dar und formuliert Schutzziele und Forderungen. Dabei geht es nicht um den Erhalt der elektrischen Funktion sondern um den zu sichernden Raumabschluss. Zur Erfüllung der Forderung, Durchtritt von Feuer und Rauch bei Durchdringung raumabschließender Bauteile zu verhindern, wurden im Abschnitt 6.11 zu Kabelführungen bereits einige Aussagen getroffen.

In einem weiteren Abschnitt der Musterrichtlinie werden Forderungen zur Verlegung von Leitungsanlagen in Treppenräumen, notwendigen Fluren, Ausgängen ins Freie, Räumen zwischen notwendigen Treppenräumen und in offenen Gängen vor Gebäudeaußenwänden formuliert.

Zukünftig könnte die in notwendigen Fluren bisher mögliche, durch nicht brennbare Baustoffe abgetrennte Leitungsverlegung mit einer oberen Grenze der Brandlast von 7 kWh/m^2 (14 kWh/m^2 bei verbessertem Brandverhalten) entfallen, wenn der Entwurf der neuen Muster-Leitungsanlagenrichtlinie vom März 2000 umgesetzt wird. Das Erfassen von Brandlasten in diesen Bereichen ist nicht einfach, oft werden vorhandene Brandlasten übersehen oder spätere Nachbelegungen tragen unkontrolliert zusätzliche Brandlasten ein. Die neue Regelung lässt in notwendigen Fluren nur noch eine offene Leitungsverlegung zu. Die Leitungen müssen aus nicht brennbarem Material sein und dürfen nur der Versorgung des Flurs dienen [112]. Die Verschärfung bedeutet höhere Planungssicherheit und Sicherheit für den Betreiber. Diese Maßnahme könnte z.B. auch die möglichen Brandlasten über bemessenen Unterdecken unmittelbar betreffen.

In Rettungswegen kann eine offene Verlegung von Leitungen erfolgen, wenn diese unbrennbar oder ausschließlich für die Funktionen des Rettungswegs installiert sind. In notwendigen Fluren geringer Nutzung kann eine offene Verlegung erfolgen, wenn Leitungen mit verbessertem Brandverhalten eingebaut werden. Kurze Stichleitungen aus Installationsschächten zu angrenzenden Räumen sind möglich.

Ein dritter Abschnitt erstreckt sich auf den Funktionserhalt von elektrischen Leitungen im Brandfall. Hier kommt es darauf an, für eine bestimmte Zeitdauer die Stromversorgung zu gewährleisten. Diese besonderen Anforderungen sind sowohl für die Erfüllung der Forderung zur Rettung von Menschen bzw. Tieren und Durchführung wirksamer Löscharbeiten (z.B. §17 ThürBO, §14 MBO) als auch für bauliche Anlagen und Räume besonderer Art und Nutzung (z.B. §§2(4),52 ThürBO) notwendig. Der Funktionserhalt ist u.a. für eine Notstromversorgung, Versorgung von Feuerwehraufzügen oder Ansteuerung von Brandschutzeinrichtungen, wie Ventilatoren und Abzugsanlagen, zu sichern. Davon betroffen sind elektrische Leitungen, die entweder bauaufsichtlich zugelassen als E 30 bzw. E 90 geeignet sein müssen – sichere Ummantelung mittels Beschichtung – oder auf Rohdecke unter Estrich (30 mm) oder im Erdreich zu verlegen sind. Eine Verlegung im Putz reicht nicht aus.

Der Funktionserhalt von Verteilereinrichtungen ist durch geeignete Baustoffwahl und die Art der Unterbringung an Bauteilen und in Räumen zu gewährleisten.

Ein Funktionserhalt von 90 Minuten (Feuerwiderstandsklasse E 90) wird gefordert für
♦ Wasserdruckerhöhungsanlagen zur Löschwasserversorgung,
♦ maschinelle Rauchabzüge,
♦ Rauchschutzdruckanlagen in Treppenräumen von Hochhäusern, innen liegende Treppenräumen in Gebäuden mit mehr als 5 VG, Verkaufsstätten nach der Muster-Verkaufsstättenverordnung sowie Gebäuden mit großem Publikumsverkehr und
♦ Feuerwehraufzüge und Bettenaufzüge in Krankenhäusern – ausgenommen Leitungen, die sich innerhalb der Fahrschächte oder Triebwerksräume befinden.

Ein Funktionserhalt von 30 Minuten (Feuerwiderstandsklasse E 30) wird erforderlich für
♦ Sicherheitsbeleuchtungsanlagen, nicht für Leitungen innerhalb eines Brandabschnittes in einem Geschoss oder nur innerhalb eines Treppenraumes,
♦ Personenaufzüge mit Evakuierungsschaltung, ausgenommen Leitungen innerhalb des Fahrschachtes oder des Triebwerksraumes,
♦ Brandmeldeanlagen und Übertragungseinrichtungen, dabei nicht für Leitungen in Räumen, die durch automatische Brandmelder kontrolliert werden sowie Leitungen in Räumen ohne automatische Melder, wenn ein Kurzschluss oder eine Leitungsunterbrechung durch Brandeinwirkung in diesen Räumen alle an diese Leitungen angeschlossenen Melder funktionstüchtig bleiben,
♦ im Brandfall notwendige Alarmierungsanlagen und Anlagen zur Übermittlung von Anweisungen, außer Leitungen in Räumen, in denen Lautsprecher, Hupen u.ä. an diese Leitungen angeschlossen sind,
♦ natürliche Rauchabzugsanlagen, außer bei Anlagen, die bei Unterbrechung der Stromversorgung selbsttätig öffnen und außer bei Leitungsanlagen in Räumen, die durch automatische Brandmelder überwacht werden und die bei Rauchmeldung selbsttätig öffnen,
♦ maschinelle Rauchabzugsanlagen und Rauchschutzdruckanlagen in den Fällen, in denen keine E 90 gefordert wird.

Es ist zweckmäßig, die elektrischen Leitungen, deren Funktionen erhalten werden müssen, von anderen Installationen getrennt anzuordnen. Die Verlegung bleibt damit übersichtlich und bei späteren Arbeiten wie Nachbelegung und Umnutzung können weniger Fehler auftreten, die ggf. die Zulassung dieser Sicherheitsanlagen zum Erlöschen bringen könnten. Es muss eine Selbstverständlichkeit sein, die Dokumentation zur Leitungsverlegung immer auf den neuesten Stand zu ergänzen.

6.14 Verglasungen

Die Entwicklung von Spezialgläsern hat dazu geführt, dass heute eine breite Palette von Verglasungsbauteilen, die brandschutztechnischen Anforderungen genügen, für die Strukturierung und Gestaltung von Gebäuden zur Verfügung steht. Erste Anforderungen an Brandschutzverglasungen wurden Anfang der 70er Jahre des vorigen Jahrhunderts festgelegt. Seither hat es eine rasante Entwicklung gegeben. Die Rahmensysteme sind schmaler, die Scheibensysteme sind großflächiger und die Verglasungen sind insgesamt sicherer geworden. Die Entwicklung führte zu zwei funktional durchaus unterschiedlichen Gruppen [51] von Verglasungen.

Die so genannten F-Verglasungen erfüllen Forderungen bezüglich Raumabschluss und Ausbreitung von Rauch und Feuer. Zusätzlich verhindern sie den Durchtritt von Strahlungswärme. Folgerichtig verlieren diese Verglasungen im Brandfall ihre Transparenz. Diese Verglasungen funktionieren im Brandfall wie eine Wand und erfüllen damit das Temperaturkriterium – im Mittel nicht mehr als 140 K Temperaturerhöhung und punktuell höchstens 180 K auf der feuerabgekehrten Fläche. Die F-Verglasungen sind noch nicht allgemein klassifiziert und damit nicht in der DIN 4102-T4 aufgeführt. Für den Einsatz müssen die Hersteller Zulassungen des DifB nachweisen. F-Verglasungen können i. A. an beliebigen Stellen in Wänden eingebaut werden.

Im Gegensatz zu den F-Verglasungen behindern die so genannten G-Verglasungen den Durchtritt von Strahlungswärme nur geringfügig, wodurch auf der feuerabgekehrten Raumseite zwangsläufig thermische Beeinflussungen auftreten und brennbare Stoffe entzündet werden können. Sie erfüllen die Forderung nach Raumabschluss und Ausbreitung von Feuer und Rauch, aber der Wattebauschversuch wird wegen des Strahlungswärmetransports nicht erfolgreich sein und damit die Wirksamkeit der Verglasung einschränken. Trotzdem sind G-Verglasungen vielseitig einsetzbar. Sie sind in bestimmten Bauarten daher auch allgemein bauaufsichtlich zugelassen; die DIN 4102-T4 weist solche Möglichkeiten aus. Zusätzlich halten die Hersteller eine große Zahl von zugelassenen Bauteilen bereit.

G-Verglasungen sollten wegen der Strahlungsdurchlässigkeit nicht in der Nähe brennbarer Materialien verbaut werden. In notwendigen Fluren können daher diese Verglasungen in Lichtbändern eingesetzt werden, die mindestens 1,8 m über dem Fußboden angeordnet sind. Brennbare Stoffe sind in dieser Höhe üblicherweise nicht vorhanden und die hindurchtretende Wärmestrahlung beeinflusst die Funktion des Flurs nicht oder nur unwesentlich. In G-Verglasungen können keine Feuerschutztüren eingebaut werden.

G-Verglasungen können aus Glasbausteinen, Betongläsern oder Drahtglas, die F-Verglasungen aus Mehrscheibenverbundkonstruktionen oder 2-Scheiben-Konstruktionen mit speziellen Zwischenschichten bestehen. Die Zulassungen und Einbauvorschriften enthalten Randbedingungen wie Scheibengröße, Rahmen, Einbau, Befestigungen, u.a.

Die Rahmen können aus verschiedenen Materialien bestehen: Holz- oder Betonprofile finden ebenso Verwendung wie Stahlprofile, die bekleidet oder als unbekleidete Riegel-Pfosten-Konstruktionen verwendet werden [32,50], auch Rohrprofile aus Stahl und Aluminium mit nicht brennbaren Plattenstreifen sind möglich.

Dem sachgerechten Einbau der Scheiben in den Rahmen kommt eine große Bedeutung zu, da die im Brandfall thermisch bedingten Spannungen und Materialveränderungen durch spezielle konstruktive Details abgefangen und kompensiert werden müssen. Die Montage sollte daher immer von autorisierten Firmen erfolgen.

Entsprechend ihrem Einsatz bzw. Einbauort kann eine Einteilung der Brandschutzverglasungen wie folgt vorgenommen werden [50].

Einlochverglasung
Der Verschluss einzelner Wandöffnungen in Beton, Mauerwerk und leichten Trennwänden mit Ständer-Riegel-Konstruktionen aus Stahlblech.

Einreihige Fensterbänder
Diese dürfen in Wänden aus Mauerwerk oder Beton in beliebiger Länge ausgeführt werden.

Wandgroße Verglasungen
Es handelt sich um senkrecht eingebaute Verglasungen zur Errichtung nichttragender Wände im Innen- und Außenbereich, die bis zu einer Höhe von 3,5 m in beliebiger Länge ausgeführt werden können. Sie können Massivwände ersetzen, wobei in einigen Verglasungen der Einsatz von Feuerschutztüren möglich ist. Notwendige Details der Gesamtkonstruktion werden durch die Zulassung geregelt. Verglasungen mit einer Höhe bis 5 m müssen statisch nachgewiesen werden. Für vierseitig gehaltene Verglasungen mit einer Fläche von mehr als 9 m^2 und für zweiseitig gehaltene Fensterbänder mit mehr als 2 m Höhe, ist die Widerstandfähigkeit im eingebauten Zustand (mit Rahmen) gegenüber Stoßbelastung bzw. Windkräften nachzuweisen.

Einbau in Trockenbauwände
Die Wände dürfen maximal 3,5 m hoch sein und müssen zugelassene Konstruktionen sein. In der Zulassung wird geregelt, ob die Verglasung an beliebiger Stelle der Trockenwand oder am oberen Rand gegen einen massiven Sturz eingebaut werden muss.

Horizontaler und geneigter Einbau
Diese Konstruktionen sind nur für eine Brandbeanspruchung von unten ausgelegt. Die statische Sicherheit – z.B. Berücksichtigung Schneelast – muss nachgewiesen sein.

Glasbausteine
Diese Konstruktionen können einschalig und zweischalig ausgeführt werden, sie erreichen die Feuerwiderstandsklasse G 120, die Konstruktionen sind allgemein bauaufsichtlich nachgewiesen.

Allen Brandschutzverglasungen ist gemeinsam, dass sie nicht zu öffnen sein dürfen, abgesehen vom Einbau von Feuerschutztüren in bestimmten, zugelassenen Konstruktionen. Eckausbildungen und gebogene Scheiben als Brandschutzverglasungen sind nur über spezielle Zulassungen möglich.

In einer Reihe von Brandschutzverglasungen sind Isolierverglasungen zugelassen worden, um Sonderfunktionen wie Schallschutz, Wärmeschutz, Sonnenschutz oder Sicherheitsanforderungen wie Einbruchhemmung oder Durchschusshemmung zu gewährleisten, um so die Einsatzmöglichkeiten solcher Verglasungen zu verbessern und zu erweitern.

Die Forderungen moderner Architektur nach Transparenz in Bauwerken finden ihre Grenzen zunächst bei der Gestaltung von Bauteilen, die als Brandwände oder Wände in der Bauart von Brandwänden ausgeführt werden müssen, wie es beispielsweise bei Treppenraumwänden der Fall ist. Eine F 90 Verglasung kann die notwendige Forderung Brandwand heute noch nicht erfüllen. Mit Prüfung und Bewertung des jeweiligen Einzelrisikos der konkreten Situation kann aber geklärt werden, unter welchen Bedingungen eine Verglasung z.B. als Abgrenzung zwischen Treppenraum und Flur doch eingesetzt werden kann [135], wobei der Einsatz von Türen, die Forderungen der Landesbauordnungen zu erfüllen haben, in den Verglasungen ein Problem darstellt. Nach allgemein bauaufsichtlichen Zulassungen dürfen Türen in Brandschutzverglasungen keine geringere Feuerwiderstandsdauer aufweisen als die Verglasungen selbst. Damit ist der Einsatz von nur rauchdichten Türen (T 0) zwischen Treppenraum und Fluren nicht möglich: die F 90 Verglasung müsste Türen der Widerstandsfähigkeit T 90 enthalten. Eine Risikoanalyse könnte aber zeigen, ob eine F 30 Verglasung mit T 30 Türen nicht eine billigere und doch risikoangepasstere, gleichwertigere Lösung bietet.

Die große Anzahl gültiger Zulassungen für Brandschutzverglasungen, gemessen an der Beanspruchung stellt jede für sich ein technisch anspruchsvolles Bauteil dar, ermöglichen es heute, dem Trend des transparenten Bauens nachzugehen und die unterschiedlichsten Gestaltungswünsche zu erfüllen [157].

Die Verglasungen werden grundsätzlich in ihrem gesamten konstruktiven Aufbau, in der vorhandenen Einbausituation mit tragender Konstruktion, Rahmen, Dichtungs- und Befestigungselementen beurteilt und zugelassen; die Bezeichnung „Verglasung" umfasst daher alle Teile der zugelassenen Konstruktion und auf keinen Fall nur die Glasscheibe.

Die Hersteller haben eine Werksbescheinigung auszustellen, die dem Bauherrn zur Weiterleitung an die Genehmigungsbehörde zu übergeben ist. Damit wird erreicht, dass der Zulassungsinhaber dem Bauherrn ausreichend über notwendige Randbedingungen der Zulassung und die Herstellung der Verglasung unterrichtet hat [50].

In den Zulassungen sind als besondere Bestimmungen Regelungen zur dauerhaften Kennzeichnung der Brandschutzverglasungen, zum Teil auch der verwendeten Scheiben, und Regelungen zur Unterweisung der Einbaufirmen getroffen. Das ist insofern wichtig, da die Verglasung erst auf der Baustelle eingebaut wird und dazu große Sachkenntnisse erforderlich sind.

6.15 Feuerschutzabschlüsse

Öffnungen in bemessenen Wänden wie Trennwänden oder inneren Brandwänden sind für die Funktion eines Gebäudes, bei Industrie- und Sonderbauten im besonderen Maße, unabdingbar. Die Landesbauordnungen legen fest, in welcher Feuerwiderstandsklasse bzw. mit welchem Material diese Öffnungen zu verschließen sind. Unter Feuerschutzabschlüssen sind daher Bauteile zu verstehen, die Öffnungen wichtiger Bauteile in geeigneter Weise verschließen. Sie müssen selbst schließend sein und den Durchtritt von Feuer, Rauch und Wärme verhindern. Feuerschutzabschlüsse dürfen sich während der Bemessungszeit nicht öffnen und ihre Funktionen verlieren. Sie sind Sonderbauteile mit beweglichen Teilen und können in den Feuerwiderstandsklassen T 90 und T 30 ausgeführt werden. Rauchschutztüren und dichtschließende Türen gelten nicht als Feuerschutzabschlüsse, ergänzen aber mögliche Abschlusssysteme.

Zu Feuerschutzabschlüssen zählen Klappen, Türen und Tore, sie werden in dieser Reihenfolge nach Abmessungen klassifiziert [52].

Klappen
Einflügelige Abschlüsse, zum gelegentlichen Begehen bzw. Bekriechen bestimmt, Rohbaurichtmaße: Breite $\leq$ 0,625 m, Höhe $\leq$ 1,75 m.

Türen
Ein- oder mehrflügelige Flügeltüren bzw. Schiebtüren, Hubtüren, Rohbaurichtmaße: Breite $\leq$ 2,5 m, Höhe $\leq$ 2,5 m.

Tore
Ein- oder mehrflügelige Flügeltore bzw. Schiebetore, Hubtore, Rolltore, Rohbaurichtmaße: Breite $>$ 2,5 m, Höhe $>$ 2,5 m,

Die Feuerschutzabschlüsse stellen als Bauteil eine Einheit aus beweglichen Teilen, Zargen, Befestigungsmitteln und notwendigen Installationen dar und sind als Gesamtsystem wiederum in Wechselwirkung mit dem Bauteil zu betrachten, in das sie eingebaut und befestigt werden. Die Bauteile müssen dabei entweder von der Türkonstruktion getrennt werden oder als übliche Verfahrensweise die thermisch bedingten Spannungen des Feuerschutzabschlusses aufnehmen können.

Die selbst schließende Eigenschaft von Abschlüssen muss unabhängig von Fremdenergie gesichert werden, die für den Schließvorgang notwendige Energie muss gespeichert sein. Bei zweiflügeligen Abschlüssen muss zusätzlich die Schließfolge beachtet werden.

Tab. 6.12: Eigenschaften von Feuerschutzabschlüssen und Abschlüssen, nach ThürBO [5]

FW-Klasse / Bezeichnung	eingebaut in / zwischen
T 90	Brandwand
T 30	Trennwand
	Heizraumwand
	Wand Brennstofflagerung
	innenl.Treppenraum – Vorraum oder 10 m Flur
	(≤ 5 VG) oder rauchdicht mit Abstandsregelung
	innenl.Treppenraum – Vorraum (> 5 VG)
	Vorraum - Geschoß (≤ 5 VG)
	Treppenraum – Keller
	Treppenraum – Werkstatt, Lager, Laden
	Treppenraum – nichtausgebauter Dachraum
rauchdicht	Flure mit > 30 m Länge
	Treppenraum – allg.zugängliche Flure
dichtschließend	Treppenraum – Wohnung
	Treppenraum – andere Öffnungen, nicht ins Freie
	allg.zugänglicher Flur – Nutzeinheit

Feuerschutzabschlüsse mit einer Feststellsicherung müssen über eine Meldeanlage aus Rauch- oder Temperaturmelder beiderseits des Abschlusses, eine Auslöseeinrichtung für die offen stehende Tür/Tor, die Feststelleinrichtung und eine entsprechende Energieversorgung verfügen [53]. Bei Stromausfall ist die Schließung sofort freizugeben.

Feststellanlagen bedürfen einer bauaufsichtlichen Zulassung. Ihre Installation ist durch Abnahmeprüfung zu bestätigen, sie müssen monatlich überprüft, jährlich gewartet und ihre Verwendung muss im Einzelfall von der Bauaufsichtsbehörde genehmigt werden [9].

Bezüglich der Feuerwiderstandsfähigkeit gilt, dass der Feuerschutzabschluss die gleiche Feuerwiderstandsdauer aufweisen muss wie das betreffende Bauteil, in das sie eingebaut werden. Tabelle 6.12 gibt einen Überblick über die zugeordneten Feuerwiderstandsklassen bzw. Ausführung von Feuerschutzabschlüssen. Ausnahmen von diesen Regelungen sind möglich, bedürfen aber einer Genehmigung. Abbildung 6.22 zeigt eine solche Ausnahmesituation, wobei die dargestellten Räume keiner erhöhten Brandgefahr ausgesetzt sein dürfen. Der T 90 Feuerschutzabschluss als Normalfall a) kann durch einen T 30 Abschluss ersetzt werden, wenn ein brandlastfreier Flur mit den entsprechend bemessenen Massivbauteilen vorliegt. Fall c) lässt sogar rauchdichte Türen zu, weil der brandlastfreie Flur durch feuerbeständige Wände und Decken abgetrennt ist.

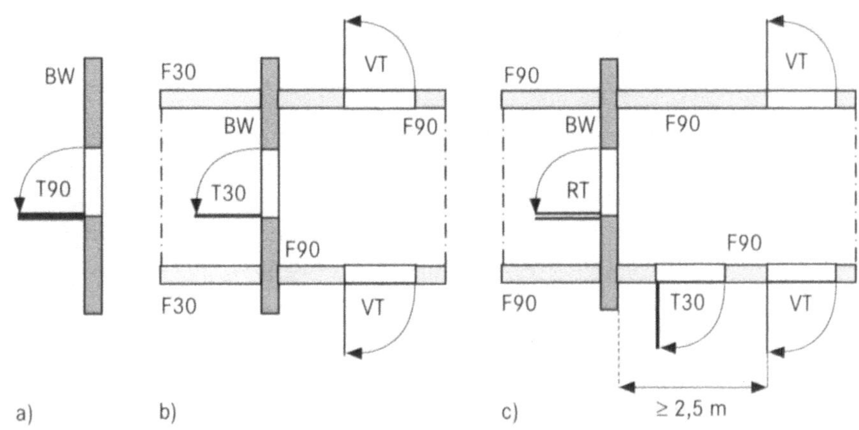

Abb. 6.22: Feuerschutzabschlüsse in Brandwänden BW, Ausnahmesituationen, nach [9]
RT: Rauchschutztür, VT: dichtschließende Vollholztür

Rauchschutztüren nach DIN 18095 sind selbst schließend und ermöglichen einen rauchdichten Abschluss, stellen aber keinen Feuerschutzabschluss dar. Ein Vollbrand wird am Einbauort ausgeschlossen. Rauchschutztüren, die auch aus Aluminium hergestellt werden können, sind zur Unterteilung langer Flure (> 30 m) oder als Trennung zwischen Treppenräumen und allgemein zugänglichen Fluren einzubauen.

Dichtschließende Türen sind üblich einflügelige Türen mit vollwangigem, gefalztem Türblatt und an drei Seiten umlaufender Gummidichtung, Verglasungen sind zugelassen.

Feuerschutzabschlüsse müssen über eine Zulassung verfügen; dies betrifft nicht die gemäß DIN 4102 allgemein bauaufsichtlich zugelassenen Stahltüren T 30 nach DIN 18082 und nicht die Abschlüsse in Fahrschachtwänden F 90 nach DIN 18090, DIN 18091 oder DIN 18092. Feuerschutzabschlüsse und Rauchschutztüren sind dauerhaft durch Blechschilder am Türblatt zu kennzeichnen, aus denen Hersteller, Typ, Zulassung und Bezeichnung hervorgehen.

Änderungen an Feuerschutzabschlüssen dürfen nicht vorgenommen werden, es sei denn, aus der Zulassung des Herstellers sind Ergänzungsmöglichkeiten zu erkennen [54]. Ein nachträglich aufgesetztes Zusatzschloss oder Türschließer bringen die Zulassung zum Erlöschen. Als Ausweg müsste eine andere, den veränderten Funktionen entsprechende, Feuerschutztür oder eine zusätzliche Tür für die Erfüllung weiterer Sicherheitsforderungen eingebaut werden. Auch der Einbau von Feuerschutzabschlüssen selbst darf nur nach Vorgaben der Zulassung erfolgen und ist von autorisierten Firmen auszuführen. Auch hier gilt die Warnung vor dem Einbau falscher Materialien – die schon angesprochene Verwendung von Kunststoffdübeln zur Befestigung der Zarge in der Massivwand ist nicht erlaubt. Kunststoff ist hier als Material falsch gewählt und die Zulassung würde erlöschen.

6.16 Rauch-Wärme-Abzugsgeräte

Um den Schutz von Leben und Gesundheit von Personen und den Erhalt baulicher Anlagen zu sichern, muss eine Rauchausbreitung und/oder Wärmeausbreitung in Gebäuden oder Brandabschnitten verhindert werden. Dies geschieht am wirksamsten mit technischen Einrichtungen, die daher im modernen Bauen ein unverzichtbarer Bestandteil von Brandschutzkonzepten und -planungen geworden sind.

Bezüglich der Wirkungsweise von Rauch- und Wärmeabzugsgeräten wird unterschieden nach Anlagen, die entweder durch thermischen Auftrieb wirken (Rauchabzug und/oder Wärmeabzug) oder mit Zwangslüftung arbeiten (maschinelle Rauchabzüge), wobei Steuergeräte, Betätigungselemente und Energieversorgung jeweils Bestandteile dieser Anlagen sein müssen.

Rauchabzüge können auch als Wärmeabzüge wirken, umgekehrt nicht. Es gibt daher eine deutliche Funktionstrennung. Trotzdem werden die Einrichtungen oft pauschal als Rauch-Wärme-Abzugsanlagen (RWA) bezeichnet. Eine Unterscheidung ist aber sinnvoll. Rauchabzüge schaffen im unteren Bereich des Brandraumes eine rauchfreie Schicht und sind für Rettungsarbeiten und frühe Löschangriffe wichtig. Wärmeabzüge sollen heiße Brandgase abführen und den Vollbrand vermeiden. Sie sind daher im späteren Verlauf des entwickelten Brandes von Bedeutung, während die Entrauchung bereits zu einem sehr frühen Zeitpunkt während des Entstehungsbrandes einsetzen muss. Da Rauchabzüge auch als Wärmeabzüge angerechnet werden können, sind diese unter Umständen durch zusätzliche Wärmeabzüge zu ergänzen, um die notwendigen größeren Öffnungsflächen für die spätere Wärmeabfuhr zu sichern [9].

Forderungen nach einem Rauchabzug werden in Landesbauordnungen und Sonderbauverordnungen erhoben (z.B. im §17 ThürBO allgemein, im §33(8) für innen liegende Treppenräume bzw. Treppenräume in Gebäuden mit mehr als 13 m Höhe und im §37(3) für Fahrschächte). Bei Sonderbauten wird der Einsatz von Rauchabzügen in Treppenräumen von Schulen notwendig. Bei Theatern betrifft dies die Treppenräume und Bühnen, bei Gaststätten die Galräume, die Treppenräume von Geschäftshäusern und von Krankenhäusern. Vor allem aber im Industriebau sind, bedingt durch die großen Hallenflächen und Raumhöhen von Gebäuden, Rauch- und Wärmeabzugsanlagen notwendig, die mithilfe der DIN 18230 zu bemessen sind. Außerhalb der Festlegungen für den Industriebau betrifft dies noch die Hochregallager, wo nach Richtlinie VDI 3564 eine aerodynamisch wirksame Rauchabzugsfläche von 3% der Grundfläche gefordert wird.

Grundlage für Bemessungen sind die DIN 18232 und die VdS Richtlinien 2098 und 2159. Die Geltungsbereiche dieser Vorschriften sind nahezu gleich aber in ihrer Anwendung eingeschränkt. Der Teil 2 der DIN 18232 gilt z.B. nur für den Rauchabzug durch thermischen Auftrieb in eingeschossigen bzw. obersten Geschossen von mehrgeschossigen Industriebauten. Damit wird deutlich, dass eine Anwendung auf innen liegende Treppenräume, Aufzugsschächte und Räume in Wohngebäuden und Sonderbauten gar nicht möglich ist. Dies resultiert zwangsläufig aus unterschiedlichen brandschutztechnischen Zielsetzungen im Industriebau bzw. eben den anderen Nutzungen wie Wohngebäuden. Trotzdem darf aber der Stellenwert der Entrauchung vom Entwurfsverfasser nicht unterschätzt werden: er trägt Verantwortung für eine fachlich korrekte Planung von Rauch- und Wärmeabzugsanlage, er entscheidet somit im Ernstfall über Menschenleben.

In den Regelwerken erfolgt zunächst eine Einstufung in Bemessungsgruppen. Im Verfahren nach DIN 18232-T5 werden dazu hinsichtlich Festlegungen von Brandentwicklungsdauer und Brandausbreitungsgeschwindigkeit gewisse Erfahrungen benötigt, nach VdS-Richtlinie wird durch Berücksichtigung von Betriebsart bzw. Art der Lagerung eine differenziertere Einstufung erreicht.

Noch bevor sich ein Schwelbrand zum Vollbrand entwickelt, werden große Menge Rauch bei steigenden Temperaturen in den Brandraum abgegeben. Der thermische Auftrieb bedingt, dass große Rauchgasmengen aufsteigen, sich mit kälterer Umgebungsluft vermischen und ihr Volumen vergrößern. Unter der Decke bzw. dem Dach steigt die Temperatur und erhöht sich der Druck. Es bilden sich Rauchwalzen, die an den Rändern oder Einbauten zu einer abwärts gerichteten Strömung führen. In der Folge kann es durch nach unten gerichtete Heißgasströme und Strahlungswechselwirkung zur Ausbildung von Sekundärbränden kommen und damit die Ausbildung des Vollbrandes im Brandraum beschleunigt werden. Die Abbildung 6.23 zeigt diesen Sachverhalt.

Die Verrauchung des Brandraumes – starke Rauchentwicklung und große Rauchausbreitungsgeschwindigkeit – vollzieht sich in außerordentlich kleinen

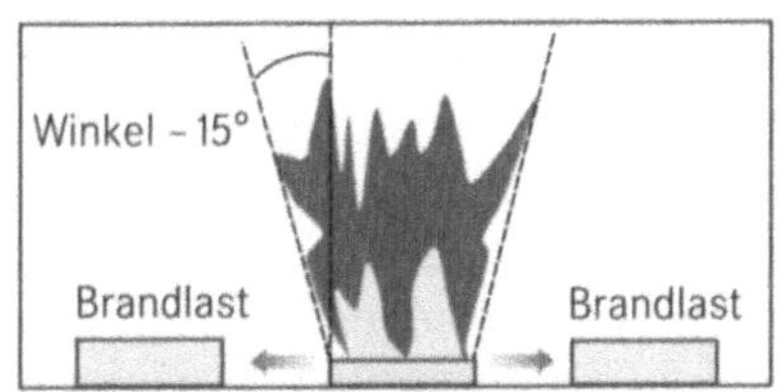

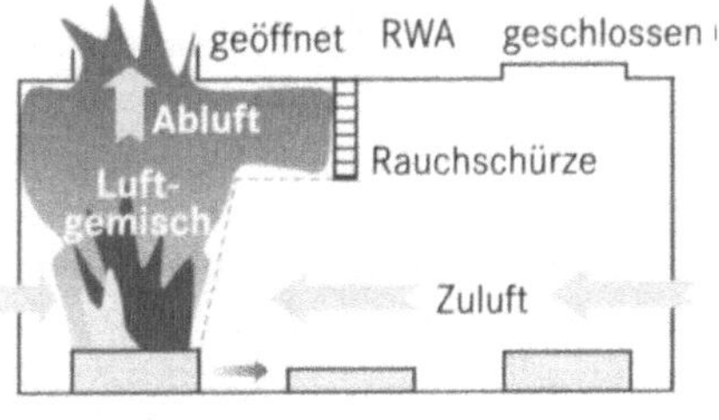

Abb. 6.23:
Rauchausbreitung und Brandbelüftung, nach [55]

Zeiträumen. Ein Raum mit einem Volumen von 2000 m^3 (Länge: 20 m, Breite: 10 m, Höhe: 10 m) verraucht in etwa 1 bis 2 Minuten, Räume mit einem größeren Volumen benötigen dazu nicht wesentlich mehr Zeit, was die Schlussfolgerung zulässt, dass spätestens nach 5 Minuten in fast allen Raumtypen die Sicht vollkommen verloren gegangen ist. Um das zu verhindern, muss eine Brandfrüherkennung bzw. Rauchdetektion erfolgen. Es müssen Rauch- und Wärmeabzugsanlagen vorgesehen und eine vernünftige Rauchabschnittsbildung vorgenommen werden.

Mit dem Formblatt (Abbildung 6.24) ist es möglich, in Verbindung mit den in Abbildung 6.25 zusammengestellten Berechnungshinweisen, eine Rauchabzugsanlage nach DIN 18232 auszulegen. Die Darstellungen wurden nach einer Information des Fachverbandes Lichtkuppeln und Lichtband e.V. [56] gestaltet und basieren auf der vorgenannten Norm. Ziel des Verfahrens ist es, eine so große aerodynamische Öffnungsfläche zu bestimmen, dass der Rauchabzug volle Wirkung erreicht und somit in Bodennähe eine rauchfreie Schicht erzeugt wird, die ein bestimmtes Mindestmaß nicht unterschreitet. Im Ergebnis der Berechnungen gibt es Festlegungen zur Gerätezahl, Größe der Gesamtabzugsfläche und Zahl der Steuergeräte. Die Vorschrift geht dabei von Flächen bis maximal 1600 m^2 aus oder von größeren Flächen, wenn Rauchschürzen unter der Decke bzw. dem Dach eine Unterteilung in gleich große Flächen zulassen. Trifft dies nicht zu, so muss mit einer, durch Nebenrechnung entsprechend korrigierten, rauchfreien Schichtdicke gerechnet werden.

Die Brandausbreitungsgeschwindigkeit wird standardmäßig als „mittel" angenommen, eine besonders geringe Geschwindigkeit ist durch den Bauherren zu belegen, während die Genehmigungsbehörde bei Festlegung einer besonders hohen Geschwindigkeit in der Nachweispflicht steht.

Die Abbildung 6.26 zeigt das Beispiel einer Berechnung einer Rauch-Wärme-Abzugsanlage für eine 3200 m^2 große und 10 m hohe Halle in den angegebenen Abmaßen mit 3 m hohen Rauchschürzen unter dem Flachdach. Die Grundfläche der Halle und die weniger als eine halbe Hallenhöhe hohen Rauchschürzen erfordern eine Korrekturrechnung, die im Ergebnis zu einer größeren Abzugsfläche als Kompensation für nicht genügend hohe Rauchschürzen in der Halle führen muss.

Die ermittelte aerodynamisch wirksame Rauchabzugsfläche, die Geräte- und Steuergruppenzahl nach Teil 2 der DIN 18232 sichern die Funktionstüchtigkeit noch nicht hinreichend, Einflüsse wie Öffnungszeitpunkte, Einbauort, Dachform, Hauptwindrichtung, Windstärke, Anströmrichtung u.a. sind außerhalb der normativen Regelungen notwendig zu beachten. Eine funktionstüchtige Rauch-Wärme-Abzugsanlage zu planen und einzubauen verlangt daher erhebliches Fachwissen und sollte ausschließlich von Fachleuten ausgeführt werden.

Rauchabzüge müssen manuell betätigt werden können und auf Rauch und Wärme ansprechen, die Auslösetemperatur sollte nicht über 72 °C liegen, um die Entrauchung zu sichern. Nur unter thermischem Einfluss aufschmelzende Öffnungen gelten daher nicht als Rauchabzug. Kalter Rauch, der relativ entfernt vom Brandherd auftritt, würde nicht zum Aufschmelzen führen. Wärmeabzüge müssen gleichfalls manuell zu betätigen sein und/oder durch Aufschmelzen die Abzugsöffnung freigeben. Wärmeabzüge, die oberhalb einer Temperatur von 300 °C aufschmelzen [57], können nicht als Rauchabzüge angerechnet werden,

Berechnungsnachweis nach DIN 18232, Teil2

1. Allgemeines

Objekt...	Raum...................................

Betreiber...

Architekt...

Behörde...

Bemerkung...

2. Rauchabschnitt

Länge...................... m	Breite...................... m	Fläche A_R.................. m^2

Höhe h.................. m	Dachneigung............. °	Rauchschürzen ☐ ja ☐ nein, h_{sch} = ... m ( )

Sprinkler ☐ ja ☐ nein ( ), autom.Brandmeldeanlage ☐ ja ☐ nein ( )

Werkfeuerwehr ☐ ja ☐ nein ( );	Löschangriffszeit .... min. ( )

Brandausbreitungsgeschwindigkeit ☐ besonders gering ( ), ☐ mittel ( ), ☐ besonders groß ( )

3. Bemessung

Brandentwicklungsdauer	= Brandmeldezeit + Löschangriffszeit

= ....min + ...min = ... min.

nach Tabelle 1: Bemessungsgruppe .... BMG

Anteil der aerodynamisch wirksamen Öffnungsfläche A_W in %

☐ ohne Korrekturfaktor , wenn { } Rauchabschnittsfläche $A_R \leq$ 1600 m^2 und { } Rauchschürze $h_{sch} \geq 0{,}5 \cdot h$

$d = 0{,}5 \cdot h$ mit BMG .... nach Tab.2 $\rightarrow A_W =$ ____,__ %

☐ mit Korrekturfaktor, wenn { } Rauchabschnittsfläche $A_R >$ 1600 m^2 und { } Rauchschürze $h_{sch} < 0{,}5 \cdot h$

$d_{Korr} = (0{,}5 \cdot h) + (0{,}25 \cdot h \cdot (A_R - 1600)/1600)$

Wenn $A_R >$ 3200 m^2, wird bei der Berechnung von d_{Korr} mit $A_R =$ 3200 m^2 gerechnet!

$d_{Korr} = (0{,}5 \cdot$ ....$) + (0{,}25 \cdot$ .... $\cdot$ [(........... $- 1600)/1600] =$ .... $+$ .... $=$ .... m

Wird die Rauchabschnittsfläche A_R ($A_R >$ 1600 m^2) durch Rauchschürzen mit $h_{sch} < 0{,}5 \cdot h$ in Teilflächen von $A_T <$ 1600 m^2 unterteilt, so darf d_{Korr} um die halbe Höhe der Rauchschürze h_{sch} gemindert werden. Dabei darf der Wert $d = 0{,}5 \cdot h$ nicht unterschritten werden. Bei $h_{sch} = 0$ ist $d = d_{Korr}$.

$d = d_{Korr} - (h_{sch}/2) =$ .... m $- 0{,}5 \cdot$ .... m $=$ .... m

$d/h \cdot h = ($...... m / .... m$) \cdot h =$ .... $\cdot$ h mit BMG .... nach Tab.2 $\rightarrow A_W =$ ____,__ %

Erforderliche A_W-Gesamtfläche $A_{W,ges} = A_R \cdot A_W = =$ .... $m^2 \cdot$ ....,... % $=$ ....m^2

Mindestgerätezahl

☐ Dachneigung $\leq 12°$:	$n_{Gef} = A_R / 200 =$ .... / 200 $=$ .... Stück	$\rightarrow$ .... Stück

☐ Dachneigung $> 12°$:	$n_{Gef} = A_R / 400 =$ .... / 400 $=$ .... Stück	$\rightarrow$ .... Stück

Mindestanzahl der Steuergruppen

☐ $A_R / 1600 =$ .... / 1.600 $=$ .... Stück	$\rightarrow$ .... Stück

Hinweis : (1) Werte wurden vorgegeben   (2) Werte wurden angenommen

Abb. 6.24: Berechnungsnachweis nach DIN 18232-T2; nach [56]

Berechnungshinweise zur DIN 18232, Teil2

1. Abkürzungen

h lichte Raumhöhe in m

h_{sch} Höhe Rauchschürze in m

d angestrebte rauchfreie Schicht in m

A_R Rauchabschnittsfläche in m^2

A_T Teilfläche von A_R in m^2

A_W geforderter Anteil der aerodynamisch wirksamen Öffnungsfläche in %

$A_{w,ges}$ geforderte aerodynamisch wirksame Öffnungsfläche in %

$A_{w,vor}$ gewählte aerodynamisch wirksame Öffnungsfläche in %

n_{gef} geforderte Mindeststückzahl

A_g geometrische Eintrittsfläche

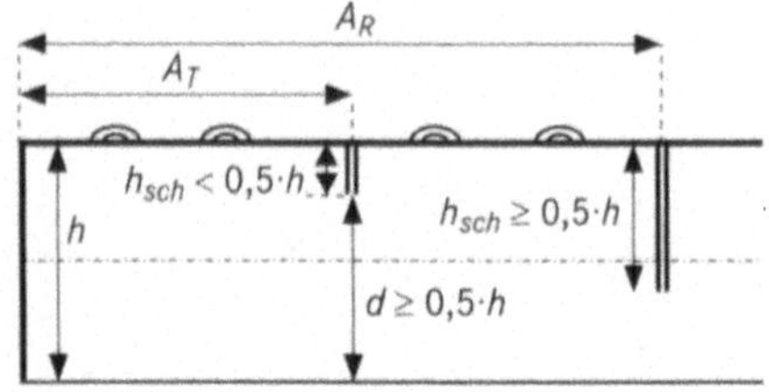

○ $d \geq 0,5\ h$, mindestens 2,0 m

○ wenn die Höhe der Rauchschürze $h_{sch} \geq h - d$, kann die Fläche A_R unterteilt werden und die Berechnung mit A_T durchgeführt werden,

○ ist $A_R > 3200$ m^2, so ist (nur) bei der Berechnung von d_{Korr} mit $A_R = 3200$ m^2 zu rechnen,

2. Besondere Kennzeichnungen

An den so ( ) vorgegebenen Stellen ist immer einzutragen, wer die notwendigen Angaben vorgegeben hat.

(1): die Werte wurden vorgegeben, Architekt, Bauherr, etc.; (2): die Werte wurden angenommen;

3. Tabelle 1, Bemessungsgruppen

Erwartete Brand-entwicklungsdauer in Minuten	Bemessungsgruppe Brandausbreitungsgeschwindigkeit		
	besonders gering	mittel	besonders groß
≤ 5	1	2	3
≤ 10	2	3	4
≤ 15	3	4	5
≤ 20	4	5	6
≤ 25	5	6	7

Brandentwicklungsdauer = Brandmeldezeit + Löschangriffszeit

1. Brandmeldezeit
5 Minuten: ohne Brandmeldeanlage
0 Minuten: mit Brandmeldeanlage

2. Löschangriffszeit
5 Minuten: Werkfeuerwehr vorhanden,
10 Minuten: Durchschnittswert
15 oder 20 Minuten: ungünstige oder außergewöhnlich ungünstige Verhältnisse, z.B. weite oder sehr weite Anfahrtswege der Feuerwehr

Die Brandausbreitungsgeschwindigkeit ist ggf. aus DIN 18230 abzuleiten,
besonders gering: Nachweis (Bauherr)
mittel: kein Nachweis, Nachweis nicht gefordert
besonders groß: Nachweis (Genehmigungsbehörde)

4. Tabelle 2, Anteil der aerodynamisch wirksamen Öffnungsfläche

Dicke der rauch-freien Schicht d bzw. d_{Korr} in m	Anteil der aerodynamisch wirksamen Öffnungsfläche A_W in % Bemessungsgruppen						
	1	2	3	4	5	6	7
$0,5 \cdot h$	0,3	0,4	0,6	0,8	1,0	1,2	1,4
$0,55 \cdot h$	0,35	0,5	0,7	1,0	1,2	1,5	1,7
$0,6 \cdot h$	0,4	0,6	0,9	1,2	1,5	1,8	2,1
$0,65 \cdot h$	0,5	0,7	1,0	1,5	1,8	2,2	2,5
$0,7 \cdot h$	0,7	0,9	1,3	1,8	2,2	2,7	3,0
$0,75 \cdot h$	0,85	1,1	1,5	2,1	2,6	3,2	3,6

zwischen den Werten darf linear interpoliert werden,

mit d_{Korr} ist zu rechnen, wenn
○ $A_R > 1600$ m^2 und
○ $h_{sch} < 0,5 \cdot h$ ist,

Abb. 6.25: Hinweise zum Berechnungsnachweis, nach [56]

Berechnungsnachweis nach DIN 18232, Teil2

1. Allgemeines

Objekt............**Musterbau**...   Raum....**Halle 1**....................

Betreiber........**Bako-Bau GmbH**...

Architekt........**Laifa & Partner**...

Behörde.........**Bauordnungsamt Landkreis Ilm**..

Bemerkung...**hohe Windanströmung NW**..

2. Rauchabschnitt

Länge............**80**........ m   Breite................**40**..... m   Fläche A_R......**3200**.........m^2

Höhe h...........**10**........ m   Dachneigung......**3**....... °   Rauchschürzen ☒ ja   ☐ nein, h_{sch} = ...**3**.. m (1)

Sprinkler ☐ ja   ☒ nein ( ), autom.Brandmeldeanlage ☒ ja   ☐ nein (1)

Werkfeuerwehr   ☐ ja   ☒ nein (1);   Löschangriffszeit ....**<10**.... min. (2)

Brandausbreitungsgeschwindigkeit ☐ besonders gering ( ), ☒ mittel (2), ☐ besonders groß ( )

3. Bemessung

Brandentwicklungsdauer   = Brandmeldezeit + Löschangriffszeit

                             = ...**0**...min + ...**10**......min = ...**10**....... min.

                             nach Tabelle 1: Bemessungsgruppe ....**3**... BMG

Anteil der aerodynamisch wirksamen Öffnungsfläche A_W in %

☐ ohne Korrekturfaktor , wenn ( ) Rauchabschnittsfläche $A_R \leq 1600$ m^2 und ( ) Rauchschürze $h_{sch} \geq 0,5 \cdot h$

d = 0,5 · h mit BMG .... nach Tab.2 → A_W = ___**,**___ %

☒ mit Korrekturfaktor, wenn **{X}** Rauchabschnittsfläche $A_R > 1600$ m^2 und **{X}** Rauchschürze $h_{sch} < 0,5 \cdot h$

d_{Korr} = (0,5 · h) + (0,25 · h · (A_R – 1600)/1600)

Wenn $A_R > 3200$ m^2, wird bei der Berechnung von d_{Korr} mit $A_R = 3200$ m^2 gerechnet!

d_{Korr} = (0,5 · ...**10**....) + (0,25 · ...**10**..... · [(...**3200**... – 1600)/1600] = ...**5,0**... + ...**2,5**..... = ...**7,5**..... m

Wird die Rauchabschnittsfläche A_R ($A_R > 1600$ m^2) durch Rauchschürzen mit $h_{sch} < 0,5 \cdot h$ in Teilflächen von $A_T < 1600$ m^2 unterteilt, so darf d_{Korr} um die halbe Höhe der Rauchschürze h_{sch} gemindert werden. Dabei darf der Wert d = 0,5 · h nicht unterschritten werden. Bei h_{sch} = 0 ist d = d_{Korr}.

d = d_{Korr} – (h_{sch}/2) = ...**7,5**... m – 0,5 · ...**3**.... m = ...**6,0**..... m

d/h · h = (...**6,0**.. m / ...**10,0**.. m) · h = ..**0,6**... · h mit BMG ...**3**..... nach Tab.2 → A_W = ___**0,9**___ %

Erforderliche A_W-Gesamtfläche $A_{W,ges}$ = $A_R \cdot A_W$ = = ...**3200**.. m^2 · ....**0,9**... % = ...**28,8**....m^2

Mindestgerätezahl

☒ Dachneigung ≤ 12°: n_{Gef} = A_R / 200 = ...**3200**... / 200 = ...**16,0**.. Stück   → ...**16**... Stück

☐ Dachneigung > 12°: n_{Gef} = A_R / 400 = ... / 400 = ... Stück   → .... Stück

Mindestanzahl der Steuergruppen

☐ A_R / 1600 = ...**3200**..... / 1600 = ...**2,0**..... Stück   → ..**2**.... Stück

Hinweis :   (1) Werte wurden vorgegeben   (2) Werte wurden angenommen

Abb. 6.26: Berechnungsbeispiel RWA für eine Halle

weil dieser späte Zeitpunkt für eine frühe Entrauchung ungeeignet ist. Der Einsatz von Materialien bei RWA, die unter Wärmeeinwirkung aufschmelzen und die Abzugsöffnung in der Dachfläche freigeben, steht im Gegensatz zur Forderung der Landesbauordnung nach harter Bedachung, d.h. der Widerstandsfähigkeit gegen Flugfeuer und Strahlungswärme. Die Materialauswahl muss deshalb unter gesonderten Randbedingungen betrachtet werden, die ihrerseits in der Hochbaurichtlinie [16] durch nach oben begrenzte Anteile der Abzugsflächen an der Gesamtdachfläche je nach Ausführung, Lichtband oder Lichtkuppel, geregelt ist – worauf im Abschnitt 6.17 einzugehen sein wird.

Rauch und Wärme können nur dann effektiv abgeführt werden, wenn in der unteren Hälfte des Brandraumes Öffnungen für die notwendige Zuluftmenge zur Verfügung stehen. Eine Luftzuführung von außen ist notwendig, um sowohl den Heißgasstrom durch Vermischung als auch die Randgebiete des Feuers selbst durch den Luftstrom zu kühlen. Das Feuer brennt damit rauchärmer und es kann sich eine in Bodennähe befindliche rauchfreie Schicht bilden, die wiederum für die Rettung notwendig ist. In der DIN 18232 [58] wird im Abschnitt 6.7 gefordert, dass eine Mindestfläche für Zuluftöffnungen zur Verfügung stehen muss; der geometrische Querschnitt dieser Öffnungen muss mindestens das 1,5-fache der geometrischen Öffnungsflächen aller RWA-Öffnungen des Rauchabschnittes mit der größten aerodynamischen wirksamen Öffnungsfläche betragen. Zur Verteilung dieser Öffnungen wird keine Aussage getroffen. Somit besteht für den Planer eine wichtige Aufgabe darin, diese Zuluftflächen und deren Öffnungsmöglichkeiten entsprechend zu planen und durch eine geschickte Verteilung auf eine wirkungsvoll sich ausbildende Raumluftströmung zu achten.

Die Öffnungsmöglichkeiten bzw. das Öffnen von Zuluftflächen stellt dabei ein gesondertes Problem dar. Bei dem heutigen Stand der Sicherheitsanforderungen (vor allem versicherungstechnischer Art) an Türen, Tore und Verglasungen, wie einbruchhemmend oder durchwurfsicher, kann es nicht mehr Aufgabe des abwehrenden Brandschutzes, d.h. der Feuerwehreinsatzkräfte sein, in einem Brandfall mit manuellem Einsatz, mit Spitzhacke oder Hammer, diese Zuluftflächen zu schaffen. Entsprechend dem Stand der Technik sollten zum Öffnen von Zuluftflächen eigentlich nur noch technische Einrichtungen installiert werden, die rechtzeitig automatisch öffnen oder es den Löscheinsatzkräften ermöglichen, ohne Gewalt, also zerstörungsfrei, Türen, Tore und Verglasungen im Brandfall zu öffnen. Fernbedienungen über Funk, Feuerwehrschlüsselkästen mit Rauch-Wärme-Meldern gekoppelt oder andere von der Industrie angebotene technische Lösungen könnten dabei hilfreich sein.

Wie bereits festgestellt, werden bezüglich der Verteilung der Zuluftöffnungen und der sich dadurch ausbildenden Raumluftströmung keine konkreten Aussagen getroffen, hier besteht noch Klärungsbedarf.

Rauch- und Wärmeabzugsanlagen sind dauerhaft zu kennzeichnen, dazu müssen Hersteller, Baujahr und aerodynamisch wirksame Öffnungsfläche festgehalten werden.

Maschinelle Rauchabzugsanlagen sind in Räumen vorzusehen, wo eine Rauch-Wärme-Abzugsanlage nicht eingesetzt werden kann oder darf. Dies betrifft zum Beispiel die Entrauchung in unteren Etagen oder über seitliche Fenster, die Rauchfreihaltung von Kellerräumen oder Tiefgeschossen. Die mit Brandrauch durchmischte Raumluft muss mittels Entrauchungsleitungen und Ventilatoren nach außen transportiert werden. Die Dimensionierung der Anlage, wie die erforderliche Leistung der Ventilatoren, ist abhängig von der Dicke der notwendigen rauchfreien Schicht, der Wärmefreisetzungsdichte und der Bemessungsgruppe. Letztere ergibt sich aus der von einer bestimmten Nutzung ausgehenden Brandgefahr.

Eine Anlage zur Entrauchung über Sammelkanäle hat sicherzustellen, dass auch einzelne Bereiche eines größeren Abschnitts getrennt entraucht werden können und erfordert daher einen hohen apparativen Aufwand. Die Frischluftzufuhr in Räumen mit maschinellen Rauchabzügen sollte möglichst gleichmäßig im Raum erfolgen. Dabei ist zu beachten, dass die auftretenden Strömungsgeschwindigkeiten relativ gleichmäßig sind, um Verwirbelungen und so genannte Frischluftschneisen im Raum zu vermeiden, was nachteilige Folgen für die im Raum anwesenden Personen haben kann.

Im Zusammenwirken mit installierten Sprinkleranlagen verändern sich die Bemessung und das Auslöseverhalten von Rauch-Wärme-Abzugsanlagen, da mit einer geringeren Wärmefreisetzung zu rechnen ist und sich auch die Strömungsverhältnisse verändern. Eine Kombination von Brandentlüftungsanlagen und Sprinkleranlagen hat keine nachteiligen Folgen für die Brandbekämpfung, sondern bringt unter Berücksichtigung veränderter Randbedingungen Vorteile. Sie können sich bei sinnvoll aufeinander abgestimmter Planung mit Bildung kleiner Rauchsammelabschnitte und möglichst vielen Rauch-Wärme-Abzugsgeräten gut ergänzen [136,137,138].

Korrekte Planung und fachgerechte Ausführung von Anlagen zum Rauch- und Wärmeabzug bietet praktisch für jede Gebäudesituation ein Maximum an Sicherheit.

6.17 Bedachung

Dächer spielen in der Bauphysik eine bedeutende Rolle. Sie schließen das Gebäude nach oben hin ab, müssen sicher konstruiert und wärmedämmend, dampfdurchlässig, schalldämmend, regensicher, winddicht, luftdicht, strahlungsreflektierend und schmutzabweisend sein. Sie können belüftet oder unbelüftet, als Steildächer oder Flachdächer ausgebildet sein. Aus der Sicht des Bautechnischen Brandschutzes kommt noch eine weitere Eigenschaft hinzu. Die Oberseite des Daches muss als harte Bedachung ausgeführt werden, indem diese „gegen Flugfeuer und strahlende Wärme widerstandsfähig" zu gestalten ist, was bedeutet, dass eine Bedachung keine Feuerwiderstandsfähigkeit im Sinne einer ETK-Prüfung erreichen kann. Als Bedachung gelten Dacheindeckungen und Dachabdichtungen einschließlich eingebauter Dämmstoffe, diese mindestens in der Baustoffklasse B2, sowie Lichtkuppeln und andere Abschlüsse für Öffnungen im Dach [32]. Die DIN 4102-T4 weist unter der Rubrik Sonderbauteilen die harten Bedachungen aus, die

allgemein bauaufsichtlich zugelassen sind. Es handelt sich um Bedachungen:
♦ aus natürlichen und künstlichen Steinen der Baustoffklasse A,
♦ mit einer obersten Lage aus ≥ 0,5 mm dickem Metallblech,
    sichtseitige Kunststoffbeschichtung erlaubt,
♦ aus tragenden Konstruktionen mit 2-lagigen
    Bitumen-Dachbahnen,
    Bitumen-Dachdichtungsbahnen,
    Bitumen-Schweißbahnen,
    Glasvlies-Bitumen-Dachbahnen,
♦ mit einer beliebigen Bedachung aus
    50 mm Kiesschüttung,
    40 mm Betonwerksteinplatten oder
    anderen mineralischen Platten.

Die Abbildung 6.27 zeigt mögliche Beanspruchungen von Bedachungen durch Feuer, wobei eine Gefährdung des Daches sowohl aus dem Außenraum, von benachbarten Gebäuden, als auch aus dem Gebäude selbst erfolgen kann.

Eine weiche Bedachung, die keinen ausreichenden Schutz gegen Flugfeuer und strahlende Wärme darstellt, wird für Gebäude bis 7 m Höhe OKF erlaubt, wenn die Gefährdung über entsprechende Abstandsmaße nach der Landesbauordnung (z.B. §31(2) ThürBO) auf dem eigenen und/oder zu fremden Grundstücken geregelt wird. Der Einsatz von Feuerschutzmitteln zur Behandlung von Reet und Stroh im Hinblick auf eine verbesserte Widerstandsfähigkeit (als harte Bedachung) ist möglich, aber eine Langzeitstabilität nicht erwiesen und daher derzeit zum Einsatz nicht vorgesehen.

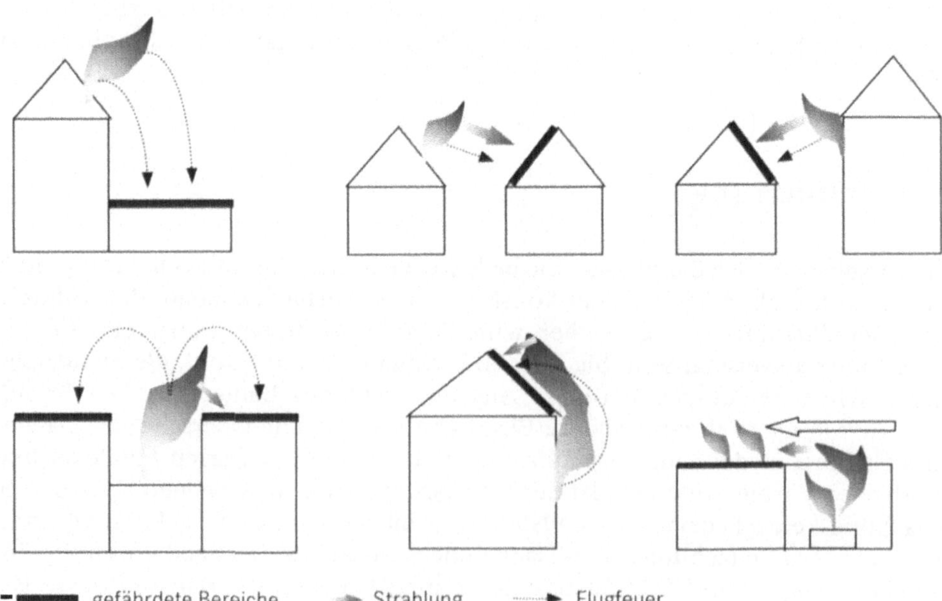

Abb. 6.27: Beanspruchungen von Bedachungen im Brandfall, nach [32]

In einigen Landesbauordnungen und Sonderbauverordnungen können Anforderungen an die Feuerwiderstandsdauer von Dachkonstruktion gestellt werden. Dies betrifft Dächer und deren Unterstützungen bei aneinander gebauten giebelständigen Gebäuden, die von innen nach außen mindestens feuerhemmend ausgebildet werden müssen und Dächer, die der Aussteifung von Wänden dienen und eine Feuerwiderstandsfähigkeit von mehr als 30 Minuten aufweisen sollen.

Bei Geschäftshäusern ist das Tragwerk von Dächern, die den oberen Abschluss der Räume bilden, feuerbeständig auszubilden, Ausnahmen sind bei erdgeschossigen Geschäftshäusern möglich.

Für die Dächer von Hochhäusern – dazu zählen Tragwerk, Schalung, Dachaufbauten und Bekleidungen – werden nicht brennbare Baustoffe gefordert. Begehbare Flachdächer müssen in der Feuerwiderstandklasse F 90-A ausgebildet werden.

Trennungen im Dachbereich
Gebäudetrennungen sind in der Regel als Brandwände bzw. bei Gebäuden geringer Höhe als feuerbeständige Wände ausgeführt. Sie können nur dann sicher funktionieren, wenn sie auch im Dachbereich sicher gestaltet werden. Die einzelnen Landesbauordnungen lassen dabei durchaus gewisse Unterschiede zu.

Bei Gebäuden ab 7 m Höhe OKF müssen notwendige Brandwände (GK 5) bzw. erlaubte hochfeuerhemmende, mechanisch geprüfte Wände (GK 4) entweder 0,3 m über das Dach geführt oder unterhalb der Dachhaut jeweils 0,5 m nach beiden Seiten als feuerbeständige Kragplatte ausgeführt werden, Abbildung 6.28. Brennbare Bestandteile dürfen diese Trennung grundsätzlich nicht überbrücken. Bei Gebäudetrennungen mit weicher Bedachung fordern einige Bauordnungen, dass Brandwände 0,5 m über Dach geführt werden.

Die Ausführung einer Brandwand bei Gebäudetrennungen erfordert Maßnahmen, um Dachvorsprünge, Dachkästen und ähnliche Bauteile aus mehr oder weniger brennbaren Baustoffen (Holz) mit Wandüberstand zur Nachbarbebauung in gleicher Weise zu schützen. Eine wirksame Maßnahme sind Brandwandvorköpfe, Abbildung 6.29, oder äquivalente Ersatzkonstruktionen aus nicht brennbaren Baustoffen.

Eine Überdachführung von 0,5 m gilt für Brandwände und Wände zur Trennung von Brandbekämpfungsabschnitten bei Industriebauten nach Muster-Industriebaurichtlinie [42] und für Komplextrennwände, der von den Feuerversicherern angebotenen höherwertigen räumlichen Trennung. Aus Sicherheitsgründen werden bei Industriebauten schon Empfehlungen für Überdachführung von 0,80 m gegeben. Sofern die Musterrichtlinie nicht verbindlich gilt, sind notwendigen Maße und Forderungen der Landesbauordnungen einzuhalten.

Beiderseits der brandschutztechnisch notwendigen Trennungen sollten in gedämmten Flachdächern mindestens 1 m breite Streifen aus Dämmstoffen der Baustoffklasse A, wenn die übrige Dachfläche mit normal- oder schwerentflammbaren Dämmstoffen ausgerüstet ist, zur zusätzlichen Sicherung der Trennung gegen Überflammung im Dachhautbereich eingebaut werden.

Über Anordnung und Ausführungen von Brand- oder Komplextrennwänden bei Sonderdachformen wie Shed-, Sattel- und Grabendächern informiert das Merkblatt 2234 des VdS [59].

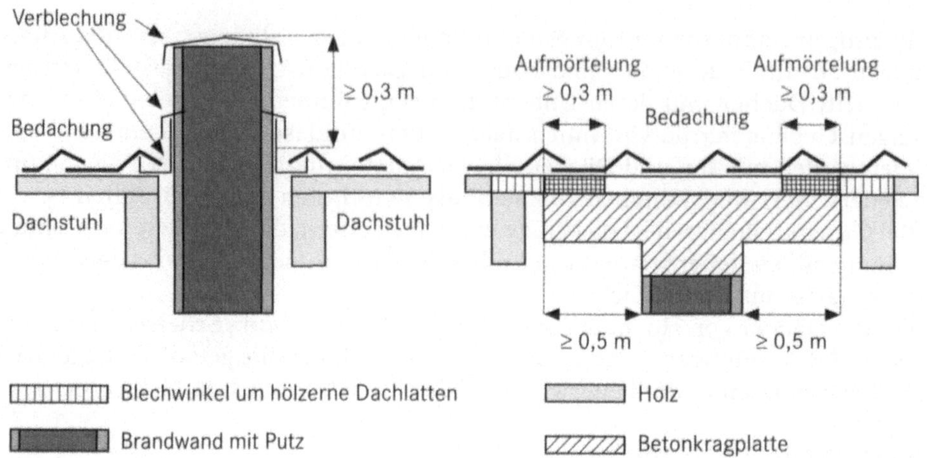

Abb. 6.28: Gebäudetrennung bei Gebäuden mittlerer Höhe ab 7 m OKF, nach [31]; eine Kragplatte ist bei Komplextrennwänden nicht zulässig

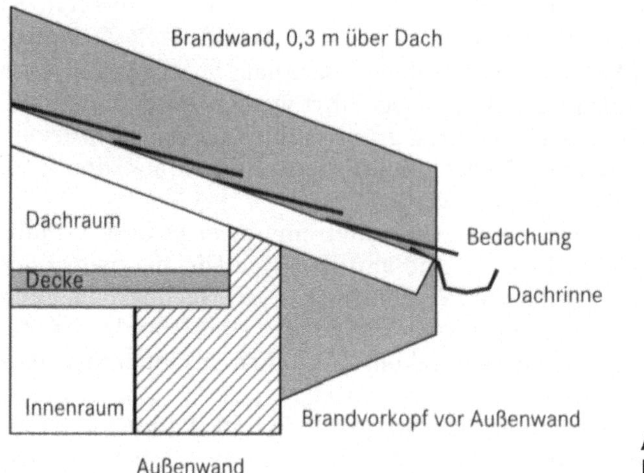

Abb. 6.29:
Brandwandvorkopf, nach [31]

Bei Gebäuden geringer Höhe bis 7 m OKF sind Brandwände sowie Wände, die anstelle von Brandwänden zugelassen sind, bis unmittelbar unter die Dachhaut[1] zu führen. Ein Zwischenraum darf nicht verbleiben und ist mit nichtbrennbaren Baustoffen auszufüllen. Dachlatten dürfen daher über diese Trennungen nicht hinweg geführt werden. Die Verbindung ist mit Aufmörtelungen und Blechwinkeln um die Dachlatten ähnlich wie bei der Anordnung von Kragplatten als Trennung, Abbildung 6.28, zu gestalten.

[1] Dachhaut: äußere Schicht eines Daches, ohne tragende Konstruktion

Für Wohngebäude geringer Höhe bis 7 m OKF sind als Trennungen hochfeuerhemmende Wände erlaubt. Es werden sogar Wände mit brennbaren Baustoffen, z.B. die Trennungen [F 30-B + F 90-B], zugelassen. Dachlatten sind hier trennungsübergreifend nicht verboten.

Dachflächen niedrigerer Gebäude bzw. Gebäudeteile mit Anschluss an Wände höherer Gebäude, die Öffnungen enthalten, müssen in einem Abstand von mindestens 5 m von den aufgehenden Wänden so feuerwiderstandfähig hergestellt werden, wie die Decken des höheren Gebäudes bzw. Gebäudeteiles.

Da ein Dach nicht als raumabschließendes Bauteil mit einer Feuerwiderstandsdauer geprüft wird, muss, für den Fall einer zu fordernden Feuerwiderstandsfähigkeit, unter dem Dach eine diese Forderung erfüllende Deckenkonstruktion angebracht werden. Es dürfen keine Öffnungen eingebaut und kein Dachraum geplant werden [64].

Öffnungen im Dachbereich

Die Landesbauordnungen (z.B. §31(6) ThürBO) enthalten diesbezüglich konkrete Forderungen nur für aneinander gereihte, giebelständige Gebäude. Öffnungen müssen sich mindestens 2 m – waagerecht gemessen – von der Gebäudetrennung entfernt befinden, Abbildung 6.30. Da die Fenster im Dachbereich eventuell auch als Rettungsweg in den Dachgraben benötigt werden, wird in einigen Bundesländern ein versetzter Einbau derart zugelassen, dass ein waagerecht gemessener Abstand von mindestens 4 m zwischen den Dachöffnungen verschiedener Gebäude besteht.

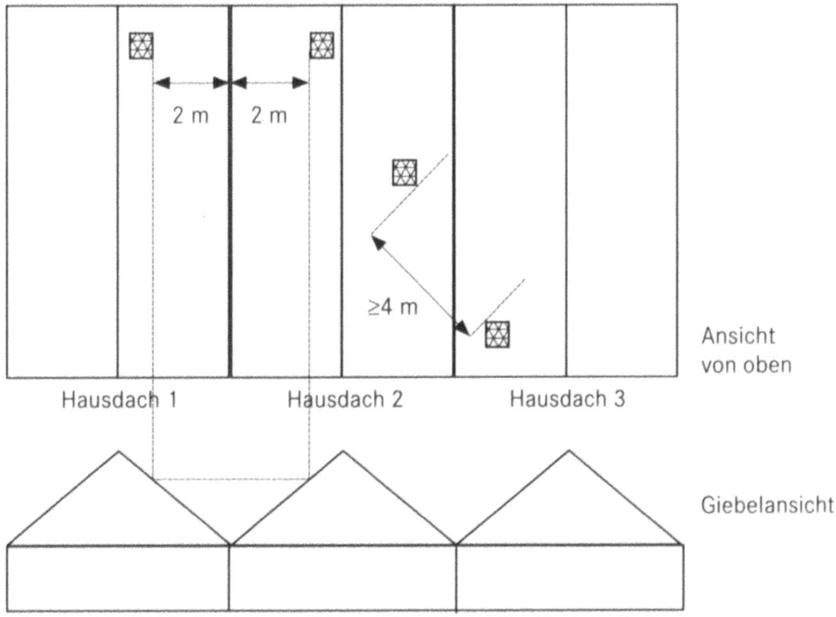

Abb. 6.30: Öffnungen bei aneinandergereihten, giebelständigen Gebäuden

Wenn Brandwände oder feuerbeständige Wände bei Wohngebäuden geringer Höhe nicht mindestens 0,3 m über Dach geführt werden, so sind Belichtungsöffnungen und andere Öffnungen im Dach mit harter Bedachung mindestens 1,25 m von diesen Trennungen entfernt anzuordnen. Dieses Abstandsmaß gilt auch für Gauben und ähnliche Aufbauten aus brennbaren Stoffen, wenn sie durch diese über Dach geführten Trennungen nicht hinreichend gegen Feuerübersprung vom Nachbargebäude geschützt werden, z.B. dann, wenn die Aufbauten zu hoch sind.

Lichtbänder und/oder Lichtkuppeln, die selbst nicht die Eigenschaft einer harten Bedachung erfüllen, aber in Dächer mit harter Bedachung eingebaut werden, müssen bestimmte Abstände und Flächengrößen gemäß Hochbaurichtlinie [16] einhalten. In Tabelle 6.13 sind die Forderungen zusammengefasst. Von diesen Regelungen sind vor allem flache Industriedächer betroffen, wo Dachöffnungen sowohl für Belichtung als auch für Rauch- und Wärmeabzugsflächen benötigt werden.

Dachflächen mit brennbarer Dachhaut oder mit normal entflammbaren Dämmstoffen, die an aufgehende Wände mit Öffnungen grenzen, müssen in einem Abstand von mindestens 5 m vor der aufgehenden Wand eine Bekiesung oder einen Plattenbelag (unbrennbar, Klasse A) erhalten; für Komplextrennwänden gelten größere Abstände von mindestens 7 m.

Tab. 6.13: Lichtbänder und Lichtkuppeln in harter Bedachung, nach [16]

Einbau Lichtbänder parallel zur Traufkante	
maximale Breite	2 m
maximale Länge	20 m
Abstand zur Dachkante	≥ 2 m
Abstand untereinander	≥ 2 m
Abstand zu Brandwand	≥ 5 m
Abstand zu angrenzenden höheren Gebäuden	≥ 5 m
Einbau Lichtkuppeln	
Einzelfläche	≤ 6 m^2
Gesamtfläche/Dachfläche	$\leq 20\%$
Abstand zu Lichtkuppeln	≥ 1 m
Abstand zur Dachkante	≥ 1 m
Abstand zu Lichtband	≥ 2 m
Abstand zu Brandwand	≥ 5 m
Abstand zu angrenzenden höheren Gebäuden	≥ 5 m
Einbau Lichtkuppeln und Lichtbänder gemeinsam, zusätzlich	
Summe aller Flächen / Dachfläche	$\leq 30\%$

Durchdringungen im Dachaufbau stellen immer eine Gefährdung dar, da der an sich homogene Dachaufbau angeschnitten (STP-Profil) und die Bedachung durchbrochen wird. Für klassifizierte Dächer mit Durchdringungen muss deshalb gefordert werden, dass die Dachdurchbrüche in der Umgebung der Öffnungen so gestaltet werden, dass der Raumabschluss gesichert wird und eine Klassifizierung nicht verloren geht.

Durchdringungen sollten auf Aufsetzkränzen montiert werden, um die Öffnungen relativ weit über das Dach zu führen und so die Bedachung vor unmittelbarer Flammeneinwirkung aus der Öffnung heraus zu schützen. Um die Öffnungen herum sind ausreichend dimensionierte Bekleidungen am Dachaufbau (im Anschnitt nach innen) anzubringen, auf der Dachoberfläche ist die Bedachung aus nicht brennbarem Material auszuführen oder das typische Bedachungsmaterial zusätzlich durch Kies zu schützen. Diese Maßnahmen sollten auch für nicht klassifizierte Dächer vorgesehen werden, weil sie in der Umgebung von Öffnungen zusätzliche Sicherheit in den Dachaufbau bringen.

Stahltrapezprofildächer
Großflächige Dächer, die nicht zu befahren und nur selten zu begehen sind, werden überwiegend mit Stahltrapezprofilen (STP) ausgeführt. Es handelt sich dabei üblicherweise um Warmdächer, also einschalig ausgeführte Dachkonstruktionen ohne Belüftung, wie es Abbildung 6.31 zeigt.

Die Stahltrapezprofildächer gelten, im Rahmen der Forderungen der DIN 4102 an eine Dachhaut, als harte Bedachung. Eine Feuerwiderstandsfähigkeit besitzen diese Dächer nicht. Dazu müssten das Dach und eine geeignete Unterkonstruktion – z.B. eine klassifizierte Unterdecke – entsprechend feuerwiderstandsfähig ausgeführt werden.

Branderfahrungen und Untersuchungen an diesen Dachformen haben gezeigt, dass sie durchaus bestimmte Risiken aufweisen, die bei Planung und Ausführung zu beachten sind. Dabei spielen die Anschnitte der Dachdurchdringungen keine unwesentliche Rolle. Durch heiße Brandgase kommt es an der Dachunterseite zu einem Wärmestau und durch Wärmeübertragung an den darüber befindlichen Dachaufbau kann es zur Zersetzung brennbarer Bestandteile wie Klebemittel, Dämmstoffe oder Bitumen und zur Entzündung kommen. Die Zersetzungsprodukte können durch die hohlen Sicken der Profile [60] noch in weit entfernten Dachbereichen bei Entzündung zu explosionsartig verlaufenden Zerstörungen großer Dachbereiche führen. Um solche gefährlichen Zustände zu vermeiden, ist

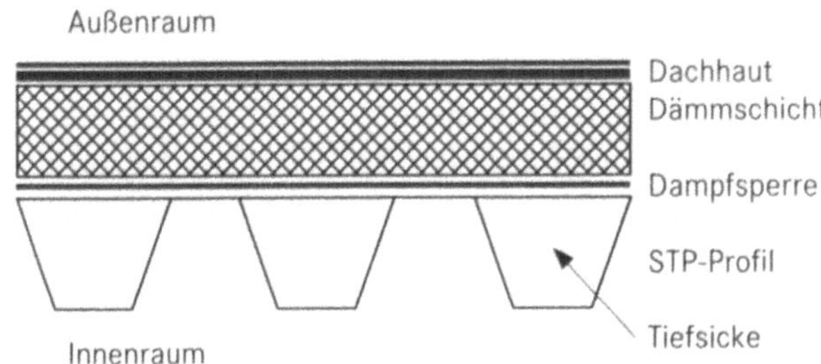

Abb. 6.31:
Flachdach mit Stahltrapezprofilen

eine Einbau sickenangepasster Formkörper aus nicht brennbarem Material (z.B. Schaumglas oder Leichtbeton) in den STP-Profilen sinnvoll, eigentlich unverzichtbar [61]. Diese werden gasdicht eingebaut und können das Dach an wichtigen und sinnvollen Stellen unterteilen. Solche Unterteilungen im Dachaufbau können beispielsweise über den horizontalen Trennungen (Trennwände) der inneren Erschließung vorgenommen werden, die damit auch im Dachaufbau sichtbar werden oder eben die Umgebung von notwendigen Dachdurchdringungen, wie die schon erwähnten STP-Profilanschnitte, sichern.

Die Sickenabschottungen in den Profilen können in ihrer Wirkung durch einen partiellen Oberflächenschutz auf der Dachhaut sinnvoll unterstützt werden. Dazu kommt eine Bekiesung oder Belegen mit Betonplatten in Betracht. Die zusätzlich aufgebrachte Last muss bei der Auslegung der Konstruktion natürlich berücksichtigt werden.

Um die Dachfläche im Brandfall möglichst lange Zeit geschlossen zu halten, kommt der Verbindung der STP-Profile untereinander große Bedeutung zu. Es dürfen nur Verbindungsmittel verwendet werden, die den auftretenden Belastungen standhalten; mit diesen sind die Längs- und Querstöße gleichabständig mit 2–3 Verbindungen je lfm zu sichern, wobei vor allem Längsstöße gefährdet sind und sorgfältig gesichert werden müssen.

Generell gilt, dass Brandlasten bei diesen Dächern zu minimieren sind. Dies betrifft den Einsatz von Dampfsperren, Dämmschichten und Dachabdichtungen. Der sparsame Einsatz von brennbaren Klebemitteln sollte eine Selbstverständlichkeit sein, z.B. sollten zur Klebung von Dämmstoffen mit Heißbitumen nur die Obergurte der Bleche eingestrichen werden. Die bei Einbau von Dämmmaterialien aus Schaumglas eingetragene Kleber-Brandlast von höchstens $0{,}8$ kg/m^2 liegt nicht höher als die Brandlast der organischen Beschichtungsstoffe von brandlastarmen Dampfsperren, Schaumglas ist dazu noch diffusionsdicht und benötigt keine Dampfsperre [140].

Für Durchdringungen, Abschlüsse und Anschlüsse in Dachflächen des Industriebaus werden in der Vornorm DIN 18234 Anforderungen und konstruktive Grundsätze festgelegt [62]. Durchdringungen gelten als
♦ kleine Durchdringungen bis 0,3 m Seitenlänge oder Durchmesser,
♦ mittlere Durchdringungen bis 3,0 m Seitenlänge oder Durchmesser und
♦ große Durchdringungen über 3,0 m Seitenlänge oder Durchmesser.

Für diese Durchdringungen in profilierten Flächentragwerken – z.B. Stahltrapezprofildächer – sind um die Durchführungen herum Formstücke aus Dämmstoffen als Sickenabschottung vorzusehen. Es können dabei nicht brennbare Baustoffe mit einem Schmelzpunkt über 1000 °C, Phenolharz-Hartschaum oder expandierte mineralische Baustoffe mit Zulassung verwendet werden [62].

Da kleine Durchdringungen wie Dachentlüfter oder Dacheinläufe wegen der spezifisch hohen Wärmelast kritischer anzusehen sind als größere Durchdringungen, werden um die Öffnung sowohl die Abschottung mit Formstücken vorgeschrieben als auch Forderungen an die Qualität der einzusetzenden Dämmstoffe erhoben; bei Durchführung thermoplastischer Rohre wird ein selbsttätig schlie-

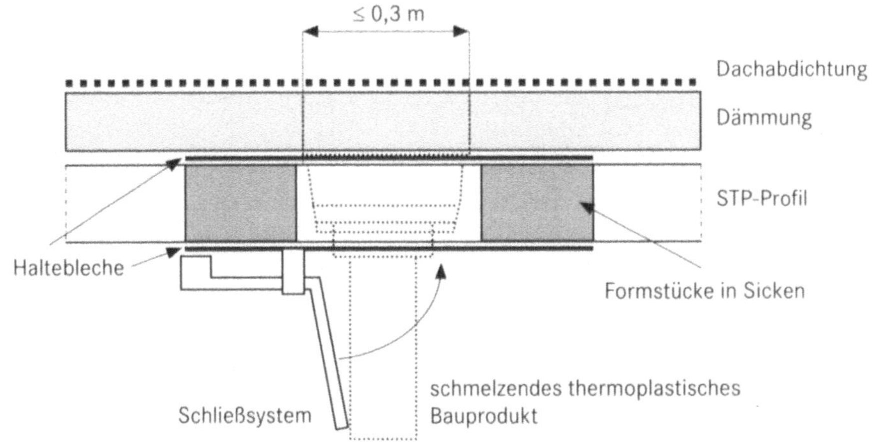

Abb. 6.32: Kleine Durchdringung mit selbstständig schließendem System, nach [62]

ßendes Klappensystem vorgeschrieben (s. Abbildung 6.32). Bei Durchdringungen aus Stahl sind diese an der Unterseite der STP-Profile sicher zu befestigen und eine Sickenabschottung als Schutz gegen Einflammen in das STP-Profil vorzunehmen [139].

Mittlere und große Durchdringungen im Dach sollen mit Hilfe von Aufsetzkränzen geplant werden, wobei je nach Materialart (brennbar oder nicht brennbar) der Aufsetzkränze durch Bekiesung um diese Kränze eine zusätzliche Sicherheit für die Dachhaut geschaffen werden muss. Konstruktive Details in der Ausführung sind unbedingt zu beachten (siehe [62]).

An- und Abschlüsse von profilierten Flächentragwerken an aufgehende flächige oder profilierte Bauteile sind ebenfalls besonders zu schützen, um einen Branddurchbruch durch teilweises Versagen von profilierten Bauteilen zu vermeiden. Bild 6.33 zeigt den beweglichen Anschluss an ein profiliertes Bauteil, bei dem die Formstücke zur Abschottung vorgeschrieben sind.

Gründächer

Für diese Dachform gibt es Empfehlungen der ARGEBAU mit dem Ziel, den Schutz dieser Dächer gegen Flugfeuer und strahlende Wärme zu verbessern.

Dächer mit künstlicher Bewässerung und Pflege gelten dabei als harte Bedachung, es handelt sich dabei um die typischen begehbaren Dachlandschaften, d.h. um Dächer mit Intensivbegrünung, wobei eine große Pflanzenvielfalt möglich ist, weil Substratdicken bis 0,6 m zugelassen sind [19].

Im Gegensatz dazu existieren Dächer mit Extensivbegrünung nur mit natürlicher Bewässerung und höchstens einmaliger Pflege pro Jahr. Nur all zu oft bleiben diese Dächer sich selbst überlassen. Zündung und rasches Abbrennen vertrockneter organischer Pflanzenreste stellen ebenso eine Gefährdung dar wie die Glimmneigung solcher Dachaufbauten. Daher gelten sie nur dann als harte Bedachung, wenn der Aufbau bestimmten Forderungen standhält. So muss die Substratdicke

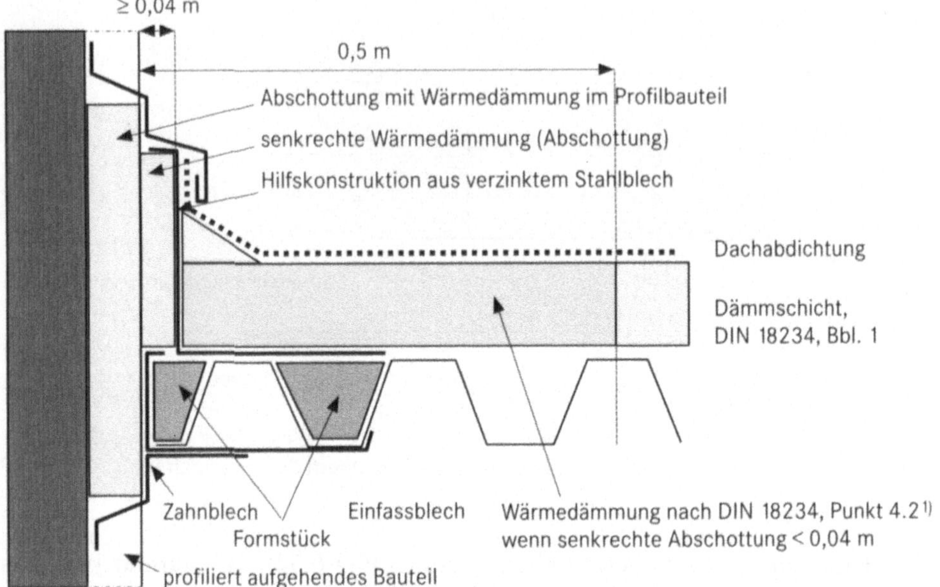

Abb. 6.33: Anschluss eines Stahltrapezprofils an aufgehendes, profiliertes Bauteil, nach [62]; 1) nicht brennbare Baustoffe, Schmelzpunkt > 1000 °C, Phenolharz-Hartschaum nach DIN 18164 oder expandierte mineralische Baustoffe mit Zulassung DIfB

mehr als 30 mm (üblich sind 60 mm bis etwa 180 mm) betragen, und es dürfen nur weniger als 20 Masse% organische Bestandteile darin vorhanden sein. Auf dem Dach, vor allem bei großen Dachflächen, sollte in bestimmten Abständen eine Brandabschnittstrennung durch Abstandsflächen mit Steinbelag oder Bekiesung vorgenommen werden. Diese Trennungen könnten die inneren Brandabschnittstrennungen quasi auch auf der Dachhaut sichtbar werden lassen.

Eine solche Unterteilung sollte aber mindestens alle 40 m ausgeführt werden. Ebenso sind Öffnungen im Dach und Dachstreifen vor aufgehenden Wänden mit Öffnungen durch Kiesstreifen oder Platten von mindestens 0,5 m Breite zu sichern.

Da Gründächer auch als Wasserspeicher wirken, besteht eine erhöhte Brandgefahr eigentlich nur in größeren Trockenperioden. Die Brandentstehungsgefahr muss daher nicht überschätzt werden.

7 Gebäude nach Landesbauordnung

An Gebäude als bauliche Anlagen werden aus der Sicht des Bautechnischen Brandschutzes unterschiedliche Forderungen gestellt, entsprechend dem Risiko der jeweiligen Nutzung. Neben der typischen Nutzung als Wohngebäude bzw. landwirtschaftliche Gebäude gibt es eine Reihe von so genannten Sondernutzungen wie z.B. Bürogebäude, Schulen, Krankenhäuser, Gaststätten, Garagen, Theater, Industriegebäude und andere, wobei diese Gebäude zum Teil zusätzliche und/oder veränderte Forderungen erfüllen müssen. Dazu mehr im Kapitel 9.

Nachfolgend werden die Gebäude angesprochen, für die allgemeine Anforderungen in den Landesbauordnungen formuliert sind. Es handelt sich dabei im Wesentlichen um Wohngebäude und um landwirtschaftliche Wohn- und Betriebsgebäude. Die zu erfüllenden Forderungen der Landesbauordnungen für diese Gebäudenutzungen stehen damit für ein Brandschutzkonzept, welches (automatisch) abgearbeitet werden kann. Es wird daher oft auch von einem automatischen Brandschutzkonzept gesprochen, im Gegensatz zu individuellen Brandschutzkonzepten bei anderen Nutzungen.

Gebäude müssen den an sie gestellten gesetzlichen Forderungen genügen. Sie müssen damit auch brandschutztechnisch sicher gestaltet werden, d.h. einer Brandentstehung muss vorgebeugt, die Ausbreitung von Feuer und Rauch verhindert und wirksame Löscharbeiten und die Rettung von Menschen und Tieren müssen ermöglicht werden.

Wird von Materialfragen zunächst abgesehen, können diese Aufgaben durch Herstellung und Einhaltung von Abständen als Maßnahmen zur räumlichen und baulichen Trennung, durch Möglichkeiten der inneren Erschließung und Gestaltung von Gebäuden und – damit im unmittelbaren Zusammenhang stehend – vor allem durch eine absolut sichere Gestaltung der Rettungswege erfüllt werden.

7.1 Räumliche Trennung

Das Übergreifen eines Feuers auf die Nachbarbebauung kann durch ausreichende Abstände von Bauwerken verhindert werden. Die Frage ist sofort, was ausreichende Flächen bzw. Abstände sind. Dazu schreibt das Baurecht (§6 ThürBO) vor, dass vor Außenwänden von Gebäuden Abstandsflächen von oberirdischen Gebäuden freizuhalten sind. Eine solche ist nicht erforderlich, wenn aus städtebaulichen Gründen die Gebäude aneinander gebaut werden dürfen oder müssen.

Die im Baurecht bestimmte Tiefe der Abstandsflächen sichert den bautechnischen Brandschutz allerdings nur zusammen mit der Forderung nach Widerstandsfähigkeit der Dächer gegen Strahlungswärme und Flugfeuer. Es versteht sich, dass durch entsprechende Abstände zugleich eine ausreichende Belichtung und Luftzufuhr für die Gebäude gesichert werden.

Abstandsflächen sind in allen Bauordnungen verankert, nur in Niedersachsen tritt an deren Stelle der Begriff des Grenzabstandes. Die Tiefe der Abstandsfläche bzw. Grenzabstandes wird nach der Wandhöhe bemessen, die entsprechenden Berechnungsvorschriften sind in den Bauordnungen (z.B. §6 ThürBO) verankert. Die Mindesttiefe ist nicht einheitlich festgelegt. Sie beträgt in der Regel 3 m, in Baden-Württemberg 2,5 m und Hamburg 6 m (vereinzelt 2,5 m).

7.1.1 Brandwände

Wenn Gebäude nicht mit den notwendigen Abständen zueinander bzw. zu den Grundstücksgrenzen errichtet werden können, so muss die begrenzende Außenwand des Gebäudes als besondere feuerbeständige und stoßgesicherte Wand, als Brandwand ausgebildet werden und darf dann ohne Ausnahme keine Öffnungen enthalten. Das Feuer darf eine solche Wand nicht überlaufen können. Bilder von Brandereignissen, vor allem Bilder von im Krieg ausgebombten und ausgebrannten Städten zeigen, dass Brandwände die Bauteile waren, die auch unter Einwirkung schrecklicher Großfeuer im Wesentlichen im Bestand gesichert waren; obgleich sich ihre Funktion unter den Bedingungen eines Flächenbrandes eigentlich erübrigt hatte. Die Ausführung einer solchen Brandwand bis unter die Dachhaut oder auch über das Dach ist strikt geregelt und wurde in den Abschnitten 6.2 und 6.17 bereits beschrieben.

Obwohl die Mindestabstandsfläche 3 m beträgt, muss eine äußere Brandwand erst errichtet werden, wenn sich die Abschlusswand weniger als 2,5 m von der Grundstücksgrenze entfernt befindet, es sei denn, dass ein Mindestabstand von 5 m zu bestehenden oder nach Baurecht zulässigen Gebäuden vorhanden ist. Dabei müssen aber die detaillierten Auslegungen der einzelnen Landesbauordnungen, die durchaus gewisse Auslegungsunterschiede erkennen lassen, Berücksichtigung finden. Als Beispiel seien die in Landesbauordnungen übliche Formulierung „...die Abschlusswand bis zu 2,50 m von der Nachbargrenze...“ und die ebenfalls vorhandene Formulierung „...die Abschlusswand...bis zu 2,5 m gegenüber der Nachbargrenze...“ angeführt. Im ersten Fall müssen bei rechtwinklig abknickendem Grenzverlauf die Gebäude im Grenzabstand über eine größere Länge (zusätzlich 2,5 m) als Brandwand ausgeführt werden als im zweiten Fall (siehe Abbildung 7.2).

Zwischen Brandwand und Öffnungen in der Fassade aneinander gereihter Gebäude wird kein Mindestabstand vorgeschrieben. Daher muss bei Gebäuden, die über Eck unter einem Winkel von < 120° aneinander grenzen, die Brandwand in einem der Gebäude mit einem Mindestabstand von 5 m zur Ecke errichtet werden. Auf diese Weise soll die Gefahr eines Feuerüberschlags minimiert werden. Eine Brandwand kann im Eckbereich errichtet werden, wenn eine der beiden an die Brandwand angrenzenden Außenwände auf einer Länge von mindestens 5 m in der Feuerwiderstandsfähigkeit F 90-A ohne Öffnungen ausgeführt wird oder

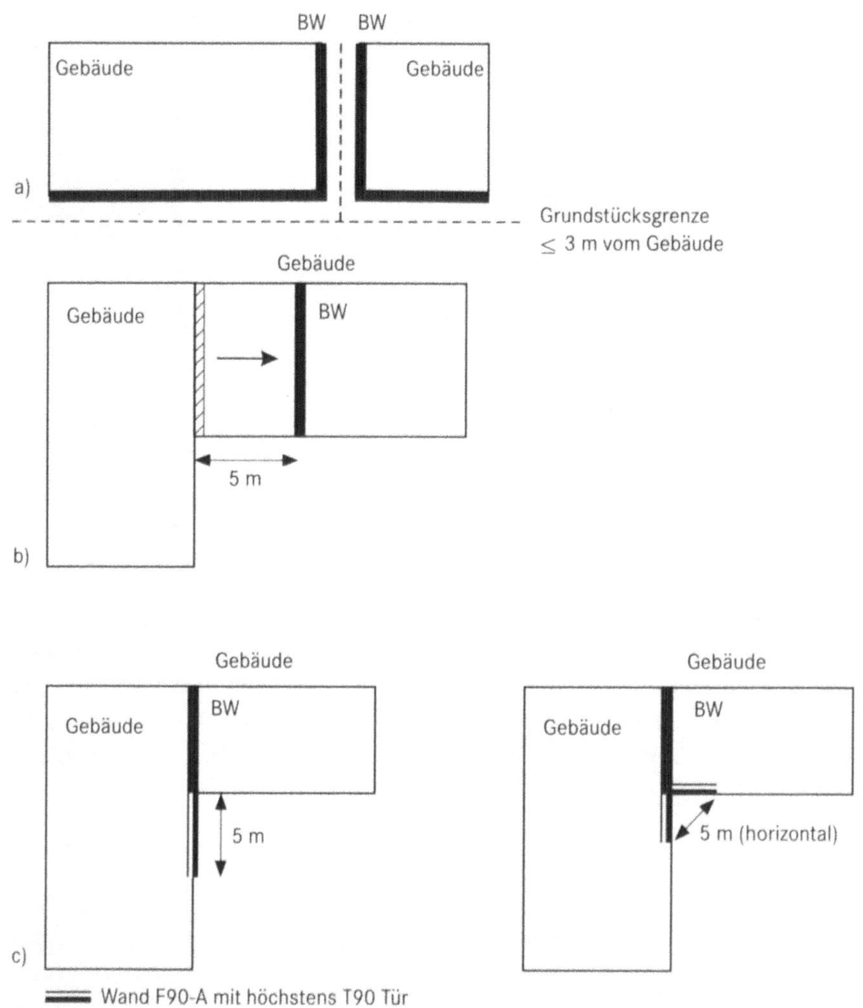

Abb. 7.1: Anordnung von Brandwänden (nach [31], [59])
a) an der Grundstücksgrenze
b) bei Gebäuden über Eck, Winkel ≤ 120°
c) ersatzweise Anordnung mit F 90-A Wand ohne Fenster, Abstand für Brandwände 5 m, für Komplextrennwände 7 m; Überdachführung Brandwand 0,3 m, Komplextrennwand 0,5 m

beide Außenwände rechts und links der Brandwand in der Gebäudeecke in einem horizontal gemessenen Abstand von mindestens 5 m keine Öffnungen aufweisen, wie Abbildung 7.1 zeigt. Brennbare Bauteile wie Dachüberstände oder Dachkästen sind bei dieser Eckanordnung nicht erlaubt.

Entsprechend den Richtlinien der Sach- bzw. Feuerversicherer [59] können in diesen rechts und links der Brandwand feuerbeständigen Außenwandfortsetzungen feuerbeständige Türen (T 90) angeordnet werden, wobei diese nicht als Ausgang aus Rettungswegen mehrgeschossiger Erschließungen zugelassen sind.

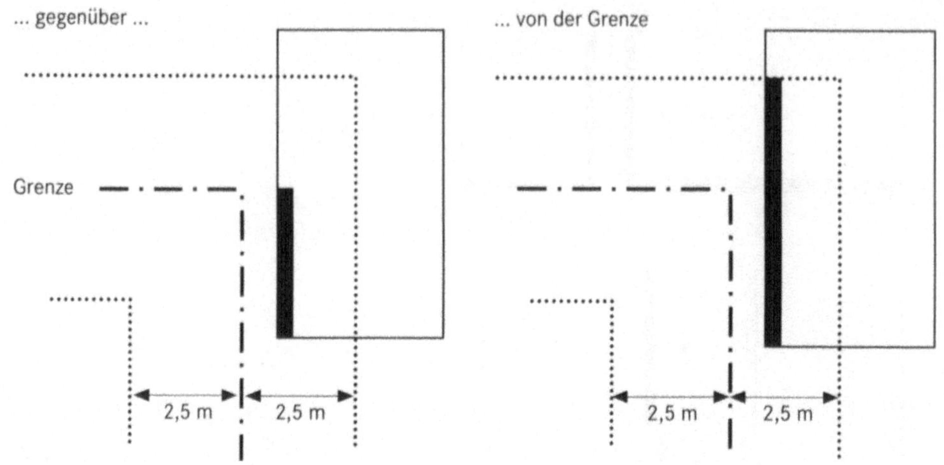

Abb. 7.2: Gebäude mit Brandwand an der Grundstücksgrenze (nach [31], bzw. [5])

Die Forderung, dass Treppenräume einen sicheren Ausgang ins Freie haben müssen, kann im 5 m Bereich dieser Innenecke nicht erfüllt werden. Es dürfen daher nur feuerbeständige Türen zu ebenerdigen Räumen mit geringen Brandlasten, z.B. zu Nassräumen, Toiletten vorgesehen werden. Bei Komplextrennwänden gelten Abstandsmaße von 7 m und eine Überdachführung der Komplextrennwand von 0,5 m.

7.1.2 Außenwände

Landesbauordnungen und Verordnungen enthalten für diese Bauteile Forderungen, die mit zunehmender Gebäudehöhe schärfer formuliert sind. Soweit Außenwände tragende Bauteile sind, müssen sie wie tragende Wände feuerbeständig hergestellt werden, bei Gebäuden geringer Höhe reicht feuerhemmende Ausführung. Die Forderungen entfallen bei obersten Geschossen von Dachräumen.

Nicht tragende Außenwände oder nicht tragende Teile von Außenwänden sind mit moderaten Forderungen belegt und aus nicht brennbaren Baustoffen (Klasse A) oder mindestens feuerhemmend (W 30) herzustellen. Bei Gebäuden geringer Höhe besteht keine Forderung. Außenwandscheiben mit einer Breite von mindestens 1 m gelten unabhängig von der Funktion tragend oder nicht tragend als raumabschließend.

Ein wesentlicher Gesichtspunkt bei der Gestaltung der äußeren Oberfläche von Außenwänden kann die Anbringung von Verkleidungen und Dämmstoffen mit den notwendigen Unterkonstruktionen sein. Alle Teile sind aus schwerentflammbaren Baustoffen (Klasse B1) herzustellen, normal entflammbare (Klasse B2) können nur eingesetzt werden, wenn keine Bedenken wegen des Brandschutzes bestehen.

Bei Gebäuden mit mehr als einem Vollgeschoss dürfen brennend abtropfende oder abfallende Verkleidungen nicht verwendet werden. Diese Eigenschaft wird

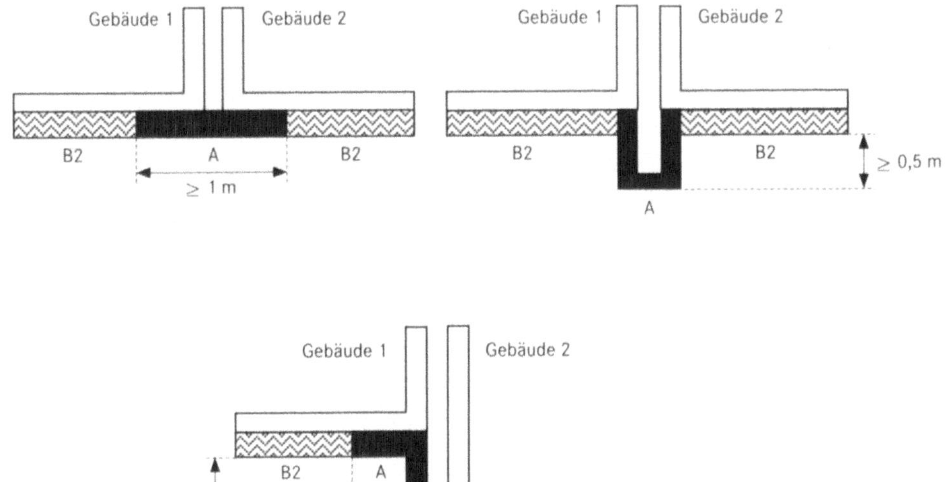

Abb. 7.3: Außenwandbekleidung B2 bei aneinander gereihten Gebäuden bis zu zwei Vollgeschossen mit Trennung aus Baustoffen der Klasse A

zukünftig gemäß EN-Normung geprüft und klassifiziert, womit die Planungssicherheit verbessert wird.

Bei Gebäuden mit höchstens zwei Vollgeschossen können normal entflammbare Verkleidungen verwendet werden, wenn ein Brandübergreifen auf andere Abschnitte oder Gebäude durch geeignete Maßnahmen verhindert wird (Abbildung 7.3). Dabei wird das normal entflammbare Material durch nicht brennbares Material an der Gebäudegrenze getrennt und die Oberfläche gesichert. Der Einsatz von Dämmstoffen war im Abschnitt 6.10 behandelt worden.

7.2 Innere Erschließung

Die äußeren Trennungen sollen einen Feuerübersprung zwischen verschiedenen Gebäuden bzw. Grundstücken vermeiden, aber auch im Inneren von Gebäuden darf sich ein Schadensfeuer nicht ungehindert ausbreiten. Um das zu vermeiden, sind in ausgedehnten Gebäuden Unterteilungen in Brandabschnitte vorzusehen, wobei schon Teilbereiche wie Wohnungen, andere Nutzungseinheiten, Treppenräume oder Flure eigene Abschnitte bilden, die der Rettung dienen und das Ausbreiten des Feuers erschweren sollen. An alle Bauteile dieser Trennungen sind Forderungen bezüglich Aufbaus, Abmessungen oder Abstände zu stellen.

7.2.1 Aufenthaltsräume

Der Begriff des Aufenthaltsraumes wird im Baurecht für einen Raum benutzt, der zum nicht nur vorübergehenden Aufenthalt von Menschen bestimmt und geeignet ist (z.B. §2(6) ThürBO). Zu Aufenthaltsräumen zählen vor allem Schlaf-, Wohn- und Arbeitsräume, aber auch Versammlungsräume, Schulräume, Gasträume oder Büroräume. An diese Räume sind höhere Anforderungen zu stellen als an solche, die keine Aufenthaltsräume darstellen, dazu können Garagen, Lagerräume, Heizräume, Flure, Toiletten, Treppenräume, Abstellräume u.a. gehören, an einige können wiederum wegen ihrer besonderen Nutzung – Flure, Trepppenräume als Rettungswege – zusätzliche und/oder spezielle Forderungen gestellt werden. Der Aufenthaltsraum wird demnach durch einen mehr oder weniger ständigen Aufenthalt von Menschen in seiner Zweckbestimmung festgelegt. Ein Raum, in dem ein ständiger Arbeitsplatz vorhanden ist, stellt einen Aufenthaltsraum dar, der gleiche Raum ohne einen ständigen Arbeitsplatz nicht.

Die Gebäudekategorie wird über die Lage des Fußbodens von Aufenthaltsräumen über Geländeoberfläche (Höhe OKG) entweder bis 7 m, 13 m oder bis 22 m festgelegt. Die absolute Gebäudehöhe ist daher nicht entscheidend; ausschlaggebend ist vielmehr, ob in dem Gebäude ein Aufenthaltsraum in der entsprechenden Höhe vorhanden ist oder nicht. Die Gebäudekategorien sind in den Landesbauordnungen noch nicht einheitlich definiert. Die Gebäude wurden und werden in den Landesbauordnungen, die noch auf der alten Musterbauordnung von 1997 aufbauen in zwei Kategorien eingeteilt. Dabei ist zwischen Gebäuden geringer Höhe (Höhe h des Fußbodens keines Geschosses mit Aufenthaltsräumen mehr als 7 m über Geländeoberfläche: Klassen 1 bis 3), Gebäuden mittlerer Höhe (7 m $< h$ $\leq$ 22 m: Klasse 4) und Hochhäusern ($h >$ 22 m: Klasse 5) zu unterscheiden, wobei in der ersten Kategorie noch eine Unterteilung in frei stehende Gebäude (Klasse 1) und die Anzahl der Wohnungseinheiten bzw. Vollgeschosse (Klassen 2 und 3) vorgenommen wurde. Mit der neuen Musterbauordnung [114] und den entsprechend überarbeiteten Landesbauordnungen sind nunmehr folgende Gebäudeklassen verbindlich, wobei Höhe als Maß der Lage der Fußbodenoberkante des höchsten Geschosses mit Aufenthaltsräumen zu verstehen ist:

♦ Klasse 1: frei stehende Gebäude bis 7 m Höhe, mit nicht mehr als 2 Nutzungseinheiten mit insgesamt nicht mehr als 400 m² Nutzungsfläche,
♦ Klasse 2 Gebäude bis 7 m Höhe und nicht mehr als 2 Nutzungseinheiten mit insgesamt nicht mehr als 400 m² Nutzungsfläche,
♦ Klasse 3 sonstige Gebäude bis 7 m Höhe,
♦ Klasse 4 Gebäude bis 13 m Höhe und Nutzungseinheiten mit jeweils nicht mehr als 400 m² Nutzungsfläche,
♦ Klasse 5 sonstige Gebäude einschließlich unterirdischer Gebäude.

Mit dem Begriff des Aufenthaltsraumes ist notwendigerweise die Gestaltung der Rettungswege für diese Räume verbunden. In jedem Geschoss müssen mindestens zwei unabhängige Rettungswege ins Freie vorhanden sein (z.B. §31a(1) ThürBO). Für den zweiten Rettungsweg über Rettungsgerät der Feuerwehr sind erforderliche Aufstell- und Bewegungsflächen vor dem Gebäude vorzusehen (z.B. §5(1) ThürBO).

Das Einrichten von Aufenthaltsräumen in Kellergeschossen und in Dachräumen ist aus der Sicht des Bautechnischen Brandschutzes nur mit Einschränkungen möglich, die sich aus der Gestaltung der Rettungswege, der Qualität der Bauteile oder den Belichtungsmöglichkeiten der Räume ergeben. Aufenthaltsräume in Kellergeschossen verfügen zum Beispiel nicht über Fenster, die ins Freie führen, außer, die Geländeoberfläche liegt höchstens 0,5 m über Fußboden. Die Genehmigungsbehörde kann Ausnahmeregelungen erteilen, wenn durch Kompensationsmaßnahmen die entsprechenden Nachteilsituationen ausgeglichen werden. Die Anordnung von Aufenthaltsräumen und Wohnungen im Dachgeschoss wird im Abschnitt 7.4 behandelt.

7.2.2 Brandwände als Trennungen

Brandabschnittstrennungen aus Brandwänden sind auch innerhalb von Gebäuden oder Gebäudeteilen erforderlich. Dazu sind für ausgedehnte Gebäude maximale Brandabschnittsflächen von 1 600 m^2 festgelegt, wobei in jeder Richtung nach maximal 40 m eine Begrenzung durch Brandwände zu erfolgen hat. Desweiteren sind Brandwände für die Trennung von Wohngebäuden und angebauten landwirtschaftlichen Betriebsgebäuden auf gleichem Grundstück bzw. zwischen Wohnteil und landwirtschaftlich genutztem Teil eines Gebäudes erforderlich. Bei einem umbauten Raum von mehr als 10 000 m^3 sind landwirtschaftlich genutzte Gebäude zu unterteilen.

Für bauliche Anlagen und Räume besonderer Art der Nutzung werden in den Sonderbauverordnungen Flächengrößen gesondert geregelt. Ausnahmen können zugelassen werden, wenn wegen des Brandschutzes keine Bedenken bestehen. In der Praxis werden größere Brandabschnittsflächen durch geeignete Zusatzmaßnahmen wie Meldeanlagen, Sprinkler u.a. möglich gemacht. Die Größe eines Brandabschnitts ist dabei in einem Kellergeschoss restriktiver zu sehen als im Erdgeschoss. Je höher ein Gebäude errichtet wird, desto kleiner müssen wegen des steigenden Risikos die möglichen Brandabschnittsflächen werden.

Brandwände sind vertikale Trennungen, die im Brandfall ein Übergreifen des Feuers von einem Gebäudeteil auf einen anderen verhindern sollen. Brandwände sind daher so zu planen, dass sie vom Fundament bis zur Dachhaut bzw. mit Überstand bis über das Dach in einer Ebene durchgehen. Anstelle dieser Brandwände dürfen feuerbeständige Wände in der Bauart von Brandwänden in Verbindung mit feuerbeständigen Decken aus nicht brennbarem Material und ohne Öffnungen geplant werden, wenn über Öffnungen in den Fassaden eine Brandübertragung in andere Brandabschnitte nicht zu befürchten ist. Diese Ausnahmeregelung erlaubt im Gegensatz zu Brandwänden ein geschossweises Versetzen dieser Wände, die aus diesem Grund als „Wände in der Bauart von Brandwänden" bezeichnet werden.

Äußere Brandwände dürfen keinerlei Öffnungen enthalten, in inneren Brandwänden müssen Öffnungen zugelassen werden, die aber mit Feuerschutzabschlüssen, d.h. in dicht- und selbstschließender und feuerbeständiger Bauart abgeschlossen werden müssen. Es können auch Teilflächen mit lichtdurchlässigem unbrennbarem Material verschlossen werden, wobei die Flächen feuerbeständig ausgeführt sein müssen.

Bei Vorliegen einer erhöhten Brandgefahr können für den Abschluss von Öffnungen in inneren Brandwänden Sicherheitsschleusen gefordert werden, deren Wände und Decken feuerbeständig, mit Fußbodenbelag aus Baustoff Klasse A und beide Türen feuerhemmend, selbst schließend und in Fluchtrichtung aufschlagend auszuführen sind. In der Schleuse dürfen keine Brandlasten vorhanden sein. Um das Öffnen/Schließen der Türen sicher zu gewährleisten, soll die Schleuse eine Länge von mindestens 3 Türbreiten aufweisen [64].

7.2.3 Wände, Trennwände, Pfeiler, Stützen

Wandbauteile werden nach ihren Funktionen bezüglich Standsicherheit – tragend oder nicht tragend – und Brandweiterleitung – raumabschließend oder nicht raumabschließend – eingeordnet.

Neben Brandwänden und Außenwänden werden Trennwände, Flurtrennwände und Treppenraumwände als klassifizierte Wandbauteile unterschieden, die raumabschließende Funktion haben. Sie sollen den Durchgang von Feuer und Rauch verhindern und begrenzen daher eigene kleine Brandabschnitte wie Rettungswege, Flure, Durchfahrten, Treppenräume, Wohnungen und ähnliche Nutzungen. Raumabschließende Bauteile sind für eine einseitige Brandbeanspruchung bestimmt, da die Trennung von Brandabschnitten ihre Hauptaufgabe ist und eine zweiseitige Beflammung daher nur wenig Sinn ergibt. Für raumabschließende Bauteile ist die Funktion tragend oder nicht tragend zunächst untergeordnet.

Nicht raumabschließende, tragende Wände werden mit einer 2-, 3- oder 4-seitigen Brandbeanspruchung betrachtet. Dazu zählen auch Wandbauteile in der Form von Pfeilern oder kurzen Wänden, die beide aus weniger als zwei ungeteilten Steinen errichtet sein müssen und eine Querschnittsfläche von weniger als $1\,000\ cm^2$ aufweisen. Wandabschnitte, die weniger als 1 m Breite besitzen, deren Querschnittsfläche aber größer als $1\,000\ cm^2$ ist, gelten gleichfalls als nicht raumabschließende Wandbauteile.

Die Forderungen an Wände, Trennwände, Stützen und Pfeiler sind zur Übersicht in Tabelle 7.1 enthalten. Für frei stehende Wohngebäude mit nicht mehr als zwei Wohnungen bestehen keine Forderungen. Diese Gebäudeart (Gebäudeklasse 1) lässt dem Gestalter bezüglich Materialeinsatz fast alle Möglichkeiten offen, außer dem Einsatz von B3-Baustoffen. Für frei stehende landwirtschaftliche Betriebsgebäude bestehen ebenfalls keine Einschränkungen. Die Klassifizierung F 30 in Tabelle 7.1 bedeutet feuerhemmende Bauart und damit F 30-B, der uneingeschränkte Einsatz von Holz ist möglich, wenn keine schärfere Forderungen an die Baustoffklasse erhoben werden. Für Bauteile in Keller- und Dachgeschossen, auch mit Ausbau im Geschoss darüber, gelten jeweils schärfere Forderungen.

Zwischen Wohnungen, Wohnungen und fremden Räumen, zu Durchfahrten, zu Gefahrguträumen, zwischen Wohnung und Laubengang, zu Rettungswegen und in Kellergeschossen zwischen nutzbaren Räumen wie Sporträume, Spielräume, Verkauf, ärztliche Behandlungsräume, Gaststätten oder Werkräume sind

Trennwände zu errichten. Sie sind bei Gebäuden mit mehr als zwei Wohnungen bis unter die Dachhaut oder die Rohdecke zu führen. Notwendige Öffnungen in Trennwänden bei normal hohen Gebäuden sind genehmigungsfähig, wenn sie mit selbst- und dichtschließenden und feuerhemmenden Abschlüssen, z.B. einer T 30 Tür, ausgerüstet werden.

Die nur feuerhemmende Ausbildung der Trennwände bei niedrigen Gebäuden stellt bei den heute möglichen Brandlasten in unterschiedlichen Nutzungsbereichen sicher keine zu große Sicherheit dar und ist für zukünftige Regelungen überdenkenswert.

7.2.4 Decken

Decken sind wichtige Bauteile und stellen die horizontale Begrenzung eines Brandabschnittes bzw. einer Nutzungseinheit dar, sie haben immer tragende und raumabschließende Funktion. Tabelle 7.1 zeigt, dass für Gebäude ab 13 m die Decken feuerbeständig sein müssen, bei niedrigen Gebäuden genügt eine feuerhemmende oder hochfeuerhemmende Ausführung. Alle Forderungen gelten selbstverständlich auch für Bauteile, die die Decken unterstützen.

Unabhängig von der Gebäudehöhe müssen über oder unter Räumen mit erhöhter Brandgefahr feuerbeständige Decken eingebaut werden. Dies betrifft auch Decken zwischen Wohnungen und land- oder forstwirtschaftlichen bzw. gärtnerischen Betriebsräumen.

Für Decken in frei stehenden Wohngebäuden mit höchstens einer Wohnung in maximal zwei Vollgeschossen und in anderen frei stehenden Gebäuden ähnlicher Größe, auch in frei stehenden landwirtschaftlichen Betriebsgebäuden, bestehen keine Forderungen.

Decken mit einer Feuerwiderstandsfähigkeit dürfen keine Öffnungen haben, außer bei Gebäuden geringer Höhe und höchstens zwei Wohnungen. Aber wie bei inneren Brandwänden besteht auch bei diesen vertikal trennenden Bauteilen die Notwendigkeit, Öffnungen vorzusehen, die dann mit Abschlüssen entsprechend der Feuerwiderstandsfähigkeit der Decke verschlossen werden müssen.

Durchbrüche in Decken sind nur dann ohne Verschluss zugelassen, wenn die Öffnung in der Decke innerhalb einer Wohnung (Fläche bis zu 400 m^2) liegt, d.h. die Wohnung erstreckt sich über zwei Geschosse und die Decke hat tragende aber innerhalb der Wohnung keine raumabschließende Funktion. Diese Eigenschaft übernehmen die darunter bzw. darüber befindlichen Decken und die Trennwände.

Als größter Deckendurchbruch in einem Gebäude kann der Treppenraum angesehen werden. Daher müssen an Treppenraumwände die gleichen oder höhere Forderungen wie an Decken gestellt werden, siehe Tabelle 7.1; dies gilt in gleicher Weise für Aufzugsschächte oder Installationsschächte. Für das vertikale Verlegen von Rohren, Leitungen, Lüftungsanlagen u.a. in Gebäuden sind ebenfalls Deckendurchbrüche erforderlich, an deren sichere Verschlussmöglichkeiten besondere Anforderungen gestellt werden müssen (siehe Ausführungen in den Abschnitten 6.12 und 6.14).

Tab. 7.1: Anforderungen an Bauteile am Beispiel der ThürBO [5];
AW: Außenwand,
BW: Brandwand   BW*: Wand in Bauart von BW,
DG: Dachgeschoss,   KGK Kellergeschoss,
TR: Treppenraum   TW: Trennwand,

	Gebäude bis 7 m Gk 2	Gk 3	bis 13 m Gk 4	sonstige Gk 5	Verweis ThürBO §	MBO §
Tragende und aussteifende Wände, Pfeiler und Stützen	F30-B	F30-B	F60[1]	F90-AB	26a	27
wie vor, im KG	[3]F30-B	F90-AB	F90-AB	F90-AB	26a	27
wie vor, im DG, Räume darüber	F30-B	F30-B	F60[1]	F90-AB	26a	27
wie vor, im DG, keine Räume darüber	keine	keine	keine	keine	26a	27
nicht tragende Außenwände nicht tragende Teile von AW	keine	keine	A/W 30-B	A/W 30-B	27	28
Oberfläche, Bekleidung AW, Dämmstoffe in AW	B2	B2	B1 B2[7]	B1 B2[7]	27	28
Balkonbekleidung[6]	B2	B2	B1	B1	27	28
Trennwände	keine	F30-B	F60[1]	F90-AB	28	29
Türen in Trennwand	keine	T30	T30	T30	28	29
Gebäudeabschlusswand, Gebäudetrennwand	[4]F60[1] (F30-B+F90-AB)[5]	F60[1]	F60[1][2]	BW	29	30
Öffnungen in inneren BW	T90	T90	T90	T90	29	30
Verglasung in inneren BW	F90-AB	F90-AB	F90-AB	F90-AB	29	30
Decken	[3]F30-B	F30-B	F60[1]	F90-AB	30	31
Decken über KG	F30-B	F90-AB	F90-AB	F90-AB	30	31
Decken im DG, Räume darüber	F30-B	F30-B	F60[1]	F90-AB	30	31
Treppenraumwände	keine	F30-B	F60[1][2]	BW*	33	35
Bekleidung, Dämmstoffe und Einbauten in TR	keine	A	A	A	33	35
Bodenbeläge in TR, außer Gleitschutz	keine	B1	B1	B1	33	35
tragende Teile notw. Treppen	keine	A/F 30-B	A	F30-A	32	34

	Gebäude bis 7 m Gk 2	Gk 3	bis 13 m Gk 4	sonstige Gk 5	Verweis ThürBO §	MBO §
Wände notwendiger Flure	keine	F30-B	F30-B	F30-B	34	36
Wände notwendiger Flure im KG	F30-B	F90-AB	F90-AB	F90–AB	34	36
Bekleidung, Unterdecken, Dämmstoffe notwendiger Flure und offene Gänge vor AW	keine	A	A	A	34	36

[2] geprüft unter zusätzlicher mechanischer Beanspruchung

[3] Gk 1: F30-B

[4] Gk 1: F60 [1]

[5] Gk 1–3

[6] wenn Bekleidung über erforderliche Umwehrungshöhe hinausgeführt

[7] wenn Brandausbreitung auf/in den Bauteilen hinreichend lang begrenzt ist

Bemerkung zur Zuordnung des Brandverhaltens von Baustoffen:

A   nicht brennbare Baustoffe

AB Bauteile, deren tragende/aussteifende Teile aus nicht brennbaren Baustoffen bestehen und bei Raumabschluss eine zusätzliche, durchgehende Schicht aus nicht brennbaren Baustoffen haben

[1] Bauteile, deren tragende/aussteifende Teile aus brennbaren Baustoffen bestehen und eine allseitig wirksame Bekleidung aus nicht brennbaren Baustoffen haben, Dämmstoffe aus nicht brennbaren Baustoffen

B   Bauteile aus brennbaren Baustoffen

7.3 Rettungswege

Für den Brandfall muss durch eine sinnvolle und übersichtliche Rettungsweganordnung abgesichert werden, dass Menschen sicher und schnell ins Freie gelangen können und gleichzeitig die entsprechenden Wege auch als Zugänge für Löschkräfte nutzbar sind.

Vom Gesetz her besteht daher der Grundsatz, dass jede Nutzungseinheit mit Aufenthaltsräumen über zwei voneinander unabhängige Rettungswege verfügen muss. Der so genannte erste Rettungsweg muss ermöglichen, dass Menschen das Gebäude aus eigener Kraft verlassen können, der zweite Rettungsweg kann dazu auch die Möglichkeiten der Feuerwehr benutzen. Steigleitern, Drehleitern und Rettungskörbe der Feuerwehr stellen solche Möglichkeiten dar, die allerdings nur bis zu bestimmten Gebäudehöhen nutzbar sind. Derzeit ist die Anleiterbarkeit mit Steckleitern auf Gebäude niedriger Höhe, 7 m Fußbodenhöhe oder 8 m Brüstungshöhe und mit Drehleitern auf 22 m Fußbodenhöhe begrenzt.

Ein zweiter Rettungsweg ist dann nicht erforderlich, wenn sichergestellt ist, dass Feuer und Rauch den ersten Rettungsweg nicht unbrauchbar machen können. Der erste Rettungsweg ist dann ein so genannter Sicherheitstreppenraum mit deutlich verschärften Anforderungen. Diese Möglichkeit betrifft vor allem den

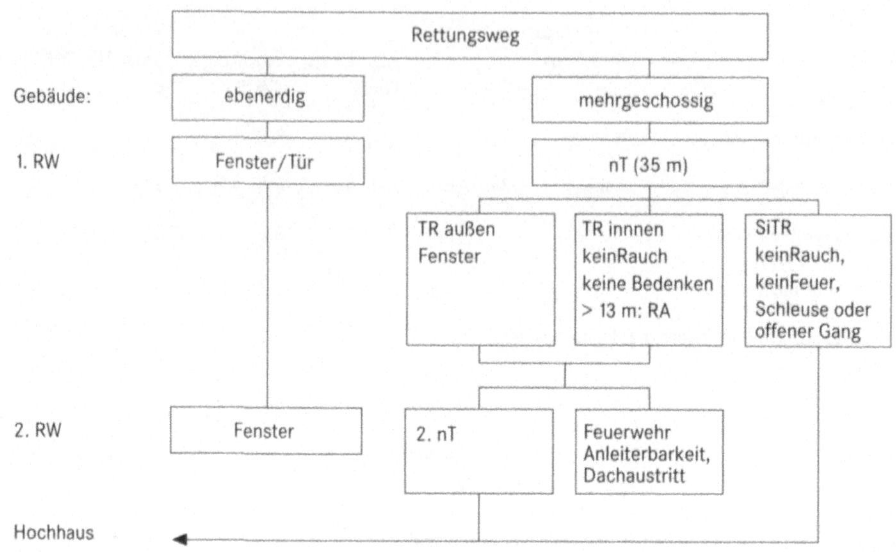

Abb. 7.4: Situation der Rettungswege für Gebäude nach Landesbauordnung
nT: notwendiger Treppenraum   TR: Treppenraum
RA: Rauchabzug   SiTR: Sicherheitstreppenraum

Hochhausbau bis 60 m mit wahlweise einem und über diese Höhe hinaus mit zwei notwendigen Sicherheitstreppenräumen.

Für Sonderbauten kann es bezüglich der Rettungswege spezielle Auslegungen geben. Dies hängt von der Fläche der Nutzungseinheit, der versammelten Personenzahl oder auch von der besonderen Gefahrenlage ab.

Bei der Planung der inneren Erschließung von Gebäuden muss die Klärung der Rettungswegsituation für jeden Entwurfsverfasser die zentrale und vorrangige Aufgabe sein. Bei Neubauten sind diesbezügliche Fehlplanungen prinzipiell nicht genehmigungsfähig. Bei Arbeiten an Gebäuden im Bestand gilt dies in abgeschwächter Form, weil hier im Einzelfall eine gewisse Kompromissbereitschaft gesehen werden muss, um ein altes Gebäude zu erhalten und trotzdem vernünftig nutzen zu können. Der mögliche Erhalt vorhandener Bausubstanz und Bauteile muss in diesen Fällen im Zusammenhang mit zusätzlichen Sicherheitsmaßnahmen fachlich abgestimmt werden.

7.3.1 Rettungswegstruktur

In Abbildung 7.4 ist die Rettungswegsituation dargestellt, die sich aus der Erfüllung von Forderungen der Landesbauordnung ergibt.

Ein Treppenraum mit der notwendigen Treppe oder ein Ausgang ins Freie muss von jedem Aufenthaltsraum in höchstens 35 m Entfernung erreichbar sein. Wie diese Weglänge zu bestimmen ist, wird nicht konkret festgelegt. Der tatsächliche Weg, der Einbauten und Gegenstände berücksichtigt, muss entfallen, da in der Planungsphase die genaue Lage dieser Teile nicht bekannt ist. Die Entfernung wird daher in Luftlinie gemessen, ohne dabei Bauteile zu durchdringen, d.h. sie ist die Summe aus der größten Entfernung im Raum bis zur Tür und der geraden Wegstücke bis zum Treppenraum bzw. Ausgang. Bei einem Ausgang ins Freie ist der Endpunkt für die Entfernung 35 m durch den Abschluss der Ausgangsöffnung festgelegt. Bei einem Treppenraum kann das entweder der Abschluss zum Flur sein, oder es muss die erste Stufe der notwendigen Treppe gewählt werden.

In ebenerdigen Gebäuden sind ebenfalls zwei Rettungswege erforderlich. Der erste Rettungsweg wäre der Weg bis zur Tür ins Freie oder zu einem Rettungstunnel und den zweiten Rettungsweg stellen die Fenster ins Freie dar.

Die Rettungswegsituation in einem Gebäude oder in einem Teil eines größeren Gebäudeteiles muss für den Benutzer übersichtlich bleiben, da die Benutzung der Rettungswege unter den Bedingungen einer drohenden Gefahr schnell und möglichst sicher erfolgen muss. Dazu kann eine übersichtliche Gestaltung der Flure, Treppenräume und Ausgänge entscheidend beitragen.

Innerhalb von Nutzungseinheiten kann nur noch bedingt Einfluss auf Übersichtlichkeit bzw. direkte Erreichbarkeit von Rettungswegen Einfluss genommen werden. Im Wohnungsbau sind die Grundrisse vom Planer festgelegt und der Nutzer hat sich mit der Situation „nur" vertraut zu machen. Bei großen Räumen mit einer anderen als Wohnnutzung ist auf Übersichtlichkeit im Raum zu achten. Die Höhe von Stellwänden und Gegenständen sollte im Raum Blickkontakt mit Rettungswegen bzw. deren Zugängen ermöglichen. Bei Sondernutzungen wie Gaststätte, Theater u.a. muss bereits in der Planungsphase innerhalb der jeweiligen Nutzungseinheit durch bauliche und organisatorische Maßnahmen für Übersichtlichkeit gesorgt werden: möglichst viel freie Sicht, keine Verstellung mit Gegenständen, Glaseinsatz für Transparenz im Gebäude, keine Sackgassen in Rettungswegen, Hinweisschilder, Zielpunkte markieren usw.

Einen besonderen Schwerpunkt stellt die Gestaltung der Rettungswege im Kellerbereich dar, da sich Rettungs- und Löscharbeiten durch die Zugangssituation in diesen Bereichen besonders schwierig gestalten.

Bei eingeschossigen Kellergeschossen ohne Aufenthaltsräume muss der Treppenraum mit der notwendigen Treppe in höchstens 35 m Entfernung erreichbar sein. Übereinander liegende Kellergeschosse sind besonders heikel und müssen mindestens zwei getrennte Ausgänge haben. Einer von zwei Ausgängen je Geschoss muss unmittelbar oder durch einen eigenen außen liegenden Treppenraum ins Freie führen. Gemeinsame Kellerlichtschächte sind bei übereinander liegenden Kellergeschossen nicht erlaubt. Eine unmittelbare Zugänglichkeit von Aufenthaltsräumen zum übrigen Kellerraum sollte vermieden werden.

7.3.2 Notwendige Flure

Die Rettung aus einem Aufenthaltsraum oder einer anderen Nutzungseinheit geschieht entweder über einen Ausgang direkt ins Freie, über einen Treppenraum oder über einen Flur zu einem Ausgang oder einen Treppenraum.

Kann eine Rettung aus einem Aufenthaltsraum – nicht bei Wohnungen oder vergleichbaren Nutzungen – nur über andere Räume mit Brandlast erfolgen, so stellt dieser Aufenthaltsraum einen so genannten „gefangenen Raum" [64] dar, eine solche Situation stellt eine große Gefahr dar und ist unbedingt zu vermeiden.

Notwendige Flure stellen horizontale Rettungswege dar, an die Ausgänge mehrerer Aufenthaltsräume oder Nutzungseinheiten angeschlossen sein können. Flure von mehr als 30 m Länge, wie sie häufig in Gebäuden als Verbindung mehrerer Treppenräume anzutreffen sind, müssen alle 30 m durch rauchdichte, selbstschließende und nicht abschließbare Türen nach DIN 18095 unterteilt werden.

Wie aus Tabelle 7.1 ersichtlich, sind Flurwände als Trennwände feuerhemmend und bis unter die Rohdecke auszuführen. Die in diese Flure mündenden Türen müssen nur dichtschließend sein. Wenn mehr als vier Nutzungseinheiten im Geschoss vorhanden sind, müssen diese über einen gemeinsamen Flur an den Treppenraum angeschlossen werden. Der Abschluss zwischen Flur und Treppenraum ist mindestens rauchdicht auszubilden. Münden allerdings mehrere Türen aus der gleichen Nutzungseinheit in einen Flur, so ist unklar, ob es sich dabei um einen allgemein zugänglichen Flur handelt. Durch die Fachkommission Bauaufsicht wurde daher eine Flächenbegrenzung der gleichen Nutzungseinheit auf 400 m^2 festgelegt [32].

Wie eben erläutert, werden nach Landesbauordnung bei feuerhemmender Ausführung der Wände nur rauchdichte und/oder dichtschließende Abschlüsse gefordert. Es ist Aufgabe für den Planer, Räume oder Nutzungseinheiten erhöhter Brandgefahr im Interesse der Sicherheit mit höherwertigen Abschlüssen, d.h. mindestens Türen T 30 zu versehen.

Zur baulichen Ausführung der Flure ist zu beachten, dass, außer bei Gebäuden geringer Höhe, für Verkleidungen, Unterdecken und Dämmstoffe keine brennbaren Materialien eingesetzt werden dürfen. Flure müssen von Brandlasten freigehalten werden. Für die sichere Begehbarkeit eines Flurs im Brandfall – aber nicht nur dann – ist zu beachten, dass eine Folge von weniger als drei Stufen im Verlauf des Flurs unzulässig ist.

Lichtöffnungen in Innenwänden von Fluren, die als Rettungswege benutzt werden, sind möglich. Sie dürfen in einem Abstand von 1,8 m über dem Fußboden beginnen und müssen mindestens mit einer G 30 Verglasung verschlossen sein. In Gebäuden geringer Höhe können in Fluren als Rettungswege die Trennwände auch als Schrankwände eingebaut werden, wenn die flurseitige Rückwand des einseitig zu öffnenden Schranks in ihrer Funktion als Trennwand aus Baustoffen der Klasse A oder B1 besteht [32]. Unbenommen bleibt auch hier ab 1,8 m Höhe der Einsatz von G-Verglasungen. Anzumerken ist, dass es damit Möglichkeiten gibt, mit Schrankwänden, Verglasungen und Unterdecke einen „Rettungstunnel" in Form eines eingebauten Flurs zu planen. Eine allgemeine bauaufsichtliche Zulassung gibt es dafür nicht, die Vorlage der Einzelzulassung ist somit erforderlich.

7.3.3 Laubengang

Wenn der Zugang von einem Flur zu einem Treppenraum über einen Balkon oder offenen Gang führt, besteht bezüglich der Verrauchung des Treppenraumes so gut wie keine Gefahr. Eine solche bauliche Anordnung wird häufig bei der Errichtung von Sicherheitstreppenräumen vor dem Gebäude benutzt. Der Weg vom Gebäude zum Treppenraum führt dabei über eine offene Galerie oder Balkon. Rauch und Feuer können durch den offenen Luftstrom in den Sicherheitstreppenraum nicht eindringen. Öffnungen eines Sicherheitstreppenraumes dürfen nur ins Freie bzw. zum offenen Gang führen.

Wird die Verbindung zwischen Aufenthaltsräumen und dem Treppenraum der notwendigen Treppe über offene Gänge vor einer Außenwand geführt, wird diese Verbindung üblich als Laubengang bezeichnet. Im Industriebau sind ähnliche Anlagen als Rettungsbalkone vorgesehen.

Um die Gefahr der Brandausbreitung aus der Nutzungseinheit heraus zu minimieren, wird von Decken, Wänden und Brüstungen gefordert, dass diese mindestens feuerhemmend herzustellen sind.

Die Benutzung eines Laubenganges mit Türen aus mehreren Nutzungseinheiten, der nur zu einem Treppenraum führt, wird dann gefährdet, wenn ein Brand aus Fenster oder Tür eines Aufenthaltsraumes die Begehbarkeit des Laubengangs beeinträchtigt und den Fluchtweg versperrt. Die Verglasung sollte daher in einer Mindesthöhe von 0,9 m über dem Boden des Laubenganges beginnen, um so eine Fluchtmöglichkeit in dem unteren Bereich zu sichern. Eine bessere Lösung ist die Anordnung zweier Treppenräume, die von den Wohnungen in entgegengesetzten Richtungen zu erreichen sind, was bei kleineren Gebäuden aber kaum durchsetzbar ist.

Eine Gefahr stellt auch eine mögliche spätere Verbauung von Laubengängen als Schutz gegen Wind und Wetter dar, weil die Rauchfreihaltung und Wärmeabfuhr nicht mehr gewährleistet wird, abgesehen von den eventuell eingebauten Brandlasten. Ein solcher Verbau muss daher aus Sicherheitsgründen abgelehnt oder konzeptionell neu bemessen werden. Hier muss der Betreiber auf seine Verantwortung hingewiesen werden.

7.3.4 Treppenraum

Die notwendige Treppe in einem eigenen Treppenraum hat in ihrer Eigenschaft als erster Rettungsweg eine zentrale Bedeutung für jedes Gebäude, deshalb sind an die Ausführung von Treppe und Treppenraum eine Reihe von Forderungen geknüpft.

Der Treppenraum muss im Bemessungszeitraum standsicher und begehbar bleiben, darf selbst keine Brandlasten enthalten, muss gegen Brandeinwirkungen aus den Geschossen geschützt sein, über einen sicheren Ausgang ins Freie verfügen, muss zu belüften sein und über Beleuchtung verfügen.

Gemäß den Forderungen der Landesbauordnungen sind Treppenraumwände als Wände in der Bauart von Brandwänden, bei Gebäuden geringer Höhe hoch-

Tab. 7.2: Abschlüsse von Öffnungen im Treppenraum für Wohngebäude und Gebäude vergleichbarer Nutzung

Abschluss zu	Ausführung in			
Kellergeschoss	T30[2]	rd	ssl	–
Dachraum, nicht ausgebaut	T30[2]	rd	ssl	–
Werkstatt, Laden, Lager	T30[2]	rd	ssl	–
Räumen[1] mit mehr als 200 m²	T30[2]	rd	ssl	–
notwendigen Fluren	–	rd[2]	ssl	–
sonstigen Räumen und NE	–	–	ssl	ds

[1] keine Wohnungen

[2] lichtdurchlässige Seitenteile und Oberlichte erlaubt (Breite Abschluss bis zu 2,5 m)

feuerhemmend bzw. feuerhemmend, herzustellen. Zur Ausführung der Bauteile des Treppenraumes gibt Tabelle 7.1 Auskunft, wobei einige ergänzende Feststellungen zu treffen sind, die auch die Ausgänge von Treppenräumen ins Freie betreffen. Anforderungen an Wände von Treppenräumen entfallen, soweit die Treppenraumwände Außenwände sind, aus nicht brennbaren Baustoffen bestehen und eine Gefährdung durch andere, benachbarte Wandöffnungen im Brandfall nicht erfolgen kann. Verkleidungen, Dämmstoffe und Einbauten in Treppenräumen müssen aus nicht brennbaren Baustoffen bestehen – Verbot von Brandlasten im Rettungsweg.

Die Forderung, dass bei Gebäuden ab 13 m Höhe eine Ausführung der Treppenraumwände in der Bauart von Brandwänden erfolgen kann, bedeutet, dass die Wände zwar die Eigenschaften von Brandwänden aufweisen müssen, aber als solche nicht bezeichnet werden können, da Öffnungen in äußeren Brandwänden generell nicht zugelassen sind, hier aber zur Entrauchung Fenster sogar vorhanden sein müssen.

Der obere Abschluss von Treppenräumen hat die Feuerwiderstandsfähigkeit der Decken aufzuweisen. Diese Forderung entfällt, wenn der Abschluss ans Freie (Dach) anschließt und die Treppenraumwände bis unter die Dachhaut reichen.

Die relativ hohen, aber berechtigten Forderungen an die Treppenraumbauteile werden durch Anforderungen an die Abschlüsse von Öffnungen zu diesen Treppenräumen etwas relativiert, wie in Tabelle 7.2 dargestellt ist. Sind begrenzende Wände über 90 Minuten feuerwiderstandsfähig zu gestalten, so sind die Türen für höchstens 30 Minuten zu bemessen. Die Qualität der Abschlüsse von Öffnungen bestimmt aber durchaus die Sicherheit im Treppenraum, der als Fluchtweg eine der wichtigsten Funktionen im Gebäude hat. Insofern wären höhere Forderungen an Türen wünschenswert, aber Wohnungseingangstüren als T 90 Feuerschutzabschlüsse einbauen zu wollen, würde sicher auf große Probleme und wenig Akzeptanz stoßen.

Bezüglich der Anordnung kann ein Treppenraum frei stehend vor dem Gebäude, typische Ausführung als Sicherheitstreppenraum, im Gebäude an der Außenwand und innen liegend im Gebäude angeordnet werden.

Ein Treppenraum gilt als an der Außenwand angeordnet, wenn mindestens die Tiefe eines Treppenpodestes an der Außenwand liegt und beleuchtet bzw. belüftet werden kann [65]. Die Rauchfreihaltung durch Belüftung des Treppenraumes über öffenbare Fenster und der Ausgang aus dem Treppenraum direkt ins Freie sind für diese Anordnung des Treppenraumes die wesentlichen Sicherheitsaspekte.

Die Fenster, die für einen Rauchabzug geöffnet werden, sollten so beschaffen und angeordnet sein, dass ein Feuerüberschlag aus benachbarten Öffnungen vermieden wird. Die Fenster, d.h. die lichtdurchlässigen Baustoffe, dürfen nicht aus brennbarem Material sein. Fensteröffnungen in den Innenwänden des Treppenraumes verbieten sich von selbst.

Innen liegende Treppenräume können dann erlaubt werden, wenn aus der Sicht des Brandschutzes keine Bedenken bestehen: für die Benutzung darf keine Gefährdung durch Raucheintritt erfolgen und der zweite Rettungsweg muss gesichert sein. Da aber eine Gefährdung des innen liegenden Treppenraumes durch Raucheintritt durchaus gegeben ist, muss bei Gebäuden mit mehr als 13 m Höhe eine Rauchabzugsvorrichtung mit einer Fläche von mindestens 5% der Treppenraum-Grundfläche (mindestens 1 m^2) vorhanden sein. Die Abzugsanlage muss im Erdgeschoss und obersten Treppengeschoss zu betätigen sein, Forderung für weitere Betätigungsmöglichkeiten, z.B. in jedem dritten Folgegeschoss, können erhoben werden. Als Zuluftöffnung im Erdgeschoss kann die Haustür gelten, wenn sie über eine Feststelleinrichtung verfügt.

Um die Gefahr des Raucheintritts in diesen innen liegenden Rettungswegen zu minimieren, sind Forderungen an die Qualität der Abschlüsse der Öffnungen bzw. an die Struktur der hinter diesen Öffnungen liegenden Räume zu stellen.

Bis zu 5 oberirdischen Geschossen sollte der Treppenraum an einzelne Nutzungseinheiten über dichtschließende Türen, an mehrere Nutzungseinheiten in Geschossen nur über einen Vorraum oder einen höchstens 10 m langen Flur angeschlossen werden. Die Türen aus den Nutzungseinheiten in den Vorraum oder Flur sollen rauchdicht und selbstschließend sein. Die Türen zwischen Vorraum und Treppenraum bzw. Flur und Treppenraum müssen T 30 feuerwiderstandsfähig und selbstschließend sein. Sie müssen nur rauchdicht und selbst schließend sein, wenn die nächste Tür mindestens 2,5 m entfernt ist (siehe Abbildung 6.22).

Bei Gebäuden mit mehr als 5 oberirdischen Geschossen und innen liegendem Treppenraum sind schärfere Forderungen zu erfüllen. Vom Treppenraum sind die Geschosse über Vorräume anzuschließen, an die wiederum Forderungen erhoben werden, die in ihrer Gesamtheit quasi der Anordnung eines Sicherheitstreppenraumes nahekommen.

Der Vorraum mit einer Mindestfläche von 3 m^2 sollte mindestens 1 m breit sein und darf weitere Öffnungen nur zu Aufzügen und Sanitärräumen haben. Die Wände sind feuerbeständig in F 90-A auszuführen. Die Vorräume sind mit Lüftungsanlagen in notwendigen Schächten L 90 auszustatten. Eine Ersatzstromversorgung für einen mindestens einstündigen Betrieb muss installiert sein. In den Vorräumen ist gegenüber dem angrenzenden Flur ein Überdruck zu erzeugen. Einzelheiten sind den jeweiligen Verwaltungsvorschriften zu entnehmen

[65] (z.B. enthält die Verwaltungsvorschrift Nordrhein-Westfalens eine Formel zu Berechnung des notwendigen Luftvolumenstromes, in der Thüringer Verwaltungsvorschrift wird ein 30-facher stündlicher Außenluftwechsel gefordert).

Die Türen zwischen Treppenraum und Vorraum bzw. Vorraum und Flur sollten einen Abstand von mindestens 3 m haben und als T 30-Abschlüsse ausgeführt sein, es werden auch rauchdichte, selbst schließende Türen zwischen Treppenraum und Vorraum erlaubt.

Jegliche Art von Verkleidung an Wänden, Decken und Treppenunterseiten dürfen in Gebäuden mit mehr als 2 Vollgeschossen nur aus Baustoffen Klasse A hergestellt werden. Treppenräume sind von jeglichen Brandlasten freizuhalten. Als Ausnahme kann die Beschaffenheit der Handläufe von Geländern gelten.

Sicherheitstreppenräume spielen vor allem bei der Errichtung von Hochhäusern eine Rolle, weil bei dieser Gebäudeklasse der zweite Rettungsweg durch die Feuerwehr nicht mehr gewährleistet werden kann. Bei dieser Gebäudeklasse tritt der Begriff des *fire towers* auf, einer Anordnung eines innen liegenden Treppenraumes, der nur über einen Gang zu erreichen ist, der mindestens einseitig offen in einem Schacht angeordnet ist. Der natürliche Luftzug führt möglichen Rauch aus dem Innenbereich ab. Details werden hier nicht behandelt, da bei Errichtung von Gebäuden bis 22 m Fußbodenhöhe über Gelände solche Einrichtungen in der Regel nicht geplant werden, weil entweder die Errichtung eines Treppenraumes an einer Außenwand sehr viel einfacher und kostengünstiger geschehen kann als auch innen liegende Treppenräume zulassungsfähig gestaltet werden können.

7.3.5 Notwendige Treppe

Die Landesbauordnungen fordern den ersten Rettungsweg über eine notwendige Treppe, die von jedem Aufenthaltsraum nach höchstens 35 m Entfernung erreicht werden muss. Damit hängt die Zahl der Treppen von der Größe des Gebäudes ab, bei Sondergebäuden wird zusätzlich noch die jeweilige Gefahrenlage berücksichtigt.

Die notwendige Treppe im Treppenraum muss bei normal hohen Gebäuden in einem Zug zu allen angeschlossenen Geschossen führen; es darf aus einer anderen, versetzten Anordnung keine unübersichtliche Situation entstehen, die sich im Gefahrenfall verhängnisvoll für die Personenrettung auswirken würde. Aus diesem Grunde muss die notwendige Treppe auch mit vorhandenen Treppen zum Dachraum verbunden sein, um den Löschkräften ein zeitaufwändiges Suchen zu ersparen.

Bei Gebäuden über 13 m Höhe müssen die tragenden Teile notwendiger Treppen feuerhemmend aus nicht brennbaren Baustoffen ausgeführt sein. Damit werden nach Thüringer Landesbauordnung Holzkonstruktionen und ungeschützte Stahlkonstruktionen ausgeschlossen.

Bei Gebäuden geringer Höhe genügen Baustoffe der Klasse A oder eine feuerhemmende Ausführung. Sind höchstens zwei Wohnungen vorhanden, entfällt auch diese Forderung. Eine feuerhemmende Ausführung lässt den Einsatz von

Holztreppen zu. Die Forderungen an Treppen in Gebäuden geringer Höhe werden in den einzelnen Bundesländern übrigens unterschiedlich gesehen.

Treppen sind üblicherweise nicht raumabschließende Bauteile, die einer mehrseitigen Brandbeanspruchung ausgesetzt sein können. Daher muss für eine sichere Begehung eine Durchflammung – möglich bei einer Treppe ohne Setzstufen – unbedingt vermieden werden. Eine mögliche feuerbeständige Ausführung tragender Teile erfordert daher die Ausführung einer Treppe mit Tritt- und Setzstufen, es sei auf Anhang A.1.4 verwiesen.

Um die Begehbarkeit einer Treppe im Brandfall zu sichern, sind einschiebbare Treppen und Rolltreppen als notwendige Treppen nicht zugelassen. Erlaubt sind aber flach geneigte Rampen. Treppen dürfen nicht unmittelbar hinter einer Tür beginnen, wenn diese in Richtung Treppe aufschlägt; in diesem Fall ist ein Absatz anzuordnen.

Wie erwähnt sind einschiebbare Treppen jeglicher Ausführung für die Rettung von Personen in größeren Gebäuden denkbar ungeeignet und daher kein Ersatz für eine notwendige Treppe. In Gebäuden mit nicht mehr als zwei Wohnungen sind sie als Zugang zum Dachraum ohne Aufenthaltsräume erlaubt und sie können auch als Zugang zu Räumen gestattet werden, die nicht dem Aufenthalt von Personen dienen.

Rolltreppen (auch Fahrtreppen) befinden sich in der Regel in Gebäuden mit hohem Personenaufkommen; sie befinden sich nicht in einem eigenen Treppenraum, werden immer elektrisch betrieben und stellen daher vor allem bei Stromausfall oder im Ruhezustand eine Gefahr dar. Unabhängig davon genügen die zu geringe Breite und die veränderte Stufenhöhe nicht den Forderungen an notwendige Treppen. Sie können daher nicht als solche angerechnet werden.

Zu Wendeltreppen werden von den Bauordnungen keine konkreten Aussagen getroffen. Sie sind im Gefahrenfall, dies betrifft vor allem die Personen mit Lösch- und Rettungsgeräten, sicherlich schwieriger zu begehen als gerade Treppen und erscheinen daher als Rettungswege weniger geeignet.

Die Breite von Treppen sollte mindestens 1 m betragen, in Gebäuden mit ein oder zwei Wohnungen genügen 80 cm. Darüber hinaus fordern Landesbauordnungen, dass die Breite für den größten zu erwartenden Verkehr ausreichen muss. Hier sind – dabei fast ausschließlich bei Gebäuden mit Sondernutzung, insbesondere bei Hochhäusern – für genauere Festlegungen Evakuierungsrechnungen sinnvoll [120].

Über den Einbau und mögliche Konstruktionen von Holztreppen in Gebäuden geringer Höhe werden u.a. in [32] detaillierte Angaben getroffen.

Die Verbindung von Geschossen derselben Wohnung kann mit innen liegender Treppe ohne eigenen Treppenraum erfolgen. Dabei ist unbedingt zu beachten, dass entsprechend den Forderungen der jeweiligen Landesbauordnungen eine Erreichbarkeit der Rettungswege in beiden Geschossebenen gewährleistet werden muss.

Wenn in ein Gebäude zusätzlich zu vorhandenen, notwendigen Treppen offene Treppen eingebaut werden, so sind diese nicht ersatzweise als erster Rettungsweg anrechenbar. Offene Treppen bedingen einen Deckendurchbruch ohne abschnittstrennende Treppenraumwände. Nach Landesbauordnung ist eine solche Möglichkeit nur innerhalb von Wohnungen oder zwischen zwei Geschossen [64] gegeben. Weiterführende Regelungen sind in gleich gelagerten Fällen nur mit entsprechenden Kompensationsmaßnahmen möglich – zusätzliche Sprinklerung, schärfere Forderungen an die Baustoffe u.a. mehr.

7.3.6 Ausgänge

Jeder Treppenraum muss auf möglichst kurzem Weg einen entsprechend sicher gestalteten Ausgang ins Freie haben. Sicher heißt in diesem Fall nicht nur baulich sicher, sondern dass über den Ausgang eine öffentliche Verkehrsfläche erreicht werden muss, zumindest eine nach oben offene Verkehrsfläche, die mit einer öffentlichen Verkehrsfläche direkt oder über eine Freitreppe oder Rampe verbunden und in ausreichender Breite vorhanden sein muss [64].

Die bauliche Ausführung der Ausgänge entspricht der von Treppenräumen, Wände in der Bauart von Brandwänden und Decken in der Feuerwiderstandsfähigkeit F 90-A, Verkleidungen, Dämmstoffe und Einbauten aus brennbaren Stoffen sind nicht zulässig. Der Ausgang ist in der gleichen Breite wie die notwendige Treppe weiter zu führen.

Wenn aus einem innen liegenden Treppenraum heraus der sichere Ausgang ins Freie über eine gewisse Entfernung im Gebäude geführt werden muss, ist diese Verbindung dann öffnungslos und feuerbeständig als so genannter Rettungstunnel zu planen. Dieser Fall könnte eintreten, wenn die Erdgeschosszone als Sondernutzung (Verkauf, Gaststätte) geplant und die oberen Geschosse als Wohnungen benutzt werden. Der Ausgang als geschützter Bereich kann dabei im Erdgeschoss, im Untergeschoss oder im ersten Obergeschoss, auf jeden Fall aber mit sicherem Ausgang ins Freie angeordnet werden. Die Forderungen an einen Rettungstunnel sind denen für Treppenräume gleichgestellt, Öffnungen dürfen nicht vorhanden sein.

Wenn die Ausgänge notwendiger Treppenräume nur indirekt ins Freie führen, indem sie in öffentlich zugängliche Durchgänge und Passagen münden, so sollte der Abstand bis zur öffentlichen Verkehrsfläche höchstens 20 m betragen [64], wenn im weiteren Verlauf zwei Wege – möglichst in entgegengesetzter Richtung – ins Freie führen, und nicht beide Wege gleichzeitig von einem Brand beansprucht werden können.

Wenn sich im Passagenbereich Schaufenster befinden, so ist der Ausgang aus dem Treppenraum in höchstens 5 m anzuordnen und außerdem dafür Sorge zu tragen, dass aus den Ladenbereichen heraus der Fluchtweg nicht beeinflusst werden kann. Schaufenster sind gegen die Läden abzumauern oder mit G-Verglasung zu versehen. Ersatzweise ist mit einer selbsttätigen Löschanlage im Ladenbereich den Forderungen Genüge getan, da die Schaufenster in diesem Fall als Rauchabschluss gelten können [64].

Die sichere Gestaltung der Ausgänge ist zu garantieren. Bedingt durch die Vielzahl der Bausituationen können dabei ganz unterschiedliche Lösungen entstehen, die aber in der Summe aller Einzelmaßnahmen hinreichende Sicherheit gewährleisten müssen.

7.3.7 Fenster

Im Konzept der Rettungswege stellt das Fenster den Zugang zum typischen zweiten Rettungsweg dar, einen Notausstieg zunächst ins Freie und dann zu Rettungsmitteln der Feuerwehr. Dieser Aufgabe kann das senkrecht angeordnete Fenster allein nur genügen, wenn es, und das ist ausschlaggebend, tatsächlich auch einen mit Rettungsgeräten der Feuerwehr erreichbarer Ort darstellt. Die Nutzungseinheit muss entsprechend diesen Forderungen der Landesbauordnung mindestens ein Fenster besitzen, das als zweiter Rettungsweg in Betracht kommt. Dieser Sachverhalt ist bei Hinterhofstrukturen, rückwärtigen Gebäuden, Gebäuden in engen Gassen u.a. immer zu prüfen.

Ein Fenster muss daher jederzeit aus der Nutzungseinheit heraus benutzbar, d.h. zu öffnen und von außen durch die Feuerwehr unmittelbar erreichbar sein. Um ein Fenster als Rettungsweg zu akzeptieren, müssen dessen lichte Abmessungen mindestens 0,9 m × 1,2 m betragen, und es darf nicht höher als 1,2 m über Fußboden angeordnet werden, damit beim Überwinden der Brüstung im Gefahrenfall vor allem für ältere oder behinderte Menschen und Kinder keine größeren Probleme entstehen.

Geneigte Fenster stellen bereits eine Ausnahmesituation dar und können daher nur dann gestattet werden, wenn bezüglich Brandschutz keine Bedenken bestehen, für Fensteröffnungen im Schrägdachbereich oder in Dachaufbauten, die als zweiter Rettungsweg ausgewiesen werden, gelten daher besondere Anforderungen. Zunächst darf das betreffende Fenster bei gleicher Öffnungsgröße und gleichem Abstand zum Fußboden, wie eben genannt, nur in einem solchen Abstand zur Traufkante angeordnet werden, dass zu rettende Personen sich bemerkbar machen und tatsächlich auch von der Feuerwehr erreicht werden können. Die Unterkante des Fensters oder ein vor dem Fenster angeordneter Austritt sollten dabei horizontal gemessen weniger als 1,0 m von der Traufkante entfernt sein.

Mit der Erfüllung dieser Festlegung allein ist ein Fenster in einem ersten oder zweiten Dachgeschoss ohne zusätzliche Maßnahmen noch nicht automatisch als zweiter Rettungsweg geeignet. Es ist unbedingt erforderlich, außerhalb des Raumes einen sicheren, horizontalen Austritt zu schaffen und mit Trittgittern, Leitern oder kleinen Balkonen einen Fluchtweg zu planen, der bis zu einem sicheren Ort führt, wo sich Flüchtende bemerkbar machen können und die Rettungsgeräte der Feuerwehr einsetzbar sind.

Zusatzmaßnahmen, wie umwehrte Austritte oder kleine Balkone, sind auch bei anderen Gebäudesituationen bzw. Sonderbauten außerhalb des Schrägdachbereiches für eine sichere Gestaltung des zweiten Rettungsweges sinnvoll und sollten vom Planer rechtzeitig in seine Sicherheitsüberlegungen einbezogen werden.

7.3.8 Gewährleistung des zweiten Rettungsweges

Wird der zweite Rettungsweg üblicherweise mit Geräten der Feuerwehr gewährleistet, so sind Anfahrtwege und Aufstellflächen für die Fahrzeuge der Feuerwehr entsprechend zu sichern. Bei normal hohen Gebäuden mit Brüstungshöhen über

8 m müssen vor den Gebäuden in einem Abstand von mindestens 3 m bis maximal 9 m Aufstellflächen für die Feuerwehr vorhanden sein, bei Brüstungshöhen über 18 m darf der Abstand höchstens 6 m betragen. Diese Maße werden durch die technischen Möglichkeiten der Drehleiter-Fahrzeuge der Feuerwehr bestimmt und sind unbedingt zu sichern.

Für das Erreichen von Aufstellflächen bei rückwärtigen Gebäuden mit Brüstungshöhen über 8 m sind Durchfahrten von mindestens 3 m Breite und einer lichten Durchfahrtshöhe von mehr als 3,5 m zu sichern. Durchfahrten dürfen keine Einbauten enthalten und müssen, ebenso wie die Aufstellflächen und Anfahrtwege, entsprechend tragfähig ausgelegt sein. Die Normtragfähigkeit beträgt 12 Tonnen, so dass auch noch Feuerwehrfahrzeuge bis 14 Tonnen und Hubrettungsfahrzeuge bis 16 Tonnen eingesetzt werden können [65], Tendenz der Belastung eher steigend.

Die Tragfähigkeit der Anfahrtwege kann dann besonders wichtig werden, wenn diese über Tiefgaragen bzw. unterirdische Gebäudeteile führen oder die Benutzung von Geh- und Parkwegen erforderlich wird, die als Zufahrten ausgewiesen und zu kennzeichnen sind. Zur Orientierung vor allem im Winterfall mit Schneebelag ist eine Kennzeichnung der Zufahrten durch Stangen o. Ä. unbedingt notwendig.

Bei Gebäuden unter 8 m Brüstungshöhe wird ein Zu- oder Durchgang von mindestens 1,25 m Breite und 2,0 m lichter Höhe gefordert, Türen müssen im Verlauf dieses Zuganges mindestens eine Breite von 1 m aufweisen.

Bei Gebäuden mit einer Entfernung von mehr als 50 m zu öffentlichen Verkehrsflächen können mehrere Zufahrten gefordert werden.

7.4 Spezielle Erschließungen

7.4.1 Aufenthaltsräume im Dachgeschoss

Die Schaffung von attraktivem Wohnraum bzw. Aufenthaltsräumen im Dachgeschoss ist bei einem Neubau aber auch als Ausbau im Sanierungsfall für Besitzer und Nutzer gleichermaßen interessant. Neben einer Reihe von allgemeinen Forderungen sind bei Baumaßnahmen selbstverständlich Belange des Bautechnischen Brandschutzes zu berücksichtigen, denn die Dachgeschosszonen weisen mit dem Holz der Dachkonstruktion oder den eventuell vorhandenen brennbaren Dämmstoffen der Dachdämmung unter Umständen relativ hohe Brandlasten auf. Erschwerend kommt hinzu, dass teilweise Hohlräume – Abseiten, Spitzboden über dem Kehlgebälk u.a. – vorhanden sind oder diese beim Ausbau nachträglich entstehen.

Eingeschossiger Dachausbau

Eine Übersicht zu Anforderungen für die Nutzung in einem 1. Dachgeschoss gibt Tabelle 7.3. Der Ausbau eines Dachgeschosses kann durch Berücksichtigung der zusätzlichen Geschosshöhe für die anrechenbare Fußbodenhöhe über OKG dazu

Tab. 7.3: Aufenthaltsräume im 1. Dachgeschoss, Forderungen an Bauteile gemäß ThürBO [5]; Hinweise zur Zuordnung des Brandverhaltens der Baustoffe siehe Tab. 7.1

BauO		Gebäudeklasse			Bemerkung
§	Bauteil	3	4	5	
26a	tragende Wand	F30-B[1]	F60[1][2]	F90-AB[1]	[1] nicht im obersten DG
27	nichttr. Außenwand	–	F30-B oder A		[2] siehe Tab. 7.1
28	Trennwand	F30-B[3]	F60[2]	F90-AB[2][3]	[3] TW bis unter Rohdecke/ Dachhaut, Rohdecke mindestens F30-B
30	Decke	F30-B[1]	F60[1][2]	F90-AB[1]	[4] in einem Zug durchgehend, mit Treppe Dachraum verbinden
32	trag. Teile Treppe[4]	F30-B/A	A	F30-A	[5] nicht, wenn an AW oder Baustoff A
33	Treppenraum, Wand	F30 B[5]	F60[7][5]	F90-A[5][8]	[6] ohne Forderung bei Abschluss ans Freie
33	TR, oberer Abschluss[6]	F30-B[1]	F60[1][2]	F90-AB[1]	[7] zusätzliche mech. Prüfung
					[8] in Bauart einer Brandwand

führen, dass aus einem Gebäude geringer Höhe ein solches normaler Höhe wird, wobei sich die zu erfüllenden Forderungen deutlich ändern, wie Tabelle 7.3 zeigt.

Als Beispiel werde ein nicht unterkellertes dreigeschossiges Gebäude betrachtet. Bei üblichen Raumhöhen von 2,3 m und Dicke einer Rohdecke von 0,25 m liegt der Fußboden eines Aufenthaltsraumes der obersten Nutzungseinheit bei einer Gesamthöhe von 5,1 m. Das Gebäude ist daher der Gebäudeklasse 3 ($h \leq 7$ m) zuzuordnen. Wird nunmehr ein in der dritten Ebene befindliches Dachgeschoss zu Wohnraum ausgebaut, so befindet sich dann der Fußboden der obersten Nutzungseinheit bei 7,65 m und das Gebäude wechselt zur Gebäudeklasse 4 ($h \leq 13$ m). Ein solcher Wechsel der Gebäudeklasse begründet Einschränkungen im Dachausbau: Wenn beispielsweise das neu als Decke/Fußboden zu gestaltende Bauteil keine oder eine zu geringe Feuerwiderstandsfähigkeit besitzt, so ist die neue Forderung hochfeuerhemmend nur schwer, bei einem möglichen Wechsel von der Gebäudeklasse 4 in die Gebäudeklasse 5 oft überhaupt nicht zu erfüllen.

Entsprechend den Abbrandeigenschaften von Holz können die häufig in Altbauten anzutreffenden Holzbalkendecken entsprechend ihrer Dimensionierung durchaus eine über 90 Minuten (F 90-B) hinausgehende Widerstandsfähigkeit haben, ohne selbst je feuerbeständig (F 90-AB) zu sein, eine Ausnahmegenehmigung wäre notwendig.

Aufenthaltsräume und Nutzungseinheiten im Dachraum müssen einschließlich der Zugänge mit feuerhemmenden Bauteilen gegen Räume des nicht ausgebauten Dachraumes und zu weiteren Nutzungseinheiten abgetrennt werden; dies betrifft sowohl Wände als auch Decken, siehe Abbildung 7.5. Für frei stehende Einfamilienhäuser gilt diese Forderung nicht.

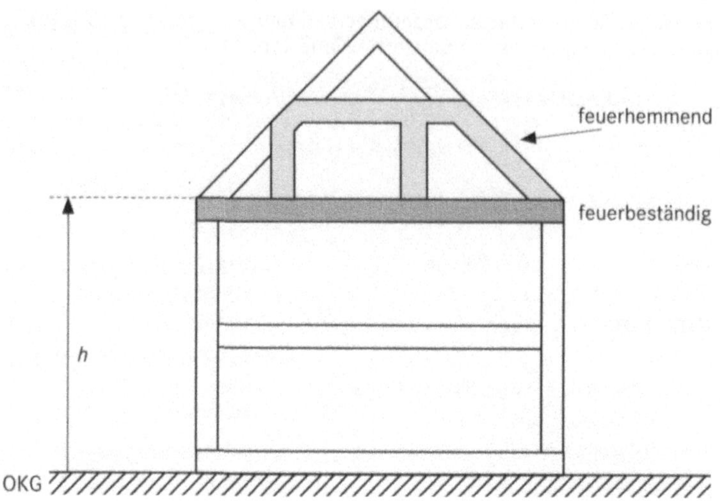

Abb. 7.5: Anforderung an Bauteile bei Ausbau des 1. Dachgeschosses für Gebäude bis $h \leq 22$ m

Bei Dachschrägen, die bis zum Fußpunkt der Traufe feuerhemmend gestaltet sind, muss eine Abseitenwand, in der Abbildung ist daher keine eingezeichnet, keine Feuerwiderstandsfähigkeit aufweisen; der Hohlraum Abseite gehört zur sicher gestalteten Nutzungseinheit. Bei einer feuerhemmenden Gestaltung der Bauteile besteht bei komplizierten Dachkonstruktionen übrigens immer die Gefahr, dass Brandbrücken entstehen, da sich Anschlüsse von feuerwiderstandsfähigen Bauteilen bis unter die Dachhaut nur sehr schwer ausführen lassen.

Für die Gestaltung der Rettungswege gibt es klare Forderungen, der erste Rettungsweg ist über eine notwendige Treppe in einem eigenen Treppenraum bis zum Dachgeschoss zu führen. Erfüllt der vorhandene Treppenraum bereits diese Forderung, so muss weiter beachtet werden, dass die Treppe bei niedrigen Gebäuden bis 7 m Höhe feuerhemmend oder aus nicht brennbaren Baustoffen, bei höheren Gebäuden mit nicht brennbaren Baustoffen ausgeführt sein muss. Eine Holztreppe würde diesen Forderungen demnach nicht genügen.

Bei einem Dachausbau würden aber an diese Treppe in der Regel keine weiterführenden Forderungen gestellt, da es sich durch den Bestand nicht um eine wesentliche Änderung handelt. Die Sachlage wäre eine andere, wenn der letzte Treppenabschnitt zum auszubauenden Dachgeschoss erst hergestellt werden müsste; hier wäre eine wesentliche Änderung notwendig, und es müsste im Anschluss an eine Holztreppe eine Stahl- oder Betontreppe eingebaut werden. Die Erfüllung einer solchen Forderung erscheint unzweckmäßig, eine mögliche Befreiung wäre zu beantragen. Eventuell könnten Zusatzmaßnahmen wie Verkleidung der Treppenunterseite, Anstrichsysteme, Rauchmelder mit Sprinklerkopf o. Ä. als Kompensationsmaßnahmen zu Gewährleistung der Sicherheit angeboten werden. Manche Landesbauordnungen lassen sogar bei normal hohen Gebäuden bis 5 VG noch feuerhemmende Ausführungen oder zumindest eine solche aus nicht brennbaren Baustoffen zu.

Der zweite Rettungsweg wird üblicherweise mithilfe der Rettungsgeräte der Feuerwehr gewährleistet. Dazu sind Fenster in der entsprechenden Größe erforderlich (siehe Abschnitt 7.3.7). Bei einem Dachgeschossausbau ist dies allerdings oft nicht ohne Probleme, wenn die bestehenden Fenstergrößen beispielsweise nicht ausreichen und größere Fenster aus konstruktiven Gründen nicht eingebaut werden können bzw. den Gesamteindruck des Gebäudes zerstören würden. Das aus- oder umzubauende Gebäude muss sich in das vorhandene oder geplante Straßenbild bzw. Ensemblebild einfügen und darf nicht verunstaltend wirken. Ausnahmen und Befreiungen können von den Genehmigungsbehörden erteilt werden, alle Maßnahmen müssen dabei in einem abgesteckten Rahmen sorgfältig ausgewählt werden.

Mehrgeschossiger Dachausbau

Es gelten in einem zweiten Dachgeschoss die gleichen Anforderungen wie bei einem eingeschossigen Dachausbau. Zusätzliche, schärfere Forderungen müssen an die Bauteile, die sich unter dem zweiten Dachgeschoss im ersten Dachgeschoss befinden, gestellt werden. Die Forderungen orientieren sich an denen für ein Normalgeschoss, was im Sinne der notwendigen Sicherheit als korrekt anzusehen ist.

Aufenthaltsräume und Wohnungen in einem zweiten Dachgeschoss, Abbildung 7.6, können nur dann erlaubt werden, wenn im darunter befindlichen Geschoss – also im ersten Dachgeschoss – tragende Wände, Decken und die Dachschrägen den Forderungen nach Tab. 7.3 genügen. Dies gilt nicht für Maisonetten.

Eine feuerbeständige Ausführung der notwendigen Bauteile in einem ersten, dem unteren Dachgeschoss, ist in der überwiegenden Zahl der Fälle nicht gegeben, weil Holz als brennbares Material für die Ausführung der Dachkonstruk-

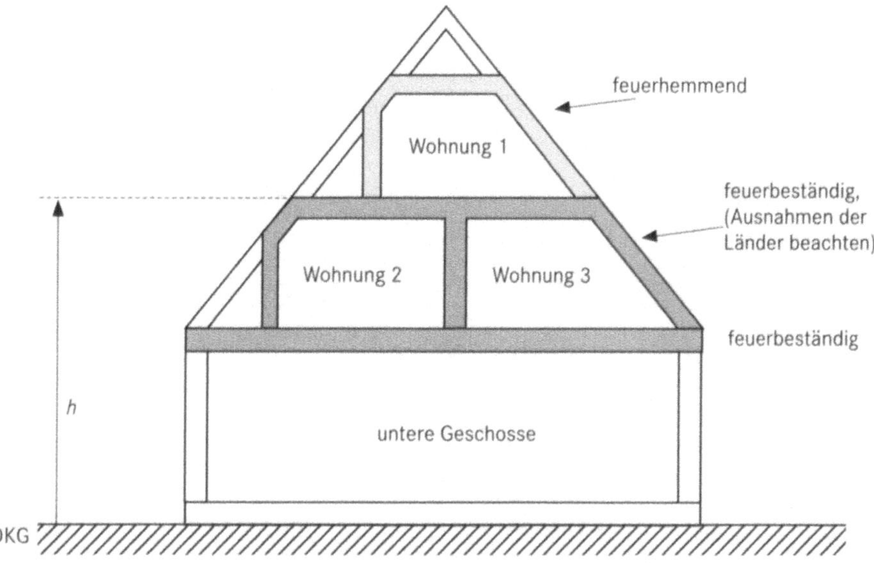

Abb. 7.6: Anforderung an Bauteile bei Ausbau des 2. Dachgeschosses für normal hohe Gebäude $h \leq 22\,\mathrm{m}$

tion typisch ist und eine F 90-AB nicht möglich ist. Bei einem Neubau kann die erforderliche Feuerwiderstandsfähigkeit ohne Probleme erreicht werden, indem beispielsweise die Ausführung von Decken, Dachschrägen und Trennungen in Beton erfolgt.

Ausnahmegenehmigungen sind daher an der Tagesordnung, die aber nur erteilt werden können und dürfen, wenn beide Rettungswege ohne Fehl und Tadel sicher gestaltet und ausgeführt sind.

Ein Ausbau des Dachbereiches über drei und mehr Geschosse bei Gebäuden im Bestand ist, wenn überhaupt, nur sehr selten möglich und dann so gut wie nicht genehmigungsfähig.

7.4.2 Galerien

Wenn ein eingeschossiger Dachausbau genügend Raum lässt oder die Treppensituation keinen zweigeschossigen Ausbau zulässt und somit genügend Raumhöhe zur Verfügung steht, können in dem betreffenden Geschoss Galerien oder Emporen eingebaut werden. Ein solcher Einbau wird nicht als eigener Dachgeschossausbau gewertet, die Bewertung erfolgt wie für einen eingeschossigen Dachausbau. Voraussetzung dafür ist, dass Personen im oberen Bereich nicht zusätzlich gefährdet werden, der obere Teil muss daher aus dem unteren Bereich zu überblicken sein, und es dürfen keine weiterführenden Öffnungen bzw. Verbindungen zum nicht ausgebauten Dachraum existieren. Dies würde sofort den Charakter eines eigenen Geschosses begründen. Der Blickkontakt aus dem unteren Wohnbereich ist dann gewährleistet, wenn die verbleibende Fläche der Deckenöffnung größer ist als die Fläche der Galerie selbst.

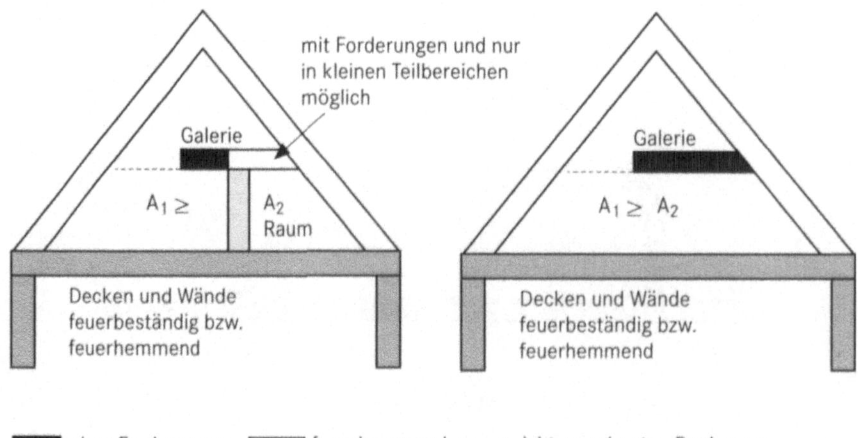

Abb. 7.7: Anordnung einer Galerie, zum Teil über Räumen: die Öffnungsfläche A_1 sollte größer als Galeriefläche A_2 sein (nach [67]); die Umwehrung der Galerie mindestens 0,9 m hoch; der Feuerwiderstand von Decken und Wänden in Abhängigkeit der Gebäudehöhe

Wird die Galerie zum Teil über anderen Räumen angeordnet, Abbildung 7.7, so ist der entsprechende Deckenbereich in gleicher Feuerwiderstandsfähigkeit wie der übrige Dachausbau, in der Regel feuerhemmend, auszuführen.

Für frei stehende Wohngebäude mit höchstens einer Wohneinheit gelten keine Forderungen.

7.4.3 Maisonetten

Als eine besondere Wohnform gelten Wohnungen, die sich über zwei Geschosse erstrecken. Der dafür benutzte Begriff Maisonette bezeichnet ursprünglich ein „Haus im Haus", was nicht ganz unzutreffend ist, wird doch der Wohnbereich im Inneren der Wohnung durch eine Verbindungstreppe ohne eigenen Treppenraum erschlossen.

Die Forderungen an die Bauteile wie Wände, Decken, u.a. bedürfen keiner besonderen Erläuterungen. Hier gelten gleichermaßen die Forderungen wie für Normalgeschosse oder für das Dachgeschoss, wie bereits vorstehend erläutert. Als Besonderheit muss aber die Anlage des Rettungsweges angesehen werden. Dies bedarf in jedem Fall einer gründlichen Analyse.

Besteht in jeder Geschossebene ein Zugang zum ersten Rettungsweg, so wird die Wohnform als „unechte Maisonette" bezeichnet, besteht nur in einem Geschoss ein Zugang zum ersten Rettungsweg, so handelt es sich um eine „echte Maisonette".

Die unechte Maisonette ist weniger kritisch zu sehen, mit dem in jedem Geschoss möglichen Zugang über einen Flur zu jeweils einer oder mehreren notwendigen Treppen und dem zweiten Rettungsweg über Fenster stehen für jedes Geschoss die notwendigen Rettungswege zur Verfügung. Es reicht im Grunde ein anleiterbares Fenster für die Wohneinheit als zweiter Rettungsweg aus. Unechte Maisonetten können selbst in Hochhäusern geplant werden. Bei diesen Gebäuden ist eine Rettung prinzipiell nur im Gebäude selbst möglich, entweder über einen Sicherheitstreppenraum allein oder zwei notwendige Treppen, was durch die Rettungswegstruktur der unechten Maisonette aber problemlos nachvollzogen wird.

Die echten Maisonetten haben nur in einer Ebene, in der Regel im Unterbereich, einen Zugang zur notwendigen Treppe. Die innere Verbindung der Geschosse durch eine Treppe ohne eigenen Treppenraum setzt voraus, dass in jedem Geschoss ein anderer Rettungsweg erreicht werden kann. Ein Geschoss hat dafür den Zugang zur notwendigen Treppe und eine anleiterbare Stelle wie Fenster, Terrasse, Ausstieg oder Balkon; das andere Geschoss verfügt ebenfalls über eine anleiterbare Stelle und die innere Verbindung. Eine offene Außentreppe könnte die anleiterbare Stelle ersetzen.

Damit wird in etwa der gleiche Sicherheitsstandard wie in einer Geschosswohnung erzielt [64]. In den oberen Räumen, vorausgesetzt die unteren verfügen über die beiden Rettungswege, muss unbedingt ein Fenster als Rettungsweg vorhanden sein. Ansonsten würde hier ein gefangener Raum entstehen mit einem unvertretbar hohen Risiko. Im Übrigen ist die Situation für die Nutzer in den oberen Räumen schon etwas ungünstiger als in den unteren Bereichen und sollte durch Zusatzmaßnahmen verbessert werden. Der Einsatz batteriebetriebener Rauchmelder kann vor allem im oberen Wohnbereich, der häufig auch noch als Schlafraum genutzt wird, zusätzliche Sicherheit bringen.

Befinden sich Maisonetten im Dachgeschoss, so gelten die Forderungen für eingeschossigen Dachausbau, weil durch die innere Verbindung kein darunter befindliches Dachgeschoss vorhanden ist. Im Dachbereich, vor allem wieder im oberen Wohnbereich, ist im besonderen Maße auf die Gestaltung der Rettungsmöglichkeiten über Fenster mit Fenstergröße, Brüstungshöhe und notwendigen horizontalen Aus- bzw. Auftrittsmöglichkeiten auf dem Dach zu achten.

8 Industriebau und Gewerbe

8.1 Grundlagen

Gemäß deutschem Bauordnungsrecht sind Industriebauten „Bauliche Anlagen und Räume besonderer Art oder Nutzung", zu denen im Einzelnen in den Landesbauordnungen nichts Näheres ausgeführt wird (z.B. §§2,52 ThürBO). Durch die Vielgestaltigkeit der Nutzungen und die unterschiedlichen Risiken allein durch die umbauten Flächen, notwendige freie Raumaufteilung, vorhandene Brandlasten, zeitabhängige Personenverteilung und Belegungsdichte, innerbetrieblichen Transport u.a. ist eine formale Übertragung der Forderungen der Landesbauordnungen auf Industriebauten gar nicht möglich.

Es war daher sinnvoll, neben anderen Sondernutzungen auch den Industriebau in einer Sonderbauverordnung zu behandeln. Die erste Fassung einer solchen Verordnung datiert aus dem Jahre 1985 [24], der erste Erlass zur Einführung erfolgte im Oktober 1989 in Nordrhein-Westfalen [11]. Die Verordnung wurde noch in Hessen, Thüringen, Sachsen, Sachsen-Anhalt, Brandenburg und Mecklenburg-Vorpommern bauaufsichtlich eingeführt.

Die Notwendigkeit der umfassenden Überarbeitung der Industriebaurichtlinie war sowohl durch die Neufassung der DIN 18230 vom Mai 1998 [69] gegeben, die die alte Fassung vom September 1987 abgelöst hat, als auch durch den fortgeschrittenen technischen Stand üblicher Brandschutzmaßnahmen. Eine überarbeitete, deutlich verbesserte Version der Richtlinie wurde von der ARGEBAU im März 2000 [68] verabschiedet. Ihre Einführung als Technische Baubestimmung wird empfohlen und ist unmittelbar zu erwarten. In einigen Bundesländern liegen bereits Empfehlungen zur Anwendung vor.

Die Vorgehensweise bei der Brandschutzplanung von Industriebauten mit Hinweisen auf einige wichtige Einflussgrößen zeigt Abbildung 8.1. Dem Benutzer der Industriebaurichtlinie (M-IndBauRL) werden nach Klärung aller notwendigen Voraussetzungen drei Möglichkeiten zur Auswahl eingeräumt, einen brandschutztechnischen Nachweis mit dem Ziel der Bemessung von Industriebauwerken zu führen.

Er kann sich eines Rechenverfahrens bedienen, welches in der DIN 18230 umfangreich beschrieben und dokumentiert ist und derzeit noch den Standard darstellt. Es wird die mögliche Brandwirkung im Inneren von Industriebauwerken auf dessen Bauteile bestimmt. Die Ergebnisse werden zur Festlegung von zulässigen Flächen, Bauteilbemessungen und notwendiger Randbedingungen herangezogen. Für jedes Gebäude wird somit ein individuelles Brandschutzkonzept

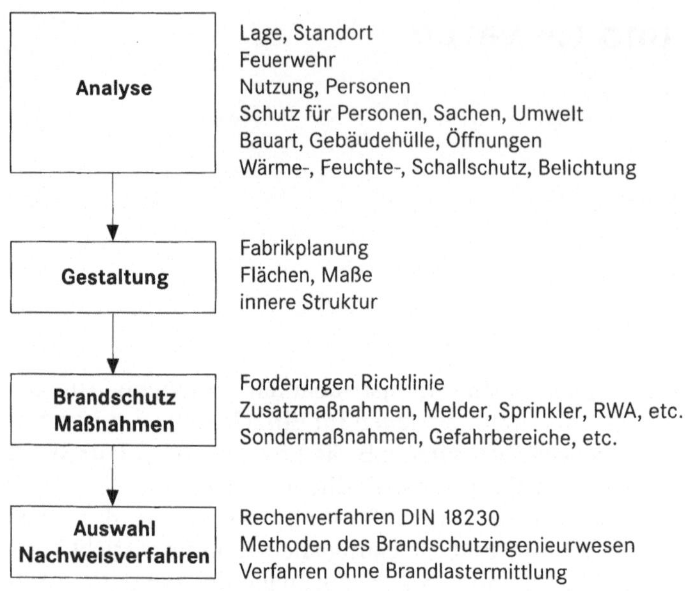

Abb. 8.1: Industriebaurichtlinie und Brandschutzplanung

erstellt, eine automatische Gleichbehandlung von Gebäuden wie nach Landesbauordnung geschieht nicht.

Der Planer kann aber auch den Bautechnischen Brandschutz für ein Gebäude auf der Grundlage von Methoden des Brandschutzingenieurwesens durch anerkannte wissenschaftliche Verfahren beurteilen. Diese zweite Möglichkeit wurde in die Richtlinie neu aufgenommen. Die Grundsätze und Voraussetzungen der Nachweisführung sind im Anhang 1 zur M-IndBauRL formuliert.

Die dritte Möglichkeit bietet ein vereinfachtes Verfahren an, welches keine detaillierten Rechnungen oder Untersuchungen erfordert. Die zu fordernden Feuerwiderstandsklassen und Bemessung der Grundflächen sind an die Forderungen der Landesbauordnungen angelehnt. In der überwiegenden Zahl der Fälle führt der Umgang mit dem vereinfachten Verfahren zu höheren Anforderungen und wirtschaftlich aufwändigeren Lösungen im Vergleich zu denen aus dem Rechenverfahren nach DIN 18230 und den Modellierungsmethoden des Brandschutzingenieurwesens.

8.2 Brandschutzkonzept im Industriebau

Die Gebäude oder Gebäudeteile von Industriebauten dienen der Produktion und Lagerung von Produkten und müssen baulich auf die notwendigen technischen Prozesse und Abläufe abgestimmt sein, zusätzlich müssen Nebenfunktionen wie Energieversorgung, Personalräume, Arbeitsplatzgestaltung, Abfallentsorgung,

Abb. 8.2: Ganzheitliche Betrachtung und individuelles Brandschutzkonzept (nach [70])

Umweltprobleme und andere Infrastrukturmaßnahmen berücksichtigt werden. Die sinnvolle bauliche Gestaltung kann daher nur mit maßgeschneiderten Lösungen, d.h. individuellen Konzepten geschehen, die selbstverständlich auch die Erfüllung der Forderungen des Bautechnischen Brandschutzes einschließen müssen.

Das Aufstellen solcher Konzepte stellt immer eine komplexe Planungsaufgabe dar und setzt die ganzheitliche Betrachtung des Prozesses, der möglichen Gefährdung, der notwendigen Schutzziele und Maßnahmen voraus; eine Übersicht vermittelt Abbildung 8.2.

Im Industriebau sind die Brandrisiken relativ groß, weil oftmals günstige Bedingungen für Brandentstehung und Brandausbreitung bestehen, die durch unübersichtliche Gebäudesituationen, zu lagernde oder zu verarbeitende brennbare Stoffe oder auch die Größe der Gebäude, noch verschärft werden.

Schutzziele werden durch gesetzliche Rahmenbedingungen abgesteckt, zu denen die Industriebaurichtlinie gehört, aber auch eine große Zahl von Technischen Regeln und Verordnungen, wie schon im Abschnitt 3.1 dargestellt wurde.

Für einen erhöhten Sachschutz oder sonstige Forderungen des Auftraggebers können besondere Schutzziele berücksichtigt werden. Die Anforderungen gehen dann über die Mindestforderungen des Gesetzgebers hinaus und sind daher auch separat zu vereinbaren, weil damit finanzielle Aufwendungen in erheblichem Maße verbunden sein können.

8.3 Industriebaurichtlinie

Die Planung von Industriebauten erfolgt in allen Bundesländern auf der Basis der
für den Bautechnischen Brandschutz festgelegten Mindestanforderungen nach
der Industriebau-Richtlinie (Muster).

Dem Sicherheitskonzept der Richtlinie liegen Untersuchungen des von der
Allgemeinheit abweichenden Einzelfalls zu Grunde, deren Ergebnisse sich im
Rechenverfahren der DIN 18230 niederschlagen, welches damit als eine wesentliche Grundlage für den Nachweis der Brandsicherheit von Industriebauten angesehen werden muss. Die Verfahrensweise der DIN 18230 entspricht in ihrem Gül-
tigkeitsumfang dem Stand der Technik und ergibt eine i. A. auf der sicheren Seite
liegende Beschreibung der Brandwirkungen [24].

8.3.1 Geltungsbereich

Die Richtlinie gilt zunächst für alle Industriebauten, ausgenommen werden nur
diejenigen Bauten, die vorwiegend offen gestaltet sind, die nur zur Aufstellung
technischer Anlagen mit nur vorübergehendem Personenaufenthalt dienen oder
die Hochregallager mit Oberkante Lagergut ab 9 m enthalten. Die beiden zuerst
genannten Fälle weisen ein zu geringes Risiko für eine Bemessung auf, der letzte
Fall beinhaltet ein zu spezielles, weil sehr hohes und schlecht kalkulierbares
Brandrisiko.

Eine Festlegung zum Kriterium „überwiegend offen" ist sicher von allgemei-
nem Interesse, im normativen Anhang D.2 der DIN 18230 wird dazu eine Definition für sonstige bauliche Anlagen gegeben, die allgemeingültig verwendet werden
kann. Es wird dabei das Verhältnis der horizontalen und vertikalen Öffnungsflächen zur Grundfläche gemäß

$$\frac{A_{\text{vertikal}} + A_{\text{horizontal}}}{A_{\text{Grund}}} > 0,25 \tag{8.1}$$

benutzt.

8.3.2 Allgemeine Anforderungen

Einen Überblick über Forderungen und Inhalte der Industriebaurichtlinie gibt
Abbildung 8.3. Dabei werden unter dem Begriff des Bautechnischen Brandschutzes sowohl rein bauliche Probleme als auch technische Probleme zusammengefasst. Der Begriff des Abwehrenden Brandschutzes umfasst die Aufgaben
des reinen abwehrenden Schutzes als auch die organisatorischen Aufgaben zum
Brandschutz.

Die Anwendung der Industriebaurichtlinie zur Problemlösung setzt die Erfüllung einiger allgemeiner Anforderungen voraus, auf die zunächst verwiesen werden soll.

Abb. 8.3: Brandschutzaufgaben nach Industriebaurichtlinie

Löschwasserversorgung

Dies betrifft eine Löschwasserversorgung für den Zeitraum von 2 Stunden entsprechend der Größe der Abschnittsfläche von mindestens

$1\,600$ Liter/Minute bei einer Fläche $\leq\ 2\,500$ m² bzw

$3\,200$ Liter/Minute bei einer Fläche $>4\,000$ m²,

mit linearer Interpolationsmöglichkeit für Zwischenwerte. Ausnahmen bestehen für Bauten mit selbsttätiger Löschanlage, dann werden mindestens $1\,600$ Liter/ Minute für maximal eine Stunde benötigt.

Lage und Zugänglichkeit des Gebäudes

Brandabschnitte und Brandbekämpfungsabschnitte (BBA) müssen mit mindestens einer Seite an Außenwänden angeordnet für die Feuerwehr zugänglich sein, bei vorhandener selbsttätiger Löschanlage entfällt die Forderung. Bei mehr als $5\,000$ m² Grundfläche muss eine befahrbare Umfahrt vorhanden sein, wobei die Belastung durch die Löschfahrzeuge zu berücksichtigen ist. Für die Bemessung der Zufahrten, Zugänge und Durchfahrten gilt die Landesbauordnung entsprechend.

Zufahrten zweigeschossiger Bauten

Ist das Untergeschoss mit Bauteilen F 90-A ausgeführt und bestehen in beiden Geschossen Zufahrtsmöglichkeiten, so kann das Obergeschoss wie ein Erdgeschoss behandelt werden.

Geschosse unter Geländeoberfläche

Ähnlich wie bei Wohngebäuden eine Kellernutzung stärker reglementiert wird, werden auch bei Industriebauten schärfere Forderungen für Untergeschossanordnungen erhoben. Geschosse von Brandabschnitten unter Geländeoberfläche, bei denen nicht mindestens eine Seite für die Feuerwehr zugänglich ist, sind durch feuerbeständige F 90-A Wände in Abschnitte zu unterteilen, die im 1. Untergeschoss höchstens 1 000 m^2, bei jedem weiteren Untergeschoss höchstens 500 m^2 betragen dürfen. Entsprechende Regelungen werden auch für Flächen von Brandbekämpfungsabschnitten in Untergeschossen getroffen. Eine Verdreifachung der Flächen ist bei Einsatz selbsttätiger Löschanlagen möglich.

Rettungswege

Im Industriebau müssen wegen der Großflächigkeit und der nicht möglichen baulichen Abtrennung zunächst die Hauptgänge in Räumen oder Hallen und die Ausgänge aus diesen Räumen als Rettungswege angesehen werden. Weitere Rettungswege sind bereits aus der Landesbauordnung bekannt, es sind notwendige Flure, notwendige Treppen und deren Ausgänge. Besondere Festlegungen werden bezüglich der möglichen Entfernungen bzw. der Erreichbarkeit der Rettungswege getroffen, Abbildung 8.4 ermöglicht den schematischen Überblick.

Die Hauptgänge in den Hallen müssen eine Breite von mindestens 2 m aufweisen, meist werden sie durch Farbmarkierungen am Boden optisch ausgewiesen, und sollen geradlinig zu den entsprechenden Ausgängen führen. Die Ausgänge unter Punkt b der Abbildung 8.4 sind in Luftlinie, aber nicht durch Bauteile oder genehmigungspflichtige Einbauten zu bestimmen. Die tatsächliche Lauflänge darf in keinem Fall das 1,5-fache der angegebenen Entfernung überschreiten.

Bei lichten Raumhöhen zwischen 5 m und 10 m darf die Entfernung interpoliert werden. Bei höhergelegenen Ebenen in Räumen ergibt sich die Rettungsweglänge in Abhängigkeit vom maßgeblichen Abstand dieser Ebenen zum Dach oder Decke als Raumhöhe in diesem Bereich.

Für mehrgeschossige Industriebauten mit mehr als 1 600 m^2 Grundfläche müssen in jedem Geschoss mindestens zwei baulich getrennte Rettungswege in möglichst entgegengesetzten Richtungen vorhanden sein. Einer kann über eine

Raum mit einer Grundfläche > 200 qm → 2 Ausgänge notwendig		
von jedem Standort im Raum müssen erreichbar sein:		
Rettungsweg	erreichbar in	führt zu (Auswahl):
a) mind. 1 Hauptgang	$\leq$ 15 m	AiF, nT, BA, BBS
b) mind. 1 Ausgang	$\leq$ 35 m ($h \leq$ 5 m) $\leq$ 50 m ($h \leq$ 5 m), Lösch $\leq$ 50 m ($h \geq$ 10 m) $\leq$ 70 m ($h \geq$ 10 m), Lösch	AiF, nT, BA, BBS

Abb. 8.4: Rettungswegsituation im Industriebau
AiF: Ausgang ins Freie
nT: notwendiger Treppenraum
BA: anderer Brandabschnitt mit AiF, nT + AIF
BBS: anderer Brandbekämpfungsabschnitt mit AiF, nT + AiF
Lösch: automatische Löschanlage oder automatische Meldeanlage
h: Raumhöhe (Interpolation zwischen 5 m – 10 m möglich)

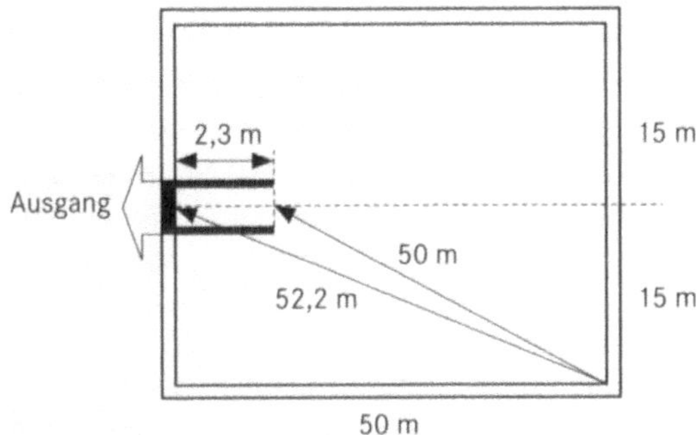

Abb. 8.5: Rettungswegsituation in einer Halle von 1 500 m² ohne Löschanlage mit Rettungstunnel zum Ausgang, erreichbar vom entferntesten Standort in der Halle nach 50 m, ohne Rettungstunnel nach 52,2 m; Hallenhöhe ≥ 10 m

frei liegende Außentreppe, einen Rettungsbalkon, Terrassen oder begehbare Dächer auf das Grundstück führen.

Die Beschränkung der Rettungsweglängen auf 70 m erfolgte aufgrund der spezifischen Eigenheiten der Automobilindustrie. In Einzelfällen konnte für hohe und übersichtliche Hallen eine hinreichende Rettungsweglänge von bis zu 250 m nachgewiesen werden [71]. Insofern können Rettungsweglängen von mehr als 70 m gestattet werden, wenn dies im Einzelfall nachgewiesen wird.

Um die zulässigen Rettungsweglängen einzuhalten, können die Ausgänge aus den Hallen ersatzweise durch eine Anordnung von Rettungstunneln geschützt und in die Halle gezogen werden, siehe Abbildung 8.5.

Ein Rettungstunnel ist stufenlos und geradlinig zu einer Treppe oder Rampe zu führen, die ins Freie führt. Er sollte eine Mindestbreite von 2,5 m und eine Mindesthöhe von 2,3 m aufweisen, die maximale Länge beträgt 50 m. Er muss gegen andere Räume durch feuerbeständige Bauteile abgetrennt werden, Öffnungen dürfen nicht vorhanden sein. Vorhandene Leitungen sind nur für solche Installationen erlaubt, die dem Betrieb des Tunnels oder der Brandbekämpfung dienen. Rettungstunnel müssen natürlich oder maschinell entgegen der Fluchtrichtung belüftbar sein [64]. Da Industriebauten naturgemäß hohe Brandlasten mit hohen Rauchpotenzialen aufweisen können, sollte der Zugang zum Rettungstunnel über Sicherheitsschleusen gewährleistet werden, um seine Verrauchung zu verhindern.

Der oberirdische Fluchttunnel ist, wie das Beispiel zeigt, eine für die Sicherheit wirksame Ergänzungsmaßnahme. In der Regel werden Rettungstunnel, ihrer ursprünglichen Funktion entsprechend, zumeist unterirdisch angeordnet, die Nutzungsfähigkeit der Hallenfläche wird so nicht zu sehr beeinflusst.

Rettungswege sind ständig frei zu halten. Dies gilt insbesondere für die Hauptgänge in den Hallen, da hier die „Abtrennung" nicht baulich sondern nur optisch mit Strichmarkierungen auf dem Fußboden erfolgen kann.

Rauchabzug

Ein wirksamer Rauchabzug, dies wurde schon bei der Behandlung von Rauch- und Wärmeabzugsanlagen im Abschnitt 6.16 festgestellt, ist Voraussetzung zur

Vermeidung von Personen- und Sachschäden und daher unverzichtbar. Ein Vergleich der Schadensbilder entsprechender Untersuchungen [72] mit und ohne Abzugsanlagen zeigt dies deutlich.

Nach der Industriebaurichtlinie müssen Räume ohne selbsttätige Löschanlage und einer Grundfläche über 200 m^2 Öffnungen in Wänden und/oder Decken zur sicheren Rauchableitung aufweisen. Die Fläche der Öffnungen muss mindestens 2% der Grundfläche betragen.

In Räumen mit mehr als 1600 m^2 (Bezugsfläche von 40 m $\times$ 40 m) muss eine ausreichende Rauchableitung derart gesichert werden, dass in jeder zur Brandbekämpfung notwendigen Ebene eine mindestens 2,5 m hohe raucharme Schicht über dem Fußboden rechnerisch nachgewiesen wird.

Die DIN 18232 regelt Bemessung, Einbau und Betrieb von Rauch- und Wärmeabzugsanlagen. Die Dicke d der rauchfreien Schicht sollte mindestens die Hälfte der Raumhöhe h betragen ($d \geq 0,5 \cdot h$), darf aber den o.g. Forderungswert von $h = 2,5$ m nicht unterschreiten. Bei Flächen über 1600 m^2 müssen größere Mindestdicken der rauchfreien Schicht angesetzt werden, bis maximal $0,75 \cdot h$. Die Folge sind größere aerodynamisch wirksame Öffnungsflächen, die außerdem mit einer potenziell höheren Brandausbreitungsgeschwindigkeit im Brandraum zunehmen.

Sind automatische Löschanlagen installiert, so genügt eine aerodynamisch wirksame Abzugsfläche von mindestens 0,5% der Raumgrundfläche. Es ist möglich, anstelle von reinen Rauchabzugsanlagen vorhandene Lüftungsanlagen zu benutzen, wenn sichergestellt ist, dass diese keine Absperrvorrichtungen haben und im Brandfall nur entlüften; die installierten Ventilatoren müssen bezüglich Temperaturbeständigkeit bedingt für den Brandfall ausgelegt sein. Hierzu gibt es entsprechende Untersuchungen [73], auf notwendige Zulassungen ist zu achten.

Erforderliche Berechnungen erfolgen nach gültigen Normen, z.B. der DIN 18232 Teil 2 [58] und nach Richtlinien, z.B. der VdS 2098 [74].

Brandwände, Trennwände, Außenwände

Das Grundprinzip der räumlichen und baulichen Trennung gilt auch für den Industriebau. Da eine räumliche Trennung durch notwendig zusammenhängende Produktionsflächen, Lager- oder Verkehrsflächen nur bedingt umsetzbar ist, kommt auch hier der baulichen Trennung große Bedeutung zu.

Die Brandschutzplanung sollte Brandabschnitte vorsehen, die so groß wie nötig und so gut zugänglich wie möglich sein sollten. Der Grundrissgestaltung bei der Objektplanung kommt daher eine große Bedeutung zu. Bereiche mit hohen Brandlasten oder hohem Brandrisiko, aber auch solche mit hohem wirtschaftlichen Wert sollten durch bauliche Trennungen von anderen Flächen abgetrennt werden. Bereiche, die keine unmittelbare Verbindung benötigen, sollten getrennt bleiben.

Zur Umsetzung der Forderungen der baulichen Trennung müssen Brandwände, Trennwände und Bedachungen entsprechend sicher gestaltet werden, ebenso die Abschlüsse notwendiger Öffnungen in diesen Bauteilen. Die Anordnung ausreichender Feuerüberschlagswege an der Fassade und im Dachbereich ist unbedingt notwendig.

Brandwände und Wände zur Trennung von Brandbekämpfungsabschnitten sind gemäß DIN 4102-T4 zu bemessen und auszuführen. Notwendige Wandquerschnitte von Brandwänden dürfen an keiner Stelle durch Schlitze oder Einbauten geschwächt werden.

Im Unterschied zu den Forderungen der Landesbauordnungen sind Brandwände im Industriebau mindestens 0,5 m über Dach zu führen. Anstelle einer inneren Brandwand können zwei sich gegenüberstehende feuerbeständige Wände aus nicht brennbaren Baustoffen errichtet werden.

Einer Überflammung dieser Bauteile im Außenbereich muss vorgebeugt werden, Brandwände sind daher mindestens 0,5 m vor die Außenfläche zu ziehen oder ein mindestens 1 m breiter Abschnitt der Außenwand aus Baustoffen der Klasse A anzuordnen. Öffnungen in inneren Brandwänden sind durch feuerbeständige Feuerschutzabschlüsse zu sichern.

Die Errichtung von Brandwänden bei im Winkel von weniger als 120° zueinander angeordneten Gebäuden geschieht nach den bereits im Abschnitt 6.2 genannten Grundsätzen.

Für nicht tragende Außenwände und Bekleidungen reduzieren sich die Forderungen bei Industriebauten mit mehr als $2\,000$ m² Grundfläche soweit, dass bei erdgeschossigen Bauten ohne automatische Löschanlage bzw. mehrgeschossigen Bauten mit automatischer Löschanlage schwerentflammbare Materialien und bei mehrgeschossigen Bauten ohne automatische Löschanlage nicht brennbare Baustoffe eingesetzt werden können.

Vertikale Feuerüberschlagswege sind bei übereinander angeordneten, unterschiedlichen Brandabschnitten bzw. Brandbekämpfungsabschnitten vorzusehen. Dazu können entweder 1,5 m auskragende und ausreichend feuerwiderstandsfähig gestaltete Bauteile angeordnet werden oder es müssen sich zwischen den Öffnungen Bauteile in ausreichender feuerwiderstandsfähiger Ausführung von mindestens 1,5 m Höhe befinden. Bei Vorhandensein einer Werkfeuerwehr bzw. selbsttätigen Löschanlagen reichen in beiden Fällen Abstände von 1,0 m.

Die Bauteile sind ausreichend feuerwiderstandsfähig, wenn sie der FW-Klasse der Decke entsprechen und aus nicht brennbaren Baustoffen bestehen. Eine brandschutztechnisch wirksame Bekleidung ist möglich.

Bedachung

Bedachungen sind ab Dachflächen von $2\,500$ m² so auszubilden, dass die Brandausbreitung über das Dach, innerhalb eines Brandabschnittes oder Brandbekämpfungsabschnittes, behindert wird. Die Forderung ist erfüllt, wenn die Dächer

♦ nach DIN 18234-T1 und Beiblatt 1 [75],
♦ mit tragender Dachschale aus mineralischen Baustoffen oder
♦ mit Bedachung aus nicht brennbaren Baustoffen

ausgeführt sind. Diese Forderungen werden nicht für Dächer bis $3\,000$ m² von eingeschossigen Lagerhallen für die Lagerung nicht brennbarer Güter erhoben. Für die Ausführung von Dachdurchdringungen wird auf die Ausführungen und Hinweise im Abschnitt 6.17 verwiesen.

Tab. 8.1: Festlegung der Sicherheitskategorien nach der Muster-Industriebaurichtlinie

Sicherheits-kategorie	für Brandabschnitt bzw. Brandbekämpfungsabschnitt stehen zur Verfügung:		
	Brandmeldung	Brandbekämpfung	Werkfeuerwehr
K 1	ohne	ohne	ohne
K 2	automatisch	ohne	ohne
K 3.1	automatisch	ohne	≥ 1 Staffel
K 3.2	automatisch	ohne	≥ 1 Gruppe
K 3.3	automatisch	ohne	≥ 2 Staffeln
K 3.4	automatisch	ohne	≥ 3 Staffeln
K 4	ohne	selbsttätig	ohne

Sonstige Maßnahmen zur Gefahrenabwehr

Unter dem Sammelbegriff sonstige Maßnahmen werden in der Industriebaurichtlinie vorbeugende und organisatorische Maßnahmen benannt, aber es wird auch auf die normgerechte Installation bzw. Betrieb von Brandmeldeanlagen verwiesen.

Zu vorbeugenden Maßnahmen zählt gleichfalls die Bereitstellung von Selbsthilfeeinrichtungen wie Feuerlöschern, Wandhydranten oder anderem Löschgerät.

Als organisatorische Maßnahmen werden Feuerwehrpläne, Brandschutzordnungen, das Benennen von Brandschutzbeauftragten bzw. die Durchführung von Belehrungen verlangt: Im Wesentlichen eine Aufgabe für den Betreiber und nicht mehr für den Entwurfsverfasser.

Insbesondere aus der brandschutztechnischen Infrastruktur, die auch ggf. das Vorhandensein einer Werkfeuerwehr einschließt, werden Sicherheitskategorien festgelegt, deren Unterscheidungen in Tabelle 8.1 zusammengefasst sind und die für die Nachweisführung benötigt werden. Als wichtige Ergänzung muss angefügt werden, dass die Forderung nach automatischer Brandmeldung auch dann als erfüllt anzusehen ist, wenn in einem Brandabschnitt bzw. Brandbekämpfungsabschnitt durch ständiges Personal eine Branderkennung mit Sofortmeldung an die Feuerwehr gewährleistet wird.

8.3.3 Nachweisverfahren

Nachdem im letzten Abschnitt zunächst allgemeine Anforderungen erläutert wurden, kann nunmehr auf die verschiedenen Nachweisverfahren eingegangen werden, für die diese Vorgaben und Klärungen durchaus als notwendige Eingangsgrößen zu verstehen sind. Die Industriebaurichtlinie, das ist neu, bietet zum ersten Mal verschiedene Möglichkeiten der Nachweisführung eines ausreichenden Bautechnischen Brandschutzes. Der Planer oder Antragsteller hat die Wahl [112], ob er

♦ ohne Brandlastberechnung in Abhängigkeit der Feuerwiderstandsklasse, der brandschutztechnischen Infrastruktur und der Geschossigkeit die entsprechenden Brandabschnittsflächen akzeptiert,

- nach dem Rechenverfahren der DIN 18230 verfährt oder
- einen genauen Nachweis mit anerkannten Methoden des Brandschutzingenieurwesens führt.

Nachfolgend einige Erläuterungen zu diesen Möglichkeiten.

8.3.3.1 Vereinfachtes Nachweisverfahren

Mit der Anwendung des vereinfachten Verfahrens sind keine Brandlastberechnungen verbunden. Die von den Flächen und Bauteilen zu erfüllenden Forderungen können sich nicht an wirtschaftlichen Aspekten orientieren, da bedeutend sicherer geplant werden muss als notwendig wäre. In Abhängigkeit von der Feuerwiderstandsklasse der tragenden und aussteifenden Bauteile und entsprechend der Sicherheitskategorie der vorhandenen brandschutztechnischen Infrastruktur wird die zulässige Brandabschnittsfläche für Gebäude mit bis zu 5 Geschossen ermittelt. Tabelle 8.2 enthält die Flächen für erdgeschossige Gebäude, Tabelle 8.3 diejenigen für mehrgeschossige Gebäude.

Die tragenden und aussteifenden Bauteile des Gebäudes beinhalten auch das Haupttragwerk des Daches, z.B. die Dachbinder. Außer bei Feuerwiderstandsdauer F 30 müssen diese Bauteile aus nicht brennbaren Baustoffen hergestellt werden, dies gilt gleichermaßen für Unterdecken und ihre Hilfskonstruktionen bzw. Dämmstoffe.

Für Lagergebäude und Gebäude mit Lagerbereichen ohne selbsttätige Löschanlage gelten besondere Anforderungen bezüglich der Größe der Brandabschnittsflächen. Sie sind in jedem Geschoss jeweils auf maximal 1200 m² zu begrenzen und durch Anordnung von Freiflächen gemäß Tabelle 8.4 zwischen diesen Abschnittsflächen zu unterteilen.

Bei Lagerguthöhen über 7,5 m sind in jedem Fall selbsttätige Löschanlagen zu planen.

	Anforderungen an die Feuerwiderstandsdauer der tragenden / aussteifenden Bauteile :	
	ohne	F 30
K 1	1 800 [1)]	3 000
K 2	2 700 [1)]	4 500
K 3.1	3 200 [1)]	5 400
K 3.2	3 600 [1)]	6 000
K 3.3	4 200 [1)]	7 000
K 3.4	4 500 [1)]	7 500
K 4	10 000	10 000

Tab. 8.2: Maximale Brandabschnittsflächen in m² für erdgeschossige Gebäude

[1)] Breite ≤ 40 m, Wärmeabzugsfläche 5% ' nach Muster-Industriebaurichtlinie [68]

Tab. 8.3: Maximale Brandabschnittsfläche A_{zul} in m² für mehrgeschossige Gebäude

	Anzahl der Geschosse des Gebäudes						
	2	2	2	3	3	4	5
	Feuerwiderstandsdauer der tragenden und aussteifenden Bauteile						
	F 30	F 60	F 90	F 60	F 90	F 90	F 90
K 1	800[2,3]	1 600[2]	2 400	1 200[2,3]	1 800	1 500	1 200
K 2	1 200[2,3]	2 400[2]	3 600	1 800[2]	2 700	2 300	1 800
K 3.1	1 400[2,3]	2 900[2]	4 300	2 100[2]	3 200	2 700	2 200
K 3.2	1 600[2]	3 200[2]	4 800	2 400[2]	3 600	3 000	2 400
K 3.3	1 800[2]	3 600[2]	5 500	2 800[2]	4 100	3 500	2 800
K 3.4	2 000[2]	4 000[2]	6 000	3 000[2]	4 500	3 800	3 000
K 4	8 500	8 500	8 500	6 500	6 500	5 000	4 000

[2] Wärmeabzugsfläche $\geq$ 5%, [3] Gebäude geringer Höhe, A_{zul} = 1 600 m²

Tab. 8.4: Zusammenhang Lagerguthöhe und Freiflächenbreite, lineare Interpolation zwischen 4,5 m und 7,0 m möglich

Oberkante Lagerguthöhe	Mindestbreite Freifläche
$\leq$ 4,0 m	3,5 m
7,5 m	7,0 m

8.3.3.2 Nachweisverfahren nach DIN 18 230

Mithilfe des noch zu erläuternden Rechenverfahrens der DIN 18 230 wird auf der Grundlage der tatsächlich vorhandenen Brandlast, die daher genau bekannt sein muss, die rechnerisch erforderliche Feuerwiderstandsdauer erf t_F ermittelt. Mit dieser Einzahlangabe erf t_F wird fachlich der Anschluss an die Industriebaurichtlinie sichergestellt. Es können damit die Feuerwiderstandsklassen der Bauteile und zulässige Flächen für den BBA festgelegt werden, als zusätzliche Information die Brandschutzklasse BK ermittelt werden.

Voraussetzung für das Verfahren ist die Einstufung der brandschutztechnischen Bedeutung der Bauteile des BBA in eine von drei Brandsicherheitsklassen. Forderungen an die Bauteile in diesen drei Brandsicherheitsklassen SK_b1 (niedrig), SK_b2 (mittel) und SK_b3 (hoch) sind in der Tabelle 8.5 zusammengefasst.

Die Brandschutzklasse BK eines Gebäudes ergibt sich aus der nach DIN 18 230 ermittelten rechnerisch erforderlichen Feuerwiderstanddauer erf t_F ausschließlich nur für die höchste Brandsicherheitsklasse SK_b3. Die entsprechende Zuordnung erfolgt gemäß den Angaben der Tabelle 8.6.

Tab. 8.5: Brandsicherheitsklassen und Bauteile, nach [68]

Brandsicherheitsklasse	Bauteile
SK_b3 hohe Anforderungen	a) Wände und Decken,die BBA zu den Seiten, nach oben und unten von anderen BBA trennen; b) Tragende und austeifende Bauteile, deren Versagen zum Einsturz der tragenden Konstruktion und der Konstruktion des BBA führt; c) Lüftungsleitungen, die BBA überbrücken, auch Brandschutzklappen; d) Installationsschächte und -kanäle, die BBA überbrücken; e) Feuerschutzabschlüsse. Rohrabschottungen, Kabelabschottungen u.ä. in Bauteilen, die BBA überbrücken; f) Stützkonstruktionen von Behältern mit Kombinationsbeiwert $\psi < 1$.
SK_b2 mittlere Anforderungen	a) Bauteile, deren Versagen nicht zum Einsturz der tragenden Konstruktion oder der Konstruktion des BBA führt; b) Bauteile des Dachtragwerkes, deren Versagen zum Einsturz der Dachkonstruktion des BBA führen kann, incl. Unterstützungen; c) Feuerschutzabschlüsse, Rohrabschottungen, Kabelabschottungen in trennenden Bauteilen mit geforderter FW-Klasse; d) Lüftungsleitungen, die Bauteile mit geforderten FW-Klassen überbrücken, incl. Brandschutzklappen; e) Installationsschächte und -kanäle, die Bauteile mit geforderten FW-Klassen überbrücken;
SK_b1 geringe Anforderungen	Bauteile des Dachtragwerkes, wenn deren Versagen nicht zum Einsturz der Dachkonstruktion führt
—— keine Anforderungen	a) Bauteile des Dachtragwerkes, deren Versagen nicht zum Einsturz der Dachkonstruktion des BBA führt und wenn das Dach zur Brandbekämpfung nicht begangen werden muß, b) Bauteile des Dachtragwerkes, wenn es vom übrigen BBA brandschutztechnisch getrennt ist und in diesem keine Brandlasten vorhanden sind; c) Bauteile ohne brandschutztechnische Bedeutung, innere nichttragende Trennwände, nichttragende Außenwände, die Dachhaut unmittelbar tragende Bauteile;

Der Begriff der Brandschutzklasse hat sich als Einzahlangabe zur Kennzeichnung von Gebäuden durchaus bewährt und wurde daher auch weiter erlaubt. Im Gegensatz zur alten Fassung der Industriebaurichtlinie stellt er in der neuen Fassung aber kein Kriterium für weitere Anforderungen mehr dar, die Brandschutzklasse ist nur noch eine, wenn auch sinnvolle, Information.

Wenn sich aus dem Nachweis für die Brandsicherheitsklasse SK_b3 eine höhere rechnerisch erforderliche Feuerwiderstandsdauer erf t_F als 90 Minuten ergibt,

Tab. 8.6: Zuordnung der Brandschutzklasse BK zur rechnerisch erforderlichen Feuerwiderstandsdauer erf t_F (nach [68])

erf t_F für SK_b3 in Minuten	Brandschutzklasse BK
erf t_F ≤ 15	I
15 < erf t_F ≤ 30	II
30 < erf t_F ≤ 60	III
60 < erf t_F ≤ 90	IV
90 < erf t_F	V

so kann das Rechenverfahren gemäß DIN 18230 nicht benutzt werden, weil für solche Belastungen eine Flächenzuordnung der Brandbekämpfungsabschnitte verfahrenstechnisch nicht ausgelegt ist. Die Feuerwiderstandsdauer von Bauteilen in einem Brandbekämpfungsabschnitt muss mindestens der erf t_F, aber höchstens einer FW 90 entsprechen.

Brandbekämpfungsabschnitte werden durch Bauteile voneinander getrennt, an die Forderungen bezüglich der Feuerwiderstandsklasse zu stellen sind. Diese Angaben können gemäß Tabelle 8.7 aus der rechnerisch erforderlichen Feuerwiderstandsdauer erf t_F zugeordnet werden.

Nachdem die Anforderungen an die Bauteile von Brandbekämpfungsabschnitten (BBA) bekannt sind, muss noch über die zulässige Fläche dieser BBA entschieden werden. Bauteilforderungen und BBA-Flächen werden in der Industriebaurichtlinie zwar getrennt ermittelt, hängen aber mittelbar über die in der DIN 18230 ermittelte Brandbeanspruchung zusammen.

Tab. 8.7: Erforderliche Feuerwiderstandklassen von Bauteilen, Forderungen gelten auch für andere Bauteile (statt F → T, R, S, K, L, I nach Tab. 5.16), Hinweise in Tabelle 8 der IndBauRL [68] beachten

erf t_F Minuten	Forderungen FW-Klasse für		
	Bauteile, die BBA trennen, überbrücken und für Abschlüsse	Bauteile der SK_b3, die nicht Spalte 2 zuzuordnen sind	Bauteile der SK_b2 und SK_b1
erf t_F ≤ 15	F 30-A	keine	keine
15 < erf t_F ≤ 30	F 30-A	F 30-AB	F 30-B
30 < erf t_F ≤ 60	F 60-A	F 60-AB	F 60-B
60 < erf t_F	F 90-A	F 90-AB	F 90-B

Tab. 8.8: Einflussfaktoren zur Flächenberechnung BBA (nach [68])

F1:	äquivalente Branddauer $t_{\ddot{a}}$ aus globalem Nachweis nach DIN 18230 [1]				
$t_{\ddot{a}}$	0	15	30	60	≥ 90
F1	10	5	3	1,5	1

F2:	brandschutztechnische Infrastruktur mit Sicherheitskategorie SK						
SK	K1	K2	K3.1	K3.2	K3.3	K3.4	K4
F2	1,0	1,5	1,8	2,0	2,3	2,5	3,5

F3:	Höhenlage h Fußboden des untersten Geschosses von oberirdischen BBA, im Gebäude bezogen auf mittlere Höhe der für die Feuerwehr anfahrbaren Höhe [1]					
h	–1 m	0 m	5 m	10 m	15 m	20 m
F3	1,0	1,0	0,9	0,8	0,7	0,6

F4:	Anzahl der Geschosse AG des BBA					
AG	1	2	3	4	5	6
F4	1,0	0,8	0,6	0,5	0,4	0,3

F5:	Ausführung der Öffnungen in nach SK_b2 und SK_b3 bemessenen Decken zwischen Geschossen mehrgeschossiger BBA:	
	mit klassifizierten Abschlüssen, Abschottungen	F5 $\approx$ 1,0
	mit nichtbrennbaren Baustoffen dicht geschlossen	F5 = 0,7
	gleich groß und übereinander liegend in allen Decken und im Dach, > 10% Geschossdeckenfläche	F5 = 0,4
	zur Durchführung von technischen Einrichtungen $A_{\text{Öffnung}} \leq 30\%$, Deckenspalte max. 2% von $A_{\text{Öffnung}}$	F5 = 0,3
	die von Zeile 1 bis 4 nicht erfasst sind	F5 = 0,2

[1] Zwischenwerte können linear interpoliert werden

Für Brandbekämpfungsabschnitte bis maximal 60 000 m^2 werden die zulässigen Flächen gemäß

$$\text{zul } A_{\text{G,BBA}} = 3\,000 \text{ m}^2 \cdot \text{F1} \cdot \text{F2} \cdot \text{F3} \cdot \text{F4} \cdot \text{F5} \tag{8.2}$$

berechnet, Bedeutung und Zahlenangaben der Einflussfaktoren Fi können aus Tabelle 8.8 entnommen werden.

Flächen vergrößernd bis zur Maximalfläche von 60 000 m^2 nach Gl. (8.2) wirken ausschließlich die Faktoren F1 einer kleinen äquivalenten Branddauer und F2 zur brandschutztechnischen Infrastruktur, die anderen Faktoren wirken in der Regel auf die Feuerwiderstandfähigkeit abmindernd und sind somit Ausdruck eines vergrößerten Risikos. Im Bild 8.6 wird der Einfluss der Faktoren F1 und F2 deutlich.

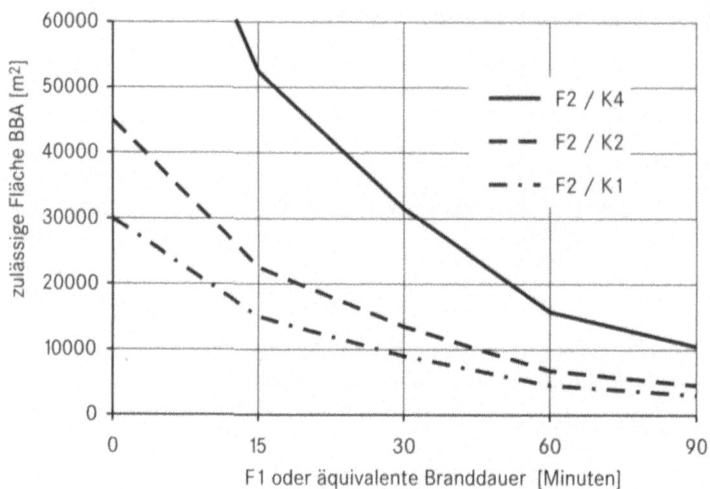

Abb. 8.6: Zulässige Flächen von BBA als Funktion der äquivalenten Branddauer $t_{\ddot{a}}$ (Faktor F1), Parameter ist die brandschutztechnische Infrastruktur F2 (nach [24])

Bei einer sehr günstigen brandschutztechnischen Infrastruktur, z.B. Einsatz einer selbsttätigen Feuerlöschanlage (Sicherheitskategorie K4) wird bei geringster äquivalenter Branddauer die größte Fläche zu nutzen sein. Die äquivalente Branddauer kann, bei Annahme einer konstanten Brandlast, wesentlich durch Ventilationsbedingungen, d.h. die Wärmeabzugsflächen des BBA beeinflusst werden – siehe DIN 18 230. Ein gut belüfteter Brand vermindert das Risiko und ermöglicht bei gleicher Brandlast bzw. brandschutztechnischer Infrastruktur eine größere BBA-Fläche.

Für erdgeschossige Hallen mit einer rechnerischen Brandbelastung von nicht mehr als 100 kWh/m² darf die zulässige Fläche bei lichter Raumhöhe $h > 7{,}0$ m auf 90 000 m² bzw. bei $h > 12{,}0$ m auf 120 000 m² erhöht werden, wenn zusätzliche Randbedingungen zur Risikominimierung eingehalten werden. Dazu können das Vorhandensein einer Werkfeuerwehr, selbsttätige Löschanlagen, ausreichende Löschwassermenge, Brandmeldeanlagen und Vorkehrungen zur Alarmierung des Personals gehören.

Unabhängig von diesen Bedingungen können erdgeschossige Hallen ohne Bemessung der Bauteile erlaubt werden, wenn die in Tabelle 8.9 angegebenen Flächen eingehalten werden.

8.3.3.3 Nachweis mit Methoden des Brandschutzingenieurwesens

Wenn ein Nachweis mithilfe der DIN 18 230 schon ein individuelles Brandschutzkonzept ermöglicht, so gibt der Gesetzgeber mit der Möglichkeit, Nachweise auch mittels Methoden des Brandschutzingenieurwesens zu führen, der individuellen Erarbeitung von Brandschutzkonzepten noch breiteren Raum und günstigere Gestaltungsmöglichkeiten. Es wird eine Ausgangsposition geschaffen, um not-

Tab. 8.9: Zulässige Flächen von BBA erdgeschossiger Industriebauten, ohne Anforderungen an die Feuerwiderstandsfähigkeit der tragenden und aussteifenden Bauteile (nach [68])

	äquivalente Branddauer in Minuten			
	15	30	60	90
K 1	9.000	5.500	2.700	1.800
K 2	13.500	8.000	4.000	2.700
K 3.1	16.000	10.000	5.000	3.200
K 3.2	18.000	11.000	5.400	3.600
K 3.3	20.700	12.500	6.200	4.200
K 3.4	22.500	13.500	6.800	4.500
K 4 [1]	30.000	20.000	10.000	10.000
Wärmeabzugsfläche in %	≥ 1	≥ 2	≥ 3	≥ 4
zul. Breite des Gebäudes in m	80	60	50	40

[1] Forderungen Wärmeabzugsfläche und Breite gelten bei K4 nicht

wendige Maßnahmen besser und damit wirtschaftlicher an gegebene Produktionsabläufe und räumliche Situationen anpassen zu können. Die Grundsätze des Nachweises sind im normativen Anhang zur Muster-Industriebaurichtlinie genannt.

Ein Nachweis mithilfe solcher Methoden basiert nicht auf Mindestforderungen, sondern es ist unter Nutzung von Ergebnissen wissenschaftlich anerkannter Verfahren – dazu zählt auch eine Wärmebilanzrechnung – zu belegen, dass für die relevanten Zeiträume der Feuerwiderstandsfähigkeit eine wirksame Brandbekämpfung möglich ist, die Standsicherheit der Bauwerke gesichert bleibt und die Rettungswege benutzbar sind. Festlegungen von Sicherheitskriterien und relevanten Zeiträumen haben in Absprache mit den zuständigen Behörden zu geschehen. Kriterien für die notwendige Sicherheit können die Einhaltung von raucharmen Schichten, Grenzwerte in Rauchschichten, Tragfähigkeit unter Temperaturbeanspruchung oder Höchstwerte der Belastung durch Wärmestrahlung sein.

Der Bautechnische Brandschutz erfährt durch die positiv einzuschätzende stärkere Mathematisierung somit als eine Teildisziplin der Bauphysik eine weitere Aufwertung. Für die Zukunft werden verstärkt sehr gut ausgebildete Fachleute, d.h. Bauphysiker, auch in dieser Disziplin benötigt.

Es bleibt die Frage, ab wann ein Verfahren die Anerkennung für den Nachweis finden kann. Als anerkannte Verfahren können nur diejenigen gelten, die hinsichtlich ihrer physikalischen Grundlagen vollständig veröffentlicht und hinsichtlich der zu beschreibenden Brandwirkungen nachweislich validiert sind. Derartige instationäre mathematische Modelle thermischer Prozesse – die Wärmebilanzrechnung ist ein vereinfachtes Verfahren – stellen hohe Anforderungen an die

Erarbeitung. Voraussetzung für den Umgang mit einem solchen Nachweis ist, wie bisher, die genaue Kenntniss der Brandlast. Genauer als bisher werden Informationen über die Hochtemperatureigenschaften von Materialien, die Brandraumgeometrie, die Ventilationsbedingungen und anderen Randbedingungen und Einflüssen benötigt. Im Kapitel 12 werden einige Bemerkungen zu Konzepten und Modellen angefügt.

8.4 DIN 18 230

Im Abschnitt 8.3.3.2 wurde bereits auf die Berechnungsmöglichkeiten mithilfe der DIN 18 230 und auf die mit der Industriebaurichtlinie bestehenden Verknüpfungen verwiesen. Nachfolgend soll nunmehr das Verfahren erläutert werden.

8.4.1 Allgemeines

Das Rechenverfahren nach DIN 18 230 [69] ermöglicht auf der Basis der Brandlastermittlung die Berechnung einer äquivalenten Branddauer, mit der ein Zusammenhang zwischen dem tatsächlichen Brand oder Naturbrand und dem Normbrand oder ETK hergestellt werden kann. Anders ausgedrückt, es werden die durch Brandversuche gesicherten Wirkungen auf Bauteile mit Normbrandbedingungen verglichen. Der Vergleich geschieht über die Zuordnung der maximalen Bauteiltemperatur des Naturbrandes zu der niveaugleichen Temperatur in der ETK, aus deren zeitlicher Zuordnung die äquivalente Branddauer definiert wird; die äquivalente Branddauer $t_ä$ entspricht der Zeitdauer eines Normbrandes, nach der etwa die gleiche Schadenswirkung wie unter Naturbrandbedingungen erreicht wird.

Das Rechenverfahren gilt für Gebäude bzw. Gebäudeteile von Industriebauten, die für Produktion und Lagerzwecke benutzt werden.

Es sind Gebäude mit Hochregallagern mit mehr als 9 m Lagerhöhe über Fußboden ebenso ausgenommen wie Silos oder Schüttgutlager. Die Norm findet auch keine Anwendung für energieerzeugende oder verteilende Anlagen und Reinraumgebäude. Letztere wegen hoher Brandlasten und den Besonderheiten in der Brandraumventilation, da Öffnungen kaum vorhanden sind.

Hochhäuser werden gleichfalls aus der Rechenvorschrift dieser Norm herausgehalten. Dies gilt insbesondere für solche, die als Geschäftshäuser, Wohnbauten, Hotels u.ä. genutzt werden. Für Industriegebäude, die bis über die Hochhausgrenze von 22 m Fußbodenhöhe über Gelände (OKG) errichtet werden, ist die Norm durchaus anwendbar. Ein kritikloses Übertragen aller Randbedingungen der Norm sei in diesen Fällen aber nicht angeraten.

Vorwiegend offene Gebäude, Überdachungen von Lagerungen oder Anlagen werden von der Rechenvorschrift ebenfalls nicht erfasst. Vorwiegend offen ist ein Bauwerk dann, wenn das Verhältnis der Summe der vertikalen und horizontalen

Öffnungsflächen zur Grundfläche des Bauwerkes mehr als 25% beträgt (siehe Gleichung (8.1)).

Eine Berechnung nach DIN 18230 kann nur durchgeführt werden, wenn die Brandlast bekannt oder bereits in der Planungsphase mit hinreichend großer Sicherheit abschätzbar ist; die Nutzung des Gebäudes muss damit weitestgehend bekannt sein. Spätere Umnutzungen mit einer höheren Brandlast oder in Verbindung mit zu höheren Anforderungen führenden betrieblichen Maßnahmen sind genehmigungspflichtig und daher nur mit Aufwand umzusetzen. Im Übrigen ist der Betreiber der Anlage verpflichtet, dass die zulässige Brandbelastung am Bauwerk dokumentiert und in der Nutzungszeit nicht überschritten wird.

8.4.2 Nachweisführung

Die Festlegung der notwendigen Feuerwiderstandsklassen der Bauteile erfolgt in der Industriebaurichtlinie. In der DIN 18230 werden den Benennungen der Feuerwiderstandsklassen die rechnerisch erforderlichen Feuerwiderstandsdauern erf t_F gemäß Abbildung 8.7 zugeordnet, womit die Ankopplung des normativen Rechenverfahrens an die Industriebaurichtlinie gegeben ist. Ergänzend wird in der Richtlinie der erforderlichen Feuerwiderstandsdauer erf t_F aus der Brandsicherheitsklasse SK_b3 die Benennung der Brandschutzklasse BK eines Gebäudes zugewiesen.

$0 <$ erf $t_F \leq$ 15 Minuten	$\rightarrow$	keine
$15 <$ erf $t_F \leq$ 30 Minuten	$\rightarrow$	F 30
$30 <$ erf $t_F \leq$ 60 Minuten	$\rightarrow$	F 60
$60 <$ erf $t_F \leq$ 90 Minuten	$\rightarrow$	F 90
$90 <$ erf $t_F \leq$ 120 Minuten	$\rightarrow$	F 120

Abb. 8.7:
Zuordnung von Feuerwiderstandsklassen (nach [69])

Die rechnerisch erforderliche Feuerwiderstandsklasse erf t_F darf in der Brandsicherheitsklasse SK_b3 die Grenze von 90 Minuten nicht übersteigen. Dies ist eine die Anwendbarkeit der DIN 18230 einschränkende Bedingung, da im Falle der Überschreitung nicht nach dieser Norm gerechnet werden kann.

In Abbildung 8.8 sind alle Einflussgrößen ersichtlich, welche die äquivalente Branddauer $t_ä$, damit die erforderliche Feuerwiderstandsdauer erf t_F und in Folge die Feuerwiderstandsklassen bestimmen.

Für jeden Brandbekämpfungsabschnitt ist mithilfe der DIN 18230 ein globaler Nachweis zu führen, der zur Angabe einer Brandschutzklasse für den BBA und den erforderlichen Feuerwiderstandsdauern der Bauteile führt.

Der globale Nachweis darf durch Teilabschnittsnachweise ersetzt werden, wenn durch eine wirksame räumliche Trennung eine Brandübertragung zwischen den Teilabschnitten nicht zu erwarten ist.

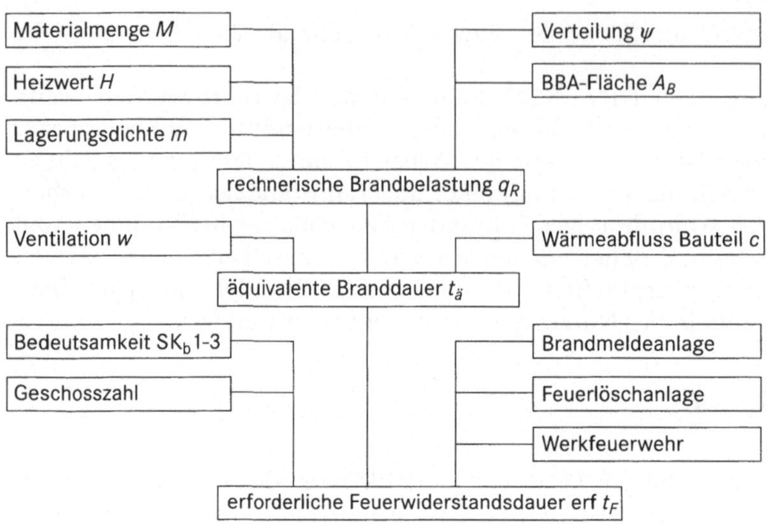

Abb. 8.8: Schematischer Überblick zur Ermittlung der erforderlichen Feuerwiderstandsdauer

Die Beantwortung der Frage, wodurch eine wirksame Abtrennung gegeben ist, geschieht detailliert im Anhang A der DIN 18230 mit der Formulierung konkreter Randbedingungen. Es müssen als Ersatz für eine fehlende bauliche Trennung z.B.

♦ brandlastfreie Streifen bis zu 4,5 m zwischen den Teilabschnitten vorhanden sein,
♦ die Brandlast auf einen Höchstwert begrenzt bleiben,
♦ eine Mindesthallenhöhe vorgegeben werden,
♦ die Höchstbreite der Teilabschnitte vorgegeben werden,
♦ Rauchabzüge vorgegeben werden und
♦ automatische Brandmelder installiert sein.

Die Möglichkeit der Teilabschnittsnachweise muss durch eine sichere Infrastruktur und eine großzügige Flächenverteilung erkauft werden. Der Begriff Teilabschnitt weist auf die relative Eigenständigkeit dieser Brandabschnitte hin. Die rechnerische Brandbelastung q_R und die Sicherheitsbeiwerte γ und δ sind jeweils auf die Fläche des Brandabschnittes zu beziehen. Für die Einstufung des Brandbekämpfungsabschnittes, zum Beispiel in eine Brandschutzklasse, wird der Teilabschnittsnachweis herangezogen, für den sich der größte Wert der rechnerisch erforderlichen Feuerwiderstandsdauer ergibt.

Im Gegensatz zu den möglichen Teilabschnittsnachweisen müssen Teilflächennachweise bei Vorliegen der entsprechenden Voraussetzungen immer erbracht werden. Dies trifft zu bei

♦ ungleichmäßig verteilter oder konzentrierter Brandlast,
♦ ungleichmäßig verteilten horizontalen Wärmeabzugsflächen oder
♦ für geschlossene Systeme, für die eine Havarie berücksichtigt werden muss.

Eine globale Brandbelastung q_R gilt dann als ungleichmäßig verteilt, wenn die lokale Erhöhung der Brandbelastung $(q_{R,T} - q_R)$ mehr als 10% über der globalen Brandbelastung

$$(q_{R,T} - q_R) \cdot A_T > 0{,}1 \cdot q_R \cdot A_B \tag{8.3}$$

liegt, wobei A_T die Teilfläche, A_B die Brandabschnittsfläche und $q_{R,T}$ die in der Teilfläche vorhandene Brandbelastung sind. Für die Teilfläche A_T gilt

$$A_T = \min \begin{Bmatrix} 400 \text{ m}^2 \\ 0{,}05 \cdot A_B \end{Bmatrix} \geq 100 \text{ m}^2 \,, \tag{8.4}$$

wobei in der Teilfläche befindliche brandlastfreie Flächen mit einer maximalen Brandbelastung von 15 kWh/m^2 und anteilig Verkehrsflächen bis zu einer Breite von 2,5 m angerechnet werden. Die Auswirkungen punktförmiger Brandlasten auf unmittelbar benachbarte Bauteile können aber durchaus höher sein, wie auch im informativen Anhang D 5 zur DIN 18230 festgestellt wird. Es sind daher stets Zusatzmaßnahmen zu prüfen.

Von der Industriebaurichtlinie werden Teilflächennachweise für Trennwände von BBA und im BBA vorhandene Decken unterstützende Bauteile (z.B. Stützen) gefordert, wenn die Brandbelastung der Teilfläche den zweifachen Wert der durchschnittlichen Brandbelastung überschreitet. Teilfläche ist dabei die Fläche bis zu einem maximalen Abstand von 10 m von der Wand oder Stütze. Eine gleichmäßige Verteilung von Brandbelastungen ist nicht zulässig, weil damit im Bereich einer tatsächlich höheren Gefahr für Wände und Stützen eine Verringerung der Gefahrenlage für diese Bauteile verbunden wäre.

Eine ungleichmäßige Verteilung der horizontalen Wärmeabzugsflächen in der Teilfläche liegt vor und der Teilflächennachweis ist zu erbringen, wenn die auf die Teilfläche A_T bezogene horizontale Öffnungsfläche $A_{h,T}$, d.h. $a_{h,T}$, in der Teilfläche vom mittleren Wert $a_h = A_h / A_B$ des gesamten BBA um mehr als 50% gemäß

$$a_h - a_{h,T} > 0{,}5 \cdot a_h \,, \tag{8.5}$$

abweicht, oder nach Umrechnung ist er zu führen bei

$$\frac{a_{h,T}}{a_h} = \frac{A_{h,T}/A_T}{A_h/A_B} < 0{,}5 \,, \tag{8.6}$$

die Teilfläche A_T muss dabei mindestens 25% der BBA-Fläche betragen.

Der Teilflächennachweis für Havarieberücksichtigung geschlossener Systeme geht von der Havarie des ungünstigsten Behälters aus, dessen auslaufender Behälterinhalt auf einer Teilfläche abbrennt, wobei die so genannte Auffangfläche A_D in Abhängigkeit des Behältervolumens zu bestimmen ist. Auf Einzelheiten der Nachweisführung wird im normativen Anhang C 4 der DIN 18230 hingewiesen.

8.4.3 Nachweis der rechnerischen Brandbelastung q_R

Brandbelastung
Ausgangspunkt der Berechnungen der DIN 18230 ist in jedem Fall die Energie im Brandraum, die flächenbezogen als rechnerische Brandbelastung q_R bezeichnet aus allen im Brandbekämpfungsabschnitt vorhandenen Brandlasten ermittelt wird. Da offene, ungeschützte Brandlasten schneller und intensiver am Brandgeschehen beteiligt sind als geschützte, die ggf. gar nicht teilnehmen, werden Brandlasten in ungeschützte $q_{R,u}$ und geschützte $q_{R,g}$ unterteilt. Die Berücksichtigung erfolgt mit dem so genannten Kombinationsbeiwert Ψ. Brandlasten, die nicht berücksichtigt werden müssen, sind in der DIN 18230 aufgeführt.

Für die rechnerische Brandbelastung gilt

$$q_R = q_{R,u} + q_{R,g} \, . \tag{8.7}$$

Unter Berücksichtigung der Massen M der beteiligten Stoffe, deren Heizwerte H und dem Abbrandfaktor m ergibt sich die rechnerische Brandbelastung ungeschützter Stoffe zu

$$q_{R,u} = \frac{\sum_i M_i \cdot H_i \cdot m_i}{A_B} \tag{8.8}$$

wobei für den globalen Nachweis die BBA-Fläche A_B als Bezugsfläche verwendet wird, bei den Nachweisen für Teilflächen bzw. Teilabschnittsflächen die entsprechenden Flächen.

Als eine rechnerische Mindestbrandlast sind in jedem Fall 15 kWh/m² zu Grunde zu legen. Ungeschützte Brandlasten des BBA oder Teilbereiches sind alle brennbaren Einrichtungen wie Betriebsmittel, Lagerstoffe, Verpackungen oder auch brennbare Bauteile bzw. Teile von diesen. Für Verbundbauteile, die brennbare Stoffe enthalten und ggf. ihre Standfestigkeit verlieren können, sind Einzelfallbetrachtungen erforderlich; Dämmstoffe aus Polystyrol nehmen schneller am Brandgeschehen teil als PUR-Dämmstoffe, während Schaumglas-Dämmstoff unbrennbar ist.

Als ungeschützte Brandlasten gelten auch brennbare Flüssigkeiten in Behältern ohne Druckentlastung mit einem Volumen $V \leq 0{,}45$ m³ und Brandlasten in zerbrechlichen oder brennbaren Behältern oder Rohrleitungen. Diese zweifelhaft geschützten Brandlasten müssen quasi als ungeschützte und daher immer mit einem Kombinationsbeiwert $\Psi = 1$ bewertet werden.

Der Kombinationsbeiwert $\Psi < 1$ wird nur für die Bewertung geschützter Brandlasten herangezogen und verdeutlicht deren verzögerte Teilnahme am Brandgeschehen. Die rechnerische Brandbelastung dieser Stoffe wird durch Ergänzung von Gl. (8.8) um den Kombinationsbeiwert durch

$$q_{R,g} = \frac{\sum_i M_i \cdot H_i \cdot m_i \cdot \Psi_i}{A_B} \tag{8.9}$$

beschrieben. Als geschützte Brandlasten mit Abminderung gelten Flüssigkeiten mit einem Flammpunkt über 100 °C wie Schmieröle oder Hydrauliköl. Der größte Inhalt eines solchen Systems wird, wenn zusätzlich eine ungeschützte Brandlast von mehr als 15 kWh/m² vorhanden ist, mit $\Psi = 1$ bewertet. Wenn zusätzlich eine ungeschützte Brandlast mit weniger als 15 kWh/m² vorhanden ist, wird der Kombinationsbeiwert auf $\Psi = 0{,}7$ herabgesetzt. Diese Verfahrensweise gilt nicht, soweit ungeschützte Brandlasten von mehr als 45 kWh/m² vorhanden sind. Dann muss entweder eine genaue Berücksichtigung der Brandlasten oder eine vereinfachte Berücksichtigung von Brandlasten in geschlossenen Systemen erfolgen.

Als Basis für die genaue Berücksichtigung von Brandlasten in geschlossenen Systemen und damit der Bestimmung der Kombinationsbeiwerte wird zunächst die äquivalente Branddauer $t_{ä,u}$ der ungeschützten Brandlast ermittelt. Mit diesem Zahlenwert wird ein Grundwert β_B berechnet, wobei das Verhältnis von Behälteroberfläche zu Behältervolumen berücksichtigt wird. Mit dem Grundwert kann – Tabelle C.1 im Anhang C 3 der DIN 18 230 – der Kombinationsbeiwert bestimmt werden. Die Kombinationsbeiwerte bewegen sich nach diesem Verfahren für verschiedene Grundwerte zwischen $\Psi = 0$ und $\Psi = 0{,}70$ für den ungünstigsten Behälter und $\Psi = 0$ und $\Psi = 0{,}35$ für weitere geschlossene Behälter. Der Grundwert bestimmt sich im Wesentlichen aus dem Verhältnis von Behälteroberfläche zu Behältervolumen.

Wenn, aus welchen Gründen auch immer, keine Bewertung durchgeführt werden soll, wird in einem vereinfachten Verfahren der geschützten Brandlast im ungünstigsten Behälter ein Kombinationsbeiwert $\Psi = 0{,}80$ und allen weiteren ungeschützten ein Kombinationsbeiwert $\Psi = 0{,}55$ zugewiesen. Im Vergleich zu den möglichen Höchstwerten von 0,70 bzw. 0,35 bei einer Bewertung ist damit eine deutliche Schlechterstellung dieses vereinfachten Verfahrens zu erkennen, was auch so gewollt sein muss. Rechnen lohnt sich demnach.

Heizwert und Abbrandfaktor
Die Heizwerte von brennbaren Materialien sind in Nachschlagewerken tabelliert und speziell für die bautechnischen Belange im Beiblatt 1 [76] zur DIN 18 230 mit über 100 Positionen aufgeführt. Heizwerte von Materialien, Gegenständen und ganzen Einrichtungen sind in [77] enthalten, für fast 3 000 Flüssigkeiten, Gase und Stäube werden Materialkennwerte in [78] bereitgehalten.
Der Abbrandfaktor ist ein dimensionsloser Beiwert und wird zur Bewertung der Verteilung, Lagerform, Lagerungsdichte oder des Zustandes des brennbaren Materials benötigt. Zahlenwerte sind ebenfalls im Beiblatt 1 zur DIN 18 230 enthalten. Diese gelten unmittelbar bis Lagerguthöhen von 4,5 m, über diese Höhe hinaus bis maximal 9,0 m Lagerguthöhe sind die Werte gemäß Bild B.1 aus Anhang B der DIN 18 230 zu erhöhen. Über 9,0 m erfolgen keine Angaben, da

diese Höhe generell den Grenzwert der Anwendbarkeit des normativen Verfahrens darstellt.

Liegen keine vergleichbaren Werte für den Abbrandfaktor vor, muss immer mit $m \geq 1$ gerechnet werden. Eine Ermittlung des Abbrandfaktors durch Brandversuche nach DIN 18230-T2 [79] ist möglich.

Wie bereits erwähnt, beträgt die anzusetzende Mindestbrandlast 15 kWh/m². Vergleichswerte der Brandlast für Gebäude verschiedener Industriezweige sind in Tabelle 8.10 aufgeführt, die auszugsweise mithilfe des Kommentars zur DIN 18230 [80] zusammengestellt wurde.

Die große Streuung zeigt, dass die Brandlasten nur bedingt verallgemeinerungsfähig sind, im Einzelfall genauere Betrachtungen erforderlich werden und aus Sicherheitsgründen auch mit Zuschlägen für die eine oder andere Nutzung geplant werden muss.

Tab. 8.10: Brandlasten in Industriezweigen (nach [24], zitiert in [80])

Nutzung	Anzahl untersuchter Gebäude	Brandbelastung in kWh/m² Mittelwert und Standardabweichung	
Montage Straßenfahrzeuge	26	60	43
Maschinen- und Anlagenbau	52	52	36
Produktion von Metallteilen	26	60	59
Kfz-Reparatur, Wartung	37	105	63
Papier- und Kartonagelager	27	598	630
Voll- und Leergutlager, Getränke	77	484	314

Umrechnungsfaktor c

Der Umrechnungsfaktor c des Berechnungsverfahrens stellt die empirische Verbindung zwischen der Brandbelastung (in kWh/m²) und der Branddauer (in Minuten) dar. Hierbei sind sowohl Erfahrungswerte im Umgang mit Brandlast und Branddauer als auch thermische Vorgänge der Wärmeableitung zu den Umfassungsbauteilen des Brandraumes gemäß Definition des Wärmeeindringkoeffizienten

$$b = \sqrt{\lambda \cdot \rho \cdot c} \quad \text{in W} \cdot \text{s}^{1/2} / \text{m}^2\text{K} \tag{8.10}$$

berücksichtigt, mit Wärmeleitfähigkeit λ, Dichte ρ und spezifischer Wärmekapazität c. Der Wärmeeindringkoeffizient ist das Ergebnis von instationären Temperaturberechnungen an Kontaktflächen und ermöglicht die Berechnung der Oberflächentemperaturen, womit das Ableiten von Wärme aus dem Brandraum an die Umfassungskonstruktion abschätzbar wird und die Temperaturentwicklung im Brandraum und in der Umfassungskonstruktion berechnet werden kann.

Für den praktischen Gebrauch sind Zahlenwerte des Umrechnungsfaktors tabellarisch erfasst. Mithilfe von drei Einflussgruppen, die jeweils bestimmte Materialien repräsentieren, werden dem Planer unübersichtliche und komplizierte Rechnungen erspart. Tabelle 8.11 enthält die Zahlenangaben.

Tab. 8.11: Umrechnungsfaktor c (nach [69])

Einflussgruppe I hoher Wärmeabfluss	c = 15 min × m²/kWh	Verglasung, Glas, Aluminium, Stahl
Einflussgruppe II mittlerer Wärmeabfluss	c = 20 min × m²/kWh	Kalksandstein, Mauerziegel, Bauteile mit Putz, Beton, Leichtbeton mit $\rho \geq$ 1000 kg/m³
Einflussgruppe III geringer Wärmeabfluss	c = 25 min × m²/kWh	Baustoffe mit $\rho <$ 1.000 kg/m³, Holz, HWL, Leichtbeton, Dämmputz, Faserdämmstoff, Porenbeton.

Die Zuordnung weiterer Materialien zu den Einflussgruppen geschieht mithilfe des Wärmeeindringkoeffizienten, Gl. (8.10), und der folgenden Zuordnung

Einflussgruppe I $\qquad b > 42 \; W \cdot h^{1/2} / m^2K$

Einflussgruppe II $\qquad 12 \, W \cdot h^{1/2} / m^2K \leq b \leq 42 \, W \cdot h^{1/2} / m^2K$

Einflussgruppe III $\qquad b < 12 \, W \cdot h^{1/2} / m^2K.$

Um möglichst die gesamte von den Umfassungsbauteilen aus dem Brandraum aufgenommene Wärmemenge zu berücksichtigen, wodurch die Beanspruchung der Bauteile verringert wird, darf der Umrechnungsfaktor als über die Teilflächen der Umfassungsbauteile gewichtetes Mittel gemäß

$$c = \frac{\sum c_i \cdot A_i}{\sum A_i} \tag{8.11}$$

berücksichtigt werden. Bei einschichtigen Wandaufbauten können für c Tabellenwerte oder Gl. (8.10) benutzt werden, bei mehrschichtigem Bauteilaufbau muss eine mit der Schichtdicke gemittelte Bestimmung von c erfolgen, die in der DIN 18 230 enthalten ist.

Geht bei Brandeinwirkung die dämmende Wirkung verloren, so darf für c der Zahlenwert der Einflussgruppe I aus Tabelle 8.4 benutzt werden.

Wärmeabzugsfaktor w

Der Wärmeabzugsfaktor w stellt eine sehr wichtige Größe dar und berücksichtigt, wie Wärme im Brandfall durch Öffnungen abtransportiert werden kann und zur Temperaturentlastung des Brandraumes beitragen kann. Dieser Faktor wird maßgeblich von zwei Einflussgrößen bestimmt. Zum einen ist das die wirksame Öffnungsfläche (Faktor w_o) und zum anderen die Höhe des Brandbekämpfungsabschnittes (Faktor a_w).

Der Faktor w_0 zur Berücksichtigung der Öffnungsflächen wird gemäß

$$w_o = \frac{1 + 145 \cdot (0,4 - a_v)^4}{1,6 + \beta_w \cdot a_h} \geq 0,5 \tag{8.12}$$

berechnet, wobei a_v und a_h die auf die Fläche des maßgebenden Bemessungsabschnittes (A_B oder A_G) bezogenen vertikalen (A_v) und horizontalen Öffnungsflächen (A_h) so genannten bezogenen Öffnungsflächen gemäß

$$a_v = \frac{A_v}{A_B}, \quad a_h = \frac{A_h}{A_B} \tag{8.13}$$

sind. Bei zu geringen oder fehlenden horizontalen Öffnungsflächen ($a_h < 0{,}005$) darf für die vertikalen Öffnungsflächen nur maximal das Doppelte der vertikalen Öffnungsflächen in der oberen Außenwandfläche

$$A_h \leq 2 \cdot A_{v,ob} \tag{8.14}$$

benutzt werden, oder anders ausgedrückt, es darf zu der Öffnungsfläche in der oberen Wandfläche höchstens ein gleich großer Anteil aus der unteren Wandfläche zugerechnet werden. Fehlen horizontale Öffnungsflächen bzw. Rauch-Wärmeabzüge und sind Öffnungen nur in der unteren Hälfte der Außenwandfläche vorhanden, so wird w_0 gemäß der Gl. (8.12) mit einem Maximalwert in die Berechnung einfließen, wodurch der Wärmeabzugsfaktor nach Gl. (8.17) außerordentlich ungünstig wird. Es ist in diesem Fall in weiteren Berechnungen ein Höchstwert $w = 2{,}4$ zu verwenden. Hier zeigt sich der hohe Stellenwert, der den horizontalen und in der oberen Wandhälfte befindlichen vertikalen Öffnungsflächen zugemessen wird.

Der Faktor β_w ist nach

$$\beta_w = 20 \cdot (1 + 10 \cdot a_v - 64 \cdot a_v^2) \geq 16 \quad \text{für } 0{,}025 \leq a_v \leq 0{,}25 \tag{8.15}$$

zu berechnen. Die Höhe des Brandabschnittes wird auf eine Standardhöhe von 6 m bezogen und kann als α_w über

$$\alpha_w = \left(\frac{6,0}{h}\right)^{0,3} \tag{8.16}$$

bewertet werden. Nach [80] wird der Einfluss typischer Hallenhöhen von 3 m mit $\alpha_w = 1{,}23$ bis 20 m mit $\alpha_w = 0{,}7$ relativ konservativ gesehen.

Der Wärmeabzugsfaktor w ist nunmehr als Produkt gemäß

$$w = w_o \cdot \alpha_w \geq 0,5 \tag{8.17}$$

zu bestimmen und kann für die folgende Berechnung der äquivalenten Branddauer verwendet werden.

Für Teilabschnitte und Teilflächen A_T ist der Wärmeabzugsfaktor w_T mit

$$w_T = \left(0,45 + \frac{A_T}{A_G}\right) \cdot w \qquad (8.18)$$

zu berechnen, wobei

$$\left(0,45 + \frac{A_T}{A_G}\right) \leq 1 \qquad (8.19)$$

gelten muss und A_G die BBA-Grundfläche ist. Da $w \geq 0,5$ sein muss, ist w_T ebenfalls mindestens mit dem Zahlenwert 0,5 in Rechnungen zu berücksichtigen. Ab einem Verhältnis $A_T/A_G < 0,55$ führt das über die Gl. (8.18) bei der äquivalenten Branddauer, Gl. (8.20), zu günstigeren Werten. Voraussetzung für die Berücksichtigung von w_T ist, dass die Teilfläche/Teilabschnitt auf mindestens 2 Seiten in offener Verbindung mit dem BBA steht, wobei die Öffnungsfläche mindestens 25% der Teilabschnittsfläche A_T betragen muss.

Durch diese Festlegung von Grenzwerten für w bzw. w_T wird der Wärmeabzug auf einen oberen Grenzwert festgeschrieben; weitere anrechenbare Öffnungsflächen bleiben somit unberücksichtigt.

Welche Flächen dürfen überhaupt als Wärmeabzugsflächen benutzt werden? Eine einbruchhemmende Verglasung kommt dafür weniger oder gar nicht in Betracht, während Verschlüsse mit einfachem Fensterglas oder im Brandfall selbsttätig öffnende Abzüge unbedingt anzurechnen sind. Die Tabelle 8.12 gibt einen Überblick über die anrechenbaren Öffnungen und weist diesen einen kennzeichnenden Öffnungstyp zu.

Die Anrechenbarkeit von Öffnungen des Typs 5, 6 und 7 wird von der Temperaturbeanspruchung im Brandraum beeinflusst. Vor allem bei geringen Brandlasten findet dabei eine Zerstörung des Öffnungsverschlusses relativ spät statt, wodurch ein Wärmeabzug überhaupt erst zeitversetzt möglich wird. In den Berechnungen muss ein solches, für den Brandvorgang wichtiges Verhalten, unbedingt beachtet werden.

Dazu wird in einem ersten Schritt eine äquivalente Branddauer ohne Berücksichtigung dieser Öffnungsflächen ermittelt.

Ist die äquivalente Branddauer größer als 15 Minuten bzw. größer als 30 Minuten, dann dürfen diese Flächen berücksichtigt werden, und die äquivalente Branddauer ist in einem nächsten Schritt mit den veränderten Wärmeabzugsfaktoren neu zu berechnen.

Wird im Ergebnis nunmehr eine äquivalente Branddauer ausgerechnet, die wieder kleiner als 15 Minuten bzw. 30 Minuten ist, so darf diese zweite Stufe nicht benutzt werden, es bleibt bei der ersten Berechnung. Es muss mindestens die äquivalente Branddauer in der Rechnung Berücksichtigung finden, die im Brandfall für die Zerstörung der Öffnungsverschlüsse unbedingt erforderlich ist, d.h. 15 Minuten bzw. 30 Minuten.

Tab. 8.12: Anrechenbarkeit von Öffnungen auf den Wärmeabzugsfaktor w (nach [69])

Öffnungstyp	Art des Öffnungsverschlusses	Anrechenbarkeit
1	ständig offen	immer
2	von außen zu öffnen	immer
3	selbsttätig öffnend	immer
4	Einfach-Fensterglas	immer
5a	Kunststoff-Verglasung mit	auf A_h und $A_{v,ob}$ immer,
5b	Schmelztemperatur $< 300\ °C$	auf $A_{v,unt}$ bei $t_\text{ä} > 15$ min
6a	Zweischeiben-Isolierglas	bei $t_\text{ä} < 15$ min zu 35 % [1]
6b		bei $15 \leq t_\text{ä} \leq 30$ min zu 50 % [1]
6c		bei $t_\text{ä} > 30$ min zu 100 %
7a	Verschlüsse, die nach 15 min durch	bei $t_\text{ä} > 15$ min zu 100 %,
7b	ETK zerstört werden	sonst nicht
8	Brandschutzverglasung	nie
9	angriffshemmende Verglasung	nie
10	Drahtglas (Draht kreuzweise)	nie

[1] bei Werkfeuerwehr doppelter Wert

Am Ende der Berechnungen sind somit mehrere Wärmeabzugsfaktoren und äquivalente Branddauern unter Berücksichtigung unterschiedlicher Öffnungstypen berechnet worden:

w_1: $\quad t_\text{ä} \leq 15$ Minuten, Öffnungstyp: $\quad$ 1 $\quad$ 2 $\quad$ 3 $\quad$ 4 $\quad$ 5a $\quad$ – $\quad$ 6a $\quad$ – $\quad$ – $\quad$ – $\quad$ –

w_2: $\quad t_\text{ä} \leq 30$ Minuten, Öffnungstyp: $\quad$ 1 $\quad$ 2 $\quad$ 3 $\quad$ 4 $\quad$ 5a $\quad$ 5b $\quad$ 6a $\quad$ 6b $\quad$ – $\quad$ 7a $\quad$ 7b

w_3: $\quad t_\text{ä} > 30$ Minuten, Öffnungstyp: $\quad$ 1 $\quad$ 2 $\quad$ 3 $\quad$ 4 $\quad$ 5a $\quad$ 5b $\quad$ 6a $\quad$ 6b $\quad$ 6c $\quad$ 7a $\quad$ 7b.

Bleibt die äquivalente Branddauer $t_\text{ä}$ für w_1 unter 15 Minuten, so werden sowohl w_1 als auch $t_\text{ä}$ weiter benutzt. Bleibt die äquivalente Branddauer $t_\text{ä}$ für w_2 unter 15 Minuten, so dürfen nur die Öffnungsflächen für w_1 benutzt werden. Bleibt $t_\text{ä}$ dabei unter 15 Minuten, so sind w_1 und $t_\text{ä}$ maßgebend. Liegt $t_\text{ä}$ über 15 Minuten, so werden w_1 und $t_\text{ä} = 15$ Minuten benutzt.

Maschinelle Rauchabzüge können im Wärmeabzugsfaktor w nach dem geschilderten vereinfachten Verfahren der DIN 18230 grundsätzlich nicht berücksichtigt werden. Dazu sind genauere Verfahren auf der Grundlage der Wärmebilanztheorie notwendig [69]. Ein solcher genauerer Nachweis darf selbstverständlich ersatzweise geführt werden.

Aus der rechnerischen Brandbelastung q_R nach Gl. (8.7) kann nunmehr mit dem Umrechnungsfaktor c und dem Wärmeabzugsfaktor w die äquivalente Branddauer

$$t_\text{ä} = q_R \cdot c \cdot w \tag{8.20}$$

berechnet werden, die in Minuten angegeben wird.

Der letzte Schritt, um die erforderliche Feuerwiderstandsdauer erf t_F zu bestimmen, erfolgt unter Berücksichtigung der Sicherheitsbeiwerte für die brandschutztechnische Infrastruktur und Größe der Brandbekämpfungsflächen.

Sicherheitsbeiwerte und Beiwert
Mit dem Sicherheitsbeiwert γ nur für Bauteile der Brandsicherheitsklasse SK_b3 und den Beiwerten δ für die restlichen Bauteile der Klassen SK_b2 und SK_b1 werden sowohl die Flächen der Brandbekämpfungsabschnitte oder Teilabschnitte als auch die Geschossigkeit – eingeschossig bzw. mehrgeschossig – der Gebäude sicherheitstechnisch berücksichtigt.

Sicherheitsbeiwert und Beiwerte spiegeln das größere Risiko mehrgeschossiger und großflächigerer Gebäude wider. Sie wurden mit Annahmen zur Versagenswahrscheinlichkeit von Bauteilen und der Auftretenswahrscheinlichkeit von Bränden ermittelt. Die Zahlenwerte für die Sicherheitsbeiwerte sind in Tabelle 8.13 aufgeführt.

Die erforderliche Feuerwiderstandsdauer von wichtigen Bauteilen – Bauteile der Brandsicherheitsklasse SK_b3 – liegt, außer bei Flächen bis $2\,500$ m^2, über der äquivalenten Branddauer. Eine Erhöhung des Sicherheitsbeiwertes um den Faktor 1,1 wird dabei durch eine um eine Zehnerpotenz erhöhte Auftretenswahrscheinlichkeit von Bränden verursacht.

Eine geringere Auftretenswahrscheinlichkeit wird durch einen Faktor 0,9 berücksichtigt. Dies betrifft die Bauteile der Sicherheitsklassen SK_b2 und SK_b1,

Tab. 8.13: Sicherheitsbeiwerte γ und Beiwerte δ (nach [69])

Fläche BBA oder Teilabschnitt m^2	eingeschossige Gebäude			mehrgeschossige Gebäude		
	γ SK_b3	δ SK_b2	δ SK_b1	γ SK_b3	δ SK_b2	δ SK_b1
≤ 2500	1,00	0,60	0,50	1,25	0,90	0,50
5000	1,05	0,60	0,50	1,35	1,00	0,60
10000	1,10	0,70	0,50	1,45	1,10	0,70
20000	1,20	0,80	0,50	1,55	1,20	0,80
30000	1,25	0,90	0,50	1,60	1,25	0,90
60000	1,35	1,00	0,55	–	–	–
120000	1,50	1,10	0,60	–	–	–

die i. A. unter der äquivalenten Branddauer bleiben. Der Faktor δ ist daher auch kein eigentlicher Sicherheitsbeiwert, sondern nur ein Beiwert für Bauteile SK_b2 bzw. SK_b1. Ein Versagen dieser Bauteile kann im Einzelfall nicht ausgeschlossen werden, das wird akzeptiert, solange die Gesamtkonstruktion nicht gefährdet ist.

Bei Brandbekämpfungsabschnitten mit einer Größe von mehr als 60 000 m², die in bestimmten Industriezweigen unbedingt notwendig sind, sollte nur mit entsprechender brandschutztechnischer Infrastruktur geplant werden. Regelungen dazu werden in der Industriebaurichtlinie getroffen. Für eingeschossige Gebäude mit Raumhöhen von mehr als 12 m sind dann sogar Flächen von Brandbekämpfungsabschnitten bis zu 120 000 m² möglich.

Zusatzbeiwert

Der Zusatzbeiwert α_L berücksichtigt letztendlich, dass die Auftretenswahrscheinlichkeit von Bränden durch eine brandschutztechnische Infrastruktur wie Werkfeuerwehr, automatische Brandmeldeanlagen und/oder selbsttätige Löschanlagen verringert wird; ein Entstehungsbrand entwickelt sich mit geringerer Wahrscheinlichkeit zu einem Vollbrand.

Die Berücksichtigung der brandschutztechnischen Infrastruktur erfolgt gemäß den Angaben der Tabelle 8.14 und dem Ergebnis der Gesamtbewertung aus dem Produktansatz der Spalten (1) · (2) · (3) oder (1) · (2) · (4). Ohne anrechenbare Maßnahmen ist $\alpha_L = 1$.

Der Zusatzbeiwert darf bei geringer Brandbelastung entsprechend herabgesetzt werden auf

80% bei $q_R \leq 45$ kWh/m² oder

90% bei $q_R \leq 100$ kWh/m²,

aber nur, wenn die Gesamtbewertung aus dem Produkt der Spalten in Tabelle 8.14 kleiner oder gleich 0,85 ist. Der Wertebereich des Zusatzbeiwertes α_L liegt zwischen 1 und 0,34. Dies kann eine Verringerung der erforderlichen Feuerwiderstandsdauer bis zu 66% bedeuten, wobei der Einsatz selbsttätiger Löschanlagen natürlich den wesentlichen Beitrag dazu leisten kann.

Die rechnerisch erforderliche Feuerwiderstandsdauer erf t_F kann nunmehr für die Brandsicherheitsklasse SK_b3 mit

$$\text{erf } t_F = t_{\ddot{a}} \cdot \gamma \cdot \alpha_L \tag{8.21}$$

und für die Brandsicherheitsklassen SK_b1 und SK_b2 mit

$$\text{erf } t_F = t_{\ddot{a}} \cdot \delta \cdot \alpha_L \tag{8.22}$$

abschließend berechnet werden.

Den rechnerisch ermittelten Werten aus Gln. (8.21) und (8.22) werden die Benennungen der Feuerwiderstandsklassen nach Tabelle 8.15 zugeordnet. Die Brandschutzklasse BK wird nach Tabelle 8.6 ausschließlich für die Brandsicherheitsklasse SK_b3 gemäß Gl. (8.21) zugewiesen und als Information benutzt.

Tab. 8.14: Zusatzbeiwerte α_L der brandschutztechnischen Infrastruktur (nach [69]) ohne anrechenbare Maßnahmen ist α_L = 1 zu setzen

| Werksfeuerwehr | | | Brandmeldeanlage, automatisch[2] | Löschanlage | |
| Stärke (Pers.) | haupt-beruflich | neben-beruflich | | halb-stationär[1] | stationär, selbsttätig[2] |
	(1)		(2)	(3)	(4)
keine	1,00	1,00	0,90	0,95[3]	0,60
1 S:6	0,90	0,95	0,95	0,85	0,60
1 G:9	0,85	0,90	0,95	0,85	0,60
2 S:12	0,80	0,85	0,95	0,85	0,60
3 S:18	0,70	0,80	0,95	0,85	0,60
4 S:24	0,60	0,75	0,95	0,85	0,60

S: Staffel, G: Gruppe
[1] Spalte (3) nur in Verbindung mit (2), Wirksamkeit ist nachzuweisen
[2] Aufschaltung auf eine ständig besetzte Stelle
[3] dieser Wert nur, wenn öffentliche Feuerwehr der Anlage zustimmt

FW-Klasse	rechnerisch erforderliche Feuerwiderstandsdauer erf t_F
keine	$0 <$ erf $t_F \leq$ 15 Minuten
F 30	$15 <$ erf $t_F \leq$ 30 Minuten
F 60	$30 <$ erf $t_F \leq$ 60 Minuten
F 90	$60 <$ erf $t_F \leq$ 90 Minuten
F 120	$90 <$ erf $t_F \leq$ 120 Minuten

Tab. 8.15: Zuordnung von Feuerwiderstandsklassen (nach [69])

8.5 Explosionsgefährdete Gebäude

Schnell verlaufende, exotherme chemische Reaktionen in Medien wie Gasen oder Dämpfen bzw. Staub-Luft-Gemischen werden als Explosionen bezeichnet. Um ein Gebäude vor solchen Reaktionen und den damit verbundenen zerstörerischen Druckwellen zu sichern, muss ein Freisetzen dieser Medien verhindert und es müssen potenzielle Zündquellen beseitigt werden.

Zusätzlich sind durch bauliche Maßnahmen die Rettungsmöglichkeiten zu sichern und benachbarte Gebäude oder Gebäudeteile zu schützen. Diese Maßnahmen ergänzen die bereits bekannten Möglichkeiten der Abschottung, der Abdichtung und Abtrennung. Dabei sind mögliche Explosionsdrücke bis zu 1 MPa zu beachten, denen die „normalen" Bauwerke in der Regel nicht standhalten können; diese widerstehen Drücken bis ca. 50 kPa [81].

Für die bei Explosionen entstehenden Gasmassen ermöglichen Öffnungen in der Hüllkonstruktion von Gebäuden eine Druckentlastung nach außen. Zur Flächenfestlegung dieser Öffnungen kann orientierend angenommen werden, dass etwa $0{,}02 - 0{,}10$ m^2/m^3 Raumvolumen vorhanden sein sollten [81]. Die Öffnungen können durchaus mit leichten Verschlüssen versehen sein, die abreißen, bersten oder sich selbsttätig öffnen.

Um die Ansammlung von explosiven Gasgemischen überhaupt zu vermeiden, sind Entlüftungsanlagen zu installieren. Dabei ist zu beachten, dass Chlor, Kohlenstoffdioxid und Sauerstoff schwerer als Luft sind, während z.B. Äthylen, Wasserstoff, Methan und Kohlenstoffmonoxid leichter sind. Die Entlüftungsöffnungen sind damit entsprechend im unteren oder oberen Raumbereich anzuordnen, wobei notwendige Luftzufuhröffnungen an gegenüberliegenden Wänden vorhanden sein müssen und ein wirksamer Höhenunterschied von 1,8 m zwischen beiden Öffnungen einzuhalten ist [81].

Als negative Begleiterscheinungen von Explosionen gelten sowohl Trümmerwirkung als auch Druckwellen und die damit verbundene Gefährdung der Umgebung solcher Gebäude. Raumexplosionen wirken vor Entlastungsöffnungen, Fenstern oder zerstörten Außenwänden durch

Stichflammen: bis 30 m,
Rauchfahnen: bis 100 m,
Trümmerwurf: bis 100 m, davon
50% Trümmer: bis 20 m bzw.
Glassplitter: bis 40 m und
Druckwellen: bis 300 m,

wobei diese Zahlenangaben als Mittelwerte angesehen werden müssen [81].

Explosionsgefährdete Gebäude oder Gebäudeteile müssen dem Schutzbedürfnis benachbarter Räumlichkeiten Rechnung tragen und sind in sicheren Abständen zu errichten bzw. gefährdete Räume müssen in separaten Gebäuden untergebracht werden. Eine Anordnung in eingeschossigen Gebäuden oder obersten Geschossen von Gebäuden wirkt bezüglich Druckentlastung (Ausnutzen der Dachkonstruktion) begünstigend.

Den Rettungswegen kommt auch hier eine besondere Bedeutung zu. Neben einer möglichen Gefährdung der Fluchtwege bzw. der Rettungs- und. Löscharbeiten durch Feuer und Rauch sind die zusätzlichen Auswirkungen von Explosionen zu berücksichtigen. Der zweite Rettungsweg ist daher günstiger über Treppen im oder am Gebäude zu führen als über Leitern der Feuerwehr. Dem kommt entgegen, wenn derartig gefährdete Gebäude oder Gebäudeteile ebenerdig angeordnet werden.

Übergänge aus gefährdeten Gebäudeteilen in benachbarte Räume sollten durch Sicherheitsschleusen führen.

8.6 Beispiel Industriebau nach DIN 18 230

Das folgende Beispiel soll die wesentlichen, bei der Brandschutzplanung von Industriebauten zu berücksichtigenden Gesichtspunkte aufzeigen und schließt an die Ausführungen im Abschnitt 8.4 an.

Als Beispielobjekt werde eine frei stehende, eingeschossige Produktions- und Lagerhalle in einem Gewerbegebiet gewählt, die Produktion und Lagerung geschieht ohne erhöhtes Personen- oder Sachrisiko.

Zu der Halle werden folgende Angaben getroffen:

Länge: $L = 60{,}0$ m
Breite: $B = 40{,}0$ m
Grundfläche: $A_B = 2400$ m^2
Höhe: $H = 7{,}0$ m
Wände: Kalksandstein,
Umrechnungsfaktor $c = 0{,}20$ min $\cdot$ m^2/kWh nach Tabelle 8.11
Dach: Flachdach, harte Bedachung, Dachneigung $< 6°$;

Die Bauhülle – Tragwerk, Innenbauteile, Dach, Außenwände – besteht aus nicht brennbaren Materialien und enthält keine Brandlasten, die in nachfolgenden Rechnungen berücksichtigt werden müssten. Eine brandschutztechnische Infrastruktur wie Werkfeuerwehr, selbsttätige Feuerlöschanlage und Brandmeldeanlage ist nicht vorhanden.

Die Halle hat keine Rauchschürze und weist im Dach und in den Wänden Öffnungsflächen auf. Der Öffnungstyp wird nach Tabelle 8.12 bestimmt.

Im Dach befinden sich horizontale Öffnungsflächen (lichte Öffnungen) als
♦ Rauch- und Wärmeabzugsanlagen: $A_{RWG} = 33$ m^2, Öffnungstyp 3 und
♦ Oberlichter (Zweischeiben-Isolierverglasung): $A_h = 150$ m^2, Öffnungstyp 6

In den Außenwänden sind vertikale Öffnungsflächen (lichte Öffnung) als
♦ Türen und Tore: $A_T = 25$ m^2, Öffnungstyp 2 und
♦ Lichtbänder mit Zweischeiben-Isolierverglasung: $A_v = 100$ m $\times$ 2 m $= 200$ m^2, Öffnungstyp 6
vorhanden.

8.6.1 Löschwasser

Da Produktion und Lagerung in einer Halle ohne besonderes Personen- oder Sachrisiko geschehen, ist nach DVGW W405 – siehe Abschnitt 11.1 – das Objekt mit Grundschutz zu bemessen.

Eine vorhandene harte Bedachung und feuerhemmende Bauart der Umfassungsbauteile mindern die Gefahr einer Brandausbreitung. Da das Grundstück mindestens so groß wie die Hallengrundfläche sein muss, ist bei dieser eingeschossigen Halle die Geschossflächenzahl als Verhältnis der Geschossfläche zur

Grundstücksfläche höchstens gleich Eins. Die Baumassenzahl, das Verhältnis von gesamten umbauten Raum zur Grundstücksfläche, liegt in jedem Fall unter dem Grenzwert von 9 m. Nach dem Arbeitsblatt W 405 müssen daher für Industriegebiete (gemäß Baunutzungsverordnung) 96 m^3/h Löschwasser zur Verfügung stehen.

Gemäß Industriebaurichtlinie ist bei einer Abschnittsgröße von 2500 m^2 ebenfalls von einem Löschwasserbedarf von mindestens 96 m^3/h für mindestens 2 Stunden auszugehen.

Harte Bedachung und eine nicht feuerhemmende Ausführung der Umfassungsbauteile, mittlere Gefahr der Brandausbreitung, führen auf einen erhöhten Löschwasserbedarf von 192 m^3/h.

8.6.2 Lage und Zugänglichkeit

Die Halle ist frei stehend und als ein Brandbekämpfungsabschnitt anzusehen. Die Zugänglichkeit durch die Feuerwehr ist von allen Seiten gesichert.

8.6.3 Rettungswege

Innerhalb der Halle sind zunächst die mindestens 2 m breiten Hauptgänge als Rettungswege anzusehen, die nach höchstens 15 m Lauflänge erreichbar sein müssen.

Die Halle muss über mindestens zwei Ausgänge verfügen, da die Grundfläche größer als 200 m^2 ist.

Von jeder Stelle der Halle muss ein Ausgang in mindestens 41 m Entfernung erreichbar sein, da keine brandschutztechnische Infrastruktur vorhanden ist. Dieser Zahlenwert ergibt sich nach der Industriebaurichtlinie gemäß Abschnitt 5.5.5 der Industriebaurichtlinie:
♦ bei einer Höhe $\leq$ 5 m beträgt der max. Rettungsweg 35 m,
♦ bei einer Höhe $\geq$ 10 m beträgt der max. Rettungsweg 50 m.

Durch lineare Interpolation kann ermittelt werden:
♦ bei einer Höhe von 7 m beträgt der max. Rettungsweg 41 m.

Die beiden Ausgänge sind daher jeweils in der Mitte der gegenüberliegenden Hallenwände anzuordnen, durch Zirkelschlag können die genauen Orte ermittelt werden.

8.6.4 Rauchabzug

Nach Abschnitt 5.6 der Industriebaurichtlinie müssen in Produktionsräumen mit mehr als 200 m^2 Grundfläche in Wänden und Dach Öffnungsflächen von mindestens 2% der Grundfläche vorhanden sein. Dies bedeutet für die Halle eine Öffnungsfläche von mindestens 48 m^2. Da die Halle über eine Grundfläche von mehr als 1 600 m^2 verfügt, muss eine raucharme Schicht von mindestens 2,5 m Höhe nachgewiesen werden.

Nach Abschnitt 6.16 ist bei der gegebenen brandschutztechnischen Infrastruktur eine Brandmeldezeit von 5 Minuten angezeigt und ein Durchschnittswert der Löschangriffszeit von 10 Minuten zu berücksichtigen. Damit beträgt die Brandentwicklungsdauer 15 Minuten. Ohne Nachweis wird weiterhin eine mittlere Brandausbreitungsgeschwindigkeit festgestellt, nach Abbildung 6.25, Punkt 3, führen diese Voraussetzungen auf eine Bemessungsgruppe 4.

Das Nichtvorhandensein von Rauchschürzen und die Flächengröße von 2 400 m^2 erfordern zur Dicke der rauchfreien Schicht eine Korrekturrechnung. Die Dicke der rauchfreien Schicht muss größer als die halbe Raumhöhe von 3,5 m sein, nämlich $d = 4{,}375$ m.

Das Verhältnis $d/h = 0{,}625$ bzw. $d = 0{,}625 \cdot h$ ergibt in der Bemessungsgruppe 4 nach Abbildung 6.25, Punkt 4, bei linearer Interpolation eine aerodynamische Öffnungsfläche von $A_{w,rel} = 1{,}35\%$. Auf die Hallenfläche umgerechnet, bedeutet das eine aerodynamische Öffnungsfläche von $A_w = 32{,}4$ m^2. Bei einer Dachneigung unter 12° sind somit 12 Geräte zur Entrauchung einzusetzen, die mit zwei Steuergruppen (1,5 wurde aufgerundet) zu betreiben sind.

Von den zunächst geforderten 48 m^2 Öffnungsflächen müssen 32,4 m^2 von den mindestens geforderten 12 Entrauchungsgeräten gewährleistet werden, die, gleichmäßig auf der Dachfläche verteilt, damit Flächen von je 200 m^2 entrauchen müssen. Für das Beispiel werden, aufgerundet, 33 m^2 Entrauchungsfläche gefordert.

In Abhängigkeit vom Öffnungstyp sind damit folgende Flächen
♦ immer anrechenbar: Entrauchung $A_{RWG} = 33$ m^2 und Türen, Tore $A_T = 25$ m^2,
♦ immer anrechenbar zu 35% bei $t_{\ddot{a}} < 15$ min:
  Oberlichter $c = 150$ m^2 und Fensterbänder $A_v = 200$ m^2,
♦ oder immer anrechenbar zu 50% bei 15 min $\leq t_{\ddot{a}} \leq 30$ min.:
  Oberlichter $A_h = 150$ m^2 und Fensterbänder $A_v = 200$ m^2,
♦ oder immer anrechenbar zu 100% bei $t_{\ddot{a}} \geq 30$ min.:
  Oberlichter $A_h = 150$ m^2 und Fensterbänder Av = 200 m^2.

Die unterschiedliche Anrechenbarkeit führt dazu, dass in unterschiedlichen Zeitabschnitten der äquivalenten Branddauer jeweils eigene w-Faktoren berechnet werden müssen.

8.6.5 Rechnerische Brandbelastung q_R

Zunächst werden die Brandlasten für ungeschützte und geschützte Stoffe ermittelt, wobei Lagerungsdichte, Abbrandfaktor und Heizwert für einige Materialien im Beiblatt 1 zur DIN 18230 aufgelistet sind.

Angaben zu ungeschützten Stoffen:

Material	Lagerungs-dichte	Abbrand-faktor	Heizwert	Masse	Brandlast
		m	H	M	q
	%	–	kWh/kg	kg	kWh
PS-Hartschaum	100	0,9	11,0	15 000	148 500
Polyesterformen	90	0,9	5,3	5 000	23 850
Karton, gelagert	100	0,2	4,2	5 500	4 620
Nitroverdünnung	100	1,0	7,5	50	375
Kabel, pauschal					4 000
Holzgegenstände, pauschal					3 000
Summe Brandlast q					184 345
Rechnerische Brandbelastung q_R bei $A_B = 2\,400$ m²					76.8 kWh/m²

Angaben zu geschützten Stoffen:

Material	Lagerungs-dichte	Abbrand-faktor	Heizwert	Kombinations-beiwert	Masse	Brandlast
		m	H	Ψ	M	q
	%	–	kWh/kg	–	kg	kWh
Clorbenzol	100	0,5	11,2	0,80	500	2 240
Methanol	100	1,0	5,4	0,55	100	297
Hydrauliköl	100	0,4	9,8	0,55	500	1 078
Summe Brandlasten q						3 615
Rechnerische Brandbelastung q_R bei $A_B = 2400$ m²						1,5 kWh/m²

Die geschützten Brandlasten werden nach dem vereinfachten Verfahren berücksichtigt, da die geringen geschützten Brandlasten im Vergleich zu den ungeschützten einen höheren Rechenaufwand nicht rechtfertigen. Bei hohen geschützten Brandlasten lohnt sich dagegen ein größerer Rechenaufwand, um durch kleinere Kombinationsbeiwerte dann eine geringere rechnerische Brandbelastung zu erhalten.

Nach dem vereinfachten Verfahren wird die größte geschützte Brandlast, hier das Chlorbenzol mit 2 800 kWh, mit einem Kombinationsbeiwert $\Psi_1 = 0,80$ und alle weiteren geschützten Brandlasten mit $\Psi_i = 0,55$ berücksichtigt.

Für die rechnerische Brandbelastung (Gl. (8.7) mit Gln. (8.8) und (8.9)) werden die beiden jeweils auf die Abschnittsfläche bezogenen Brandlasten summiert.

Im Beispiel führt das auf

$$q_R = (76,8 + 1,5) \ \text{kWh/m}^2 = 78,3 \ \text{kWh/m}^2,$$

einen Zahlenwert, der doch deutlich über der rechnerischen Mindestbrandlast von 15 kWh/m^2 liegt.

8.6.6 Äquivalente Branddauer $t_{\ddot{a}}$

Umrechnungsfaktor c

Die äquivalente Branddauer $t_{\ddot{a}}$ nach Gl. (8.20) enthält den Umrechnungsfaktor c, mit dem der Einfluss des Wärmeabflusses berücksichtigt wird. Für das Gebäude wurde als Baumaterial Kalksandstein gewählt. Für diesen Baustoff beträgt der Umrechnungsfaktor $c = 0,20 \ \text{min} \cdot \text{m}^2/\text{kWh}$.

Wärmeabzugsfaktor w zur Berücksichtigung der Ventilation

Eine erste Berechnung zur Ermittlung des Wärmeabzugsfaktors w berücksichtigt alle Öffnungsflächen, die als immer anrechenbar angenommen werden können, weil diese innerhalb einer äquivalenten Branddauer von 0 bis 15 Minuten öffnen.

Mit den Gln. (8.12) bis (8.15) ergibt sich in einer ersten Berechnung bis 15 Minuten

$$a_v = \frac{A_v}{A_B} = \frac{25 \ \text{m}^2 + 0,35 \cdot 200 \ \text{m}^2}{2400 \ \text{m}^2} = 0,040$$

$$a_h = \frac{A_h}{A_B} = \frac{33 \ \text{m}^2 + 0,35 \cdot 150 \ \text{m}^2}{2400 \ \text{m}^2} = 0,036$$

$$\beta_w = 20 \cdot (1 + 10 \cdot 0,040 - 64 \cdot 0,040^2) = 25,95 \geq 16$$

$$0,025 \leq a_v \leq 0,25$$

$$w_o = \frac{1 + 145 \cdot (0,4 - 0,04)^4}{1,6 + 25,95 \cdot 0,036} = 1,356 \geq 0,5$$

$$\alpha_w = \left(\frac{6,0}{7,0}\right)^{0,3} = 0,955$$

$$w_1 = w_o \cdot \alpha_w = 1,356 \cdot 0,955 = 1,295 \geq 0,5$$

$$t_{\ddot{a},1} = q_R \cdot c \cdot w_1 = 78,3 \ \text{kWh/m}^2 \cdot 0,20 \ \text{min} \cdot \text{m}^2/\text{kWh} \cdot 1,295 = 20,28 \ \text{Minuten}$$

Unter Berücksichtigung der Öffnungsflächen, die in den ersten fünfzehn Minuten der äquivalenten Branddauer öffnen, wird eine äquivalente Branddauer von $t_{\ddot{a}} = 20,3$ Minuten berechnet. Damit können nunmehr auch die Öffnungsflächen berücksichtigt werden, die zwischen 15 Minuten und 30 Minuten öffnen. Die Neuberechnung der äquivalenten Branddauer führt in einem zweiten Durchlauf mit

$$a_v = \frac{A_v}{A_B} = \frac{25 \text{ m}^2 + 0,50 \cdot 200 \text{ m}^2}{2400 \text{ m}^2} = 0,052$$

$$a_h = \frac{A_h}{A_B} = \frac{33 \text{ m}^2 + 0,50 \cdot 150 \text{ m}^2}{2400 \text{ m}^2} = 0,045$$

$$\beta_w = 20 \cdot (1 + 10 \cdot 0,052 - 64 \cdot 0,052^2) = 26,94 \geq 16$$

$$0,025 \leq a_v \leq 0,25$$

$$w_o = \frac{1 + 145 \cdot (0,4 - 0,052)^4}{1,6 + 26,94 \cdot 0,045} = 1,112 \geq 0,5$$

$$\alpha_w = \left(\frac{6,0}{7,0}\right)^{0,3} = 0,955$$

$$w_1 = w_o \cdot \alpha_w = 1,112 \cdot 0,955 = 1,062 \geq 0,5$$

$$t_{\text{ä},2} = q_R \cdot c \cdot w_1 = 78,3 \text{ kWh/m}^2 \cdot 0,20 \text{ min} \cdot \text{m}^2/\text{kWh} \cdot 1,062 = 16,63 \text{ Minuten}$$

auf die äquivalente Branddauer $t_{\text{ä},2}$ = 16,6 Minuten. Diese Zeit ist – wenn auch knapp von der Zeitdifferenz her – maßgebend, wäre dieser Zahlenwert unter 15 Minuten geblieben, so hätte die Variante 2 verworfen und die Variante 1 berücksichtigt werden müssen.
Die äquivalente Branddauer beträgt somit

$$t_{\text{ä}} = 16,6 \text{ Minuten.}$$

8.6.7 Erforderliche Feuerwiderstandsdauer und Feuerwiderstandsklasse

Sicherheitsbeiwert γ, Beiwert δ
Für Bauteile mit hohen Anforderungen (Brandsicherheitsklasse SK_b3) wird der Sicherheitsbeiwert γ nach Tabelle 8.13 aus der Abschnittsfläche A_B = 2 400 m² zu γ = 1,0 für eingeschossige Gebäude bestimmt.

Für Bauteile mit mittleren bzw. geringen Anforderungen wird der Beiwert δ ebenfalls mithilfe der Abschnittsfläche aus Tabelle 8.13 zu δ = 0,6 für die SK_b2 und zu δ = 0,5 für die SK_b1 bestimmt.

Zusatzbeiwert α_L
Die brandschutztechnische Infrastruktur findet Berücksichtigung im Zusatzbeiwert α_L. Ohne anrechenbare Maßnahmen wie Werkfeuerwehr und automatische

Löschanlage wird mit den Angaben aus Tabelle 8.14 der Zusatzbeiwert $\alpha_L = 1$. Bei einer rechnerischen Brandbelastung von $q_R \leq 100$ kWh/m^2 dürfte der Zusatzbeiwert auf 90% abgemindert werden – bei $q_R \leq 45$ kWh/m^2 sogar auf 80%, aber nur, wenn das Produkt der Spalten (1) · (2) · (3) bzw. (1) · (2) · (4) aus Tabelle 8.14 einen Zahlenwert $\leq 0{,}85$ ergibt, was hier nicht gegeben ist.

Die erforderlichen Feuerwiderstandsdauern können nunmehr mit den Gln. (8.21) und (8.22) abschließend berechnet werden. Es gelten für die einzelnen Brandsicherheitsklassen:

$$\text{SK}_b3 \qquad \text{erf } t_F = t_\ddot{a} \cdot \gamma \cdot \alpha = 16{,}6 \text{ min} \cdot 1{,}0 \cdot 1{,}0 = 16{,}6 \text{ Minuten,}$$
$$\text{SK}_b2 \qquad \text{erf } t_F = t_\ddot{a} \cdot \delta \cdot \alpha_L = 16{,}6 \text{ min} \cdot 0{,}6 \cdot 1{,}0 = 10 \text{ Minuten,}$$
$$\text{SK}_b1 \qquad \text{erf } t_F = t_\ddot{a} \cdot \delta \cdot \alpha_L = 16{,}6 \text{ min} \cdot 0{,}5 \cdot 1{,}0 = 8{,}3 \text{ Minuten.}$$

Für Bauteile mit mittleren und geringen Anforderungen werden somit gemäß Tabelle 8.15 keine Feuerwiderstandsklassen gefordert. Für die Bauteile mit hohen Anforderungen – z.B. Tragwerk, Behälterstützen – wird nach Industriebaurichtlinie bzw. ebenfalls nach Tabelle 8.15 eine Feuerwiderstandsklasse F 30-AB notwendig.

Nach Tabelle 8.6 kann informativ für diese Halle die Brandschutzklasse BK = II zugeordnet werden, dies ausschließlich unter Berücksichtigung der Bauteile der Brandsicherheitsklasse SK$_b$3.

8.6.8 Flächen von Brandbekämpfungsabschnitten

Zu Berechnung der maximal zulässigen Fläche, die ohne Unterteilung benutzt werden darf, wird mit Gl. (8.2) und Tabelle 8.8 über

$$\text{zul } A_{G,BBA} = 3\,000 \text{ m}^2 \cdot \text{F1} \cdot \text{F2} \cdot \text{F3} \cdot \text{F4} \cdot \text{F5}$$
$$\text{F1} = 4{,}78 \quad (16{,}6 \text{ Minuten linear interpoliert})$$
$$\text{F2} = 1{,}0 \quad (\text{K1})$$
$$\text{F3} = 1{,}0 \quad (0 \text{ m})$$
$$\text{F4} = 1{,}0 \quad (1 \text{ Geschoss})$$
$$\text{F5} = 1{,}0 \quad (\text{keine Abschlüsse})$$

zu zul $A_{G,BBA} = 14\,340$ m^2 bestimmt. Die Halle aus dem Beispiel ist somit ohne Unterteilung zulässig.

8.6.9 Hinweise

Bei Bemessung der Halle nach DIN 18230 ist diese in die Brandschutzklasse BK II einzustufen.

Wird die gleiche Halle im Verfahren ohne Brandlastermittlung auf Zulässigkeit überprüft, so müssen nach Tabelle 8.2, ohne eine brandschutztechnische Infrastruktur, in der Sicherheitskategorie K1 bei einer Abschnittsfläche von 2400 m^2 die tragenden und aussteifenden Bauteile sowie die Haupttragteile des

Daches mit F 30 bemessen werden. Eine Forderung nach Einsatz nicht brennbarer Baustoffe besteht nicht.

Bei Vorhandensein einer automatischen Meldeanlage würden sich, da dann die Sicherheitskategorie K2 zu berücksichtigen wäre, bei dieser erdgeschossigen Industriehalle nach Tabelle 8.2 keine Forderungen an die tragenden und aussteifenden Bauteile sowie tragenden Dachteile ergeben. Die Breite des Gebäudes muss nur auf 40 m begrenzt bleiben, dies wäre im Beispiel erfüllt, und es müssen mindestens 5% Wärmeabzugsfläche im Dach vorhanden sein.

Bei Einschätzung einer erhöhten Gefahr in einem solchen Industriebau, beispielsweise weil sehr viel Kunststoff verarbeitet wird oder weil in einer Wertstoffsortieranlage große Brandlasten zum Sortieren gelagert werden, können Maßnahmen zu einer höheren als die geforderte Sicherheit durchaus von Vorteil sein.

Im ersten Fall wäre zusätzlich zur bemessenen F 30 – Konstruktion der Einsatz einer Meldeanlage denkbar.

Im zweiten Fall könnte, wenn eine Meldeanlage vorhanden ist, an den Einsatz einer ortsfesten Löschanlage, die von der Feuerwehr in Betrieb genommen wird – eine so genannte halb stationäre Löschanlage – gedacht werden. Allerdings müsste die Wirksamkeit einer solchen Anlage im Einzelfall über entsprechende technische Regeln, die aber noch in Erarbeitung sind [69], nachgewiesen werden. Solange das Regelwerk noch nicht erarbeitet ist, kann ohne die Verfügbarkeit einer Werkfeuerwehr in mindestens Staffelgröße keine Anrechnung dieser Löschanlage erfolgen. Zurzeit wäre daher als sinnvolle Zusatzmaßnahme eine selbsttätige Löschanlage geeignet.

Die Anwendung der DIN 18230 unterstellt für Gebäude bzw. Gebäudeteile mit Produktion oder Lagerhaltung einen einzigen Nutzer. Wird eine größere Industriehalle in mehrere Nutzungsbereiche für verschiedene, zumindest aber ähnliche Nutzer vorgesehen, so kann durch Berechnung nach DIN 18230 die Brandschutzklasse und die Bauteilbemessung bestimmt werden.

Sind aber von den möglichen Nutzern in der Planungsphase noch nicht alle bekannt, so muss, wenn ein weiterer Nutzer, später nach Errichtung des Gebäudes, hinzukommt, eine erneute Berechnung für diesen Nutzungsabschnitt erfolgen, mit der Maßgabe, dass entsprechend den Forderungen Bauteile nachzurüsten sind. Diese Möglichkeit ist unter Umständen wirtschaftlich sehr aufwändig und daher als ungünstigste Variante anzusehen; dabei wird unterstellt, dass die Trennungen der Nutzungseinheiten eben nicht bereits als bemessene Brandabschnittstrennungen ausgeführt wurden.

9 Bauliche Anlagen mit Sonderfunktionen

Gebäude mit Sonderfunktionen sind gemäß Landesbauordnung bauliche Anlagen und Räume besonderer Art und Nutzung, weil von diesen die Allgemeinheit und/oder die Nutzer selbst zusätzlich gefährdet oder belästigt werden können. Die Bauaufsichtsbehörden können für diese Bauwerke besondere Anforderungen stellen oder auch Erleichterungen gewähren. Für die meisten dieser Sonderbauten wurden ergänzend zu den Landesbauordnungen Mustervorschriften erlassen, um die ermessensmäßige Gleichbehandlung dieser Sondernutzungen zu sichern.

Für Gebäude mit Sondernutzung, für die keine Sonderbauverordnungen bestehen, muss im Genehmigungsverfahren geprüft werden, ob das Bauwerk nach Landesgesetz (Landesbauordnung) mit verschärften Anforderungen oder auch mit Erleichterungen ausgeführt werden kann.

Das Planen, Errichten und Betreiben dieser Bauwerke wird durch nachfolgend zu erläuternde Verordnungen [11], die im Wesentlichen als Musterverordnungen bekannt sind, begleitet. Im Anhang A.2 sind die Sonderbauverordnungen mit dem Datum ihrer jeweiligen Einführung in den einzelnen Bundesländern aufgeführt.

9.1 Sonderbauverordnungen

Einige bauliche Anlagen weisen nutzungsbedingt ein höheres Risiko für die Nutzer bzw. die Allgemeinheit auf, welches nur durch die Erfüllung spezieller Forderungen zu begrenzen ist. Dies betrifft nachfolgend im Überblick aufgeführte Bauten mit entsprechenden Sonderbauverordnungen und Geltungsbereichen:

Richtlinie über den baulichen Brandschutz im Industriebau (IndBauR)	
Geltung	Gebäude oder Gebäudeteile im Bereich der Industrie und des Gewerbes für Produktion oder Lagerung von Produkten und Gütern mit definierten Brandlasten;
Risiko	Brandlast: teilweise hoch, Lagerung
	Brandentstehung: hoch, nutzungsbedingt stark schwankend
	Brandausbreitung: hoch, Großflächigkeit, Dächer, Durchdringungen
	Personen: schwankende Belegungsdichte, Altersgruppen Personenverteilung ungleichmäßig;

Richtlinie über bauaufsichtliche Anforderungen an Schulen (SchulBauR)

Geltung	Grundschulen, Hauptschulen, Realschulen, Gymnasien, Gesamtschule, berufsbildende Schulen, Fachschulen, Fachhochschulen, Sonderschulen	
Risiko	Brandlast:	gering
	Brandentstehung:	gering, Gefahr durch Vandalismus
	Brandausbreitung:	normal, Verrauchungsgefahr
	Personen:	große Belegungsdichte, Kinder, Rettung über Leitern kaum möglich

Richtlinie über den Bau und Betrieb von Krankenhäusern (KrBauR)

Geltung	Krankenhäuser, Sonderkrankenhäuser, Polikliniken, Pflegeeinrichtungen	
Risiko	Brandlast:	normal
	Brandentstehung:	gering
	Brandausbreitung:	normal, Verrauchungsgefahr, technische Ausrüstung, Unübersichtlichkeit großer Kliniken und Heime
	Personen:	hilfsbedürftige ortsunkundige Personen, Rettung über Leitern nicht möglich

Richtlinie über den Bau und Betrieb von Verkaufsstätten (VStR)

Geltung	Geschäftshäuser mit Verkaufsstätten, Läden, Kaufhäuser, Märkte, Nutzfläche > 2000 m^2 : einzeln oder auch mehrere Verkaufsstätten, im Verbund, Verbindungen können auch Rettungswege sein	
Risiko	Brandlast:	hoch, Lagerung
	Brandentstehung:	gering
	Brandausbreitung:	normal, Verrauchungsgefahr
	Personen:	schwankende Belegung, ortsunkundige Besucher

Richtlinie über den Bau und Betrieb von Versammlungsstätten (VStättR)

Geltung	Mehrzweckhallen, Kongresszentren, Hörsäle, kirchliche Einrichtungen, Hallenbäder, Sporthallen, Theater, Opernhäuser, Museen, Kinos, Casinos, Diskotheken (Vergnügungsstätten, Gaststättenbetrieb tritt in den Hintergrund), VS mit Bühnen, VS mit Filmvorführung, wenn > 100 Personen, VS mit nicht überdachten Szeneflächen wenn > 1000 Personen, VS mit nicht überdachten Sportflächen, wenn > 5000 Personen, VS mit Räumen, wenn einzeln oder zusammen > 200 Personen, in Schulen, Museen und ähnlichen Gebäuden Geltung nur bei Räumen, die einzeln > 200 Personen, VS, oben nicht genannt mit > 1000 Personen

Risiko		
	Brandlast:	nutzungsbedingt, durch Ausstattungen hoch
	Brandentstehung:	normal, nutzungsbedingt stark schwankend
	Brandausbreitung:	nutzungsbedingt normal bis hoch
	Personen:	schwankende Belegungsdichte, ortsunkundig

Richtlinie über den Bau und Betrieb von Gaststätten (GastBauR)

Geltung	Schank- und Speisewirtschaften mit Plätzen in Räumen und im Freien, Beherbergungsstätten mit > 8 Gastbetten, Raststätten, Eiscafé, Imbissstuben

Risiko		
	Brandlast:	normal
	Brandentstehung:	gering, Gefahr durch Vandalismus
	Brandausbreitung:	normal, Verrauchungsgefahr
	Personen:	schwankende Belegungsdichte, ortsunkundig

Verordnung über Bau und Betrieb von Garagen (GaVO)

Geltung	Kleingaragen, Nutzfläche bis 100 m², Mittelgaragen, Nutzfläche 100 m² – 1000 m², Großgaragen, Nutzfläche über 1000 m²

Risiko		
	Brandlast:	gering
	Brandentstehung:	gering
	Brandausbreitung:	gering, Verrauchungsgefahr
	Personen:	sehr gering

Richtlinie über den Bau und Betrieb von Hochhäusern (HochbR)

Geltung	Gebäude mit mehr als 22 m Fußbodenhöhe eines Aufenthaltsraumes über festgelegter Geländeoberfläche
Risiko	Gebäudehöhe, Personenansammlung, Rettung nur über Innenbereich möglich

Richtlinie über den Bau und Betrieb Fliegender Bauten (FlBauR)

Geltung	wiederholte Aufstellung an verschiedenen Orten, Schausteller, Tribünen, Wanderausstellungen, Tragluftbauten, Zirkuszelte
Risiko	ist nur nutzungsbedingt einzuschätzen

Richtlinie über Camping- und Wochenendplätze (CWR)

Geltung	Plätze zum vorübergehenden Aufstellen und Bewohnen von mehr als 3 Wohnwagen oder Zelten
Risiko	gering

Richtlinie über den Bau von Betriebsräumen für elektrische Anlagen (EltBauR)

Geltung	elektrische Betriebsräume in Sonderbauten, Bürobauten, Wohnbauten, nicht in frei stehenden Gebäuden oder durch Brandwände abgetrennten Gebäudeteilen
Risiko	Batterien, Wärmefreisetzung, Brandlasten

Die Industriebaurichtlinie wurde im Kapitel 8 vorgestellt und wegen ihrer Bedeutung ausführlich diskutiert.

Die Hochhausbaurichtlinie wird nicht näher erläutert, der relativ seltene Bau von Hochhäusern erfordert umfangreichere Darstellungen zum Bautechnischen Brandschutz, die über den hier gezogenen Rahmen hinausgehen würden und daher bewusst ausgeklammert werden.

Die Sonderbauverordnungen stellen keine in sich abgeschlossenen Regelungen wie die Landesbauordnungen dar. Sie sollen diese ergänzen und unterstützen, um die Besonderheiten dieser speziellen Bauwerke zu berücksichtigen. Es ist Aufgabe jeder dieser Sonderbauverordnungen entsprechend der Nutzung verschärfend oder auch mit Erleichterungen dazu beizutragen. Die in diesen Verordnungen nicht angesprochenen Tatbestände werden folglich durch die zuständigen Landesbauordnungen und Ergänzungsvorschriften geregelt, ohne dass auf diesen Sachverhalt noch speziell hingewiesen wird. Die Sonderbauverordnungen sind nicht in allen Bundesländern bauaufsichtlich eingeführt (siehe Anhang A.2).

Von einem Gebäude mit Sonderfunktionen kann eine erhöhte Gefahr durch ein besonderes Brandrisiko, eine große Ausdehnung, Unübersichtlichkeit des Bauwerkes und/oder mögliche Personenansammlungen im Gebäude ausgehen. Die sichere Rettung von Personen muss daher auch hier bei der Planung als besonderer Schwerpunkt im Vordergrund stehen. Ein zweiter Rettungsweg über Leitern der Feuerwehr ist unter Umständen bei diesen Nutzungen nicht mehr ausreichend, bei Hochhäusern gar nicht möglich, und muss durch andere Rettungswegführungen gesichert werden.

9.1.1 Ausgewählte Forderungen an bauliche Anlagen

In Tabelle 9.1 werden Anforderungen an tragende und aussteifende Bauteile von einigen Sonderbauten zusammengefasst. In den einzelnen Bundesländern kann von diesen Verordnungen abgewichen werden, so wie beispielsweise in Fußnote 4 für Schleswig-Holstein auf die überarbeitete Schulbaurichtlinie hingewiesen wird.

Für Brandabschnittstrennungen mit Brandwänden gelten im Allgemeinen die Forderungen der Landesbauordnungen, d.h. alle 40 m sind Brandwandtrennungen vorzusehen, größere Abstände können gestattet werden – für viele Sonderbauten eine strukturbedingte Notwendigkeit. Allerdings müssen solche risikoerhöhenden Ausnahmen durch flankierende Maßnahmen für erhöhte Sicherheit wie selbsttätige Löschanlagen, Meldeanlagen oder günstigere Rettungswegsituationen kompensiert werden.

In der Krankenhausbaurichtlinie werden konkrete Angaben zu Brandabschnitten getroffen. Bei einer oberen Begrenzung dieser Abschnitte auf 2000 m² sind Brandwandabstände von maximal 50 m möglich, größere Abstände können, außer bei Pflegebereichen, gestattet werden.

Aktuelle Fassungen der Schulbaurichtlinie wie in Schleswig-Holstein [110] lassen Abstände zwischen Brandwänden von maximal 60 m zu. Ausnahmen bestehen auch bezüglich des Verschlusses von Öffnungen in inneren Brandwänden, es werden im Zuge notwendiger Flure für diese Brandwände keine feuerbeständigen, selbst schließenden Abschlüsse notwendig. Zulässig sind feuerhemmende, rauchdichte und selbst schließende Türen, wenn auf einer Länge von 2,5 m beiderseits der Türen keine Öffnungen vorhanden sind (siehe Situation aus Abbildung 6.22c mit 2,5 m Abstand).

Im Krankenhausbereich dürfen ebenfalls dicht und selbst schließende Türen aus nicht brennbarem Material benutzt werden, wenn diese Öffnungen in Fluren als Rettungswege liegen und die Flurwände auf einer Länge von 2,5 m beiderseits der Tür in F 30-A ohne Öffnungen ausgeführt sind.

Es können feuerhemmende, selbst schließende und rauchdichte Türen eingesetzt werden, wenn die Flurwände beiderseits der Tür auf einer Länge von 2,5 m keine Öffnungen aufweisen.

Die Außenwände von Gebäuden werden bei Betonbauten aus Gründen des Witterungsschutzes oder zur Verbesserung der Wärmedämmung mit Verkleidungen versehen. An die Qualität dieser Außenbauteile sind aus Sicht des Bautech-

Tab. 9.1: Anforderungen an Bauteile von Sonderbauten (nach [108], [109])

Bau Verordnung Jahr	Bauteil	§	Bautechnische Anforderungen	
Gaststätten GastBauR 1986			1-geschossig	mehrgeschossig
	Wände, Pfeiler	5	feuerhemmend	feuerbeständig
	Decken, Träger	6	feuerhemmend	feuerbeständig[1]
Verkaufsstätten VstR 1995			1-geschossig ohne Sprinkler mit	mehrgeschossig
	Wände, Pfeiler	3	feuerhemmend keine	feuerbeständig
	Decken, Träger	7	feuerhemmend, A A	feuerbeständig, A
Versammlungsstätten VStättR 1978			1-geschossig	mehrgeschossig
	Wände, Pfeiler	16	feuerbeständig [2]	feuerbeständig
	Decken, Stützen	17	feuerhemmend, A[3]	feuerbeständig
Schulen BschulR, [4] 1998			Gebäude bis 7 m	Gebäude 7 m $< h <$ 22 m
	Wände, Pfeiler	25	feuerhemmend	feuerbeständig
	Decken, Stützen	29	feuerhemmend	feuerbeständig
Krankenhaus KrhBauR 1976			1-geschossig	mehrgeschossig
	Wände, Pfeiler	7	feuerhemmend, A	feuerbeständig
	Decken, Stützen	8	feuerhemmend, A	feuerbeständig
Garagen GaVO 1988			1-geschossig, oberirdisch	mehrgeschossig
	Wände, Pfeiler	6	feuerhemmend oder A	feuerbeständig[5]
	Decken	6	feuerhemmend oder A	feuerbeständig[5]

[1] wenn Aufenthaltsräume darüber,

[2] feuerhemmend bei erdgeschossigen Gebäuden,

[3] Ausnahmen in erdgeschossigen Gebäuden, wenn nicht mehr als 800 Personen,

[4] keine Forderungen Schleswig-Holstein [110],

[5] bei oberirdisch und $<$ 22 m über Gelände dann F 30-A, bei offenen Garagen in Gebäuden nur aus A

Tab. 9.2: Außenwandverkleidungen bei Sonderbauten

Sonderbauverordnung	Forderung Baustoffklasse	
Gaststätten	keine, RbBH anwenden:	B1 bzw B2
Verkaufsstätten	> 1-geschossig:	B1
	> 5-geschossig:	A
Versammlungsstätten	keine, RbBH anwenden:	B1 bzw B2
Krankenhäuser	> 1-geschossig:	B1
	> 5-geschossig:	A
Schulen	keine, RbBH anwenden:	B1 bzw B2

RbBH: Richtlinie für die Verwendung brennbarer Baustoffe im Hochbau [16]

nischen Brandschutzes Forderungen bezüglich der Baustoffklasse der zu verwendenden Materialien zu stellen, die in Tabelle 9.2 zusammengefasst sind.

9.1.2 Rettungswege

Rettungswege müssen in genügender Anzahl, richtiger Anordnung und entsprechender Breite vorhanden sein, um den Menschen in den Bauwerken die schnelle Evakuierung zu sichern. Die Rettungswegsituation aller Sondernutzungen muss der jeweiligen Nutzung angepasst sein. Die entsprechenden Forderungen sind daher in jedem Einzelfall den Sonderbauverordnungen zu entnehmen, abgesehen von grundsätzlichen Betrachtungen, z.B. in der Richtlinie über Verwendung brennbarer Baustoffe im Hochbau. Tabelle 9.3 gibt einen Überblick zur Rettungswegsituation bei Sonderbauten nach den Musterrichtlinien, länderspezifische Merkmale sind nicht berücksichtigt.

In einigen Verordnungen, siehe auch Tabelle 9.3, werden zusätzliche Forderungen an die Rettungswege auf dem Grundstück gestellt. Es handelt sich um Vorgaben für Wege zum schnellen Erreichen öffentlicher Flächen, Warteflächen für Personenansammlungen oder Zu- und Durchfahrten für die Feuerwehr.

Bei den Rettungswegen ist, abgesehen von den baulichen Anforderungen, als Besonderheit die Festlegung der Rettungswegbreite zu beachten. Die lichte Breite wird dabei über die Zahl der auf diesen Rettungsweg angewiesenen Personen festgelegt.

In der Schulbaurichtlinie und der Gaststättenbaurichtlinie werden für 150 Personen 1 m lichte Breite der Rettungswege gefordert. In Freilichttheatern muss eine solche von 1 m für 450 Besucher und in Freiluftsportstätten für 750 Besucher zur Verfügung stehen.

In Verkaufsstätten müssen die Ausgänge im Erdgeschoss so breit sein, dass je angefangene 100 m^2 Nutzfläche mindestens 0,35 m nutzbare Ausgangsbreite zur Verfügung stehen.

Tab. 9.3: Rettungswegsituation Sonderbauverordnung

Rettungswege	Verordnungen					
	Versa	Gastst	Krankh	Verk	Schule	Garage
notwendige Flure	x	x	x	x	x	–
notwendige Treppe	x	x	x	x	x	x
Ausgang ins Freie	x	x	x	x	x	x
Ausgang zu Flur	–	x	–	–	x	–
Gänge im Raum	x	x	–	x	x	–
begehbare Fläche im Raum	x	–	–	–	–	–
Ladenstraße	–	–	–	x	–	–
Rettungsbalkon	–	–	–	x	–	–
Rampe	–	–	–	–	–	x
Rettungsweg auf Grundstück	x	–	x	x	x	–

x: Forderungen werden erhoben

In der Krankenhausbaurichtlinie [11] werden an die Breite der Rettungswege im Gebäude besondere Anforderungen gestellt, da Personen auch liegend oder sitzend gerettet werden müssen. Notwendige Flure müssen daher mindestens 1,5 m breit sein, werden Kranke liegend transportiert, sind 2,25 m notwendig, vor Intensivstationen können größere Breiten gefordert werden. Treppen und Treppenabsätze notwendiger Treppen sollen über eine nutzbare Breite von mindestens 1,5 m verfügen, 2,5 m aber nicht überschreiten.

Für Garagen werden an die Breite von Rettungswegen keine zusätzlichen Forderungen gestellt.

9.1.3 Rauchabführung

Neben der Rauchfreihaltung der Rettungswege ist die Entrauchung vor allem größerer Räume oder Raumgruppen mit Menschenansammlungen im Brandfall von zentraler Bedeutung. Daher enthalten einige Sonderbauverordnungen zu diesem Aufgabenkomplex Forderungen.

Versammlungsstättenrichtlinie
Die Verordnung enthält für fensterlose Räume eine Bemessungsvorschrift derart, dass Rauchabzugsöffnungen von mindestens 0,5 m^2 je 250 m^2 Grundfläche vorhanden sein müssen. Für Räume mit Vollbühne müssen in der Decke nahe

der Bühne Rauchabzugsöffnungen vorhanden sein, für deren Bemessung Berechnungsvorschriften angegeben sind. Eine Lüftungsanlage mit Ventilator kann zur Entrauchung eingesetzt werden, wenn sie nach Vorschrift (siehe VstättR) bemessen ist.

Gaststättenbaurichtlinie

Gasträume ohne Fenster oder öffenbare Fenster mit mehr als 400 Plätzen und Gasträume in Kellergeschossen müssen Rauchabzugsöffnungen mit einer Fläche von mindestens 0,5% der Grundfläche haben. Die Öffnungsvorrichtung muss an einer jederzeit zugänglichen Stelle im Raum liegen und Beschriftung tragen. Rauchabzugsleitungen müssen aus nicht brennbaren Baustoffen bestehen. Deckendurchführungen sind gemäß FW-Dauer der Decke zu bemessen. Es kann die Lüftungsanlage eingesetzt werden, wenn diese für einen Betrieb im Brandfall ausgelegt ist.

Garagenverordnung

Es werden Forderungen an die Belüftung, natürliche Lüftung bzw. Lüftung mit maschinellen Abluftanlagen, erhoben. Bei Garagen geht es nicht nur um eine eventuell erforderliche Rauchabführung, sondern um die Sicherung der Luftqualität (CO-Wert).

Verkaufsstättenrichtlinie

Es kann verlangt werden, dass die Lüftungsanlagen im Brandfall nur entlüften oder dass besondere Rauchabzugsvorrichtungen geschaffen werden. Für Ladenstraßen müssen Rauchabzugsvorrichtungen mit Querschnitten von 5% der größten Grundfläche vorhanden sein oder die Lüftungsanlagen kann, wenn sie ausreichend bemessen und im Brandfall wirksam ist, als Rauchabzugsvorrichtung gestattet werden.

Krankenhausbaurichtlinie

In Krankenhäusern müssen Flure, die als Rettungswege dienen und keine öffenbaren Fenster besitzen, über Abluftanlagen verfügen, die im Brandfall ohne Gefahr für andere Räumlichkeiten Rauch abführen können.

Schulbaurichtlinie

Entrauchungsanlagen sind in Schulen nicht gefordert. Ein durch Vandalismus erzeugter Brand in einem Gymnasium in Weimar im Dezember 2001 mit notwendiger Evakuierung von über 500 Schülern zeigt aber, dass eine schnelle und automatische Entrauchung notwendig ist, vor allem wenn die Rettungswege selbst vom Brand betroffen sind. Die Altersstruktur der Schüler sollte in der Planung als wesentliche Einflussgröße stärkere Berücksichtigung finden.

9.1.4 Löschanlagen, Meldeanlagen

Versammlungsstättenrichtlinie
Die besondere Gefahrenlage in einem Bühnenbereich wird berücksichtigt. Der Bühnenvorhang oder Schutzvorhang muss eine Berieselungsanlage haben und Bühnen bzw. Bühnen mit Erweiterungen müssen außerdem über Sprühflutanlagen verfügen.

Eine Meldeeinrichtung zur Feuerwehr muss ebenso vorhanden sein wie eine interne Alarmierungseinrichtung. In Räumen und Fluren vor Versammlungsräumen für mehr als 800 Personen sind mindestens zwei Wandhydranten vorzusehen.

Gaststättenbaurichtlinie
In Gaststätten können Lösch- und Meldeanlagen gefordert werden, wenn dies aus Brandschutzgründen notwendig ist. Beherbergungsbetriebe müssen über Alarmierungseinrichtungen verfügen.

Garagenverordnung
Großgaragen müssen über selbsttätige Feuerlöschanlagen verfügen, wenn der Fußboden von Geschossen im Mittel mehr als 4 m unter Geländeoberfläche liegt. Dies gilt für Gebäude, die nicht nur als Garage genutzt werden. Die Forderung entfällt, wenn keine Verbindung der Großgarage zu Geschossen anderer Nutzung besteht. Meldeanlagen müssen dann in Mittel- und Großgaragen eingebaut werden, wenn diese Verbindung zu Gebäudeteilen haben, für die diese Anlagen notwendig sind.

Verkaufsstättenrichtlinie
Verkaufsstätten müssen über Meldeeinrichtungen zur Feuerwehr verfügen. Ab Nutzflächen von 2500 m^2 müssen selbsttätige Löschanlagen vorhanden sein; ohne Löschanlagen wären alle 50 m Brandwände zu errichten, mit einer Löscheinrichtung vergrößern sich die Abstände auf 100 m [11]. In der Nähe notwendiger Ausgänge, in Betriebsräumen an geeigneten Stellen und in Ladenstraßen sind Wandhydranten anzubringen.

9.1.5 Charakteristische Brandbelastung

In der Tabelle 9.4 sind einige Zahlenangaben zur charakteristischen Brandbelastung von Nutzungen angegeben. Es handelt sich dabei um Anhaltswerte.

Sie ergänzen die eingangs dieses Kapitels angeführten Hinweise. Für Industrienutzungen schwanken solche Angaben natürlich in weiten Grenzen, z.B. Maschinenbau bei 25 kWh/m^2 und Möbelherstellung 100 kWh/m^2, Lagermöglichkeiten weisen ein Vielfaches dieser Brandlasten auf.

Tab. 9.4: Anhaltswerte zur spezifischen Brandbelastung (nach [9])

Nutzung	spezifische Brandlast kWh/m²
Wohnung	210
Archiv	765
Büroarbeitsraum	210
Hotelzimmer	130
Krankenhaus: allg.	150
Krankenhaus: Zimmer	30
Schule	115
Verkauf: Möbel/Teppich	420
Verkauf: sonst	210

9.2 Komplexe Sonderbauten

Bauliche Anlagen besonderer Größe oder für besondere Aufgaben stellen üblicherweise Mischnutzungen dar und sind nicht mehr allein nach Landesbauordnung oder Sonderbauverordnungen zu bemessen.

Als Beispiele für solche komplexe Sonderbauten können u.a. große Einkaufszentren, Flughäfen, große Bahnhöfe, Industrienutzung mit Erlebnisbereich und andere Bauwerke mit unterschiedlichen Nutzungen angesehen werden. Es gibt für solche Bauten keine einheitlichen Regeln, im Gegenteil, es treffen die Forderungen meist mehrerer Verordnungen gemeinsam zu. Es muss daher in jedem Einzelfall ein individuelles Brandschutzkonzept entwickelt werden, das die Forderungen bestehender Verordnungen unter Einbeziehung der anerkannten Regeln der Technik erfüllt. Derartige Bauten zeichnen sich neben ihren überdimensionalen Abmessungen oft durch Unübersichtlichkeit aus, wobei eigentlich immer auch mit großen Menschenansammlungen zu rechnen ist. Erschwerend kommt hinzu – vor allem aus dem Blickwinkel Brandschutz – dass für den Baukörper Ästhetik und viel Transparenz gefordert wird, was aber nichts anders als einen massiven Einsatz von Glas und Stahl bedeutet.

Die große Zahl von entsprechenden Bauwerken zeigt, dass innovative und architektonisch anspruchsvolle Lösungen für komplexe Sonderbauten in Glas und Stahl möglich sind. Dies wird durch individuelle Brandschutzkonzepte mit gleichzeitigem Zusammenwirken sehr vieler geeigneter Maßnahmen wie Verbundbau, Überdimensionierung, Zonierung, Brandlastminimierung, Technikeinsatz u.a. erreicht. Als „exotische" Sonderlösungen sind sie wohl in keinem Fall zu bezeichnen, immer ist es „nur" die konsequente Umsetzung bekannten Brandschutzwissens.

Typische Bauten dieser Art sind Einkaufszentren mit Veranstaltungs- und Sportzentren mit großen, verglasten Anbauten in Form von Atrien, unter Einbeziehung mehrerer Gebäude, sogar von Teilen ganzer Straßenzüge. Befinden sich solche Zentren im innerstädtischen Bereich, so sind durchaus weitere Nutzungen wie Wohnen, Büro, Gaststätte zu berücksichtigen.

Ein Flughafen stellt ebenfalls eine komplexe bauliche Anlage dar, bei der nutzungsbedingt eine große Anzahl von Sonderbauverordnungen für Versammlungsstätten (Kino, Konferenzräume), Gaststätten (Hotel, Restaurant), Verkaufsstätten (Läden, Kaufhäuser), Garagen (Parkmöglichkeit für Besucher), Industriebau (Dienstleistung, Gewerbe, Wartung) und die Landesbauordnungen gemeinsam anzuwenden sind. Unabhängig davon sind fast immer Vorschriften der Bahn, Regelungen zur Personenbeförderung, Vorschriften der Luftverkehrssicherheit und Forderungen der Sicherheitsämter zu erfüllen, abgesehen von weiteren Normen und Technischen Regeln, Regelwerken der Versicherer, Unfallverhütungsvorschriften, Gas- Elektro- und Wasservorschriften (z.B. DVGW 405) u.a.

Vor allem der Großbrand auf dem Düsseldorfer Flughafen im Jahre 1996 hat wieder zu einer Sensibilisierung bezüglich der Fragen des Bautechnischen Brandschutzes und der Kontrolle zur Einhaltung von Vorschriften geführt.

Aus all diesen Vorschriften sind Anforderungen des Bautechnischen Brandschutzes herauszuarbeiten und als individuelles Brandschutzkonzept umzusetzen, was zweckmäßigerweise in einzelnen Komplexen zu Brandabschnitten, zur baulichen Anlage, den Rettungswegen und der Infrastruktur geschieht, die wiederum in überschaubare Teilabschnitte unterteilt werden können. Der Einsatz moderner Bauweisen, z.B. in einer Verbindung von Massivbau mit Glas und Stahl, muss durch konstruktive Besonderheiten und ein hohes Niveau der Sicherheitstechnik begleitet werden.

In vielen Bereichen von komplexen Sonderbauten – Industrie, Flughafen, Großklinikum – entstehen durch Industrieroboter oder elektronisch gesteuerte Abläufe personalausgedünnte Räume oder Gebäudeteile, wo eine Brandentstehung bzw. -Ausbreitung nur durch eine ausgefeilte Meldetechnik und selbsttätige Löschanlagen zeitig genug erkannt bzw. bekämpft werden können.

Freizeitbäder, Spaßbäder oder Hallenschwimmanlagen stellen gleichfalls relativ komplexe Bauwerke dar. Gastronomie, Sportbereich und Dienstleistung stellen eine Mischnutzung mit teilweise großen Menschenansammlungen dar. Die Unübersichtlichkeit des Gebäudes und die teilweise erheblichen Brandlasten (Holz, Kunststoff) erschweren eine schnelle und genaue Lokalisierung eines Brandherdes. Im Übrigen verleitet die ständige Anwesenheit einer großen „Löschwassermenge" leicht zu der Annahme, dass ein mobiles Löschen jeden Brand bekämpfen kann. Brandfälle haben aber gezeigt, dass nur durch selbsttätige Löschanlagen, eine effektive Entrauchung und gut funktionierende Meldesysteme ein Totalverlust vermieden werden kann, vor allem, wenn ein Brand außerhalb der Betriebszeit auftritt [154].

Die Nutzung von Bauwerken für die Produktion von Gütern mit gleichzeitiger Einbeziehung von Erlebnisbereichen für Besucher fordert sowohl Transparenz in der Gebäudestruktur als auch ein hohes Maß an Sicherheit und stellt aus der Sicht des Bautechnischen Brandschutzes ein besonders anspruchsvolles Projekt dar. Begriffe wie „transparenter Brandschutz" oder „gläserne Manufaktur" sind als Programm und Herausforderung anzusehen [144].

Ein ähnliches Maß an Transparenz, um Abläufe für Außenstehende sichtbar zu machen, wurde bei der Umgestaltung des Reichstages in Berlin geschaffen, ein verstärkter Glaseinsatz sichert eine demokratische Architekturauffassung [163]. Bekanntes Wissen zum Bautechnischen Brandschutz wurde auch bei diesem Sonderbau konsequent angewandt. Der Einsatz von ca. 5 000 m^2 Brandschutzverglasung in Verbindung mit der Bildung eindeutiger Brandabschnitte, verringerten Brandlasten und dem komplexen Einsatz von Meldetechnik, Entrauchungsanlagen und selbsttätigen Löschanlagen ermöglichte Großzügigkeit und Transparenz in einem bestehenden Gebäude.

Einige komplexe Bauten wie Kernkraftwerke, Tunnelbauten, besonders hohe Bauwerke oder unterirdische Bauwerke, auf die hier nicht eingegangen werden kann, erfordern einen besonderen Schutz und können nur mit individuellen Brandschutzkonzepten und viel Erfahrung geplant werden, numerische Experimente zu Klärung von Detailfragen sind unverzichtbar.

Das neue Nachdenken über Sicherheit gerade bei Tunnelbauten wurde durch Brandgeschehnisse der letzten Jahre im Eurotunnel (1996), ICE-Tunnel Jünde (Göttingen) 1999, Montblanc-Tunnel (1999), Tauern-Tunnel (1999 und 2002), U-Bahn Berlin-Bahnhof Deutsche Oper (2000) und im Gotthard-Tunnel (2001) wieder befördert und lässt einen weiteren Sicherheitsschub erwarten. Menschliches Versagen, Vandalismus oder auch nur das Zusammentreffen ungünstiger Umstände werden immer Quelle von Brandereignissen bleiben. Den idealen Tunnelbau wird es nicht geben. Folgerichtig muss ein möglicher Brand bereits in der Planung umfassend berücksichtigt werden.

Inwieweit der Einsturz des World-Trade-Centers (2001) in New York Auswirkungen auf die Überarbeitung von Sicherheitskonzepten besonders hoher Bauwerke haben wird, soll und muss hier zunächst offen bleiben, dazu werden umfangreiche und sicher langwierige Untersuchungen von mehr als 20 Fachleuten durchgeführt. Ein solches Gebäude gegen die Ein- und Auswirkungen derartig hoher Brandlasten (Benzinbrand in hoher Konzentration) zu schützen, ist außerordentlich schwierig – wenn nicht unmöglich. Insofern bestand hier eine Ausnahmesituation. Unabhängig davon ist immer die Frage nach der Zweckmäßigkeit der Konstruktion zu stellen, um neue oder ergänzende Erkenntnisse für das zukünftige Bauen zu gewinnen.

9.3 Hochregallager

Die Industriebaurichtlinie [68] kann nicht für Regallager mit Lagerguthöhen von mehr als 9 m Oberkante Lagergut angewendet werden. Damit ist auch die Verwendung der DIN 18230 [69] für solche Objekte ausgeschlossen, da der Abbrandfaktor nicht mehr sicher ermittelt werden kann. Lagermöglichkeiten mit solchen Lagerguthöhen sind daher nur als geplante Sonderbauten mit individuellen Brandschutzkonzepten zu behandeln, obwohl solche Bauten in der Praxis gar nicht so selten anzutreffen sind.

Durch ihre große Warenkonzentration weisen diese Hochregallager große Brandlasten auf, was eine außerordentliche Gefährdung für die Umwelt und die darin beschäftigten Personen darstellt. Zusätzlich stellt sich die Brandbekämpfung als sehr schwierig dar, da große Flächen, konzentrierte Brandlasten, eine schwer einschätzbare Kaminwirkung durch die vertikalen Brandlasten, erschwerte Zugänglichkeit bzw. Unübersichtlichkeit und eine latente Einsturzgefahr Risiken, vor allem für die Löschkräfte, darstellen.

Ein effektiver Brandschutz kann als Ziel daher nur die schnelle Branderkennung und Meldung, die Verhinderung der Brandausbreitung und schnelle Bekämpfung des Brandherdes haben, wobei der Einsatz neuer und moderner technischer Einrichtungen zunehmend sicherere Möglichkeiten bietet [111]. Die Brandentdeckung kann beispielsweise durch ein Luftproben-Rauchmeldesystem örtlich gezielt geschehen. Über ein verzweigtes Rohrsystem werden dazu ständig Luftproben „abgefragt" und zentral analysiert, durch die Einteilung des Lagers in Sektoren wird eine Überwachungsfläche festgelegt.

Die Melder müssen in jedem Fall für jedes Objekt individuell geplant und richtig angeordnet werden. Sie sollen über eine hohe Ansprechempfindlichkeit verfügen, um die systembedingte Rauchverdünnung zu kompensieren.

Ein etwaiger Brandherd kann durch sorgfältig geplante selbsttätige Löschanlagen in einer frühen Phase schnell gelöscht werden, ohne dass der Löschbereich (Beachtung der Schädigung durch Löschwasser) allzu weit ausgedehnt wird. Die Sprinklerköpfe werden dazu in mehreren Ebenen angeordnet, um eine horizontale und/oder vertikale Brandausbreitung zu verhindern. Es kann auch an den Einsatz von Gaslöschanlagen oder Beschäumungsanlagen gedacht werden. Eine Notstromversorgung sollte eine Selbstverständlichkeit sein, auch wenn die finanziellen Aufwendungen dadurch erhöht werden.

Sonderbauten verlangen in jedem Fall eine Risikoanalyse und eine angepasste Planung von baulichen und technischen Brandschutzmaßnahmen.

10 Gebäude im Bestand

Gebäude im Bestand, vor allem wenn denkmalpflegerische Aspekte zu beachten sind, bedürfen bei Revitalisierung bzw. Sanierung oder Umnutzung individueller Betrachtungen und erfordern sorgfältig geplante Maßnahmen, um sie als wertvolle Zeitzeugen und Dokumente der Baukunst sicher nutzen zu können und sie nicht zu zerstören.

Bestehende Gebäude, soweit diese mit rechtskräftigen Baugenehmigungen, d.h. unter Einhaltung der zum Zeitpunkt der Errichtung gültigen Rechtsvorschriften errichtet wurden, unterliegen zunächst einem Bestandsschutz, in den aus der Sicht der Bauaufsichtsbehörde nur eingegriffen werden muss, wenn von dem Gebäude eine Gefahr für Leib und Gesundheit oder gravierende Nachteile für die Allgemeinheit, zum Beispiel die Gefahr des Einsturzes, ausgehen [88]. Forderungen zur Anpassung müssen auf der Grundlage einer konkreten Gefährdung erhoben werden. Bedingung für eine konkrete Gefahrenlage ist, dass diese Gefahr zu jeder Zeit eintreten kann. Somit wäre allein das Abweichen von Vorschriften noch keine konkrete Gefahr, sondern mehr als abstrakte Gefahr anzusehen. An Maßnahmen zum Bautechnischen Brandschutz sind hohe Anforderungen zu stellen, da durch eine maximierte Anpassung unwiederbringlich in den Bestand eingegriffen wird (OVG Hamburg, 4.1.96, BS II 61/95).

Bei Nutzungsänderung oder einer wesentlichen Veränderung von Gebäuden hat eine Anpassung an das bestehende Baurecht zu geschehen; ein Bestandsschutz gilt dann nicht mehr und das Objekt ist als Neubau anzusehen. Wesentlich sind üblicherweise Änderungen, die einer Baugenehmigung bedürfen. Mängelbehebung, geringfügige Änderungen und Erhaltung des alten Zustandes müssen aber selbst dann nicht unbedingt wesentliche Änderungen sein, wenn sie genehmigungspflichtig sind, weil eine Genehmigung zum Beispiel aus anderen Gründen erforderlich sein könnte [89,90].

Für Gebäude im Bestand gibt es keine spezielle Verordnung im Sinne einer Sonderbauverordnungen. Es müssen daher für die brandschutztechnische Beurteilung die Forderungen der Landesbauordnungen und je nach Verwendungszweck die bestehenden Sonderbauverordnungen erfüllt werden.

Dies hat wiederum zur Folge, dass bei alten Gebäuden eine genaue Einhaltung der Vorschriften nicht möglich sein wird. Kompromisse müssen eingegangen und Ausnahmeregelungen vereinbart werden, wobei darauf geachtet werden sollte, dass die mit Ausnahmeregelungen erzielten Standards nicht über den Sicherheitsstandard von Neubauten hinausgehen. Gerade das kann aber sehr schnell durch so genannte „Angstentscheidungen" bezüglich möglicher Ersatzmaßnahmen bei der Gestaltung der Kompromissfähigkeit durch die Beteiligten geschehen.

Die meisten Probleme zwischen Denkmalpflege und Baurecht entstehen im Brandschutz, die sich auch noch sehr schnell verstärken, wenn historische Gebäude einer veränderten Nutzung zugeführt werden sollen [92]. Dies betrifft sowohl die Auswahl von Baustoffen als auch die Strukturierung des Gebäudes und den Einbau technischer Einrichtungen. Auch die Zielsetzungen im Brandfall können von unterschiedlichen Ausgangspositionen ausgehen, der Denkmalschutz sieht den Sachschutz im Vordergrund und die Feuerwehr den Personenschutz. Ein möglicher Löschwasserschaden ist daher für die Personenrettung zunächst zweitrangig. An dem für den weiteren Bestand des Gebäudes notwendigen Klärungsprozess müssen deshalb alle unmittelbar am Bau Beteiligten, Behörden, Verantwortliche der Brandämter und Spezialisten, z.B. Bauphysiker, konstruktiv mitarbeiten.

Da praktisch jeder Gebäudetyp von wesentlichen Veränderungen betroffen werden kann, sollte im Zuge einer baurechtlichen Anpassung die Erarbeitung eines individuellen Brandschutzkonzeptes für Gebäude im Bestand als unumgängliche aber auch zweckmäßige Maßnahme angesehen werden. Inhaltlich sind im Rahmen dieses individuellen Konzeptes die Risiken des Bestandes herauszuarbeiten, entsprechende Maßnahmen für eine sinnvolle Brandschutzplanung zu konzipieren bzw. festzulegen und abschließend sachgerecht umzusetzen, siehe Abbildung 10.1. Diese abgestufte Vorgehensweise mit Risikoanalyse, Festlegung von Maßnahmen und Ausführung sichert ein „maßgeschneidertes" Brandschutzkonzept und wird mit Erfolg praktiziert [82,159].

Im Rahmen einer Risikoanalyse müssen auf der Basis bestehender Vorschriften die Gegebenheiten bewertet und Risikoschwerpunkte herausgearbeitet wer-

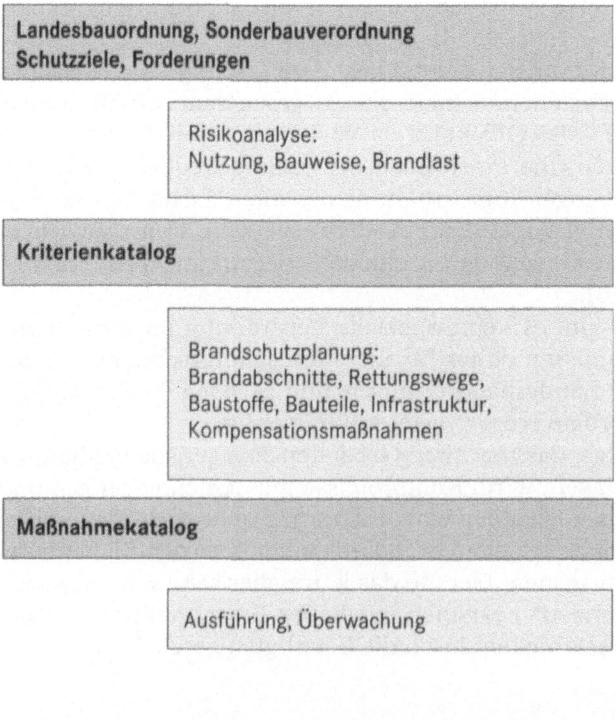

Abb. 10.1:
Brandschutzkonzept für Gebäude im Bestand (nach [82])

den. In einem Kriterienkatalog, der alle bauaufsichtlichen Belange umfasst und eine einheitliche Vorgehensweise sichern soll, werden notwendige Informationen zusammengestellt, um auf deren Basis einen Maßnahmenkatalog zu erarbeiten, der mit seinen Problemlösungen und deren Umsetzung nunmehr der brandschutztechnischen Ertüchtigung des Gebäudes dient und optimale Bedingungen für Sicherheit schafft.

Als Beispiel sei, in Anlehnung an [82], die Brandabschnittstrennung in einem alten Fachwerkgebäude ausgewählt. Das gesamte Bauwerk müsste raumbezogen in ähnlicher Weise, vielleicht in einer anderen Form, untersucht und alle Schritte schriftlich festgehalten werden.

Schritte zur Erstellung eines Brandschutzkonzeptes		
Risikoanalyse		
Forderung LBO:	Fläche :	1 600 m²
	Brandwand:	F 90-A
Ist-Zustand:	Grundfläche:	450 m²
	Fachwerkwand:	F 30-B
Risiko:	Trennung, Brandausbreitung	
Schutzziel erreicht?		
Flächengröße:	ja	
baulicher Zustand:	nein	
Rettungswege:	ja (Voraussetzung)	
Maßnahmen		
bauliche Maßnahmen:	Verbesserung der Fachwerkwand auf F 90-B	
organisatorische Maßnahmen:	z.B. Rauchverbot	
Genehmigungsfähigkeit?		
keine Zustimmung:	Abänderung des Konzeptes, neue Maßnahmen	
Zustimmung aller Beteiligten:	Maßnahmenplan umsetzen, Ausführung	

Wenn alle Beteiligten den Ergebnissen im Maßnahmenplan zustimmen, kann eine kontinuierliche Bauausführung erfolgen und eine beständige Anpassung des Baugeschehens an veränderte Sichtweisen einiger weniger am Bau Beteiligter wird vermieden; außerdem werden auch Fehlermöglichkeiten, vor allem an den Nahtstellen verschiedener Gewerke und Arbeitsabläufe reduziert.

Das Ziel sollte sein, einen Zustand so festzuschreiben und baulich umzusetzen, dass „wegen des Brandschutzes Bedenken nicht bestehen", wie es in den Landesbauordnungen verschiedentlich formuliert ist – und daran müssen, wie erwähnt, alle Beteiligten konstruktiv mitarbeiten. Zusammenfassend bleibt die Feststellung, dass für jedes alte Gebäude im Rahmen eines Brandschutzkonzeptes individuelle Regelungen zu finden und Einzelfallentscheidungen zu treffen sind. Es kann keinen Sinn machen, wenn Forderungen nach punktgenauer Einhaltung von Vorschriften erhoben werden. Es muss der Sinn der jeweiligen Vorschrift erkannt und dieser durch geeignete, am Objekt angepasste Maßnahmen erfüllt werden. Hier ist der sachkundige, mit bauphysikalischen Problemlösungen vertraute Planer im starken Maße gefragt.

Unterstützend dazu werden nachfolgend einige Hinweise angesprochen und es wird auf einige Probleme aufmerksam gemacht, ohne damit zunächst einen Anspruch auf Vollständigkeit zu erheben.

10.1 Baustoffe

Bezüglich der Temperatureigenschaften und des Brandverhaltens der Baustoffe wird auf die Aussagen aus Kapitel 5 verwiesen, da für das Bauen im Bestand keine anderen Erkenntnisse im Vergleich zum Neubau gelten können. Einige ergänzende Bemerkungen seien angefügt, da im Bestand zum Teil mit anderen Materialien umzugehen ist.

Natursteine sind Materialien, die oft nicht ausreichend feuerwiderstandsfähig sind, es können Abplatzungen auftreten, wie es beispielsweise bei Sandstein aber auch Kalkstein der Fall ist. Älteres Ziegelmaterial kann bedingt durch Inhomogenitäten und geringe Dichte ein ähnliches Verhalten aufweisen.

Die Gefache von Fachwerkwänden bestehen aus Materialien, die zum Teil größere Mengen brennbarer Bestandteile enthalten. Dem Massivmaterial, traditionell Lehm, sind Stroh oder Holzschnitzel beigemischt, zur Standfestigkeit sind Holzstakungen mit Weidengeflecht oder hölzerne Wickelkerne und Holzleisten vorhanden. Die Ausfachungen sind daher ohne eine genaue Analyse, die zerstörungsfrei nur schwer durchzuführen ist, bezüglich des Brandverhaltens relativ schwer einschätzbar, können aber, wie Untersuchungen verschiedentlich gezeigt haben, dem einseitigen Feuer durchaus längere Zeit widerstehen.

Auch die Fachwerkwände als Gesamtbauteil lassen sich bezüglich ihrer Feuerwiderstandsfähigkeit schwer einschätzen. Die Anteile der, zum großen Teil versteckten, Holzkonstruktion an der Gesamtfläche schwanken zwischen 30% und 65% und sind daher nicht ganz unproblematisch. Fensterausführung bzw. -anordnung und Fensterflächen kommen als weitere Risikofaktoren hinzu.

Es ist ein glücklicher Umstand, dass Holzkonstruktionen im Sinne heutiger Anforderungen oft überdimensioniert sind, daher bestehen Reserven im Brandverhalten, die mithilfe der Abbrandgeschwindigkeiten bestimmt und berücksichtigt werden können. Dabei sind die Holzart, das Alter, die Abmessungen und der Feuchtegehalt zu beachten. Sichtbar zu belassenes Holz sollte genau geprüft werden, die Rissstruktur alter Holzbauteile ist dabei ebenso als ungünstige Einflussgröße zu beachten wie statisch wichtige Holzverbindungen, die sich über Zeiträume aufgeweitet und gelockert haben können. Holz, das langzeitig höheren Temperaturen ausgesetzt war, ist bezüglich seines Abbrandverhaltens kritischer zu bewerten. Im Übrigen ist bei der Sanierung angekohlter Holzbauteile das Sandstrahlverfahren eine brauchbare Technik, um mit möglichst geringem Substanzverlust eine optisch passable Oberfläche zu erhalten.

Auch traditionelle Putze wurden in vielen Fällen auf brennbaren Putzträgern (Rohrgeflecht, Strohmatten) angebracht und müssen entsprechend beachtet werden.

Eine Verglasung mit Normalglas, vor allem aber eine schützenswerte Bleiverglasung, stellt aus der Sicht des Bautechnischen Brandschutzes keinen ausreichenden Schutz dar. Das Ausflammen aus einer solchen Öffnung kann bei üblichen Feuerüberschlagswegen eine Belastung für höhere, zum Teil auch für seitwärts befindliche Gebäudeteile darstellen.

Bei über Eck mit einem Winkel unter 120° angeordneten Gebäuden ist ein möglicher Feuerüberschlag zwischen beiderseits vorhandenen, normal verglasten Öffnungen unbedingt zu beachten.

Da Brandwände in alten Gebäuden – wenn sie denn im Inneren überhaupt in der geforderten Qualität vorhanden sind – nachträglich kaum noch an der richtigen Stelle errichtet werden können, sind Zusatzmaßnahmen als Schutz gegen Überflammung vorzusehen. Zum Beispiel wäre eine separate Brandschutzverglasung denkbar, die vor die Fenster einer von beiden Gebäudefronten bis zu einem Abstand von mindestens 5 m aus der inneren Ecke heraus zusätzlich zur vorhandenen, Verglasung angebracht wird und so den unmittelbaren Eckbereich schützt.

10.2 Bauliche Maßnahmen

Beim Bauen im Bestand müssen bauliche Maßnahmen ebenfalls vorrangig dem Personenschutz gelten, d.h. der sicheren Gestaltung der Rettungswege und möglichen Brandabschnittstrennungen. Zusätzliche technische Ausrüstungen ergänzen die Palette von Maßnahmen und sind aus heutiger Sicht unverzichtbar.

10.2.1 Rettungswege

Ziel eines jeden Brandschutzkonzeptes muss zunächst die sichere Gestaltung des ersten Rettungsweges sein; in alten bzw. denkmalgeschützten Gebäuden ein durchaus ernsthaftes Problem.

Treppe und Treppenraum

Es sind die oftmals historisch wertvollen Holztreppen in häufig nicht abgeschlossenen Treppenräumen, die zu Problemen führen. Dem Planer stellt sich als „gesicherter" Rettungsweg in einem normal hohen Gebäude oft nur eine Holztreppe in einem offenen Treppenraum angeordnet dar, der in ihrer Ausführung eine Feuerwiderstandfähigkeit F 30-B zugeordnet werden kann. Gefordert wird aber eine feuerbeständige Treppe in einem abgeschlossenen F 90-A Treppenraum.

Im Spannungsfeld solcher Realitäten und gesetzlicher Forderungen bewegt sich der Planer, um ein sicheres Bauwerk zu gestalten, das möglichst allen heutigen Ansprüchen genügen soll. Die völlige Neugestaltung wäre die beste Lösung, ist aber in der überwiegenden Zahl der Fälle nicht gewünscht und auch nicht möglich. Es muss daher der Versuch unternommen werden, die vorhandene Substanz zu höherer Sicherheit zu befähigen. Im Vorfeld ist zu klären, ob es sich um eine denkmalpflegerisch interessante Konstruktion handelt, in welchem technischen Zustand – z.B. Holzart, Holzstruktur und Abmessungen – sich die Anlage befindet, ob es Tragfähigkeitsreserven gibt und welcher Brandbeanspruchung ein Bauteil ausgesetzt sein kann. Außerdem muss festgehalten werden, welches Brandrisiko aus Nutzung und Brandlast im speziellen Umfeld besteht. Erst dann können praktizierbare Lösungen gefunden werden.

Treppenanlagen aus Eichenholz erreichen nicht unbedingt die Feuerwiderstandsdauer von 90 Minuten und werden immer der Baustoffklasse B zugehörig sein, aber sie können als relativ unbedenklich eingestuft werden, da das Abbrandverhalten dieses Hartholzes im Vergleich zum Nadelschnittholz begünstigend wirkt. Die Holzdicke ist bei jeder Holzart ein wichtiges Kriterium. Daher ist bei alten Holztreppen die Dicke der Tritt- und Setzstufen, der Wangen aber auch die Einstemmtiefe der Stufen bei gestemmten Treppen zu bestimmen und auf Reserven zu prüfen, z.B. mithilfe der Abbrandgeschwindigkeit eine Restdickenbestimmung vorzunehmen.

Weitere Möglichkeiten zur Verbesserung der Feuerwiderstandsfähigkeit sind Schutzanstriche des Holzes, Aufdoppelungen zur Bauteilverstärkung der Tritt- bzw. Setzstufen, Einarbeiten von Stahlwinkeln mit Abdeckung als verstärktes Stufenauflager in den Wangen, Einarbeitung von Bekleidungen in die oder auf der Unterseite der Trittstufen bzw. eine flächenhafte Bekleidung der gesamten Treppenunterseite.

Offene Holztreppen ohne Setzstufen sind auch mit zusätzlichen Maßnahmen als bemessene Konstruktionen für Rettungswege kaum oder gar nicht geeignet, die Durchflammung würde ein sicheres Begehen verhindern.

Sollten sich alle Maßnahmen als nicht ausreichend erweisen, so müssen zum Erhalt der Funktion der Treppe als erster Rettungsweg Kompensationsmaßnahmen ins Auge gefasst werden wie Installation von Meldeanlagen, Möglichkeiten zur Entrauchung, Sprinklerung von Detailbereichen oder eben die Herstellung einer Abgeschlossenheit des Treppenraumes.

Wenn die Summe aller Maßnahmen im Ergebnis der Einschätzung aller Beteiligten unbefriedigend bleibt, müssen zur Sicherung des 1. Rettungsweges Alternativen geprüft werden, vor allem, wenn ein Umbau zu einem abgeschlossenen Treppenraum gravierende Auswirkungen auf das bestehende Gebäude hat oder die vorhandene Treppe erhaltungswürdig ist. So sollte die Errichtung einer separaten, externen Treppe zwingend in Erwägung gezogen werden. Sie kann gestalterisch in die vorhandene Substanz bzw. in die Umgebung des Gebäudes ein- bzw. angepasst werden, sie muss jedoch in jedem Fall durchgehend über alle Geschosse geführt werden und den Forderungen der Landesbauordnung genügen.

Eine Situation mit ähnlichen Konsequenzen kann entstehen, wenn sich eine Holztreppe in einem zu Fluren oder anderen Gebäudeteilen nicht abgeschlossenen Treppenraum befindet oder der Treppenraum nicht durchgehend, sondern über versetzte Ebenen ausgeführt wurde. Hier hilft in der Regel ebenfalls nur ein neuer Treppenraum, es sei denn, es können substanzverträgliche Lösungen zur Schaffung von Abtrennungen zwischen Treppenraum und Fluren gefunden werden. Dabei ist der Einbau von Massivbauteilen ebenso möglich ist wie Trockenbaulösungen, Verglasungen, der Rückversatz von Abtrennungen zu Treppenräumen in vorhandene Flurbereiche oder die Verbesserungen der Widerstandsfähigkeit einmündender Türen.

Brandlasten in Treppenräumen sind prinzipiell soweit wie irgend möglich zu reduzieren. Eventuell vorhandene Holzverkleidungen an den Wänden sollten entfernt werden. Ist dies aus Gründen des Bestandsschutzes nicht möglich, so ist der Treppenraum, vor allem in Verbindung mit einer hölzernen Treppe, als Rettungsweg nicht zu halten; handelt es sich doch dabei oft um alte Bürgerhäuser, für die als Gebäude normaler Höhe kaum Erleichterungen bei der Rettungsweggestaltung zugelassen werden können. Hier muss immer bedacht werden, dass eine Brandausbreitung im Treppenraum in jedem Fall zu katastrophalen Folgen führt.

Die Rauchfreihaltung von Treppenräumen ist unbedingt zu sichern. Bei Treppenräumen an Außenwänden können die Fenster zur Entrauchung benutzt werden, bei innen liegenden Treppenräumen muss in dessen oberen Abschlussbereich ein Rauchabzug installiert werden. Dabei entsteht immer dann ein zusätzlicher Aufwand, wenn der obere Abschluss des Treppenraumes nicht zugleich Dachfläche ist, sondern „nur" als Decke mit darüber befindlichem Dachraum vorhanden ist.

Vorhandene notwendige Flure bilden in Altbauten ein nicht unerhebliches Risiko, Holzeinbauten, Holztäfelungen oder Holzfußböden stellen erhebliche Brandlasten dar. Nicht zuletzt tragen nicht dicht schließende Holztüren mit einfachen Ziergläsern zu einer schnellen Verrauchung und Brandausbreitung bei, und stellen so ein großes Risiko dar.

Das Erneuern oder Aufarbeiten dieser Türen, die Verringerung der Brandlasten oder Schutzanstriche für Holzbauteile können weitere bauliche Lösungen unterstützen.

2. Rettungsweg

Bei Gebäuden im Bestand ist in jedem Fall sehr genau zu überprüfen, ob der zweite Rettungsweg in allen Nutzungseinheiten gesichert ist, d.h. es müssen anleiterbare Stellen vorhanden sein, die von Personen erreicht und von denen diese gerettet werden können. Eventuell sind Austrittsmöglichkeiten, Laufstege oder andere zusätzliche Maßnahmen vorzusehen. Nach den Bauordnungen der meisten Bundesländer müssen Fenster als Ausstiegsmöglichkeiten im Lichten $(0,9 \times 1,2)$ m^2

groß und nicht höher als 1,2 m über dem Fußboden sein. Die erforderliche Größe der Fläche kann vor allem bei alten Gebäuden zu gestalterischen Problemen im Außenbereich führen. Auch hier muss über andere Maßnahmen oder Ausnahmegenehmigungen nachgedacht werden, die allerdings auch Kompromissbereitschaft erfordern. Ausnahmeregelungen sind meistens mit zusätzlichen, aber durchaus sinnvollen Auflagen für mehr Sicherheit wie Gestaltung separater Feuerleitern, verbesserte Feuerwehrzufahrten (oft verbunden mit Teilabriss im Bestand), Gestaltung sicherer Übergänge zu anderen Nutzungseinheiten u.a. verbunden.

Unter Umständen kann auch die Schaffung einer zweiten notwendigen Treppe innerhalb oder außerhalb des Gebäudes den 2. Rettungsweg ermöglichen.

10.2.2 Trennungen im Gebäude

Brandabschnitte

Ältere Gebäude, vor allem solche mit größerer Ausdehnung, weisen selten eindeutige vertikale und/oder horizontale Abschnittstrennungen auf. Im Brandfall können daraus erhebliche Gefährdungen und beträchtliche Schäden entstehen, wie Brandfälle belegen [83]. Eine Verbesserung dieser Situation ist bei Gebäuden im Bestand nur schwer zu realisieren.

Bei der Sanierung von Gebäuden im Bestand, vor allem solchen mit erhöhtem Personenschutz und/oder einem notwendigen Sachschutz, ist es häufig unumgänglich, Brandabschnitte neu oder in veränderter Form festzulegen. Die erforderlichen notwendigen Trennungen fehlen oft in dem ursprünglichen Gebäude oder sind nicht in der geforderten Qualität vorhanden. Es sind daher neue Abtrennungen zu schaffen mit allen Konsequenzen, die ein nachträglicher Einbau mit sich bringt.

Die Errichtung neuer Brandwände ist nur in seltenen Fällen möglich, vielleicht abgesehen von der nur relativ günstigen Situation im Falle eines Wiederaufbaus brandgeschädigter, alter Bauwerke. In vielen Fällen können aber durch sinnvolle Unterteilungen im Gebäude Brandabschnitte gebildet werden, bei denen vorhandene trennende Bauteile bautechnisch aufgewertet, bis zum Dachbereich sicher geführt und durch widerstandsfähige Abschlüsse der vorhandenen Öffnungen ergänzt werden. Der Einbau von Leichtbauwänden an beliebigen Stellen im Gebäude kann in etlichen Fällen zusätzliche Sicherheit bedeuten und den Eingriff in die historische Substanz gering halten, da diese später ohne Probleme wieder entfernbar sind. Solche Einbauten können durchaus Brandwandqualität erreichen, obwohl es nur Trennungen sind und keine Brandwände, da sie nicht über die gesamte Gebäudehöhe durchgehend geführt werden können oder für größere Aufbauhöhen als Brandwände nicht zugelassen sind. Tabelle 10.1 gibt für einige Materialien die notwendigen Wanddicken an.

Als Schwachstellen erweisen sich üblicherweise die in den baulichen Trennungen vorhandenen Öffnungen; Türen können meistens nicht als reine Feuerschutzabschlüsse ausgeführt werden. Sie können höchstens mit Einlagen in Türblättern, Einsatz von neuen Eichenholztüren oder Einbau von Schleusen, auch aus Glas, brandschutztechnisch verbessert werden.

Tab. 10.1: Mindestdicke (mm) typischer Wandbaustoffe (nach [85]), Wand ohne Putz, raumabschließend, einseitige Brandbeanspruchung

Material	Wanddicke in mm			
	Funktion:			
	nichttragend		tragend	
	F 30-A	F 90-A	F 30-A	F 90-A
Porenbeton	75	100	115	150
Leichtbeton	50	95	140	175
Mauerziegel DIN 105	115	115	115	175
Kalksandstein DIN 106	70	115	115	115

Um in verwinkelten oder engen Bebauungen im Brandfall ein Übergreifen des Feuers auf Nachbargebäude und untere Geschosse im gleichen Gebäude zu vermeiden oder zu verzögern, ist es empfehlenswert, Abschnittstrennungen vorzusehen, bei denen dann die Dachkonstruktionen feuerhemmend und die tragenden Teile feuerbeständig zu verbessern sind.

Fachwerkwände mit Lehmausfachung müssen jeweils individuell bewertet werden. Ohne zusätzliche Maßnahmen – z.B. Bekleidung – sind solche Wände hinsichtlich Holzart, Holzabmessung, Lehmqualität und Aufbau der Ausfachung zu untersuchen und einzuschätzen. Die Feuerwiderstandsdauer kann von weniger als 30 Minuten bei 100 mm starken Innenwänden bis zu 90 Minuten bei verputztem, 140 mm starkem Außenfachwerk reichen [85]. Einen Einfluss auf die Brandweiterleitung hat auch die Fugenausbildung von Fachwerkkonstruktionen, daher auch die normative Forderung nach Bekleidung.

Den massiven, hölzernen, eisernen oder gusseisernen Tragbauteilen alter Gebäude muss besondere Beachtung zukommen. Sie bestimmen in der Regel das Erscheinungsbild des Bauwerkes, bedürfen aber aus der Sicht des Bautechnischen Brandschutzes besonderer Aufmerksamkeit. Die konstruktive Gestaltung und notwendige Verbesserungen erfordern hier in besonderem Maße die Beachtung von Einflussfaktoren wie Lastausnutzung, Bauteilabmessung, Profilfaktor, Exzentrizität, Schlankheit oder Brandbeanspruchung.

Dies gilt im Besonderen für frei stehende Bauteile wie Stützen oder Pfeiler. Gemauerte Stützen in alten Gebäuden sind meist überdimensioniert im Sinne der DIN 4102T4, was durch Vergleich der Abmessungen gut zu überprüfen ist. Stützen oder Pfeiler aus Holz, Guss bzw. Stahl müssen zusätzlich mit bereits bekannten Verfahren geschützt werden, oder es finden sich im Falle einer Überdimensionierung genügend Reserven für den Bestand. Dazu müssen genaue Untersuchungen (Lastabtragung, Profilfaktor, etc.) vorgenommen werden.

Besonders wichtige Bauteile oder statisch wichtige Bauteilverbindungen – vor allem bei Holzfachwerk – können durch ergänzende Maßnahmen wie Sprinklerung, Brandmeldeanlagen o. Ä. zusätzlich gesichert werden [85].

Bei der Installation von Meldeanlagen in Altbauten sind durchaus solche Systeme von Vorteil, bei denen die Gefahrenmeldung über Funk, also kabellos erfolgt [148], weil bereits eine zusätzliche Kabelverlegung eine zusätzliche Gefährdung darstellt. Die Funkmelder (Slaves) arbeiten bis zu Entfernungen von 40 m mit den Verteilern (Masters) zusammen. Aus Sicherheitsgründen wird die Verbindung bidirektional betrieben und arbeitet bei Frequenzen von 868-870 MHz, die anderweitig nicht vergeben sind.

Decken

Bei Wänden sind Verbesserungen der Feuerwiderstandsfähigkeit durch die Vielzahl der angebotenen Baustoffsysteme zumindest in einzelnen Räumen mit relativ einfachen Mitteln möglich. Bei Decken stößt man dagegen sehr schnell an Grenzen, da diese Bauteile bei älteren Gebäuden oft künstlerisch mit Farbe und Stuck gestaltet sind und Holz als Baumaterial außerordentlich weit verbreitet ist.

Als typische Vertreter alter Decken, die gesetzliche Forderungen zur Feuerwiderstandsfähigkeit kaum erfüllen können, gelten Holzbalkendecken und Holztafeldecken. Beide Deckenformen unterscheiden sich äußerlich nur wenig, bei Holztafeldecken tragen die Beplankungen zum Tragverhalten bei [32]. Die Dimensionierung von Holzdecken erfolgte nach gestandenen Zimmermannsregeln, daher weisen diese Bauteile heute Lastreserven auf, die sich vorteilhaft bei einer brandschutztechnischen Bemessung auswirken können.

Auch wenn eine Anpassung nicht verlangt werden kann, sollte eine genaue Analyse mit dem Ziel von Verbesserungsmöglichkeiten erfolgen. Normal dimensionierte Holzbalkendecken erzielen bei normgerechtem Aufbau eine Feuerwiderstandsfähigkeit von bis zu 60 Minuten. Beim Bauen im Bestand wird allerdings eine Vielzahl von Konstruktionsvarianten für Holzbalkendecken angetroffen, die dem normgerechten Aufbau nicht entsprechen.

Holzbalkendecken mit verdeckten Balken und Deckeneinschub aus Lehmschlag mit mindestens 60 mm Dicke anstelle notwendiger Dämmschichten sind ohne zusätzliche Maßnahmen höchstens als feuerhemmend einzuordnen. Sehr leichte Deckenaufbauten müssen entsprechend schlechter beurteilt werden, ebenfalls Deckenkonstruktionen mit Einschub aus geglühtem Sand bzw. Sand mit Lehmverstrich auf Holzboden [32]. Zum Nachteil der geringen Feuerwiderstandsfähigkeit solcher Decken kommt hinzu, dass im Brandfall das Löschwasser in der Deckenkonstruktion von saugfähigen Materialien gespeichert und daher die Belastungsgrenze der Konstruktion überschritten werden kann, wodurch in Folge Teile der Decke einstürzen können.

Eine Verbesserung der Feuerwiderstandsfähigkeit von Holzbalkendecken bis zur F90-B ist deutlich schwieriger und nur mit zusätzlichen Maßnahmen erreichbar. Die Frage ist, inwieweit diese Maßnahmen mit dem Charakter des Bauwerkes verträglich sind oder verträglich gestaltet werden können. Zu solchen Maßnahmen zählen bekanntermaßen vollflächige Bekleidungen der Deckenunterseite, Einsatz von bemessenen Unterdecken, Einbau von nicht brennbaren Materialien wie Vermiculite, Blähton oder Perlite im Deckenzwischenraum und ein normgerechter bzw. zweckmäßiger Fußbodenaufbau auf der Decke als Schutz gegen Brandbeanspruchung von oben. Ein Fliesenbelag kann dabei fast immer zu einer höheren Sicherheit beitragen. Ein zweckmäßiger Fußbodenaufbau auf einer Holzdecke ist auch mit Metallprofilen – z.B. Schwalbenschwanzplatten – und einem Estrich ausführbar, wobei ein schwimmender Aufbau auf Holzbalken oder Dielung grundsätzlich vorzusehen ist, weil nur so gute akustische Eigenschaften gesichert werden können.

Dieser typisch dreiteilige Deckenaufbau – Unterdecke, Rohdecke, Fußbodenaufbau – ist für die Erfüllung brandschutztechnischer Forderungen ebenso verantwortlich wie auch für das akustische Verhalten einer Holzbalkendecke. Maßnahmen zum Schallschutz und Brandschutz bedingen sich bei Holzbalkendecken gegenseitig und, ein günstiger Umstand, in gleicher Zielrichtung [84]. Dürfen zur brandschutztechnischen Befähigung von Decken nur zugelassenen Baustoffe und Bauteile verwendet werden, so gilt dies auch für die Baustoffauswahl zur wärmetechnischen und akustischen Befähigung von Decken; Baustoffe, die im Brandfall z.B. brennend abtropfen oder bedeutende Brandlasten darstellen, dürfen nicht verwendet werden.

Decken sind auf etwaige Hohlräume hin zu untersuchen. In größeren Gebäuden alter Bauart können bis zu 80 cm hohe Fehlböden auftreten, die die Schwelbrandgefahr drastisch erhöhen und damit zu typischen Brandentstehungsorten werden. Vorhandene Deckenhohlräume sind daher nach Möglichkeit zu beseitigen und mit Materialien der Baustoffklasse A auszufüllen, zumindest sind größere Hohlräume zu unterteilen, um eine Brandweiterleitung zu erschweren. Brennbare Ausfüllungen sollten grundsätzlich entfernt bzw. durch nicht brennbare ersetzt werden. Hohlräume, die erst bei der Verbesserung der Decken durch Bekleidung, Aufdoppelungen u.ä. Arbeiten entstehen können, müssen vermieden werden. Nicht kontrollierbare Hohlräume sind Orte mit sehr großem Risiko!

10.2.3 Dachbereich

Nutzungen im Dachbereich wurden im Abschnitt 7.4.1 bereits beschrieben. An den diesbezüglichen Forderungen können nur bedingt Abstriche vorgenommen werden; ein Dachausbau ist immer nur unter erschwerten Bedingungen möglich.

Vor allem bei großen Gebäuden stellen sich die Dachkonstruktionen oft in beeindruckender Größe und filigraner Struktur dar, die allerdings bei großen Dachräumen sehr schnell unübersichtlich wird und damit im Brandfall ein nicht zu unterschätzendes Gefahrenmoment darstellt. Große Mengen Holz sind in Dachstühlen und Turmhelmen verbaut und befinden sich als Brandlast zudem noch in großen Höhen und sind schwer zugänglich.

Dachräume sind nach Möglichkeit zu den darunter befindlichen Räumen feuerwiderstandsfähig abzutrennen. Wie weit diese Widerstandsfähigkeit zu gehen hat, hängt von der vorgefundenen Deckenkonstruktion ab. Eine feuerhemmende Ausbildung der Decke sollte mindestens angestrebt werden. Es ist eine Selbstverständlichkeit, dass nicht genutzte Dachräume beräumt werden und die Brandlast insoweit minimiert wird. Unnötige Verschläge und Einbauten sind zu entfernen. Der Brand, der im September 2004 das Dach der Anna-Amalia-Bibliothek in Weimar zerstörte und der damit verbundene Verlust an wertvollen Büchern und Kulturgütern unterstreicht die Bedeutung dieser Aussagen in tragischer Weise.

Der Zugang zu großen Dachräumen in alten Gebäuden wird erschwert, weil die Dachräume keinen unmittelbaren Zugang von der Treppenanlage haben. Es muss angestrebt werden, dass ein Zugang mindestens in der Nähe der Treppenanlage erfolgen kann und diese Zugangsmöglichkeit im Dachraum keinesfalls offen, sondern geschützt endet. Damit wird quasi der Treppenraum mit feuerbeständigen Bauteilen in den Dachraum geführt und ermöglicht einen schnellen und sicheren Zugang.

Die Decken-Dach-Konstruktionen sind bei Bauwerken wie Kirchen oder Saalbauten in der Regel nicht durchgängig begehbar, da die Raumdecke in diese Konstruktion oft von unten als Tonne oder Wölbung an- oder eingefügt wurde, an der zusätzlich noch eine Stuckdecke abgehängt ist. Die Begehbarkeit sollte in diesen Fällen durch Laufstege gewährleistet werden. Eine Installation von Steigleitungen in diesen Dachbereichen kann von Vorteil sein, da im Gefahrenfall Zeit gespart und die Belastung auf solchen Deckenkonstruktionen verringert wird. Die Steigleitungen werden in der Regel als trockene Leitungen installiert.

Ob in diesen Fällen immer mit Wasser gelöscht werden darf, wird durch den Deckenaufbau bestimmt. Eine untergehängte Stuckdecke, die sich voll Wasser saugt, kann ggf. die gesamte Deckenkonstruktion zum Einsturz bringen. In solchen Fällen muss über andere Löschmittel nachgedacht werden. Hohe Dachstühle sind wegen der Einsturzgefahr für Löscharbeiten ungünstig, die wichtigsten Teile des Dachstuhls sollten daher feuerwiderstandsfähig befähigt werden.

Auch Brände in Türmen sind überaus problematisch, dies betrifft sowohl deren Zugänglichkeit als auch die Gefährdung durch herabstürzende Bauteile. Durch Einziehen von belastbaren Zwischendecken können gewissermaßen Abschnittstrennungen erreicht und das Herabfallen von Bauteilen in der Fallhöhe beschränkt werden. In Turmbauten bietet sich auch die Installation von Sprühanlagen bzw. Löschanlagen mit Außenbedienung an. Beispielsweise weist der Kölner Dom bereits seit 1910 vier Steigleitungen auf und der Aachener Dom hat seit 1929 über Brandmelder geschaltete Sprühanlagen; in Hamburg sollen in 66 von 187 vorhandenen Türmen Steigleitungen eingebaut werden [93]. In allen Fällen sind ungefährliche Abflussmöglichkeiten für Löschwasser zu schaffen, um Durchnässungen gering zu halten und somit keine zusätzlichen Belastungen in das Tragwerk einzubringen, die den Bestand später gefährden können.

Um die Gefahr eines Feuerüberschlags zu minimieren, kann die Dachkonstruktion durch Bekleidungen unterhalb der Sparren geschützt werden. Eine Brandübertragung von innen in den Dachbereich als auch von außen in den Dachraum wird damit wesentlich erschwert. Die Installation von Rauchmeldern in unvermeidbaren Hohlräumen kann diese Maßnahmen ergänzen.

10.2.4 Feuerstätten und Schornsteine

Gebäude im Bestand waren üblicherweise für eine Beheizung mit Einzelfeuerstätten vorgesehen, die nicht selten als offene Kamine ausgeführt worden waren. Ein solches Heizungssystem erfordert im und über dem Gebäude eine große Anzahl von Schornsteinen, die aus ästhetischen Gründen zum Teil noch durch

Zierschornsteine über dem Dach ergänzt wurden. Bedingt durch eine solche von Regelmäßigkeit und Schönheit geprägte Anordnung der Schornsteinköpfe über dem Dach müssen diese unter Dach zwangsläufig in geschleifter Form, d.h. in einer von der Vertikalen abweichenden Führung verlaufen. Derartige Schornsteine sind unbedingt auf ihre Sicherheit und Standfestigkeit zu überprüfen, geschleifte Schornsteine im Dachbereich können bei Einsturz eine Gefahr für Decke und Dachraum darstellen. Aus heutiger Sicht können diese Schornsteine im Gebäudeinneren entfernt und ausschließlich als Zierschornsteine über Dach erhalten bleiben. Auch Schornsteine, die auf Holzbalken oder Holzbalkendecken aufgesetzt sind, müssen bezüglich ihrer Standfestigkeit überprüft werden, Betonplatten zwischen Decke und Schornstein bringen zusätzlichen Schutz und verbesserte Standfestigkeit.

Bei Sanierungsarbeiten werden regelmäßig neue Heizungsanlagen installiert und alte Feuerstätten abgebaut. Die Öffnungen in den Schornsteinen sind dann zu verschließen, ebenso sind Reinigungsöffnungen gegen unbeabsichtigtes Öffnen abzudichten. Werden neue Einzelfeuerstätten oder Heizanlagen an bestehende Abgasanlagen angeschlossen, kann der alte Schornsteinquerschnitt zu groß sein; die Gefahr einer Versottung und damit auch einer erhöhten Brandgefahr besteht. Können keine Querschnittsverengungen, z.B. durch eingeführte Rohre, erreicht werden, sollten diese Schornsteine abgerissen oder nicht mehr betrieben werden. Offene Kamine sind in den meisten Fällen nur noch Zierkamine und daher besser zu schließen. Eine Neueinrichtung von Kaminen kann unter Verwendung von Kaminöfen sicherer gestaltet werden, weil diese durch Türen geschlossen werden können.

Wenn Einzelfeuerstätten, beispielsweise im denkmalpflegerischen Bereich, betriebsfähig zu halten sind, so ist deren Standsicherheit auf Holzbalkendecken zu prüfen und gegebenenfalls durch eine lastverteilende Platte aus nicht brennbaren Baustoffen zu gewährleisten. Die Einbindung von Rauchrohren in die Schornsteine ist bei Wanddurchführung genau zu überprüfen, dies vor allem bei mehrschaligem Wandaufbau. Hierbei dürfen keine Tonrohre oder Rohre aus Faserzement zum Einsatz kommen [89]. Rauchrohre durch Wände aus brennbaren Baustoffen sollen im Umkreis von ca. 40 cm von nicht brennbaren, hitzebeständigen Baustoffen umgeben sein.

10.2.5 Technische Gebäudeausrüstung

Der Verein Deutscher Ingenieure hat bezüglich einer „behutsamen" Technisierung von denkmalwerten Gebäuden eine Richtlinie [86] herausgegeben, die gewisse Anforderungen an die Raumklimasituation und vor allem Grundsätze für Elektroinstallationen formuliert, wobei auch den Fragen des Brandschutzes Rechnung getragen wird.

Elektroinstallationen stellen in alten Gebäuden immer ein Gefahrenpotenzial bezüglich des Brandgeschehens dar, deshalb ist im Zuge der Sanierung auf eine sorgfältige Planung dieser Anlagen und die Ausführung der Arbeiten zu achten.

Elektrische Anlagen mit einem Alter von mehr als 20 Jahren entsprechen aktuellen Erfordernissen kaum noch [89]. Eine nicht sachgemäße Verlegung stellt ein zusätzliches, außerordentlich hohes Risiko im Brandgeschehen dar, wie Brandfälle immer wieder belegen. Elektroinstallationen sind auf Leistungsfähigkeit, Belastbarkeit und Ausführung aller Anschlüsse genau zu beurteilen. Kabel und Geräte stellen immer Brandlasten dar, daher ist gerade bei alten Bauwerken eine Beschränkung auf das Notwendigste geboten.

Eine Leitungsverlegung sollte mit einer ausreichenden Anzahl von Anschlüssen erfolgen, um so Nachverlegungen zu vermeiden. Eine eindeutige Verlegung auf Putz oder im Schutzrohr erhöht die Übersichtlichkeit, vor allem bei Gebäuden mit Holzbauteilen. Bei Hindurchführung von Leitungen durch Decken und/oder Wände ist unbedingt bezüglich der Einzelleitungsverlegung – erlaubt, wenn Fugenverschluss mit Baustoffen der Klasse A erfolgt – und der Verlegung von Leitungsbündeln – Einsatz bauaufsichtlich zugelassener Schotts – zu unterscheiden. Eine Verlegung unter brennbaren Verkleidungen oder gar in Deckenhohlräumen erfordert ganz besondere Sorgfalt und Schutzrohre sind unbedingt vorzusehen.

Eingrenzbare Nutzungsbereiche sind durch separate Hauptschalter zu trennen. Potenzialausgleich, richtige Absicherung, Schutzschalter sowie nicht brennbare Verteilungs- und Anschlusskästen sollten eine Selbstverständlichkeit sein.

Nicht zu unterschätzen ist die Wärmefreisetzung von Leuchten bzw. Vorschaltgeräten von Leuchten. Werden diese Geräte auf brennbaren Baustoffen wie Holz angeordnet, kann die starke Erwärmung zu einem Schwelbrand führen. Leuchten sind daher so zu installieren, dass kein Wärmestau entsteht und sie nicht mit leicht entzündlichen Materialien in Berührung kommen. Vorschaltgeräte von Leuchtstofflampen erwärmen sich im Normalbetrieb auf etwa 100 °C, bei einer Störung kann die Temperatur bis auf über 300 °C ansteigen [90].

Bei Einrichtung von Heizzentralen in Gebäuden werden entsprechende Anforderungen an den Brandschutz in der VDI-Richtlinie 2050 [91] angesprochen. Prinzipiell unterscheiden sich die Forderungen bei Gebäuden im Bestand nicht von denen bei Neubauten. Notwendige Befreiungen können mit Auflagen gestattet werden; z.B. bei Rohrführung durch Holzbalkendecken oder Fachwerkwände.

Beim Verlegen von Warmluftkanälen von Luftheizungen durch Wände und Decken dürfen diese Kanäle nicht an brennbaren Baustoffen anliegen. Die gedämmten Kanäle sind mit einem Abstand von mindestens 0,1 m zu diesen Bauteilen anzuordnen [90], die Heizlufttemperatur sollte eine Höchsttemperatur von etwa 60 °C nicht überschreiten.

Ein Verlegen von Rohren in alten Gebäuden stellt immer einen größeren Eingriff in die Bausubstanz dar und sollte daher sehr umsichtig erfolgen. Es dürfen keine undefinierten Hohlräume gebildet werden. Ebenso muss eine sichere Befestigung erfolgen, da im Brandfall versagende Befestigungen auch bei Verwendung von nicht brennbarem Rohrmaterial Durchrauchungs- und Durchflammungsmöglichkeiten eröffnen, die für die Sicherheit nicht zu akzeptieren sind. Auf übersichtliche, eindeutige und möglichst offene Verlegung ist zu achten.

10.3 Umnutzung

Bei einer veränderten Nutzung von Gebäuden ohne wesentliche bauliche Veränderungen können vor allem im Industriebereich größere Probleme auftreten. Dabei muss gar keine vollständige Umnutzung erfolgen. Es sind die schleichenden Nutzungsveränderungen ohne erforderliche Baugenehmigungen, die das Risiko eines Bauwerkes bezüglich des Bautechnischen Brandschutzes erhöhen. Eine Erhöhung der Brandlast, für die das Gebäude nicht konzipiert war, verändert zum Beispiel die Bemessungsgrundlage und im Gebäude geht zusätzlich die Übersichtlichkeit zum Teil verloren.

Eine geplante Umnutzung im industriellen Bereich muss üblich von einem neuen, angepassten Brandschutzkonzept ausgehen und damit Bausubstanz und Infrastruktur auf einen aktuellen, normativ geforderten Sicherheitsstandard bringen. Wenn die vorhandene Bausubstanz zumindest teilweise genehmigungsfähig ist, wird eine deutliche Verbesserung der brandschutztechnischen Sicherheit durch eine brandschutztechnische Infrastruktur mit Meldeanlagen, automatischen Löschanlagen oder Rauch- und Wärmeabzugsgeräten erreicht. Nicht zu vergessen ist die notwendige Aktualisierung der Angaben zu den in dem betreffenden Abschnitt zulässigen Brandlasten.

Eine Umnutzung von Wohnbereichen in Gewerberäume bedingt die Einhaltung der Vorschriften wie bei einem Neubau, während im umgekehrten Fall oftmals Erleichterungen durch Ausnahmeregelungen möglich sind, weil teilweise bereits höhere Forderungen bestanden.

Über die Neu- bzw. Umnutzung von Dachräumen in Wohnbereiche wurde im Abschnitt 7.4 bereits hingewiesen. Eine Umnutzung von älteren Industrieanlagen, die in Teilen oder als Ganzes denkmalpflegerisch interessant sind, bringt ebenfalls Konflikte, da die oft verwendeten und dabei sichtbar belassenen Stahlkonstruktionen bzw. Gussbauteile nicht den modernen Sicherheitsanforderungen genügen können. Ein Verzicht auf Verkleidung kann nur durch Anstrichsysteme aus Dämmschichtbildnern, ein günstigeres Tragverhalten oder zusätzliche Bauteile kompensiert werden. Wirkungsvolle Unterstützung finden diese Maßnahmen durch eine konsequente Verringerung von Brandlasten durch Einsatz zweckmäßiger Materialien und eine zusätzliche technische Infrastruktur. Aber immer wieder ist die Kompromissfähigkeit gefragt, da keine völlig überzeugenden Lösungen für diese Konfliktsituationen existieren.

Werden nicht nur einzelne Gebäude, sondern mehrere Gebäude im Komplex, die auf einer mehr oder weniger geschlossenen Fläche ein gemeinsames Quartier bilden, saniert, dann können in dicht bebauten und besiedelten Altstadtbereichen völlig neue Probleme insbesondere für den Bautechnischen Brandschutz erkennbar werden.

Der oftmals unzureichende Grenzabstand in engen Gassen bringt eine hohe Brandempfindlichkeit benachbarter Gebäude mit sich, aber auch Probleme für die Zufahrts-, Durchfahrts- und Aufstellmöglichkeiten der Feuerwehr, die nicht in jedem Fall befriedigend gelöst werden können.

Enge Straßen oder Gassen mit einer Breite bis zu 2 m können durch Vormauerungen an gefährdetem Fachwerk oder mit zusätzlichen Brandschutzverglasungen gesichert werden. Erhöhter Schutz kann auch von eingearbeiteten Stahlrollläden oder von auf den Außenfassaden installierten Brandmeldern ausgehen. Offene Holzbauteile sollten bei engen Bebauungen immer zusätzlich geschützt werden.

Fluchtwege sind am Personenaufkommen orientiert und in ihrer Wegführung im Quartier vorab eindeutig zu klären. Dies betrifft vorwiegend Umnutzungsmaßnahmen, bei denen Kaufhäuser, Gastronomie oder Versammlungsräume in engen Altstadtquartieren untergebracht werden, da diese Nutzungen größere Gebäudekomplexe benötigen. Die Lagermöglichkeiten der Verkaufseinrichtungen sind separat zu sichern. Großflächige Räume sind mit selbsttätigen Löschanlagen auszurüsten und die Lagergutmenge ist zu beschränken.

Es sind individuelle Brandschutzkonzepte gefragt, die sehr genau mit Genehmigungsbehörden, Brandschutzämtern, Denkmalpflegebehörden, Bauherren und Planer abgestimmt sein müssen.

10.4 Brandschutz bei der Baudurchführung

Es ist notwendig, auf die durchaus erhebliche Bedeutung des Brandschutzes während der Baudurchführung hinzuweisen, der schon durch die Forderung der Landesbauordnungen (z.B. §14(1) ThürBO) zwingend zu beachten ist. Ergänzend bestehen dazu noch eine ganze Reihe von Vorschriften, Merkblättern der Berufsverbände und Verordnungen, die sich mit diesem Thema befassen, aufgeführt in [87].

Brände in noch nicht fertig gestellten, vor allem mehrgeschossigen Gebäuden gelten als besonders tückisch, sind doch oftmals die Fluchtwege noch nicht vorhanden, verstellt oder noch nicht sicher gestaltet und wirksame Brandbekämpfungseinrichtungen noch nicht installiert. Mögliche Sicherheitsvorkehrungen sind durch Vorschriften geregelt. Der Umfang der Maßnahmen reicht von der klaren Regelung der Verantwortlichkeiten für den Brandschutz auf Baustellen, notwendigen Belehrungen der tätigen Personen, von erforderlichen baulichen Brandschutzmaßnahmen, Maßnahmen beim Betreiben brandgefährlicher Geräte zur Wärmefreisetzung oder Beleuchtung bzw. Geräten mit Gas- oder Ölbetrieb, Regelungen zum Umgang mit offenem Feuer und Licht bis zur Überwachung brandgefährlicher Arbeiten wie Schweißen, Löten, Trennen, Auftauen oder Trocknen. Zusätzlich besteht eine große, unkalkulierbare Gefahr durch Vandalismus.

Während der Bauzeit, vor allem wieder bei Sanierungsarbeiten an Gebäuden im Bestand, existiert somit immer eine erhöhte Brandgefahr. Mindestens 70% aller Brände bei Industriebauten werden z.B. durch Schweißarbeiten verursacht [30].

Der Brandschutz auf der Baustelle muss organisiert werden, dazu zählen die bereits angesprochenen Belehrungen ebenso wie ein sicheres Brandmeldesystem, eine auch in der Bauphase ausreichende Löschwasserversorgung (z.B. geschossweises Nachführen von Löschwasserleitungen), Bereitstellung von Feuerlöschgeräten, Kennzeichnungen schon in der Bauphase und Brandschutz- bzw. Rettungspläne. Auch eine Bewachung der Baustelle kann zu notwendigen Maßnahmen gehören; unverzichtbar sollte die Brandwache nach Schweißarbeiten in unübersichtlichen Gebäudeteilen gerade älterer Gebäude sein, und nicht nur bei diesen!

Transportable Rauchmelder stellen eine sinnvolle Maßnahme dar, um bestimmte Gefährdungsbereiche zumindest zeitweise zu überwachen und so eine Brandentstehung schnell melden und einer Brandausbreitung rechtzeitig entgegenwirken zu können.

10.5 Brandsanierung

Die Sanierung von Brandschäden erfordert die Beseitigung von Brandrückständen, Maßnahmen zur Oberflächenreinigung und eine genaue Untersuchung aller brandgeschädigter Konstruktionen mit Verweis auf notwendige Ersatzmaßnahmen. Weiterhin muss geprüft werden, ob aggressive Brandgase (Verbrennung von Kunststoffen) außerhalb des unmittelbaren Brandbereiches zu Schädigungen geführt haben.

Die Sanierung von nur teilweise durch einen Brand in Mitleidenschaft gezogenen Gebäuden sollte immer von aktuellen Forderungen an die neu zu errichtenden Konstruktionen ausgehen. Die Wiedererrichtung einer durch Feuer teilweise zerstörten „Fachwerk-Brandwand" in einem denkmalgeschützten Gebäude mit Holz und Ausfachung macht sicher wenig Sinn, da die originale Konstruktion vernichtet ist und eine nicht brennbare Ersatzkonstruktion ein höheres Maß an Sicherheit bieten kann [83]. Insofern ist bei allen Bauteilen immer zu prüfen, inwieweit bei einem Neuaufbau durch verbesserte Konstruktionen und geeignete Baustoffe ein höheres Maß an Sicherheit erreicht werden kann.

Nicht unproblematisch ist die Entsorgung von nicht metallischen Brandrückständen. Die Deponierung von Sondermüll ist teuer, insofern sollte geprüft werden, ob Bauschutt kontaminiert ist und ob dieser ggf. entgiftet und damit normal deponiert werden kann. Ähnlich verhält es sich mit dem Boden unter brandgeschädigten Gebäuden. Bodensanierungsverfahren sind wirtschaftlich aufwändig und müssen vorab von Fachleuten auf ihre Notwendigkeit hin geprüft werden.

Für die Rückhaltung von kontaminiertem Löschwasser, das im Brandfall anfallen kann, wurde bereits eine Musterrichtlinie [96] erarbeitet.

Brandsanierung ist insoweit Teil des Bautechnischen Brandschutzes, indem bereits bei der Planung neuer Gebäude oder der Befähigung bestehender Bauwerke eine schnelle und sichere Sanierung nach einem Brandfall mit Teilverlust Berücksichtigung finden sollte. Eine gute brandschutztechnische Gebäudeplanung ermöglicht eine hinreichend lokale Begrenzung von Bränden und damit die kostengünstige Wiederherstellung des Brandbereiches. Alle zusätzlichen Maßnahmen für größere Tragfähigkeit und verbesserten Raumabschluss sind wirtschaftlich aufwändiger und daher mit dem Bauherrn zu klären.

10.6 Ausblick

Die baurechtlichen Vorschriften für den vorbeugenden Brandschutz haben ihre Wurzeln noch immer im Gedankengut der ersten Hälfte des vorigen Jahrhunderts. Moderne technische Möglichkeiten sind daher noch nicht ausreichend berücksichtigt [88].

Die Feuerwehr ist mit leistungsfähigen Geräten heute immer schneller am Brandort und kann zeitig mit den Bekämpfungsmaßnahmen beginnen. Damit bekommen heute alle Vorgänge und Maßnahmen in der Brandentstehungsphase, d.h. die Detektion und Bekämpfung des Schwelbrandes eine deutlich größere Bedeutung. Da Brandtote im Wesentlichen Rauchtote sind, ist diese Entwicklung zur schnelleren Bekämpfung des Entstehungsbrandes eindeutig positiv zu bewerten.

Damit liegt sofort die Schlussfolgerung nahe, bei der Sanierung und Revitalisierung von Gebäuden im Bestand einer sicheren Rettungswegführung und der Installation von technischen Maßnahmen wie Meldeanlagen, Rauch- und Wärmeabzugsanlagen, selbsttätigen Löschanlagen oder rauchdichten Bauteilen eine höhere Priorität einzuräumen als wenigen Minuten Unterschied in der Feuerwiderstandsdauer einzelner Bauteile und diese wie bisher zum Maßstab aller Entscheidungen zu machen.

Bevor eine hölzerne Treppenanlage durch vielerlei Maßnahmen zu einer höheren Feuerwiderstandsdauer befähigt wird, können rauchdicht abschließende Wohnungstüren und Rauchabzugsanlagen im Treppenraum unter Umständen sehr viel schneller und kostengünstiger Verbesserungen und damit höhere Sicherheit erbringen [88].

Denkmalschutzwünsche und bauaufsichtliche Forderungen sind durchaus vereinbar, eine zielgerichtete Zusammenarbeit von Bauherren, Genehmigungsbehörde, Planern, Feuerwehr und Spezialisten kann einen optimierten, eben nicht immer die Buchstaben des Gesetzes erfüllenden Brandschutz sichern. Die Industrie kann ihren Teil durch Entwicklung und Angebot neuer bzw. verbesserter Baustoffe und Bauteile, die selbstverständlich eine bauaufsichtliche Zulassung haben, beitragen.

Die Bauausführung spielt für das Erreichen der gesteckten Schutzziele eine sehr wichtige Rolle, wie schon an anderen Stellen festgestellt wurde. Dabei muss das Vermeiden von Fehlern durch Unkenntnis, Gleichgültigkeit oder ein Fehlverhalten im seriellen wie auch parallelen Zusammenwirken einzelner Gewerke im Vordergrund stehen. Bauüberwachung und Kontrolle der Bauausführung sind unverzichtbar und haben durch ausgesprochene Fachleute zu geschehen.

11 Zusatzausrüstung

Bautechnischer Brandschutz beinhaltet sowohl die bauliche Situation als auch die technischen Komponenten, die mit diesen baulichen Vorgängen unmittelbar in Verbindung stehen. Daher werden Fragen zur Löschwasserversorgung, zu Meldeanlagen und Löschgeräten unter Zusatzausrüstung behandelt.

Um eine Brandbekämpfung erfolgreich durchführen zu können, hat eine ausreichende Wassermenge zur Verfügung zu stehen. Die Wasserversorgungsanlagen müssen entsprechend gestaltet werden. Löschanlagen können eine Brandbekämpfung im Zusammenwirken mit entsprechenden Detektionssystemen vor allem in der frühen Phase des Entstehungsbrandes erfolgreich gestalten.

Zusatzausrüstungen dieser Art sind aus heutiger Sicht quasi als unverzichtbar anzusehen.

11.1 Brandmeldeanlagen

Eine frühzeitige Brandentdeckung sichert die rechtzeitige Brandbekämpfung, rettet Leben und schützt Sachen. Zur Detektion eines Brandes können im Wesentlichen dessen drei Eigenschaften Rauch (undurchsichtiges Aerosol), Wärme (hier nur konvektiv bewegtes Heißgas) und Strahlung (elektromagnetischer Energieaustausch) benutzt werden. Ein Meldesystem muss, um ein Messsignal erzeugen zu können, mindestens eine dieser Eigenschaften erkennen. Das Signal muss für eine Weiterleitung, eine akustische bzw. optische Alarmierung und für Auslösevorgänge geeignet sein.

Zentrale Brandmeldeanlagen spielen bei Gebäuden mit ausgedehnten Brandabschnitten und unübersichtlicher Erschließung eine entscheidende Rolle. Solche technischen Anlagen werden aber auch dezentral zur Überwachung gefährdeter Bereiche und Gebäudeteile oder als Einzelmelder in eng begrenzten Raumteilen, auf Baustellen oder in Hohlräumen zunehmend erfolgreich eingesetzt. Die steigende Tendenz bestätigt z.B. auch der zunehmende Einsatz von einzelnen Meldern im Wohnbereich zur Überwachung von Wohnungen in Nachtstunden oder bei Abwesenheit, in Garagen, Heizräumen, Treppenräumen, Etagenbereichen oder Maisonetten. Der Einbau von Rauchmeldern sollte zukünftig bereits vom Planer bei allen Gebäudetypen stärker befördert und umgesetzt werden.

Aufgaben dieser technischen Anlagen sind
♦ Erkennung eines Brandes, d.h. Erkennen von Flammen und/oder Rauch,
♦ Weiterleitung der Meldung,
♦ Warnung von Personen vor Ort und
♦ Inbetriebsetzen von Löschanlagen.

Die Detektion von Rauch, Wärme oder Strahlung beruht auf unterschiedlichen physikalischen Vorgängen, wie Tabelle 11.1 zeigt. Zur Erkennung eines Brandes müssen die Verbrennungsprodukte Rauch und/oder Wärme bzw. Strahlung den betreffenden Melder erreichen können. Damit ist klar, dass Raumgeometrie, Deckengestaltung mit Unterzügen, Durchbrüchen oder Rauchschürzen, die Luftzirkulation im Raum, Heizungsanordnung, Öffnungen oder vorhandene Lüftungs- bzw. Klimaanlagen einen entscheidenden Einfluss auf die Ansprechempfindlichkeit des Meldesystems haben. Bei der Installation der Melder müssen diese und weitere Einflüsse als Störgrößen berücksichtigen werden, um die Funktionssicherheit dieser Geräte zu garantieren, sie müssen schnell, präzise und ohne Fehlmeldungen arbeiten.

Ein Einsatz der jeweils unterschiedlichen Meldertypen ist vom Einsatzort abhängig. Die Wahl wird durch die Art der Verbrennungsprodukte, die notwendige Ansprechgeschwindigkeit, mögliche Verschmutzungen oder eine Richtungsabhängigkeit der Detektion bestimmt.

Die Wärmefreisetzung eines Brandes führt zu Dichteunterschieden der Luft bzw. Gase und damit zu Auftriebsvorgängen, die für die Rauch- und Wärmeweiterleitung verantwortlich sind. Bei einem noch im Entstehen begriffenen Brand oder in größerer Entfernung von einem Vollbrand wird der thermische Einfluss vergleichsweise gering bleiben und es sind die vorhandenen Raumluftströmungen für die Weiterleitung maßgebend. Die Melder müssen daher so in möglichen Strömungsgebieten angeordnet werden, dass Wärme oder Rauch trotzdem sicher

Tab. 11.1: Funktion der Meldeeinrichtung

Rauchmelder	
Ionisation	schwache radioaktive Quelle, Ansprechen bei Verringerung des Ruhestromes;
Streulicht	Streulicht der Lichtquelle – Empfänger, wird durch Partikel verändert;
Extinktion	Direktstrahlung Lichtquelle – Empfänger, Abnahme der Intensität bei Durchstrahlung;
Wärmemelder	
Bimetall oder temperaturabhängiger Widerstand	Maximalmelder: fest eingestellte Temperatur, Ansprechzeit vorgebbar;
	Differentialmelder: Meldung bei Änderung von Temperatur/Zeit (Gradient);
Flammenmelder	
Strahlung	IR bzw. UV-Auswertung, sehr schnelles Ansprechen;

entdeckt werden können. Bei großen Räumen oder Gebäudeteilen sind entsprechende Voruntersuchungen unumgänglich. Funktionssicherheit, Empfindlichkeit und Zuverlässigkeit stellen sich heute nicht mehr als Probleme für Brandmeldeanlagen dar, vielmehr gilt es, Fehlalarme auszuschließen. An dieser Aufgabe wird mit einer neuen Generation von intelligenten Geräten intensiv gearbeitet.

Um sowohl dem Projektanten als auch dem Bauausführenden Sicherheit zu geben und um die Betriebssicherheit solcher Anlagen zu gewährleisten, sind eine Reihe von Normen und Richtlinien, die in etwa den Stand der Technik dokumentieren, herausgegeben worden (siehe [97] – [102]).

11.2 Löschwasserversorgung

In Gesetzen und Verordnungen wird gefordert, dass eine ausreichende Wassermenge für die Brandbekämpfung zur Verfügung stehen muss. Diese Aufgabe fällt üblicherweise in den Aufgabenbereich der Kommunen, die allerdings nicht für jede beliebige Brandgefahr ausreichende Vorkehrungen zu treffen haben. Richtwerte für eine ausreichende Wasserversorgung sind im Arbeitsblatt W 405 des DVGW [95] enthalten.

Als Bemessungsgrundlage dient die aus der Nutzung bzw. Siedlungsstruktur, gemäß Baunutzungsverordnung, abzuleitende Brandgefahr, die auch im DVGW-Arbeitsblatt W 405 als Grundschutz bzw. Objektschutz dargestellt ist. Ein erhöhter Bedarf an Löschwasser muss demnach zunächst durch den Nutzer oder Eigentümer realisiert und mit den Brandschutzbehörden und Wasserversorgern entsprechend geplant werden.

Die Löschwasserversorgung gliedert sich in einen Grundschutz für Wohngebiete, Gewerbegebiete, Mischgebiete und Industriegebiete ohne erhöhtes Risiko und in einen über den Grundschutz hinausgehenden Objektschutz, dabei handelt es sich um

Objekte mit einem erhöhten Brandrisiko wie
- Holzlagerplätze,
- Parkhäuser,
- Lagerplätze für leicht entzündbare Güter und
- Betriebe mit Herstellung/Verarbeitung von Lösungsmitteln;

Objekte mit erhöhtem Personenrisiko wie
- Versammlungsstätten,
- Geschäftshäuser,
- Krankenhäuser,
- Hotels und
- Hochhäuser;

und sonstige Einzelobjekte wie

♦ Aussiedlerhöfe,

♦ Raststätten,

♦ Kleinsiedlungen und

♦ Wochenendhäuser.

Als Kriterien für den Grundschutz werden die bauliche Nutzung im Sinne der Baunutzungsverordnung und zusätzlich die Brandausbreitungsgefahr herangezogen. Eine Beurteilung dieser von dem Gebäude ausgehenden Gefahrenlage erfolgt über die Brandausbreitungsgefahr in drei Klassen gemäß Tabelle 11.2. In Tabelle 11.3 sind dazu in Abhängigkeit der Brandausbreitungsgefahr für unterschiedliche bauliche Nutzungen Richtwerte der Löschwassermengen angegeben. Die festzulegende Löschwassermenge sollte für 2 Stunden zur Verfügung stehen. Für Einzelobjekte sind in begründeten Fällen Ausnahmen möglich.

Der Löschwasserbedarf für den Objektschutz muss jeweils von der für den Brandschutz zuständigen Behörde festgelegt werden. Neben dem Umfang eines möglichen Brandes muss auch das Ziel der Löschmaßnahmen berücksichtigt werden: das Verhindern des Brandübergriffs auf andere Brandabschnitte und das möglichst schnelle Löschen des Brandes im Brandbereich.

Der Löschwasserbedarf für den Objektschutz nach [94] ist in Tabelle 11.4 angegeben, es handelt sich dabei um Richtwerte der Berliner Feuerwehr. Der Löschwasserbedarf kann über Eigenversorgungsanlagen, Löschwasserbehälter bzw. -teiche, oberirdische Gewässer oder andere Quellen aber eben auch aus dem öffentlichen Trinkwassernetz gedeckt werden.

Erfolgt die Löschwasserentnahme aus dem öffentlichen Trinkwassernetz, so ist in Abstimmung zwischen Wasserversorgungsunternehmen und Objekteigentümer zu klären, ob der Löschwasserbedarf tatsächlich gedeckt werden kann. Ist das

Tab. 11.2: Klasseneinteilung zur Gefahr der Brandausbreitung (nach [95])

Brandausbreitung	Bauart überwiegend
kleine Gefahr	harte Bedachung und feuerhemmende oder feuerbeständige Umfassung
mittlere Gefahr	harte Bedachung und Umfassung nicht feuerbeständig oder feuerhemmend
	weiche Bedachung und Umfassung feuerbeständig oder feuerhemmend
große Gefahr	Umfassung nicht feuerbeständig oder feuerhemmend,
	weiche Bedachung,
	Umfassung aus Holzfachwerk
	stark behinderte Zugänglichkeit,
	Häufung von Feuerbrücken;

Tab. 11.3: Richtwerte für Löschwasserbedarf in Liter/Minute (nach [95])

	WS, SW	WR, WA, WB, MI, MD, GE	WR, WA, WB, MI, MD	MK, GE	MK, GE	GI
VG	≤ 2	≤ 3	> 3	1	> 1	–
GFZ	$\leq 0,4$	$\leq 0,3{-}0,6$	0,7–1,2	0,7–1,0	1,0–2,4	–
BMZ	–	–	–	–	–	≤ 9
BA klein	400	800	1.600	1.600	1.600	1.600
BA mittel	800	1.600	1.600	1.600	3.200	3.200
BA groß	1.600	1.600	3.200	3.200	3.200	3.200

VG	Zahl der Vollgeschosse	BA	Brandausbreitungsgefahr
GFZ	Geschossflächenzahl (Geschossfläche/Grundstücksfläche)		
BMZ	Baumassenzahl (Umbauter Raum/Grundstücksfläche)		
WR	reines Wohngebiet	WA	allgemeines Wohngebiet
WB	besondere Wohngebiete	WS	Kleinsiedlung
MI	Mischgebiete	MD	Dorfgebiete
MK	Kerngebiete	SW	Sondergebiete (Wochenends.)
GE	Gewerbegebiete	GI	Industriegebiete

Tab. 11.4: Löschwasserbedarf für Objektschutz (nach [94])

Wassermenge m³/h	Löschzeit Stunden	Objekt
24	0,5	Lauben
36	1	kleine, freistehende Gebäude, ≤ 2 VG
48	1	Wohngebäude bis 3 VG
60	2	Wohngebäude bis 3 VG mit Gewerbe, Geschäft
96	2	Wohngebäude > 3 VG mit Gewerbe, Geschäft Geschäfts- und Gewerbegebäude ≤ 3 VG
192	2	Geschäfts- und Gewerbegebäude > 3 VG Industrie- oder Lagergebäude normaler Größe, Warenhaus, Ausstellungsbau, Museum, Versammlungsstätte
> 192	> 2	Industrie- und Lagergebäude mit Übergröße, Holzlagerplätze, u.ä

Angebot zu gering, muss in der Regel eine unabhängige Löschwasserversorgung aufgebaut werden, da ein Stagnieren der Trinkwasserversorgung mit der Gefahr der Verkeimung vermieden werden muss.

Alle Löschwasserentnahmestellen in einem Einzugsbereich von ca. 300 m um den Brandort werden zur Löschwasserentnahme berücksichtigt.

Bei einem Brand entstehen immer für Leben und Umwelt gefährliche Brandgase. Es muss aber auch berücksichtigt werden, dass, insbesondere bei Industriebränden, das im Brandfall anfallende Löschwasser durch Wasser gefährdende Stoffe verunreinigt sein kann und daher die Pflicht besteht, dieses kontaminierte Löschwasser zurückzuhalten. Die „Richtlinie zur Bemessung von Löschwasser-Rückhalteanlagen beim Lagern Wasser gefährdender Stoffe" [96] enthält dazu abgestufte Anforderungen, um die entstehenden Risiken zu minimieren. Als entsprechende Kriterien dienen die Wassergefährdungsklassen der im jeweiligen Betriebsbereich gelagerten Stoffe.

Anmerkungen zum Betrieb von Löschwasserleitungen in Gebäuden
Die „nassen" Leitungen stehen unter Druck und sind ständig mit Wasser aus dem Trinkwassernetz gefüllt. Dieses stehende Wasservolumen stellt aber für das Trinkwassernetz eine Gefahr (Verkeimung) dar. Daher muss gesichert werden, dass in einer bestimmten Zeitdauer die in der Leitung vorhandene Wassermenge mindestens entnommen wird, um so die Wasserqualität zu sichern.

„Trockene" Steigleitungen werden erst von der Feuerwehr befüllt und stellen für das Trinkwassernetz daher keine Gefahr dar. Die Zeitdauer bis zur Wasserbereitstellung ist hier aber als nachteilig anzusehen.

Die „nass/trocken" Leitungen enthalten kein Wasser, sie werden erst bei einem Schlauchanschluss automatisch befüllt und stehen danach innerhalb kurzer Zeit zu Löschzwecken zur Verfügung. Bei Schlauchabkopplung wird die Leitung an einer Ventilstation automatisch getrennt und ein Entleerungsvorgang durchgeführt.

11.3 Löschmittel und Löscheinrichtungen

Feuerlöscheinrichtungen können sowohl fahrbare oder tragbare Feuerlöscher als auch ortsfeste Anlagen wie Sprinkleranlagen, Sprühwasseranlagen, Pulverlöschanlagen, Schaumlöschanlagen oder CO_2-Löschanlagen sein. Weiterhin zählen zu diesen Einrichtungen Löschsand- und Löschwasserbehälter, Löschdecken und Löschbrausen, aber vor allem Schlauchanschlusseinrichtungen und alle Löschfahrzeuge.

Die Ausrüstung mit Feuerlöschern, die ausschließlich der Bekämpfung von Entstehungsbränden dienen, wird in der Arbeitsstätten-Richtlinie ASR 13/1,2 geregelt, die in Ergänzung zum §13(1,2) der Arbeitsstättenverordnung ArbStättV [143] besteht.

Löschmittel
Die zurzeit zugelassenen Löschmittel können im Wesentlichen den folgenden
Löschmittelgruppen zugeordnet werden:
♦ Wasser, Wasser mit Zusätzen,
♦ Kohlenstoffdioxid,
♦ gasförmige Löschmittel,
♦ Feuerlöschpulver und
♦ Schaumlöschmittel.

Feuerlöschmittel müssen für den jeweiligen Einsatzzweck geeignet sein und
daher nach den für sie geeigneten Brandklassen unterschieden werden, derzeit
existieren gemäß DIN EN 2 [162] vier Brandklassen. Es handelt sich dabei um
die
♦ Klasse A feste, glutbildende Stoffe wie Holz, Papier, Kohle, Gummi, Textilien,
♦ Klasse B Brände flüssiger und flüssig werdender Stoffe wie Öl, Benzol, Teer,
            Stearin, Alkohol,
♦ Klasse C Brände gasförmiger Stoffe (auch unter Druck) wie Erdgas, Stadtgas,
            Propan, Acetylen und
♦ Klasse D Brände von Metallen (Einsatz nur mit Pulver) wie Aluminium, Nat-
            rium, Kalium, Magnesium, Lithium.

Zum Einsatz der Löschmittel in den einzelnen Brandklassen können noch
folgende Hinweise gegeben werden [103]:
♦ **Wasser und Wasser mit Zusätzen**
  – Einsatz für Brandklasse A,
  – 94% aller Brände werden mit Wasser gelöscht [85],
  – Wirkung durch Abkühlung (Umwandlungswärme),

♦ **Kohlenstoffdioxid**
  – Einsatz für Brandklasse B und C,
  – Gewinnung aus natürlichen Vorkommen,
  – Wirkung durch Ersticken und Verdrängen von Luft, Sauerstoffgehalt der Luft
    wird von ca. 21 Vol% auf ca. 15 Vol% abgesenkt,
  – Löschmittel verdampft ohne Rückstände,
  – als Raumschutz nur bei besonderen Risiken,
  – lebensbedrohend über ca. 8 Vol%, Personen müssen aus geschlossenen
    Räumen vor Einsatz evakuiert werden, d.h. Vorwarnphase zur Evakuierung
    beachten;

♦ **ABC-Löschpulver**
  – Einsatz für Brandklassen A,B,C,
  – Hauptbestandteile Ammoniumphosphat, Ammoniumsulfat,
  – Ausbilden von Schmelzschichten bei A,
  – antikatalytische Wirkung bei B und C (Unterbrechung der Reaktionskette)
  – universelles Löschmittel, elektrisch nicht leitend,
  – Pulver enthält fast keine Schadstoffe,

♦ **BC-Löschpulver**
   - Einsatz für Brandklassen B,C,
   - Hauptbestandteile sind Natriumbicarbonat, Kaliumsulfat, Hydrophobierungs-
     mittel und Zusätze,
   - antikatalytische Wirkung bei B und C,
   - Löschmittelstrahl elektrisch nicht leitend,
   - schlagartige Löschwirkung,
   - Pulver enthält fast keine Schadstoffe, lange Lagerfähigkeit,
   - nicht mit ABC-Pulver mischbar;

♦ **Schaumlöschmittel**
   - Einsatz für Klasse A, B;
   - Proteinschaum, Fluorproteinschaum,
   - biologischer Abbau kann Tage dauern,
   - Ausbildung einer gasdichten Schicht auf Oberflächen, Erstickung des Bran-
     des,
   - keine Wirkung bei Tropfbränden,
   - unerlässlich bei großen Flüssigkeitsbränden, Tanklager, Öl, Chemie
   - Pulver für Leichtmetallbrände,
   - Belastung für Gewässer und Umwelt, z.B. wegen Herabsetzung der Oberflä-
     chenspannung des Wassers, Rückstände als Sondermüll;

♦ **Gaslöschmittel**
   - Ersatzprodukte für Halon (halogenierte Kohlenwasserstoffe sind seit 1993
     verboten);
   - Argon, Inergen (52% O_2, 40% Ar, 8% CO_2) als Hochdruckgas in Flaschen,
   - Aufbau löschfähiger Konzentration nach ca. 60 Sekunden,
   - Wirkung durch Reduzierung des Sauerstoffgehaltes auf ca. 15 Vol%, CO_2-
     Gehalt wird auf ca. 4 Vol% erhöht mit der Folge einer unbewussten Intensivie-
     rung der Atmung und damit Ausgleich des verringerten Sauerstoffgehaltes,
   - keine Reifbildung und kein Vernebelungseffekt, volle Sichtfreiheit,
   - fast nur für stationäre Löschanlagen zugelassen, Drucklagerung,
   - Einsatz im Computerbereich, EDV-Räume,
   - umweltverträglich, keine Personengefahr,

Löschanlagen
Wenn das Löschmittel im Brandfall erst mit den Fahrzeugen der Feuerwehr direkt
(Tanklöschfahrzeug) oder indirekt (Feuerwehrpumpe, Hydrant und Schlauchlei-
tung) zum Brandherd transportiert werden muss, kann in der Brandbekämpfung
wertvolle Zeit vergehen. Mithilfe des fest verlegten Rohrnetzes einer Löschanlage
kann das Löschmittel sehr viel schneller und für die Löschkräfte leichter zum
Einsatz kommen. Folgende stationäre Anlagen sind zu unterscheiden, die
♦ Sprinkler-Löschanlage,
♦ Sprühflut-Löschanlage,
♦ Kohlensäure-Löschanlage,
♦ Schaum-Löschanlage und
♦ Pulver-Löschanlage.

Zu den häufig eingesetzten Löschanlagen werden nachfolgend einige Bemerkungen angefügt.

♦ **Sprinkleranlage**
- DIN EN 12259 [105], DIN 14489 [106], VdS 2092 [147]
- Betrieb mit Wasser,
- Bildung von löschwirksamen kleinen Wassertropfen,
- Nasssprinkler stehen ständig unter Wasserdruck,
- Trockensprinkler benötigen Druckluftfüllung hinter der Ventilstation,
- Ansprechempfindlichkeit : Standard, schnell, spezial,
- kugelförmige Wasserverteilung zu Boden und Decke bei Normalsprinkler, ($\varnothing$ Wirkbereich etwa 4,5 m, $\varnothing$ Schutzbereich etwa 3,7 m),
- paraboloidförmige Wasserverteilung zum Boden bei Schirmsprinkler, ($\varnothing$ Wirkbereich etwa 6,5 m, $\varnothing$ Schutzbereich etwa 4,6 m),
- temperaturabhängige Freigabe der Sprengampulle am Sprinklerkopf, Farbkennzeichnung, z.B. rot: 68 °C;

♦ **Sprühflutanlage**, DIN EN 12259 [105]
- Anlage mit offenen Düsen, z.B. Rohr mit regelmäßiger Düsenanordnung,
- Wirkfläche ca. 9 m^2, gleichmäßige Flutung der gesamten Schutzfläche,
- Wassermenge wird durch Düsenbestückung bestimmt,
- Rohrnetz im Normalzustand ohne Wasser,

♦ **Kohlenstoffdioxidanlagen**
- ortsfeste Anlage, Verteilung der Düsen über dem Gefahrenbereich,
- maximale Grundfläche je Düse beachten ($\leq$ 30 m^2),
- Löschmittelvorratsbehälter,

♦ **Pulver-oder Schaumlöschanlagen**, DIN 14493 [107]
- Schäumungszahl S als Verhältnis von Schaumvolumen zu Wasser-Schaummittel-Gemisch,
- Schwerst- ($S \leq 20$), Schwer- ($S \leq 200$) und Leichtschaum ($S \leq 1000$),
- häufiger Einsatz als bewegliche Anlagen,
- als ortsfeste Anlagen vor allem in der chemischen Industrie im Einsatz.

Eine weite Verbreitung hat die selbsttätige stationäre Wasserlöschanlage, kurz als Sprinkleranlage bezeichnet, gefunden. Eine richtig ausgelegte Anlage ist in der Entstehungsphase eines Brandes durchaus wirkungsvoll und effektiv, eine erfolgreiche Brandbekämpfung hängt unter anderem von einer zeitlich stabilen Wasserversorgung ab. Die insgesamt notwendige Wassermenge ergibt sich als Ergebnis von Festlegungen zur Wasserbeaufschlagung, der Wirkfläche der Sprinkler, der Arbeitsdauer und einem Anteil zur Kompensation von Strömungsverlusten in den Leitungen.

Aus dem Zusammenwirken von Sprinkleranlagen und Rauch-Wärme-Abzugsgeräten bzw. zur Entrauchung benutzten Lüftungsanlagen entstehen immer wieder Diskussionen über eine gegenseitige Beeinflussung [149,150]. Dies betrifft sowohl die verzögerte Auslösung von Entrauchungsanlagen, das Beeinträchtigen des Auslöseverhaltens von Sprinklern durch verändertes Strömungsverhalten im Raumvolumen als auch das Vermindern der rauchfreien Schichtdicke durch zu geringen thermischen Auftrieb. Dabei spielen Raumfläche, Raumhöhe und die Anordnung der technischen Anlagen in den Räumen eine große Rolle. Die Installation solcher technischen Anlagen, die für die Personenrettung von zentraler Bedeutung sind, ist, so einmal mehr die Feststellung, fast ausschließlich eine Aufgabe für Spezialisten, zunehmend auch Gegenstand mathematischer Modellierungen, mit deren Hilfe zukünftig technische Raumkonzepte entwickelt werden können.

Weitere Löschanlagen, mit anderen als den angesprochenen Löschmitteln, bleiben zurzeit nur sehr speziellen Einsatzmöglichkeiten vorbehalten. Technische Weiterentwicklungen können aber mit Interesse erwartet werden.

12 Bemessung, Methoden und Modelle

Brandsicherheit kann als ein solcher Zustand von baulichen Anlagen, technischen Anlagen, technologischen Prozessen, Erzeugnissen u.a. definiert werden, der die Entstehung und Ausbreitung von Schadensfeuern mit hoher Wahrscheinlichkeit ausschließt.

Eine absolute Sicherheit kann es nicht geben. Um aber das Niveau der Sicherheit stetig zu erhöhen, die notwendigen Maßnahmen in ihren Auswirkungen besser abschätzen zu können oder ein Gebäude mithilfe von Berechnungsmethoden brandschutztechnisch zu befähigen – siehe Möglichkeiten der Industriebaurichtlinie – sind Risikoabschätzungen, Brandmodellierungen und weiterführende Berechnungen sinnvoll und zukünftig sicherlich notwendig.

Aus diesen Gründen werden einige Bemerkungen zur Evakuierung von Gebäuden, zur Abschätzung des Brandrisikos und zu Berechnungsverfahren bzw. Modellen angefügt, die in der fachlichen Breite den Möglichkeiten und Zielen dieser Darstellung angepasst sind.

12.1 Bemessung

Forderungen an Baustoffe und Bauteile können entweder allgemein objektspezifisch, z.B. nach Landesbauordnung und Sonderbauverordnungen, oder speziell als Ergebnis von Berechnungsverfahren erhoben werden, wie derzeit schon im Industriebau üblich. Im ersten Fall ist die ETK und damit der Normbrand Grundlage der Anforderungen, im zweiten Fall ist es der Vergleich eines Naturbrandes mit dem Normbrand und einer im Zusammenhang damit festzulegenden Größe, der äquivalenten Branddauer. Baustoffe und Bauteile erfüllen die bauaufsichtlichen Anforderungen für einen Einsatz in einer bemessenen Konstruktion dann, wenn sie den Forderungen des Teils 4 der DIN 4102 genügen oder, separat geprüft, über eigene Zulassungen verfügen. Die Anforderungen basieren auf entsprechenden Prüfungen, nach DIN 4102 Teile 1 bis 18 ohne Teil 4, für Raumabschluss und Tragfähigkeit bzw. weiteren spezifischen Eigenschaften – z.B. Brandwand mit zusätzlicher mechanischer Prüfung – unter Einwirkung eines Normbrandes, der ETK, in der notwendigen Bemessungszeit.

Dieses Verfahren ist von geringem Aufwand, benötigt relativ wenig Fachkenntnisse und liegt in der Regel auf der sicheren Seite. Es werden aber auch Nachteile deutlich. So können weder bauwerkspezifische Eigenheiten in den Feuerwiderstandsdauern berücksichtigt werden, zurzeit sind z.B. keine Vorgaben zur

Feuerwiderstandsdauern kleiner als 30 Minuten möglich, noch andere als Normbrandbeanspruchungen für die Beurteilung der Bauteile herangezogen werden.

Für Abweichungen von geforderten Eigenschaften sind, auch wenn z.B. flankierende Kompensationsmaßnahmen vorgesehen werden, noch immer Ausnahmegenehmigungen erforderlich – Ermessensentscheide mit ihren unvermeidlichen subjektiven Begleiterscheinungen.

Aktuelle Auslegungen in Gesetzesentwürfen und Vorschriften, vor allem von der EU initiiert, zeigen, dass hier bereits ein Umdenken eingesetzt hat. So werden neben dem klassischen Bemessungsverfahren auch vereinfachte Berechnungsverfahren für Bauteile und allgemeine ingenieurtechnische Berechnungsverfahren für Bauteile bzw. Gesamtkonstruktionen im Sinne einer individuellen Bemessung möglich gemacht.

12.2 Auslegungshinweise

Das nicht bestimmungsgemäße Brennen, das Schadensfeuer oder der Brand schlechthin stellt ein außergewöhnliches Ereignis dar, dessen Gefährdungsgrad durch das Zusammenwirken potenzieller Gefahrenfaktoren wie Brandbelastung, Größe der Brandabschnitte, Gebäudehöhe u.a. erhöht und durch entsprechende Schutzmaßnahmen wie Sprinklerung, Rauch- und Wärmeabzüge, bauliche und/oder organisatorische Maßnahmen verringert werden kann. Gerade weil es sich bei einem Brand um ein außergewöhnliches Ereignis handelt, kann bei der Bemessung die Betrachtung und Bewertung von Grenzzuständen ohne Beschränkung der Allgemeinheit als hinreichend angesehen werden.

Für eine erste modellhafte Betrachtung kann eine Quantifizierung der Brandgefährdung mithilfe vorgefertigter rechnerischer Ansätze vorgenommen werden [122,123]. Die einzelnen Maßnahmen werden dabei als Faktoren, die dazu aus Tabellen zu entnehmen sind, in der Auslegung berücksichtigt.

Das vorhandene Brandrisiko R wird sowohl aus der möglichen Brandgefährdung B als auch einem Aktivierungsfaktor A, der die Eintretenswahrscheinlichkeit eines Brandes repräsentiert, durch Verknüpfung unabhängiger Ereignisse zu

$$R = B \cdot A \tag{12.1}$$

bestimmt.

Eine Brandgefährdung B kann als das Verhältnis der Summe aller Gefahren P zur Summe aller Schutzmaßnahmen M gemäß

$$B = \frac{P}{M} \tag{12.2}$$

definiert werden. Als Gefahren werden sowohl solche aus dem Gebäudeinhalt als auch die des Gebäudes selbst (Brandlast, Fläche, Geschossigkeit) berücksichtigt. Schutzmaßnahmen können aus Normalmaßnahmen (Feuerlöscher, Löschwasser, Organisation, ...), den Sondermaßnahmen (Meldeanlagen, Rauchabzugsanlagen, Feuerwehr, selbsttätige Löschanlagen, ...) und aus baulichen Maßnahmen (im wesentlichen die Feuerwiderstandsklassen der Bauteile) bestehen.

Da ein gewisses Brandrisiko in keinem Gebäude auszuschließen ist, muss für jedes Bauwerk ein noch zu akzeptierendes Risiko als Grenzwert oder Grenzrisiko festgelegt werden, um damit wiederum eine Brandsicherheit für ein Gebäude in dessen spezieller Nutzung festlegen zu können.

Eine genügende Brandsicherheit liegt immer dann vor, wenn das vorhandene Risiko R einen Grenzwert, eben das noch zu akzeptierende Risiko R_{Grenz}, nicht übersteigt, also

$$R \le R_{Grenz} \tag{12.3}$$

gilt. Dabei kann, ausgehend von einem Zahlenwert $R_{Grenz,Standard}$ als Standard-risiko, durch einen nutzungsbedingten Faktor K das Grenzrisiko relativ unproblematisch gemäß

$$R \le K \cdot R_{Grenz,\,Standard} = R_{Grenz} \tag{12.4}$$

den jeweils aktuellen Erfordernissen angepasst werden. Mit Gl. (12.3) kann das Verhältnis von Grenzrisiko zu vorhandenem Risiko gemäß

$$P_{BS} \equiv \frac{R_{Grenz}}{R} \ge 1 \tag{12.5}$$

als eine Brandsicherheit P_{BS} bezeichnet werden. Das vorhandene Risiko R sollte höchstens gleich dem akzeptierten Risiko R_{Grenz} sein, eher kleiner. Für den Fall, dass das akzeptierte Risiko R_{Grenz} kleiner als das vorhandene Risiko R ist, muss das Objekt als nicht ausreichend geschützt angesehen werden und wäre daher nicht zu akzeptieren.

Ein konkretes Berechnungsverfahren auf der Basis einer solchen Betrachtungsweise zur Bewertung von Gebäuden bietet die SIA 81 [123]. Das Anliegen des Verfahrens ist es, die oben genannten Erkenntnisse insoweit umzusetzen, dass aus Gefahrenfaktoren und solchen für die Schutzmaßnahmen eine Brandgefährdung bestimmt und diese mit einer Aktivierungsgefahr – wertet die Eintretenswahrscheinlichkeit eines Schadensfeuers – als Brandrisiko abgeschätzt werden kann. Die übersichtlichen Produktansätze und Tabellen ermöglichen auf einfache Art Variantenbetrachtungen und so die Auswahl geeigneter Brandschutzmaßnahmen.

Die Anwendung dieses Verfahrens ist freigestellt und hat zunächst keine rechtlichen Konsequenzen. Es stellt aber einen Schritt in eine empfehlenswerte Richtung der individuellen Brandschutzkonzepte von Gebäuden dar, vor allem solchen mit Sondernutzungen wie Museen, Vergnügungsstätten, Ausstellungen, Hotels, Anstalten u.a. Voraussetzung für die Anwendung des Verfahrens ist, dass alle Rettungswege normgerecht ausgebildet sind, Schutzabstände zu benachbarten Gebäuden ebenso eingehalten werden wie Sicherheitsvorschriften für technische Einrichtungen und Mindestforderungen an Bauteile und Baustoffe erfüllt werden [123,124].

In [122] wird, aufbauend auf dieser Methode, zur Ermittlung des relativen Brandrisikos ebenfalls ein Berechnungsverfahren vorgestellt.

Eine andere Vorgehensweise, um die Sicherheit von Bauwerken im Brandfall einschätzen zu können, ist die Verwendung von Häufigkeitsbetrachtungen, die Wertung von Wahrscheinlichkeiten, wobei auch hier davon ausgegangen wird, den Brandfall als außergewöhnliches Ereignis mit einer Grenzwahrscheinlichkeit bzw. einem Grenzrisiko anzusehen. Sowohl die Auftretenswahrscheinlichkeit eines Brandes als auch die Wahrscheinlichkeit der Vollbrandentwicklung und die Wahrscheinlichkeit des Verlustes an Tragfähigkeit werden in einem vorhandenen Risiko zusammengefasst und mit dem Grenzrisiko verglichen. Diese Möglichkeit wird in der DIN 18 230 benutzt.

Für die Bestimmung des vorhandenen Risikos mögen die folgenden Betrachtungen dienen. Wie schon wiederholt festgestellt wurde, kann die Entstehung eines Brandes nicht vollständig verhindert werden. Durch geeignete Maßnahmen können aber Gefahr und Schäden begrenzt werden.

Dabei kann es durchaus bedenkenswert sein, bei einer größeren Eintretenswahrscheinlichkeit von Bränden eine schärfere Auslegung der Bemessung als wirtschaftlichen Anreiz zu fordern, um so die Sicherheit gewissermaßen zu optimieren.

Die Eintretenswahrscheinlichkeit P für einen Vollbrand (Brandereignis mit Flashover) ist geringer als die Wahrscheinlichkeit eines Entstehungsbrandes, weil viele Anfangsbrände gelöscht werden, bevor es zu einem Vollbrand kommt. Das Eingreifen der Feuerwehr und die Wirkung von Löschanlagen verringern das Risiko eines Vollbrandes, daher muss die Wahrscheinlichkeit für einen Vollbrand das Ergebnis der Multiplikation von Wahrscheinlichkeiten
♦ P_1 für die Brandentstehung,
♦ P_2 des Versagens der Löschmaßnahmen und
♦ P_3 des Versagens von selbsttätigen Löschanlagen
sein. Die Verknüpfung der Wahrscheinlichkeiten von unabhängigen Ereignissen führt auf den Produktansatz

$$P = P_1 \cdot P_2 \cdot P_3 \tag{12.6}$$

als Wahrscheinlichkeit für das Eintreten eines Vollbrandes. Zweckmäßigerweise wird die Brandenstehungs- oder Eintretenswahrscheinlichkeit auf die Fläche des Brandabschnittes A mit

$$P_1' = \frac{P_1}{A} \tag{12.7}$$

Gebäudeart	$P_1' \,/\, m^2$	
Industrie	$(0,2 - 5,0) \cdot 10^{-6}$	[9]
Büro	$(0,5 - 5,0) \cdot 10^{-6}$	[9]
Wohngebäude	$(1,0 - 3,0) \cdot 10^{-5}$	[9]

Tab. 12.1: Jahresbezogene Eintretenswahrscheinlichkeit von Entstehungsbränden P_1' je m^2

bezogen und praxisüblich für ein Jahr angegeben. Tabelle 12.1 enthält einige Zahlenangaben für P_1'.

P_2 als Bewertungsfaktor für abwehrende Brandbekämpfungsmaßnahmen berücksichtigt, dass etwa 90% der Brandfälle von der Feuerwehr erfolgreich bekämpft werden, die Versagenswahrscheinlichkeit kann daher mit $P_2 = 0,1$ angenommen werden, ein Wert, der auch den Bemessungsvorschriften der DIN 18230 [69] als Basis dient.

Durch Einsatz von geeigneten Löschanlagen kann das Risiko der Brandentstehung weiter gemindert werden. P_3 als Bewertungsfaktor für die Eintretenswahrscheinlichkeit von Vollbränden berücksichtigt daher die Versagenswahrscheinlichkeit von Löschanlagen, die sich typbezogen unterscheiden kann, im Mittel mit 3%, d.h. mit $P_3 = 0,03$ angegeben werden kann. Die Wahrscheinlichkeit für das Entstehen eines Vollbrandes ist unter Berücksichtigung der Fläche A des Brandabschnittes und mit Gl. (12.6)

$$P = P_1 \cdot P_2 \cdot P_3 = P_1' \cdot P_2 \cdot P_3 \cdot A \tag{12.8}$$

Das gerade noch zu akzeptierende Risiko oder Grenzrisiko P_{Grenz} wichtiger Bauteile basiert auf dem Gefährdungsrisiko der jeweiligen Nutzung und muss daher aus statistischen Auswertungen von Ergebnissen mit Normbrandversuchen bestimmt werden.

Für den Industriebau werden in der DIN 18230 Grenzrisiken gemäß Tabelle 12.2 verwendet, die aber entsprechend den unterschiedlichen Anforderungen in den drei Brandsicherheitsklassen abweichende Zahlenwerte aufweisen, da die Bedeutung der jeweiligen Bauteile für das Tragwerk und den Brandschutz ausgedrückt werden muss.

Tab. 12.2: Grenzrisiko für Brandsicherheitsklassen nach DIN 18230

Brandsicherheitsklasse	P_{Grenz}	
	1-geschossig	mehrgeschossig
$SK_b\,3$	$1,0 \cdot 10^{-4}$	$1,0 \cdot 10^{-5}$
$SK_b\,2$	$1,0 \cdot 10^{-3}$	$1,0 \cdot 10^{-4}$
$SK_b\,1$	$1,0 \cdot 10^{-2}$	$1,0 \cdot 10^{-3}$

Der Angabe einer Grenzwahrscheinlichkeit, aus Tabelle 12.2 oder anderen bekanntgewordenen Übersichten zu entnehmen, muss als Zahlenangabe die Verknüpfung sowohl der Versagenswahrscheinlichkeit P_B der Bauteile als auch der Eintretenswahrscheinlichkeit P eines Brandes gemäß Gl. (12.8) gegenübergestellt werden. Es gilt

$$P_B \cdot P_1' \cdot P_2 \cdot P_3 \cdot A \leq P_{Grenz} \tag{12.9}$$

oder nach der Versagenswahrscheinlichkeit der Bauteile umgestellt

$$P_B \leq \frac{P_{Grenz}}{P_1' \cdot P_2 \cdot P_3 \cdot A} \tag{12.10}$$

Aus dieser Angabe kann gefolgert werden, dass, je kleiner die Auftretenswahrscheinlichkeit P_1' eines Brandes ist, die Versagenswahrscheinlichkeit von Bauteilen bei gleichem, also unverändertem Grenzrisiko umso größer sein darf; sie muss es aber nicht.

Ohne selbsttätige Löschanlage wäre $P_3 = 1$, mit einer solchen Anlage wird der Zahlenwert P_3 immer kleiner als Eins sein. Damit könnte akzeptiert werden, dass die Versagenswahrscheinlichkeit der Bauteile im Vergleich zum Zustand ohne Löschanlage größer sein kann. Hier liegt auch die typische Vorgehensweise für Kompensationsmaßnahmen, z.B. durch Installation einer selbsttätigen Löschanlage, bei nicht ausreichender Bauteilsicherheit begründet, ein wesentlicher Gesichtspunkt beim Bauen im Bestand oder auch im Industriebau.

Für die Bauteile können folgende Betrachtungen gelten. Die zeitabhängige Beanspruchbarkeit R (Tragfähigkeit, Feuerwiderstandsdauer) und die zeitabhängige Beanspruchung S (Lasteinwirkung, äquivalente Branddauer eines Brandes) eines Bauteils, siehe Abbildung 12.1, müssen über einen ausreichenden Sicherheitsabstand Z gemäß

$$Z = R - S \geq 0 \tag{12.11}$$

verfügen, weil alle Angaben zu R und S, zumal unter Brandbeanspruchung, mit mehr oder weniger großen Fehlern behaftet und daher statistisch zu behandeln sind [145]. Um Unsicherheiten auszuräumen, werden in der Bemessung entweder entsprechend bemessene Vorgabewerte benutzt, oder es werden praktischerweise Sicherheitsbeiwerte definiert, die es wiederum ermöglichen, als Faktoren die Basisangaben in einfacher Weise zu modifizieren.

Werden alle zufällig streuenden Einflussgrößen durch Wahrscheinlichkeitsverteilungen beschrieben, so kann auf Mittelwerte und Abweichungen von Z geschlossen werden.

Aus dem Mittelwert $\bar{X}$ (X steht für R oder S) einer n-mal gemessenen Größe X (z.B. Feuerwiderstandsdauer für R, äquivalente Branddauer für S) kann die Streuung gemäß

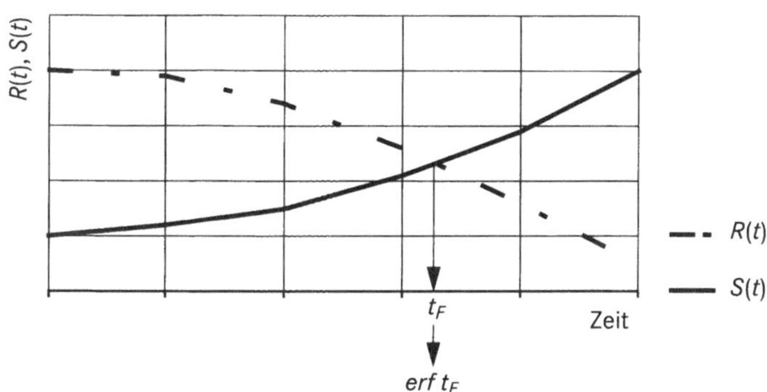

Abb. 12.1: Tragfähigkeit $R(t)$ und Beanspruchung $S(t)$ (nach [9]); $R(t) = S(t)$ bei Versagenszeitpunkt t_F führt auf erforderliche Feuerwiderstandsdauer

$$\bar{\sigma}_X = \frac{1}{n-1} \sum_{i=1}^{n} (X_i - \bar{X})^2 \tag{12.12}$$

und der Variationskoeffizient mit

$$v_X^2 = \frac{\bar{\sigma}_X}{\bar{X}} \tag{12.13}$$

bestimmt werden. Im Falle einer logarithmischen Normalverteilung ist die Transformation $X' = \ln(X)$ gültig und die Streuung [145] wird zu

$$\bar{\sigma}_{X'}^2 \approx \ln(1 + v_{X'}^2) \tag{12.14}$$

Die Standardabweichungen für R bzw. S sind mit den Variationskoeffizienten v dieser Werte gemäß

$$\bar{\sigma}_{R\,\text{oder}\,S} = \sqrt{\ln(1 + v_{R\,\text{oder}\,S}^2)} \tag{12.15}$$

verknüpft, die Standardabweichung für Z wird mit dem Fehlerfortpflanzungsgesetz von **Gauß** (Carl Friedrich Gauß, deutscher Mathematiker, 1777–1855)

$$\bar{\sigma}_Z = \sqrt{\bar{\sigma}_R^2 + \bar{\sigma}_S^2} \, . \tag{12.16}$$

Mit der Versagenswahrscheinlichkeit P_B der Bauteile Gl. (12.10) wird der so genannte Sicherheitsindex β über eine Funktion der logarithmischen Normalverteilung verknüpft (siehe Abbildung 12.2).

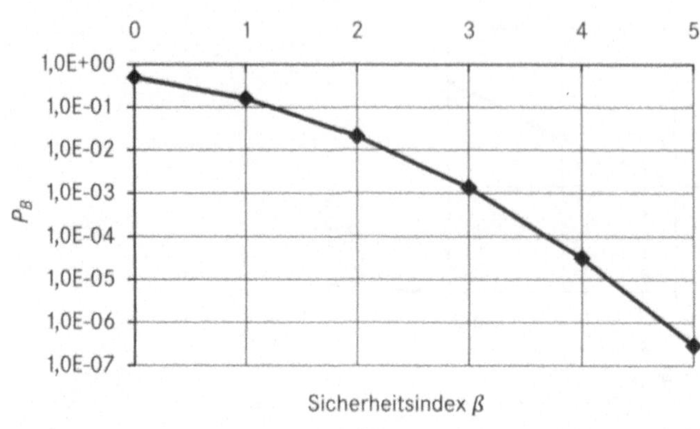

Abb. 12.2:
Versagenswahrschein-
lichkeit P_B und Sicherheitsindex β
(nach [24,125])

β	0	0,842	1,0	1,645	2,0	3,0	4,0	5,0
P_B	0,5	0,2	0,159	0,05	0,0228	$1,35 \cdot 10^{-3}$	$3,17 \cdot 10^{-5}$	$2,87 \cdot 10^{-7}$

Der Sicherheitsbeiwert γ für Bauteile der höchsten Brandsicherheitsklasse SK_b3 im Industriebau errechnet sich nach [24,125] gemäß

$$\gamma = e^{\beta \cdot \bar{\sigma}_z - k_R \cdot \bar{\sigma}_R - k_S \cdot \bar{\sigma}_S} \tag{12.17}$$

mit

β Sicherheitsindex
$\bar{\sigma}$ Standardabweichung von R, S oder Z
k Fraktilwert von R oder S.

Eine an der DIN 18230 orientierte Beispielrechnung für die Bestimmung des Sicherheitsbeiwertes γ verdeutliche die Vorgehensweise. Entsprechend der Norm werden für Feuerwiderstandsdauer (steht für Beanspruchbarkeit R) und äquivalente Branddauer $t_ä$ (steht für Beanspruchung S) Streubreiten von $v = 25\%$ angenommen.

Die Sicherheitsbeiwerte sind auf die 10%-Fraktile der Feuerwiderstandsdauer und die 90%-Fraktile der äquivalenten Branddauer bezogen. Mit Gl. (12.15) folgt für die Standardabweichung der beiden Größen $\bar{\sigma} = 0,246$ und mit Gl. (12.16) für den Sicherheitsabstand Z einen Wert $\bar{\sigma}_Z = 0,348$.

Mit der in der DIN 18230 benutzten Eintretenswahrscheinlichkeit für den Entstehungsbrand $P_1 = 5 \cdot 10^{-5}/(m^2$ und Jahr), einer Fläche des Brandbekämpfungsabschnitts von $A = 2500\ m^2$, den Bewertungsfaktoren $P_2 = 0,1$ und $P_3 = 1,0$ (ohne Löschanlagen) und dem Grenzrisiko nach Tabelle 12.2 für die SK_b3 können mit Gl. (12.10) die Versagenswahrscheinlichkeit P_B und weiter mit der Abbildung 12.1 der Sicherheitsindex β

- für eingeschossige Gebäude $P_B = 0,08$ $\beta = 1,43$ und
- für mehrgeschossige Gebäude $P_B = 0,008$ $\beta = 2,48$.

und abschließend der Sicherheitsbeiwert (gemäß Gl. (12.17))
♦ für eingeschossige Gebäude $y = 0,88$ (1,00) und
♦ für mehrgeschossige Gebäude $y = 1,26$ (1,25)
berechnet werden. Die Klammerwerte geben zum Vergleich jeweils die Zahlenwerte an, die nach DIN 18230 für den Sicherheitsbeiwert der Brandsicherheitsklasse 3 zu benutzen sind und zeigen die gute Übereinstimmung, wobei zu beachten ist, dass die Bedingung $y \geq 1$ (damit wird aus 0,88 der Wert 1,0) gilt, d.h. es
werden in der DIN 18230 keine Abschläge zugelassen.

Für die Brandsicherheitsklassen 1 und 2 gelten entsprechende Verfahrenswei-
sen mit Grenzrisikoangaben nach Tabelle 12.2. Für andere als die hier betrachtete
Industrienutzung können analog, mit entsprechend bekannten Zahlenangaben,
die Sicherheitsbeiwerte für die Brandsicherheitsklassen angepasst bestimmt
werden. Es ist somit ein spezifisches Sicherheitskonzept zu erreichen. Die meisten Zahlenangaben sind statistische Kennwerte, die durch neue und veränderte
Erkenntnisse jeweils angepasst zur Verfügung stehen müssen. Der statistischen
Auswertung von Bränden kommt damit auch heute noch eine große Bedeutung
zu, um die Fehlerbreite zu verringern oder auch um Abhängigkeiten zu erkennen.

12.3 Modellbetrachtungen

Die neue Industriebaurichtlinie eröffnet zum ersten Mal die Möglichkeit, Gebäude
hinsichtlich des Brandschutzes individuell zu beurteilen, wobei dies nach Voraussetzung mit wissenschaftlich anerkannten Verfahren zu geschehen hat. Wie
schon erwähnt, muss es sich dabei um solche Verfahren handeln, deren physikalische Grundlagen vollständig veröffentlicht sind und die im Hinblick auf die zu
beschreibenden Brandauswirkungen nachgewiesen validiert sind.

Die thermische Modellierung von Hochtemperaturprozessen, ein Brandereignis ist ein solcher Prozess, stellt ein komplexes physikalisches Problem dar und
erfordert zum Teil aufwändige mathematische Berechnungsverfahren. Zu diesem
Problemkreis soll daher im Folgenden ein Überblick gegeben werden.

Es kommen in der Brandsimulation zurzeit sowohl Zonen- als auch Feldmodelle zur Anwendung, wobei sich die Modellart auf die mathematische Durchdringung des Brandraumes bezieht. Die Beschreibungstiefe und Komplexität solcher
Simulationsprogramme haben seit Beginn ihrer Entwicklung (etwa Beginn der
80er Jahre) ständig zugenommen und heute sowohl für Raumbrände als auch
Brandszenarien in größeren baulichen Anlagen einen sehr aussagefähigen Stand
erreicht [156].

Zonenmodelle
Der Brandraum wird in Zonen i unterteilt, die jeweils durch die Masse m, die innere
Energie Q ($Q = m \cdot c \cdot \Delta T$), die Dichte ρ ($\rho = m/V$), eine mittlere Temperatur T, das
Volumen V_i ($V = \Sigma V_i$) und einen in den Zonen gleichen Druck p ($p \cdot V = m \cdot R \cdot T$)
charakterisiert werden. In den Zonen werden jeweils mittels Wärmebilanzen, d.h.

vorteilhaft unter Verwendung der für isobare Prozesse besonders zweckmäßigen Enthalpie H (nicht mit dem Heizwert H zu verwechseln), gemäß

$$\frac{dH}{dt} = \dot{Q} + p \cdot \dot{V} \tag{12.18}$$

und Massenbilanzen nach

$$\frac{dm_k}{dt} = \sum_k \dot{m}_k \tag{12.19}$$

Temperaturen berechnet, die jeweils in den Zonen nach Voraussetzung als konstant angenommen werden. Es wird über alle ein- und ausfließenden Massenströme k summiert. Für Vollbranduntersuchungen eine durchaus akzeptable Annahme, für Teilflächenbrände, die in einem Raum lokal begrenzt auftreten können, sicher mit mehr oder weniger großen Fehlern behaftet.

Die einfachste und älteste Modellform, zumindest was den Bautechnischen Brandschutz betrifft, ist das 1-Zonen-Modell. Dabei wird der Brandraum nicht unterteilt, es existiert nur eine Zone und die Temperaturverteilung wird in dieser als gleichmäßig verteilt angenommen. Einzonenmodelle liefern eigentlich nur bei kleinen Räumen mit Vollbrand vernünftige Ergebnisse und sind daher selten anzutreffen.

Bei einem 2-Zonen-Modell wird der Brandraum in eine Zone oder Schicht höherer Temperatur – üblich die oben befindliche Heißgasschicht – und in eine solche geringerer Temperatur – in Bodennähe befindliche kühlere Gasschicht – unterteilt. Weitere Unterteilungen im Brandraum, die zum Beispiel als dritte Zone die Flammenumgebung – auch als Plume bezeichnet – berücksichtigen, führen auf Mehr-Zonen-Modelle. Dabei existieren mehrheitlich 3-Zonen, seltener 4-Zonen-Modelle, einfach um den Rechenaufwand zu beschränken. Bei allen diesen Modellen wird der Zustand des Vollbrandes betrachtet und innerhalb der Zonen werden homogene Zustände vorausgesetzt. Die Zonenmodelle können für mehrere, aneinander grenzende Räume aufgestellt und gelöst werden, wobei diese über Rand- bzw. Grenzbedingungen aneinander gekoppelt werden.

Mit Mehrzonenmodellen sind Untersuchungen in größeren Räumen bezüglich Ausbreitung und Auswirkungen lokaler Brände in diesen Räumen möglich. Die für diese Betrachtungen erforderliche Brandausbreitungsgeschwindigkeit wird in [9] mit

$v = 0,5$ m/min im Schwelbrand,

$v = 1$ m/min   vor Flashover und

$v > 2$ m/min   im Flashover (Grenze v < 10 m/min)

angegeben.

Die Bilanzmodelle (Wärme oder Energie, Masse) sollen mit einem vertretbaren Aufwand möglichst viele Angaben zum Brandgeschehen ermöglichen, so zum Abbrandverhalten, den Temperaturbeanspruchungen der Bauteile, den Gastemperaturen, den Gasströmen oder zur Ausdehnung der Rauchschicht.

Ziel der Untersuchungen ist es daher, Rauchgastemperaturen in der oder den Gasschichten, Oberflächentemperaturen auf Bauteilen und Druckverteilungen zur weiteren Bestimmung von Konvektionen bzw. Massenströmen zu bestimmen [126]. Dies geschieht durch Formulierung von Energie- und Massenbilanzen in bestimmten Teilvolumen des Brandraumes, eben den Zonen. Durch deren Anzahl wird der Auflösungsgrad des Brandmodells, weniger die mathematische Auflösung bestimmt. Für Temperaturbetrachtungen auf den Oberflächen der raumbegrenzenden Bauteile sind Lösungen der Wärmeleitungsgleichung in den Massivbauteilen unter Berücksichtigung entsprechender Rand- bzw. Übergangsbedingungen zu bestimmen.

Die Massenbilanzen müssen die bei der Verbrennung freigesetzten Stoffmengen, den Massenaustausch zwischen den Zonen und den Massenaustausch über Öffnungen mit der Umgebung berücksichtigen.

Für die Wärme- oder Energiebilanz ist bestimmend, dass die bei der Verbrennung freigesetzte Energie abgeführt oder von Bauteilen aufgenommen wird. Der Energietransport geschieht wie bereits geschildert mittels Strahlung, Konvektion, Lüftung, Konduktion und Transition wechselseitig zwischen Gasschichten, Bauteilen und der Umgebung oder in Gasschichten und Massivbauteilen, womit die Komplexität einer genauen thermischen Modellierung solcher Prozesse hier nur näherungsweise angedeutet ist.

Bei der Verbrennung selbst muss die für den Prozess zur Verfügung stehende Luftmenge (Sauerstoffmenge) berücksichtigt werden, um zu entscheiden, ob die Verbrennung vollständig (brandlastgesteuert) oder unvollständig (ventilationsgesteuert) abläuft. Bei der vollständigen Verbrennung wird die pro Zeit freigesetzte Energie, d.h. der Wärmestrom $\dot{Q}$ (W) aus Abbrandgeschwindigkeit v_a (kg/h) und Heizwert H (Wh/kg) gemäß

$$\dot{Q} = v_a \cdot H \qquad (12.20)$$

bestimmt. Die Abbrandgeschwindigkeit kann flächenbezogen auch als so genannte Abbrandrate mit der Maßeinheit kg/m$^2 \cdot$ h verwendet werden. In [9] wird ein Anhaltswert für die Abbrandrate für Mischbrandlasten aus Holz und Kunststoff mit 30 ... 80 kg/(m$^2 \cdot$ h) angegeben.

Für die unvollständige oder ventilationsgesteuerte Verbrennung, d.h. wenn die einströmende Luftmenge, d.h. der Luftvolumenstrom die Brandentwicklung begrenzt, kann die pro Zeit freigesetzte Energie, der Wärmestrom $\dot{Q}$ über

$$\dot{Q} = \frac{m_{Luft}}{m_{voll}} H \qquad (12.21)$$

mit m_{Luft} als einströmender Luftmenge und m_{voll} als der für eine vollständige Verbrennung notwendigen Luftmenge – Anhaltswert $m_{voll} = 7{,}3$ kg Luft/kg Material [9] – bestimmt werden. Durch wiederholte Anwendung der Bilanzmodellrechnung in definierten Zeitschritten können Zeitabhängigkeiten simuliert werden, die durchaus zu aussagefähigen Temperatur-Zeit-Verläufen führen, wobei alle Ventilationsbedingungen oder Brandlasten als maßgebende Einflussfaktoren eine Darstellung von Kurvenscharen ermöglichen, wie es Abbildung 12.3 zeigt.

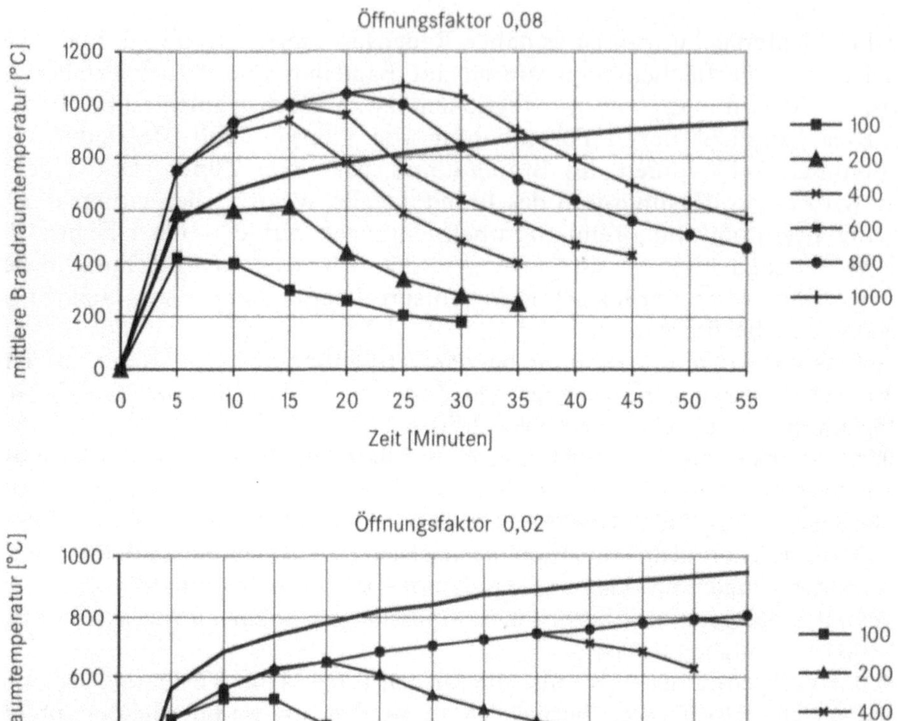

Abb. 12.3: Temperatur-Zeit-Verläufe für Räume bis 75 m² (nach [9]); Parameter ist die Brandlast, Einheitstemperaturkurve (dicke Linie) zum Vergleich, Öffungsfaktor $a = A_h \cdot h^{1/2}/A_{ob}$ mit A_{ob}: innere Oberfläche, A_h: Öffnungsfläche, h: mittlere Höhe von A_h

Zunehmende Ventilation verschiebt die Maxima der Kurven nach „links" und „oben", d.h. zu kürzeren Zeiten und höheren Temperaturen; steigende Brandlast verschiebt die Maxima im wesentlichen zu höheren Temperaturen und größeren Zeiten.

Andere Verfahren [128], die nicht die Zonenmodellierung benutzen, bestimmen Temperatur-Zeit-Kurven durch Betrachtungen einer mit fortschreitender Branddauer t anwachsenden Brandfläche

$$A_{Brand} = \pi \cdot (v_{Brand} \cdot t)^2 \tag{12.22}$$

mit v_{Brand} als Brandausbreitungsgeschwindigkeit und unterstellen zunächst keinen Vollbrand. Es wird eine Brandlastrate $\dot{Q}$ definiert, die sich in ihrer zeitlichen Entwicklung auf einen Wärmestrom von $\dot{Q}_B = 1\,\text{MW}$ gemäß

$$\dot{Q}(t) = \dot{Q}_B \cdot \left(\frac{t}{t_{ent}}\right)^2 \qquad (12.23)$$

bezieht, wobei mit t_{ent} eine Entwicklungszeit für den Brand eingeführt wird, die objektbezogen als Zahlenwert vorgegeben werden muss. In Tabelle 12.3 sind einige dieser Zahlenangaben enthalten.

Sämtliche Einflüsse – Brandlast, Plumetemperatur, Ventilation, Bauteile oder Infrastruktur – werden hinsichtlich ihrer Auswirkungen auf den zeitlichen Verlauf der Energiefreisetzung untersucht, die Ergebnisse werden unter Verwendung vereinfachter analytischer Ansätze zur Berechnung von Temperaturen im unmittelbaren Brandbereich und im Gasstrom über dem Brandbereich unter der Brandraumdecke benutzt. Die berechneten Temperaturen können in einem nächsten Schritt als Basis für Bauteilbemessungen – z.B. ob Stahleinsatz geschützt oder nicht geschützt möglich ist – oder zur Klärung von Auslegungsfragen für selbsttätige Löschanlagen, Meldeanlagen oder Rauch-Wärmeabzüge dienen.

Tab. 12.3: Brandentwicklungszeit (nach [128])

Brandlast	Stapelhöhe / m	t_{ent} / s
Papierwaren in Kartons	6,0	480
Holzpaletten	1,5	155
Rollen Polyethylenfolie	4,0	40

Feldmodelle

Für Feldmodelle sind die beschreibenden Differentialgleichungen – es handelt sich um die Wärmeleitungsgleichung, die Navier-Stokesschen-Gleichungen und die Kontinuitätsgleichung – Grundlage für die Berechnungen von Temperatur- und Geschwindigkeitsverteilungen im Modellraum. Vereinfachende Annahmen etwa derart, dass wie bei Zonenmodellen von homogenen Temperaturverhältnissen auszugehen ist, entfallen hier. Die geometrischen Verhältnisse können bei diesem Modelltyp sehr viel genauer berücksichtigt werden als bei Zonenmodellen. Ein entscheidendes Problem stellt aber die genaue, für die Aussagefähigkeit des Modells wesentliche Formulierung des orts- und zeitabhängigen Quellterms am Brandort und die entsprechenden temperaturabhängigen Materialparameter wie Dichte, Wärmeleitfähigkeit u.a. dar. Hinzu kommt, dass der Rechenaufwand zur Lösung eines solchen Systems von nichtlinearen, partiellen Differentialgleichungen bei dreidimensionalen Modellräumen relativ hoch ist.

Dies sind sicher Gründe, warum zurzeit noch vorwiegend Zonenmodelle zur Simulation benutzt werden. Die Computer-Fluid-Dynamik entwickelt sich aber rasant und wird auch hier in absehbarer Zeit vernünftige und sichere Softwarelösungen bereitstellen.

Diese nur überblicksmäßige Darstellung zu Methoden des Brandschutzingenieurwesens soll verdeutlichen, dass die Anwendung dieser Verfahren für die Bemessung von Gebäuden, z.B. solchen mit Sondernutzung, von großem Vorteil sein kann. Die individuellen Brandschutzkonzepte der Zukunft finden hier ihre Basis, um optimale Sicherheit zu gewährleisten.

Die Anwendung individueller Brandschutzkonzepte macht aber in jedem Einzelfall eine Festlegung von Schutzzielen für das Bauwerk/Bauwerksteil erforderlich, für deren Formulierung alle am Bau Beteiligten gemeinsam Verantwortung übernehmen müssen.

Die jetzt vorhandenen und in der Zukunft noch zu entwickelnden ingenieurtechnischen Berechnungsverfahren müssen bei den potenziellen Anwendern eine breite Akzeptanz erfahren. Dazu müssen die Verfahren in der Praxis ihre Richtigkeit beweisen und sowohl für Standardfälle als auch Sonderfälle einsetzbar sein. Die Ergebnisse sollten nachvollziehbar entstehen.

In der weiteren Ausgestaltung der Berechnungsmethoden zur ingenieurmäßigen Betrachtung liegt eine große Chance für die individuelle Beurteilung des Bautechnischen Brandschutzes. Hier ist ggf. ein Qualitätssprung zur bisherigen Verfahrensweise zu sehen, die aktuelle Literatur ist in naher Zukunft zu beachten, siehe [146].

12.4 Evakuierung

Die Landesbauordnungen, Sonderbauverordnungen oder andere Vorschriften enthalten Forderungen an Rettungswege, die, wenn sie eingehalten werden, ein weitestgehend sicheres Retten von Menschen aus dem betreffenden Gebäude in vorgegebenen Zeiträumen – festgelegt durch die Feuerwiderstandsdauer von Bauteilen – ermöglichen.

Sichere Rettung bzw. Evakuierung heißt, dass sich Personenströme in einer bestimmten Zeit und in bestimmten Abmessungen durch die Rettungswege bewegen müssen. Verschärfend kommt hinzu, dass Personen, die diese Rettungswege in einer Gefahrensituation (sehr schnell) begehen, dabei auch noch Entscheidungen zu treffen haben, die unter diesen Umständen nicht unbedingt von Vernunft geprägt sind. Daraus kann sehr schnell eine Paniksituation entstehen, die wiederum die Rettung behindert [118]. Glücklicherweise führt nicht jede Gefahrensituation zu einer Panik, sie ist aber bei der Bemessung der Rettungswege zu berücksichtigen.

Rettung aus einer Gefahrensituation bedingt einen oder auch mehrere, unter Umständen zusammenfließende Personenströme, die sich üblicherweise nicht normal bewegen. In der Folge können die sich zunächst flüssig bewegenden Personenströme regelrecht zusammenbrechen. Der Blick der Menschen für die Situation wird dabei „eingeengt", es entsteht der durch die Gefährlichkeit der Situation hervorgerufene so genannte Tunnelblick. Die Handlungen der Beteiligten werden nunmehr zunehmend unkontrolliert, es entwickeln sich Blockadesituationen. Bei

Gebäuden mit großen Menschenansammlungen oder hohen bzw. sehr ausgedehnten Gebäuden ist dieses Gefahrenmoment besonders groß.

Von den Gebäudeplanern können vorbeugend „sanfte" bauliche Maßnahmen, wie Wellenbrecher und Leitsysteme vorgesehen werden, um solche Blockadesituationen möglichst zu vermeiden und um Personenströme besser lenken können. Da nicht jedes beliebige Leitsystem zu einer höheren Sicherheit führt, sind umfangreiche Erfahrungen und auch viele Untersuchungen notwendig [130,131], um optimale Rettungsbedingungen zu gestalten.

Die Evakuierungsdauern liegen für übliche Geschossbauten, Arbeitsstätten oder Schulen, bei Einhaltung der geforderten Entfernungen und Abstände in den Gebäuden, in der Größenordnung von 2 bis 4 Minuten [9]. Sie sind von der Personendichte in den Rettungswegen und der Durchlassfähigkeit abhängig, wie die Abbildungen 12.4 und 12.5 zeigen.

Eine schnelle und sichere Evakuierung ist für die Sicherheit und Nutzung von Bauwerken von fundamentalem Interesse. Mit Hilfe von Simulations- und Optimierungsrechnungen können Evakuierungszeiten und Personenströme berechnet, aber auch Schwachpunkte im Personenfluss herausgefunden werden.

Evakuierungsrechnungen können zur angepassten Dimensionierung der Rettungswege beitragen [121]. Zumindest lassen solche Berechnungen Rückschlüsse auf ihre Effizienz zu.

Die Dichte der sich bewegenden Personenströme, definiert als Zahl der Personen im Strom je Fläche des Kommunikationsweges, die von diesen Personen eingenommen wird [118,119], ist durch Gebäudeart, Funktion des Gebäudes, Abmessungen der Verkehrswege und Art des Weges wie Treppen, Einengungen u.a. bestimmt. Einen Einfluss haben natürlich auch die Personen selbst, die diesen Weg benutzen und damit hinsichtlich Anzahl, ihres Alter, Art der Bekleidung, ihres psychischen Zustands oder des zu transportierenden Gepäcks berücksichtigt werden müssen.

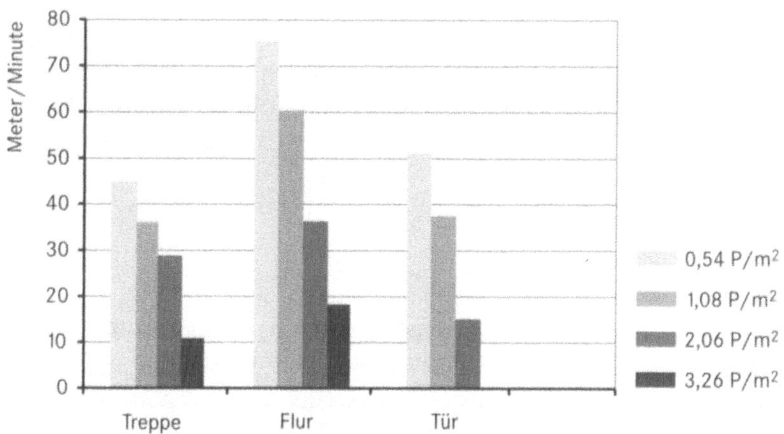

Abb. 12.4: Evakuierungsgeschwindigkeit (m/min) als Funktion der Personenstromdichte (Pers./m²) auf Treppen, Fluren und in Türen (nach [9])

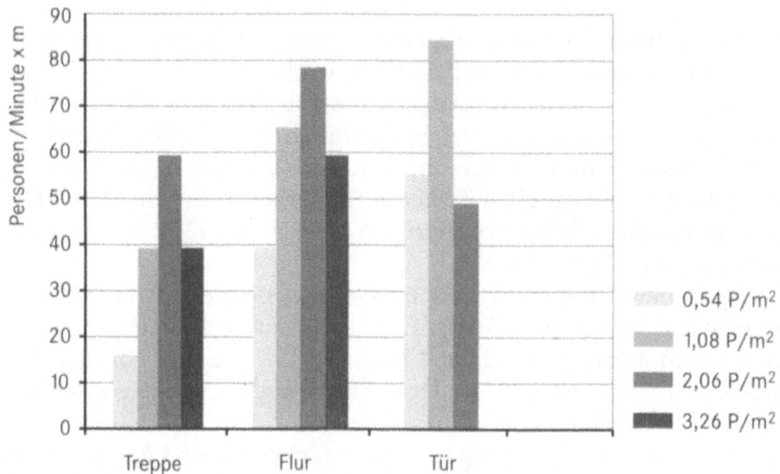

Abb. 12.5: Personenströme (Pers./Minute und Meter Breite) als Funktion der Personenstromdichte Pers/m²) auf Treppen, Fluren und in Türen (nach [9])

Nach [120] kann die Personendichte D durch

$$D = \frac{P}{b \cdot l_{Strom}} \quad [D] = \text{Pers.}/\text{m}^2 \tag{12.24}$$

mit

P Personenzahl (Pers.),
b Breite Rettungsweg oder Personenstrom (m) und
l Länge des Personenstromes (m)

erfasst werden. Sie kann auch davon abweichend über die senkrecht nach unten
auf die Evakuierungsebene projizierte Personenfläche f einer Einzelperson bzw.
für alle am Personenstrom beteiligten Personen als Summation gemäß

$$\sum f = P \cdot f \quad [f] = \text{m}^2 \tag{12.25}$$

und auch hier auf die Fläche des Personenstroms ($b \cdot l_{Strom}$) im Rettungsweg bezogen mit

$$D = \frac{\sum f}{b \cdot l_{Strom}} \quad [D] = \text{m}^2/\text{m}^2 \tag{12.26}$$

angegeben werden.

Als Durchlassfähigkeit V von Rettungswegen wird die Personenzahl, die in
einer Zeitdauer Δt eine Weglänge Δs bestimmter Breite passiert gemäß

$$V = D \cdot v \cdot b \quad [V] = \text{Pers.}/\text{s} \tag{12.27}$$

mit

D Dichte Personenstrom (Pers./m^2),
v Geschwindigkeit des Personenstromes $\Delta s/\Delta t$ (m/s) und
b Breite des Rettungsweges oder Personenstroms (m)

festgelegt.

Bezüglich der Abschätzung der Personenstromdichte – nach Gl. (12.26) – wurden von verschiedenen Autoren Untersuchungen vorgenommen, die zu oberen Grenzwerten von 0,92 m^2/m^2 [120] und nach neueren Untersuchungen von 1,04 m^2/m^2 [118] geführt haben. Übliche Zahlenangaben für unterschiedliche Nutzungen liegen aber zum Teil weit unter diesen Grenzwerten, wie Abbildung 12.6 zeigt.

Als Evakuierungszeit t_E gilt die Zeit, die durch Berechnung der Bewegungszeit von Personenströmen, die sich mit der Geschwindigkeit v über die Weglänge L vom entferntesten Ort bis zu den Ausgängen bewegen, über

$$t_E = \frac{L}{v} \quad [v] = \text{m/s} \tag{12.28}$$

ermittelt wird.

Wenn die Rettungswege in aufeinander folgende Abschnitte mit Fluren, Treppen, Ausgängen oder in den einzelnen Abschnitten vorhandene Engstellen unterteilt werden können oder müssen, kann die Evakuierungszeit als Summe von Einzelzeiten der einzelnen Abschnitte angegeben werden. Eine gewisse Pufferzeit, die so genannte „Schreckminute" in Analogie zur Schrecksekunde im Straßenverkehr, ist zusätzlich aus Sicherheitsgründen zu berücksichtigen und der Summe der Evakuierungszeiten hinzuzufügen.

Die Evakuierungszeit orientiert sich an Grenzwerten, die üblicherweise durch die Zeitdifferenz zwischen Brandausbruch und Eintreten von Gefahren für Personen oder auch durch die Feuerwiderstandsdauer der Bauteile selbst bestimmt sind.

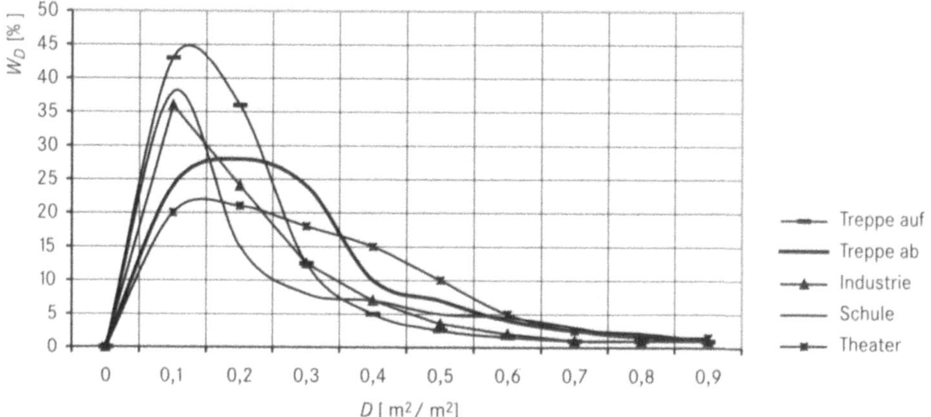

Abb. 12.6: Wahrscheinlichkeit W_D für die Personenstromdichte D (nach [118])

Bei der Sanierung von Industriebauten oder Hochhäusern kann es ein Vorteil sein, mit einer Evakuierungsrechnung zu belegen, in welchen Zeiten die entsprechend der Gebäudenutzung vorhandenen Personenansammlungen das Gebäude verlassen können. Dies ist immer dann besonders wichtig, wenn die Rettungswege ursprünglich vielleicht zu knapp bemessen oder nicht in ausreichender Zahl vorhanden waren und dieser Zustand nicht mehr oder nur geringfügig verändert werden kann [119].

Ein Vergleich beispielsweise der berechneten Evakuierungszeit mit der Feuerwiderstandsdauer der Bauteile, entweder der ursprünglich vorhandenen, wenn keine Verbesserungen vorgenommen werden konnten oder der nach der Sanierung verbesserten und daher zusätzlich zu überprüfenden, kann eine hilfreiche und ergänzende Aussage für die Sicherheit des Gebäudes darstellen.

In [127] wird ein Verfahren zur Bestimmung der maximalen Rettungszeit vorgestellt. Es basiert auf der Abschätzung der toxischen Wirkung der Rauchgase eines Brandes. Die maximale Rettungszeit wird, ingenieurmäßig beurteilt, dann erreicht, wenn die toxische Wirkung der Rauchgase in ihrer Abhängigkeit von Einwirkungszeit und Konzentration einen bestimmten Grenzwert überschreitet. Für diese Rettungszeit bliebe dann der Nachweis zu führen, dass eine Evakuierung des Gebäudes erfolgreich durchgeführt werden kann.

Die vorgestellten Modelle ergänzen sich durchaus. Eine Überprüfung der Rettungswege mithilfe der Evakuierungszeitberechnung und der maximalen Rettungszeit auf Grund möglicher toxischer Wirkungen ist für bestimmte Nutzungen oder Gebäudearten sinnvoll und zukünftig zur Anwendung in individuellen Brandschutzkonzepte zu empfehlen.

13 Brandschutzregelungen in den Eurocodes

Zur Klassifizierung von Baustoffen, Bauprodukten und Bauarten bezüglich ihres Brandverhaltens wurde bereits in den Abschnitten 5.1 und 5.2 auf anstehende neue Regelungen und neue Bezeichnungen hingewiesen. Die Eurocodes stellen dabei eine Gruppe von Normen dar, die zunächst der Bemessung und Berechnung von Tragwerken dienen, wobei aber auch der Brandfall, jeweils in den Teilen 1-2, ausführlich behandelt wird.

Im Zuge der einheitlichen Gestaltung des europäischen Rechts im gemeinsamen Markt für Bauprodukte war die Verabschiedung der Bauproduktenrichtlinie (BPR) im Jahre 1989 ein wichtiger Meilenstein. Damit wurden die Regeln für Bauprodukte bezüglich der Verwendbarkeits- und Übereinstimmungsnachweise festgelegt und der Rahmen für die Formulierung wesentlicher Anforderungen an die Bauprodukte abgesteckt. Dies geschieht ausdrücklich auch für den Brandschutz. Die Richtlinie regelt im Einzelnen

- das Inverkehrbringen von Bauprodukten,
- die Verwendung von Bauprodukten,
- Definition der Brauchbarkeit von Bauprodukten in Abhängigkeit ihrer Verwendung und
- nennt wesentliche Anforderungen an das Bauwerk.

Die Umsetzung in nationales Recht wurde durch die Bundesregierung im April des Jahres 1998 durch das Bauproduktengesetz (BauPG) für die ersten beiden Schwerpunkte vorgenommen. Von den Bundesländern wiederum musste die Umsetzung bezüglich der beiden letzten Anstriche in den Landesbauordnungen gesichert werden. Dies ist im Wesentlichen geschehen.

Die hauptsächlichen Anforderungen sind in 6 Grundlagendokumenten (GD1 bis GD6) festgehalten, sie werden in die Grundlagendokumente für

- mechanische Festigkeit,
- Brandschutz,
- Hygiene, Gesundheit, Umweltschutz,
- Nutzungssicherheit,
- Schallschutz und
- Energieeinsparung, Wärmeschutz

eingeteilt und dienen so als Vorgaben für europäische Normen und Leitlinien für Europäische Technische Zulassungen (ETAG).

Seit 1990 wurden parallel die Eurocodes 1 bis 6 und 9 als deutsche Vornormen erarbeitet. Diese bieten die Möglichkeit zum Nachweis der Feuerwiderstandsdauer im Lastfall „Brandbeanspruchung" und stellen erstmals eine Alternative zur Bauteilauslegung nach Liste gemäß DIN 4102-T4 dar. Damit kann ein Nachweis derart geführt werden, dass Bauteile in einem bestimmten Zeitraum über einen ausreichenden Feuerwiderstand verfügen und somit die bauaufsichtlichen Anforderungen erfüllen. Ein Vergleich von Ergebnissen aus Beispielrechnungen mit den Eurocodes 2 bis 5 und der DIN 4102-T4 ergab kaum Abweichungen [112], Gleichwertigkeit kann daher unterstellt werden, der Teil 4 der DIN 4102 wird auch fernerhin eine wesentliche Arbeitsgrundlage für jeden Planer sein können.

Seit Mai bzw. Juni 1997 liegen die deutschen Fassungen zu den Eurocodes als DIN-Vornormen vor, Tabelle 13.1 gibt eine Übersicht zu diesen und den Nationalen Anwendungsdokumenten (NAD). Die Anwendungsdokumente wurden vom Normenausschuss Bauwesen (NABau) erarbeitet. Sie zeigen das nationale Sicherheitsniveau auf und geben Verweise auf Bezugsnormen und Hinweise für die nationale Anwendung. Diese NAD's werden erst langfristig in dem Maße verschwinden, in dem eine einheitliche europäische Normung erreicht und nationale Besonderheiten abgebaut werden.

Erläuterungen zu den Rechenverfahren in Abhängigkeit der einzelnen Bauarten werden u.a. auch in [133] gegeben.

Die Eurocodes sehen drei Stufen zum brandschutztechnischen Nachweis vor:
♦ tabellarisches Verfahren,
♦ vereinfachtes Rechenverfahren und
♦ allgemeines Berechnungsverfahren.

Tab. 13.1: Brandschutzteile der Eurocodes und Nationale Anwendungsdokumente (NAD) als DIN Fachberichte (nach [132])

EC 1, Teil 2.2	DIN V ENV 1991 2-2 DIN-Fachbericht 91	Einwirkungen auf Tragwerke im Brandfall
EC 2, Teil 1.2	DIN V ENV 1992 1-2 DIN Fachbericht 92	Stahlbeton- und Spannbetontragwerke
EC 3, Teil 1.2	DIN V ENV 1993 1-2 DIN Fachbericht 93	Stahlbauten
EC 4, Teil 1.2	DIN V ENV 1994 1-2 DIN Fachbericht 94	Verbundtragwerke aus Stahl und Beton
EC 5, Teil 1.2	DIN V ENV 1995 1-2 DIN Fachbericht 95	Holzbauten
EC 6, Teil 1.2	DIN V ENV 1996 1-2 DIN Fachbericht 96	Mauerwerksbauten
EC 9, Teil 1.2	DIN V ENV 1999 1-2	Aluminiumkonstruktionen

Im tabellarischen Verfahren der Nachweisstufe 1 werden in der Regel die Querschnittsabmessungen des zu untersuchenden Bauteils mit Angaben verglichen, die aus Brandversuchen gewonnen und sich zum Erreichen einer bestimmten Feuerwiderstandsdauer als erforderlich erwiesen haben.

Im vereinfachten Rechenverfahren der Nachweisstufe 2 wird mit Näherungsverfahren nachgewiesen, dass auch nach Ablauf einer vorgegebenen Feuerwiderstandsdauer für ein Bauteil die notwendigen Lasteinwirkungen ohne Versagen aufgenommen werden können, wobei die Einheitstemperaturkurve als Basis der Beanspruchung dient.

Mit dem allgemeinen Berechnungsverfahren der Nachweisstufe 3 kann das tatsächliche Tragvermögen für eine vorgegebene Feuerwiderstandsdauer ermittelt und ggf. auch das Verformungsverhalten bestimmt werden. Bei dieser Stufe ist es möglich, eine Simulation des Brandfalls vorzunehmen; dabei kann statt der Beanspruchung durch die ETK oder die abgeminderte ETK auch ein natürlicher Brand als Beanspruchungskriterium benutzt werden.

Es konnte durch Vergleiche gezeigt werden, dass die Ergebnisse des vereinfachten Verfahrens gegenüber dem genaueren, dem allgemeinen Verfahren auf der sicheren Seite liegen.

Die umfassende Anwendung aller Bemessungsregeln ist noch nicht möglich. Dies betrifft zurzeit vor allem noch Berechnungen mit einer anderen Brandbeanspruchung als der durch die Einheitstemperaturkurve und zum Teil auch das allgemeine Rechenverfahren. Hier müssen noch Anforderungsprofile und Bewertungsmaßstäbe veröffentlicht werden [112].

Während im Brandschutzteil (Teil 2-2) des EC1 allgemeine Grundlagen für Berechnung und Bemessung von Bauwerken im Brandfall behandelt werden, erfolgt in den Brandschutzteilen (jeweils Teil 1-2) von EC2 bis EC6 die Tragwerksbemessung für den Brandfall.

Eurocode EC 1: Regelungen

In diesem Teil werden die Rechengrundlagen geregelt, mit denen Temperatur- und Lasteinwirkungen ermittelt werden können. Der Lastfall „Brand" wird als außergewöhnliches Ereignis angesehen, das nicht mit anderen gleich gelagerten, davon unabhängigen Ereignissen überlagert zu werden braucht [132].

Im zugehörigen NAD wird ein Überblick zu den verschiedenen Nachweisverfahren in den Eurocode-Brandschutzteilen gegeben, die zur Information in Tabelle 13.2 aufgeführt sind.

Eurocode EC 2: Anwendung Stahlbetonbau

Die tabellarischen Nachweise der Stufe 1 entsprechen den Inhalten der Tabellen der DIN 4102-T4, von denen sie im Wesentlichen unverändert übernommen wurden.

Das vereinfachte Verfahren der Stufe 2 ist für stabförmige Bauteile ohne großen Aufwand anwendbar. Eine vorhandene Tragreserve ist als Funktion der Feuerwiderstandsdauer direkt angebbar.

Das allgemeine Rechenverfahren der Stufe 3 ist aus eingangs genannten Gründen noch nicht umfassend einsetzbar.

Tab. 13.2: Nachweisstufen EC 1 (nach [132])

	Stufe 1 Einzelbauteil	Stufe 2 Einzelbauteil	Stufe 3 Tragwerk
Brandbeanspruchung	ETK	ETK	ETK[1]
thermische Analyse	–	EC 1 T2-2 Abschnitt 4	EC 1 T2-2
mechanische Beanspruchung	EC 1 T2-2 Anhang F	EC 1 T2-2 Anhang F	EC 1 T2-2
mechanische Analyse/ Bemessung	EC 2 T1-2 EC 4 T1-2 EC 6 T1-2	EC 2 T1-2 bis EC 5 T1-2	EC 2 T1-2 bis EC 5 T1

[1] andere Temperatur-Zeit-Kurven möglich

Eurocode EC 3: Anwendung Stahlbau

Tabellarische Nachweise der Stufe 1 fehlen. Im vereinfachten Verfahren nach Stufe 2 werden zwei Näherungsverfahren zur brandschutztechnischen Bemessung angeboten. In beiden Verfahren ist nachzuweisen, dass in einer vorgegebenen Feuerwiderstandsdauer die Einwirkungen nach EC 1 Teil 2-2 unter dem Bemessungswert der Beanspruchbarkeit bleiben.

Im ersten Verfahren (Tragfähigkeit) wird dieser Bemessungswert der Beanspruchbarkeit unter Normaltemperatur nach EC 3 Teil 1-1 ermittelt, im zweiten Verfahren (kritische Temperatur) unter Annahme einer gleichförmigen Temperaturverteilung zur Bestimmung der kritischen Stahltemperatur.

An beide Verfahren kann sich eine Berechnung der Dicke einer erforderlichen Bekleidung anschließen. Um diese Berechnungen sicherer zu gestalten, sollen die Hochtemperatureigenschaften der Bekleidungsmaterialien künftig nach europäischen Normen ermittelt werden [132]. Das NAD zu EC 3 enthält notwendige Materialkennwerte für Materialien, die in der DIN 4102-T4 enthalten sind.

Eurocode EC 4: Anwendung Verbundbau

In der Stufe 1 werden Tabellen benutzt, die auf der DIN 4102-T4 basieren und mit denen zunächst Verbundstützen und -träger bemessen werden können.

Nach dem vereinfachten Verfahren der Stufe 2 werden für die Bemessung bestimmter Arten von Einzelbauteilen und Teiltragwerken (Durchlaufträger) festigkeitsreduzierte Querschnitte angesetzt. Es wird eine wirtschaftlichere brandschutztechnische Bemessung möglich.

In Stufe 3 werden FEM-Methoden mit thermischer Analyse unter Berücksichtigung temperaturabhängiger Materialeigenschaften benutzt.

Eurocode EC 5: Anwendung Holzbauten

Tabellarische Nachweise der Stufe 1 zu Mindestquerschnittsabmessungen von Holzbauteilen fehlen. In der Stufe 2 sind zwei Nachweisverfahren enthalten.

Bei der Bemessung mit ideellem Restquerschnitt wird mit ETK-Beanspruchung der Ausgangsquerschnitt durch Ansatz der Abbrandtiefe reduziert, der verkleinerte Querschnitt dient der Bemessung unter Normaltemperaturen.

Generelle Berechnungsmethoden in der Stufe 3 werden für den brandschutztechnischen Nachweis von Holzbauteilen nach NAD als ungeeignet angesehen.

Eurocode EC 6: Anwendung Mauerwerksbau
Im Normteil sind weder tabellarische Daten noch Berechnungsverfahren angegeben. Aus Gründen der Gleichbehandlung wurde ein NAD erarbeitet, welches Tabellen enthält, in denen die Mindestwandstärken für Mauerwerk entsprechend den Angaben der DIN 4102-T4 angegeben sind. Damit stehen quasi über einen Umweg tabellarische Daten der Stufe 1 zur Verfügung.

Berechnungsverfahren der Stufen 2 und 3 stehen im NAD nicht zur Verfügung.

Eurocode EC 9: Anwendung Aluminiumbau
Bemessungsregelungen für Aluminiumbauteile werden erst noch erarbeitet.

Neben den bisherigen Nachweisen der Feuerwiderstandfähigkeit nach DIN 4102-Teil4 werden in naher Zukunft die tabellarischen Nachweise (Stufe 1) und die Nachweise mit Näherungsverfahren oder vereinfachten Rechenverfahren (Stufe 2) an Bedeutung gewinnen und somit eine notwendige und sinnvolle Ergänzung bilden. Rechnerische Nachweisverfahren zur brandschutztechnischen Bemessung von Konstruktionen lehnen sich eng an die Gebrauchsfälle bei Normaltemperatur, die so genannte Kaltbemessung, der Eurocodes an. Die Bemessung für den Lastfall „Brand" kann somit in den statischen Berechnungen erfolgen [132].

Allgemeine Rechenverfahren für brandschutztechnische Nachweise sind noch nicht üblich und können nur nach Absprache mit der zuständigen Bauaufsichtsbehörde angewendet werden [132]. Die Nachweise selbst sind von einem entsprechend qualifizierten Prüfingenieur zu prüfen, bei der notwendigen Personalentscheidung hat derzeit noch die Oberste Baubehörde, im Einzelfall die zuständige Bauaufsichtsbehörde, das Entscheidungsrecht.

Die Eurocodes sind, wie bereits erwähnt, noch die im Jahre 1997 veröffentlichten Vornormen. Eine Überarbeitung erfolgt zurzeit mit dem Ziel, sie möglichst bald als europäisches Normenwerk für den Konstruktiven Ingenieurbau zu veröffentlichen. Damit stehen in Zukunft aussagefähige Berechnungsverfahren für die brandschutztechnische Bemessung zur Verfügung, die in die Standsicherheitsnachweisberechnungen eingefügt und parallel abgearbeitet werden können, Vorgabe für alle notwendigen Berechnungen ist die geforderte Feuerwiderstandsfähigkeit der Bauteile oder Tragwerke.

Anhang

A.1 Landesbauordnungen der Bundesländer – Übersicht und Vergleich (teilweise)

(Stand: April 2004)

A.1.1 Datum der Inkrafttretung und letzte Änderungen der Bauordnungen der Bundesländer sowie Kurzbezeichnungen

Bundesland	Kurzbezeichnung der Bauordnung	Inkrafttreten, letzte Änderung	
Musterbauordnung	MBO	11/2002	
Baden-Württemberg	LBO BW	08.08.1995	19.12.2000
Bayern	BayBO	04.08.1997	09.07.2003
Berlin	BauO Bln	03.09.1997	16.07.2001
Brandenburg	BbgBO	21.07.2003	
Bremen	BremLBO	27.03.1995	04.12.2001
Hamburg	HbauO	10.12.1996	17.12.2002
Hessen	HBO	18.06.2002	
Mecklb.-Vorpommern	LbauO M-V	06.05.1998	14.08.2002
Niedersachsen	NbauO	10.02.2003	
Nordrhein-Westfalen	BauO NRW	01.03.2000	09.05.2000
Rheinland-Pfalz	LbauO Rh-Pf	24.11.1998	09.11.1999
Saarland	LBO Saarl	18.02.2004	
Sachsen	SächsBO	18.03.1999	
Sachsen-Anhalt	BauO LSA	09.02.2001	
Schleswig-Holstein	LBO S-H	10.01.2000	
Thüringen	ThürBO	16.03.2004	

A.1.2 Zuordnung wichtiger Paragraphen der Bauordnungen der Länder

Übersicht zum 4. Abschnitt der Bauordnungen der Bundesländer und der Musterbauordnung (nach [116])

Bundesland		tragende Wände, Pfeiler, Stützen	Außen-wände	Trenn-wände	Brand-wände	Decken	Dächer
		§	§	§	§	§	§
Musterbauordnung		**27**	**28**	**29**	**30**	**31**	**32**
Baden-Württem.	LBO BW	26 5 AVO	26 6 AVO	26 7 AVO	26 8 AVO	26 5 AVO	27 9 AVO
Bayern	BayBO	28	29	30	31	32	33
Berlin	BauO Bln	23	24	25	26	27	28
Brandenburg	BbgBO	24	24	25	26	25	28
Bremen	BremLBO	29	30	31	32	33	34
Hamburg	HbauO	24–29	24–29	24–29	24–29	24–29	30
Hessen	HBO	25	25	26	27	28	29
Mecklb.-Vorpom.	LbauO M-V	26	27	28	29	30	31
Niedersachsen	NbauO	30 5 DV	30 6 DV	30 7 DV	30 8 DV	31 10 DV	32 11 DV
Nordrh.-Westf.	BauO NRW	29	31, 32	30	33	34	35
Rheinland-Pfalz	LbauO Rh-Pf	27	28	29	30	31	32
Saarland	LBO Saarl	28	28	29	30	31	32
Sachsen	SächsBO	26	27	28	29	30	31
Sachsen-Anhalt	BauO LSA	29	30	31	32	33	34
Schleswig-Holstein	LBO S-H	32	33	34	35	36	37
Thüringen	ThürBO	26a	27	28	29	30	31

AVO Ausführungsverordnung
DV   Durchführungsverordnung

Übersicht zum 5. Abschnitt (teilweise) der Bauordnungen der Bundesländer und der Musterbauordnung (nach [116])

Bundesland	Treppen §	Treppenräume §	notwendige Flure §
Musterbauordnung	**34**	**35**	**36**
Baden-Württemberg	28 10 AVO	28 11 AVO	28 12 AVO
Bayern	36	36	37
Berlin	31	32	33
Brandenburg	30	31	31
Bremen	35	36	37
Hamburg	31, 25–27	32	33
Hessen	30	31	32
Mecklb.-Vorpommern	32	33	34
Niedersachsen	34 14 DV	34a 15 DV	35 17 DV
Nordrhein-Westfalen	36	37	38
Rheinland-Pfalz	30	34	35
Saarland	34	35	36
Sachsen	32	33	34
Sachsen-Anhalt	36	37	38
Schleswig-Holstein	38	39	40
Thüringen	32	33	34

AVO Ausführungsverordnung
DV   Durchführungsverordnung

Übersicht zum 6. Abschnitt (teilweise) der Bauordnungen der Bundesländer und der Musterbauordnung (nach [116])

Bundesland	Lüftungsanlagen, Leitungen §	Installations- schächte, -kanäle §	Feuerungsanlagen §
Musterbauordnung	**41**	**40**	**42**
Baden-Württemberg	26, 31	26, 31	Nr.19 Anh. §50
Bayern	40	40	36
Berlin	37	37	56
Brandenburg	35	35	36
Bremen	10	40	Nr.2 Anh. §65
Hamburg	37	37	Nr. III zu §1 BaufreiVO
Hessen	36	36	37
Mecklb.-Vorpommern	38	38	65
Niedersachsen	39, 21 DV	39, 21 DV	Nr.2 Anh. §65
Nordrhein-Westfalen	42	42	66
Rheinland-Pfalz	40	40	62
Saarland	40	40	41
Sachsen	38	38	63a
Sachsen-Anhalt	42	42	43
Schleswig-Holstein	44	44	69
Thüringen	39	38	40

AVO Ausführungsverordnung
DV   Durchführungsverordnung

A.1.3 Übersicht zu Rettungswegen

Bundesland	1. Rettungsweg Länge		2. Rettungsweg Fensterabmessungen		max. Brüstungshöhe	
	m	§	m x m	§	m	§
Baden-Württemberg	40	35	0,9 x 0,9	15, 30	1,2	14
Bayern	35	37	0,6 x 1,0	39	1,0	38
Berlin	35	32	0,9 x 1,2	5, 35	1,2	35
Brandenburg	35	31	0,9 x 1,2	32	1,1	32
Bremen	35	36	0,6 x 1,2	39	1,2	39
Hamburg	35	24	0,6 x 1,2	5, 29	1,2	32
Hessen	35	31	0,9 x 1,2	34	1,2	34
Mecklb.-Vorpommern	35	33	0,9 x 1,2	5, 36	1,2	36
Niedersachsen	35	13 DV	0,9 x 1,2	–	1,2	19
Nordrhein-Westfalen	35	37	0,9 x 1,2	5	1,2	40
Rheinland-Pfalz	35	31	0,9 x 1,2	5, 34	1,2	37
Saarland	35[1]	35	0,9 x 1,2	37	1,2	37
Sachsen	35	33	0,9 x 1,2	5, 36	1,2	36
Sachsen-Anhalt	35	37	0,9 x 1,2	40	1,2	40
Schleswig-Holstein	35	38	0,9 x 1,2	5, 42	1,2	42
Thüringen	35	33	0,9 x 1,2	5, 36	1,2	36

AVO Ausführungsverordnung
DV   Durchführungsverordnung
[1] in Lauflinie

A.2 Sonderbauverordnungen
(Stand: April 2004)

Übersicht 1: Inkraftsetzung mit Monat/Jahr

RI   Richtlinie   M Muster   VwV Verwaltungsvorschrift   VO Verordnung
( ) letzte Aktualisierung, Änderung

	Fliegende Bauten	Garagen	Gaststätten	Waren-, Geschäftshäuser
Baden-Württemberg	Sep. 1998 VwV	1995 VO (97)	Feb. 1991 VO	
Bayern	März 2000 VO	Nov. 1993 VO (01)	April 1986 VO (01)	
Berlin	März 1998 RI	Sep. 1998 VO (01)	Mai 1973 VO	
Brandenburg	Juli 1998 RI	Okt. 1994 VO (01)		
Bremen	Nov. 1980 VO			
Hamburg	Feb. 1994 RI	April 1990 VO (95)		
Hessen		Juni 1996 VO	VO Juni 1996 RI Jan. 1991	Juni 1973 VO (93)
Mecklenburg-Vorpommern	Jan. 2000 RI	Nov. 1993 VO	Nov. 1990 RI	
Niedersachsen		Sept. 1989 VO		
Nordrhein-Westfalen	VO (00)	Nov. 1990 VO (00)	Dez. 1983 VO (00)	Jan. 1969
Rheinland-Pfalz		Juli 1990 VO (97)	Dez. 1971 VO (98)	
Saarland	Juli 1998 VwV	Aug. 1976 VO (90)	Jan. 1979 VO	Sept. 1977 VO
Sachsen	Okt. 1990 RI	Jan. 1995 VO (00)	Sep. 1992 RI	
Sachsen-Anhalt	Mai 1997 VO	Mai 1997 VO	Feb. 1995 RI	
Schleswig-Holstein	Mai 2000 VwV	Nov. 1995 VO (00)	Okt. 1998 VO	
Thüringen		März 1995 VO	Nov. 1990 RI	

Übersicht 2: Inkraftsetzung mit Monat/Jahr

	Hochhaus	Industriebau	Krankenhaus	Schulen
Baden-Württemberg			Juni 1998 VO	
Bayern	Mai 1983 RI			Dez. 1994 VO
Berlin				
Brandenburg				Sep. 1999 RI
Bremen	Feb. 1979 RI			
Hamburg				
Hessen	Dez. 1983 RI (93)	März 2000 M RI	Jan. 1996 RI	Okt. 1999 RI
Mecklenburg-Vorpommern	Nov. 1990 RI	Nov. 1990 RI		April 1999 RI
Niedersachsen				Aug. 2000 RI
Nordrhein-Westfalen	Juli 1986 VO (95)	Mai 2001 RI	Feb. 1978 VO (00)	Nov. 2000 RI
Rheinland-Pfalz				März 1996
Saarland		Jan. 1997 RI		
Sachsen	Sep. 1992 RI		Okt. 1999 RI	Okt. 1999 RI
Sachsen-Anhalt	Feb. 1995 RI	1995 RI	Feb. 1995 RI	
Schleswig-Holstein	Juli 1983 RI (84)			Sep. 1999 RI
Thüringen	Nov. 1990 RI	Nov. 1990 RI	Nov. 1990 RI	Aug. 1999 RI

Übersicht 3: Inkraftsetzung mit Monat/Jahr

	Verkaufsstätten	Versammlungsstätten	Feuerungsanlagen
Baden-Württemberg	Feb. 1997 VO	Aug. 1974 VO (82)	Nov. 1995 VO
Bayern	Nov. 1997 VO (01)	Dez. 1990 VO (00)	März 1998 VO
Berlin	Juni 1998 VO	Juni 1998 VO (00)	Aug. 1996 VO
Brandenburg	Juli 1998 VO (00)	Nov. 1990 M RI	Juli 1998 VO
Bremen			Feb. 2000 VO
Hamburg			Feb. 1997 VO
Hessen	Jan. 2000 VO	Dez. 1990 RI (00)	Juni 1977 VO (79)
Mecklenburg-Vorpommern	Mai 1996 VO (98)	Nov. 1990 RI	Dez. 1995 VO
Niedersachsen	Jan. 1997 VO	Okt. 1978 VO (89)	Dez. 1997 VO
Nordrhein-Westfalen	Sep. 2000 VO	Juli 1969 VO (00)	Juli 1998 VO
Rheinland-Pfalz	Juli 1998 VO (99)	Juli 1972 VO (90)	Feb. 1997 VO
Saarland	Sep. 2000 VO	Jan. 1994 VO	
Sachsen	Sep. 1992 RI	Sep. 1992 RI	Sep. 1998 VO
Sachsen-Anhalt	Feb. 1995 RI	Feb. 1995 RI	Nov. 1996 VO
Schleswig-Holstein	Dez. 1997 VO (00)	Juni 1971 VO (00)	März 1996 VO (00)
Thüringen	Juni 1997 VO	Nov. 1990 RI	Juni 1996 VO

Quellenangaben zu den Übersichten A.2.1 bis A.2.3:

Brandschutzatlas, Feuer Trutz Verlag, Wolfratshausen 1995–2000; S. Wehling, Fak.Bauing., BU Weimar, unv.Semesterarbeit, Dez. 2001; www.baunetz.de/arch/baurecht (12/2001); www.baurecht4free.de (12/2001); www.baulinks.de/links/arch_texte-gesetze.htm (12/2001)

A.3 Normen in Deutschland, Österreich und der Schweiz

A.3.1 Deutschland

DIN EN	54	1993	Bestandteile automatischer Brandmeldeanlagen
DIN VDE	0 833	1992	Gefahrenmeldeanlagen
DIN EN	1 363	1999	Feuerwiderstandsprüfung, allgemein
DIN EN	1 364	1999	Feuerwiderstandsprüfung, nichttragende Bauteile
DIN EN	1 365	1999	Feuerwiderstandsprüfung, tragende Bauteile
DIN EN	1 366	1999	Feuerwiderstandsprüfung, Installationen
DIN EN	1 634	2000	Feuerwiderstandsprüfung , Türen und Abschlüsse
DIN V ENV	1 991	1997	EC 1, allgemein
DIN V ENV	1 992	1997	EC 2, Stahlbeton, Spannbeton
DIN V ENV	1 993	1997	EC 3, Stahlbau
DIN V ENV	1 994	1997	EC 4, Verbundtragwerke
DIN V ENV	1 995	1997	EC 5, Holzbau
DIN V ENV	1 996	1997	EC 6, Mauerwerksbau
DIN V ENV	1 999	1997	EC 9, Aluminiumkonstruktionen
DIN	4 066	1984	Hinweisschilder Brandschutz
DIN	4 102	ab 1981	Teile 1-3, 5-9, 11-19 Brandverhalten von Baustoffen und Bauteilen, Prüfung
DIN	4 102	1994	Teil 4, Zusammenstellung Baustoffe, Bauteile
E DIN EN	13 501	1999	Klassif. Brandverhalten Bauprodukte und Bauarten
E DIN EN	13 823	2000	Prüfungen zum Brandverhalten von Bauprodukten
DIN EN	13 916	2000	Feuerschutztüren und -tore
E DIN EN ISO	13 943	1998	Brandschutz, Vokabular
DIN	14 011	1991	Begriffe aus dem Feuerwehrwesen
DIN	14 095	1998	Feuerwehrpläne für bauliche Anlagen
DIN	14 096	2000	Brandschutzordnung
DIN	14 493	1977	Ortsfeste Schaumlöschanlagen
DIN	14 494	1979	Sprühwasser-Löschanlagen

DIN	14 495	1977	Behälter-Berieselung im Brandfall
DIN	14 675	2000	Brandmeldeanlagen, Aufbau und Betrieb
DIN	18 082	1991	Feuerschutzabschlüsse, Stahltüren T30
DIN	18 089	1984	Einlagen für Feuerschutztüren
DIN	18 090	1997	Aufzüge, Flügel- und Falttüren in Wänden F 90
DIN	18 091	1993	Aufzüge, Schiebetüren in Wänden F 90
DIN	18 092	1963	Brandschutz Kleinlastenaufzüge, Türen
DIN	18 093	1987	Einbau Feuerschutztüren in Massivwände
DIN	18 095	1988	Rauchschutztüren
DIN	18 160	1987	Hausschornsteine
DIN	18 230	1998	Baulicher Brandschutz im Industriebau
DIN	18 232	1998	Rauch- und Wärmeableitung
DIN	18 234	1997	Baulicher Brandschutz Industriebau, Dächer
DIN EN	26 184	1991	Explosionsschutzsysteme
ISO	6 182	1993	autom. Sprinkleranlagen
ISO	6 183	1990	CO_2 Löschanlagen in Räumen
ISO	7 202	1987	Feuerlöschmittel Pulver
ISO	7 203	1995	Löschmittel Schaum
ISO	7 240	1988	Brandmelde- und Alarmsysteme
E ISO DIS	12 239	1995	Brandschutzausrüstung - Haushalt – Rauchmelder
VDI	3 564	1999	Empfehlungen Brandschutz Hochregallager

A.3.2 Österreich (ÖNORM)

B 3800	2000	Brandverhalten von Baustoffen und Bauteilen
B 3802	1995	T.1 Holzschutz im Hochbau
B 3805	1983	Flammschutzmittel für Holz und Holzwerkstoffe
B 3806	2002	Anforderungen an das Brandverhalten von Bauprodukten (Baustoffe)
B 3810		Brandverhalten von Bodenbelägen
B 3836	1984	Brandverhalten von Bauteilen, Abschottungen von Kabeldurchfhrg.
B 3850	2001	Feuerschutzabschlüsse (Drehflügel-, Pendeltüren und -tore)

B 3852	2002	Feuerschutzabschlüsse (Hub-, Kipp-, Roll-, Schiebetüren und -tore)
B 3855		Rauchabschlüsse
B 8211	2001	Rauch- und Abgasfänge

EN 2	1993	Brandklassen
EN 3		Tragbare Feuerlöscher
EN 54	1996	Brandmeldeanlagen
EN 357	2001	Brandschutzverglasungen
EN 615	1995	Löschmittel
EN 1187	1994	Beanspruchung von Bedachungen durch Feuer von außen
EN 1188	1993	Prüfung Feuerwiderstandsfähigkeit von lastabtragenden Teilen
EN 12094	2001	Ortsfeste Brandbekämpfungsanlagen
EN 12101	2001	Anlagen zur Ableitung von Rauch und Wärme
EN 12259	2002	Ortsfeste Löschanlagen (Sprinkler, Sprühdüsen, Alarmventil)
EN 12416	2001	Ortsfeste Löschanlagen (Pulver)
EN 13238	2001	Prüfung Brandverhalten von Bauprodukten (Trägerplatten)
EN 1364	2000	Feuerwiderstandsprüfung nichttragender Bauteile
EN 1365	2000	Feuerwiderstandsprüfung tragender Bauteile
EN 1366	2001	Feuerwiderstandsprüfung von Installationen

F 1000	1988	Begriffe Feuerwehr- und Brandschutzwesen
F 2030		Kennzeichnungen für den Brandschutz
F 3000	1989	Brandmeldesysteme

H 5170	1998	brandschutztechnische Anforderungen an Heizungsanlagen
H 6031	2000	Brandschutzklappen in lüftungstechnischen Anlagen
H 7624	1985	brandschutztechnische Anforderungen an Lüftungsanlagen

OEST V B 2	1980	Österreichisches Brandschutzhandbuch
OEST V B 16	1993	Brandsicherheit im Stahlbau
OEST V R 21	1989	Richtlinie für rechnerischen Brandwiderstandsnachweis Stahlkonstr.
OEVE EN 60695	1993	Prüfung zur Beurteilung der Brandgefahr

Quelle: www.on-norm.at

Richtlinien und Bauvorschriften Österreichs

TRVB A 100	Brandschutzeinrichtungen, Rechnerischer Nachweis
TRVB N 106	Brandschutz in Mittel- und Großgaragen
TRVB O 115	Brandschutz in Wohnhäusern, Büro- und Verwaltungsgebäuden
TRVB S 123	Automatische Brandmeldeanlagen
TRVB S 125	Rauch- und Wärmeabzugsanlagen
TRVB S 127	Sprinkleranlagen
TRVB F 134	Flächen für die Feuerwehr auf Grundstücken

Verordnung der Burgenland (BauVO) 1998	LGBl.Nr. 11/1998	
Kärntner Bauvorschrift 1985	LGBl.Nr. 56/1985	l.Ä.: 31/2001
Bauordnung Niederösterreich 1996	LGBl.Nr. 8200-0	l.Ä.: 8200-6
Bautechnikgesetz Oberösterreich (BauTG) 1994	LGBl.Nr. 67/1994	l.Ä.: 60/2001
Bautechnikgesetz Salzburg (BauTG) 1976	LGBl.Nr. 75/1976	l.Ä.: 9/2001
Steiermärkisches Baugesetz (Stmk.BauG) 1995	LGBl.Nr. 59/1995	
Technische Bauvorschriften Tirol 1998	LGBl.Nr. 89/1998	
Bautechnikverordnung Vorarlberg (BTV) 1986	LGBl.Nr. 44/1986	l.Ä.: 51/1996
Bauordnung für Wien (BO Wien) 1930	LGBl.Nr. 29/1930	l.Ä.: 37/2001

Quelle: Stahl brennt nicht, Österreichischer Stahlbauverband, Oktober 2001
l.Ä: letzte Änderung

A.3.3 Schweiz:
SIA (Schweizerischer Ingenieur- und Architektenverein, www.sia.ch) und VKF (Vereingung Kantonaler Feuerversicherungen, www.vkf.ch))

SN ENV

1991-2-5	1997	Eurocode 1, Teil 2-5,Temperatureinwirkung
1991-S2	1997	Sammelband der Eurocodes 2 bis 6, Teile 1-2
1992-1-2	1995	Eurocode 2, Stahlbeton, Teil 1-2
1993-1-2	1995	Eurocode 3, Stahlbau, Teil 1-2
1994-1-2	1994	Eurocode 4, Verbundtragwerke, Teil 1-2
1995-1-2	1994	Eurocode 5, Holzbau, Teil 1-2
1996-1-2	1995	Eurocode 6, Mauerwerk, Teil 1-2
1999-1-2	1998	Eurocode 9, Aluminium, Teil 1-2
V 460.000	1994	Basisdokument mit NAD zu Eurocodes

SN EN ISO 183... Brandschutz im Hochbau

183.001	1996	Terminologie
183.101/2/3	1998	Feuerwiderstandsprüfung, Allgemein
183.121	1999	Feuerwiderstandsprüfung, tragende Wände
183.122	1999	Feuerwiderstandsprüfung, tragende Decken, Dächer
183.123	1999	Feuerwiderstandsprüfung, tragende Balken
183.124	1999	Feuerwiderstandsprüfung, tragende Stützen
183.141	1999	Feuerwiderstandsprüfung, nichttragende Wände
183.142	1999	Feuerwiderstandsprüfung, nichttragende Unterdecken
183.161	1999	Feuerwiderstandsprüfung, Leitungen
183.162	1999	Feuerwiderstandsprüfung, Klappen
183.181	2000	Feuerwiderstandsprüfung, Feuerschutzabschlüsse

D 017	1987	Brandhemmende Textilien
D 0140	1996	Brandschutz und Rettungswesen auf Tunnelbaustellen

SIA 81	1984	Brandrisikobewertung
SIA 82	1985	Feuerwiderstand von Bauteilen aus Stahl
SIA 83	1997	Brandschutz im Holzbau

VKF Richtlinien

1993	Brandverhütung
1993	Klassierung von Baustoffen und Bauteilen
1993	Schutzabstände, Brandabschnitte, Rettungswege
1993	Verwendung brennbarer Baustoffe
1993	Löschgeräte und -einrichtungen
1993/1999	Brandmeldeanlagen
1993/1998	Sprinkleranlagen
1993	Brandschutznorm

A.4 Glossar zu Fachbegriffen

Abbrandrate

pro Zeiteinheit verbrennende Masse brennbarer Stoffe, Funktion von Stoffart, Verteilung, Belüftung

Achsabstand

Abstand zwischen der Längsachse der tragenden Bewehrungsstäbe und der beflammten Oberfläche des Bauteils

äquivalente Branddauer

Zeitdauer in Minuten, bei der näherungsweise im betrachteten Bauteil die gleiche Schadenswirkung durch einen Naturbrand erreicht wird wie mit einem Normbrand nach ETK

Aufenthaltsraum

Räume, die nicht nur zu einem vorübergehenden Aufenthalt von Menschen bestimmt oder geeignet sind

Ausnahme

Abweichung von baurechtlichen Vorschriften, in denen diese ausdrücklich zugelassen sind, Ermessensentscheidungen

Bauart
> Zusammenfügen von Bauprodukten zu baulichen Anlagen oder Teilen von diesen

Bauliche Anlage
> eine aus Bauprodukten hergestellte Anlage, die mit dem Erdboden verbunden ist

Bauprodukt
> Baustoffe, Bauteile und Anlagen, die dauerhaft in bauliche Anlagen eingebaut werden

Baustoff
> besteht aus einem Stoff oder einem sehr fein verteilten Gemisch

Baustoffklasse
> Klassierung von brennbaren und nicht brennbaren Baustoffen nach ihrem Brandverhalten

Bautechnischer Nachweis
> Nachweis der Standsicherheit, des Wärme- und Schallschutzes sowie ggf. des energetischen Verhaltens

Bautechnischer Brandschutz
> bauliche und technische Maßnahmen zum Brandschutz

Bedachung
> Baustoffe der Dacheindeckung zum Abhalten der Witterungseinflüsse Einstufung in harte und weiche Bedachung

Bedachung, hart
> gegen Flugfeuer und strahlende Wärme widerstandsfähig

Bedachung, weich
> keine harte Bedachung nach DIN 4102, Teil 4, Nr. 8.7

Befreiung
> Abweichung von zwingenden Vorschriften, Ermessensentscheidung

Betondeckung
> Abstand zwischen Oberfläche der Bewehrungsstäbe und der Bauteiloberfläche

Brand
> nichtbestimmungsgemäßes Brennen, Schadensfeuer, unkontrollierte Ausbreitungsmöglichkeit

Brandabschnitt

Gebäudebereich zwischen den Außenwänden und/oder Wänden, die als Brandwände über alle Geschosse ausgedehnt sind

Brandabschnittsfläche

Fläche eines Brandabschnittes zwischen aufgehenden Bauteilen

Brandbeanspruchung

thermische Einwirkung auf einen Baustoff oder Bauteil

Brandbekämpfungsabschnitt

brandschutztechnisch abgeschlossener Gebäudebereich mit besonderen Anforderungen an die begrenzenden Wände und Decken

Brandbelastung

flächenbezogene Brandlast, Bezug: Brandabschnittsfläche, Geschossfläche, Oberfläche, ...

Brandlast

auch Brandbelastung, Summe der Heizwerte aller brennbaren Baustoffe und Einrichtungsgegenstände, vollständiges Verbrennen vorausgesetzt

Brandrisiko

ergibt sich aus der Brandgefahr, der Wahrscheinlichkeit, dass ein Schaden eintritt und der Höhe des möglichen Schadens

Brandschürze

vertikales Bauteil unter Decken/Dächern, das der Rauchausbreitung entgegenwirkt

Brandschutz, abwehrender

Brandbekämpfung mit Löschgerät, Feuerwehreinsatz

Brandschutz, baulicher

Forderungen und Maßnahmen an Bauteile eines Gebäudes

Brandschutz, betrieblicher

Regelungen und Maßnahmen zur Verbesserung der Organisation der Brandbekämpfung und Verringerung der Brandgefahr

Brandschutz, technischer

Forderungen und Maßnahmen an technische Einrichtungen, die zu Brandverhütung eingebaut werden wie Meldeanlagen, Löschanlagen, Feuerschutzabschlüsse, u.a.

Brandschutzanstrich

Beschichtung zur Verlängerung der Feuerwiderstanddauer, Zuordnung zu einer Feuerwiderstandsklasse kann erreicht werden

Brandschutzklappe

beweglicher Verschluss innerhalb einer Leitung, um Feuerdurchtritt zu verhindern

Brandschutzklasse

Klassifizierung zur Festlegung von bauordnungsrechtlichen Anforderungen an den Brandschutz, vor allem im Industriebau

Brandsicherheitsklasse

Klassierung zur unterschiedlichen brandschutztechnischen Bedeutung von Bauteilen, betrifft vor allem die Funktionen Standsicherheit und/oder Raumabschluss

Brandsicherheitswache

von der Feuerwehr bei erhöhtem Brandrisiko gestellte Wache

Brandverhalten

Anforderungen an die eingesetzten Bauprodukte zur Gewährleistung einer ausreichenden Standsicherheit im Brandfall für eine Zeitdauer, Verhalten des Bauproduktes, mit dem es infolge seiner Zersetzung das Brennen beeinflusst

Brandumfang

wird auf die zum Löschen eingesetzten Strahlrohre bezogen, nach DIN 14 011 Unterscheidung in Kleinbrand, Mittelbrand und Großbrand

brennendes Abtropfen

Teile eines Materials, die sich während des Brennens lösen und in einer Zeitdauer selbstständig weiterbrennen

Brennwert

bei der Verbrennung pro Stoffmasse frei gewordene Wärmeenergie, wenn der freigesetzte Wasserdampf wieder kondensiert ist

Dach

bildet konstruktiv den oberen Abschluss des Gebäudes

Dachgeschoss

Geschoss, das vollständig oder teilweise im Dachraum liegt, als Vollgeschoss nur anrechenbar, wenn es eine lichte Höhe von 2,3 m über 2/3 der Grundfläche hat   (ThürBO [5])

Dachhaut

oberster Abschluss des Dachaufbaus

Dachraum

von der Dachkonstruktion und der Dachhaut umschlossene Hohlraum über
der obersten Geschossdecke oder Balkenlage

Dämmschichtbildner

Anstrichsystem, welches unter Temperatureinfluss aufschäumt und eine dämmende Schutzschicht bildet

Decke

horizontal angeordnetes, tragendes und raumabschließendes Bauteil,

Deflagration

Explosion mit geringem Druckanstieg

Einbauten

durch Unterdecke hindurchführende Einrichtungen, die nicht durch separate
Prüfverfahren abgedeckt sind

Einheitstemperaturkurve (*standard temperature-time curve*)

Normbrandkurve als Maßstab für äquivalente Branddauer
Beschreibung: $T = [345 \cdot \log(8 \cdot t + 1) + 20]$ in °C (t in Minuten)

Entwurfsverfasser

Verfasser der Entwurfs- und Ausführungsplanung für ein Bauvorhaben, muss
nach Sachkunde und Erfahrung geeignet sein

Explosion

exotherme Reaktion mit hohem Druckanstieg

Feststellanlage

ermöglicht kontrolliert die selbst schließende Eigenschaft von Türen, d.h. die
zeitlich begrenzte Offenhaltung unwirksam zu machen

Feuer

Schadensfeuer, nicht bestimmungsgemäßes Brennen, sich unkontrolliert aus-
breitende Verbrennung

feuerbeständig

Bezeichnung für Bauteile mit Feuerwiderstandsdauer $T_{fb} \geq 90$ Minuten

feuerhemmend

Bezeichnung für Bauteile mit Feuerwiderstandsdauer gemäß
30 Minuten $\leq T_{fh} < 60$ Minuten

Feuerschutzmittel (FSM)

Zusatz zu einem Material oder dessen Behandlung, um die Verbrennung zu unterdrücken, abzumindern oder zu verzögern, Zuordnung zu einer Baustoffklasse kann erreicht werden

Feuerschutzabschluss

selbst schließendes Bauteil zur Sicherstellung des Raumabschlusses in einer Feuerwiderstandsdauer

Feuerungsanlage

in Gebäuden ortsfeste Einrichtungen zum Erzeugen von Heizenergie für Raumheizung und Warmwasserbereitung

Feuerwiderstandsfähigkeit (*fire resistance*)

Fähigkeit des Bauteils, geforderte Funktionen in einer bestimmten Brandbeanspruchung für eine bestimmte Zeit zu sichern

Feuerwiderstandsklasse

Klassifizierung von Bauteilen entsprechend der nachgewiesenen Feuerwiderstandsdauer

Feuerschutzmittel

Stoffe, die das Entflammen fester brennbarer Stoffe erschweren

Feuerwehraufzug

Eine im Bedarfsfall nur der Feuerwehr vorbehaltene Transportmöglichkeit, die besonders ausgestattet und ständig betriebsbereit ist und weder durch Rauch noch durch Brandeinwirkung in seiner Funktion beeinträchtigt werden kann

Feuerwehrfläche

erforderlich, wenn der 2. Rettungsweg über Rettungsgerät der Feuerwehr erfolgt, es handelt sich um Zugänge, Zufahrten, Durchgänge, Durchfahrten, Aufstellflächen und Bewegungsflächen

Feuerwehrzufahrt

befestigte Fläche, die mit der öffentlichen Verkehrsfläche direkt verbunden ist

Feuerwiderstandsklasse

Einordnung der Bauteile entsprechend ihrer Feuerwiderstandsdauer

Flashover

Phase zum Vollbrand mit plötzlich eintretendem Feuerübersprung

Gebäude

selbstständig benutzbare, überdeckte bauliche Anlagen, die von Menschen betreten werden können; der Begriff ist im Bauordnungsrecht von grundlegender Bedeutung

Gebäude geringer Höhe

Fußboden keines Geschosses, in dem Aufenthaltsräume möglich sind, liegt mehr als 7 m über Geländeoberfläche. (Gebäudeklasse 1 bis 3)

Gebäude mittlerer Höhe

Fußboden des obersten Geschosses liegt höher als 7 m und nicht höher als 22 m über Geländeoberfläche. (Gebäudeklasse 4)

Geländeoberfläche

natürliche Geländeoberfläche am Gebäude, durch die Genehmigungsbehörde kann eine andere Geländeoberfläche festgelegt werden

Geschoss

alle auf gleicher Ebene liegenden Räume sowie in der Höhe dazu versetzt liegende Raumteile mit weniger als der Hälfte der Raumfläche

Glimmen, Glut

Verbrennen brennbarer Stoffe ohne Flamme mit sichtbarer Wärmestrahlung

Heizwert (PCI)

bei der Verbrennung pro Stoffmasse frei gewordene Wärmeenergie, wenn der freigesetzte Wasserdampf nicht kondensiert

Hochhaus

Gebäude, bei denen der Fußboden eines Aufenthaltsraumes mehr als 22 m über der Geländeoberfläche liegt

hochfeuerhemmend

Bezeichnung für Bauteile mit Feuerwiderstandsdauer gemäß
60 Minuten $\leq$ T_{fh} < 90 Minuten

Implosion

Zerstörung eines Behälters durch Unterdruck

Industriebauten

Gebäude oder Teile von Gebäuden für Industrie und Gewerbe, in denen Güter oder Produkte produziert oder gelagert werden

Intumeszenzbeschichtung

Flammenschutzanstrichsystem, wirkt durch Aufblähen eines voluminösen, isolierenden Schutzschaumes aus Kohle, kompliziertes chemisches System

Kompensator

technische Einrichtung zur Verhinderung von Schäden durch thermische Dehnung

kritische Temperatur
Stahltemperatur, bei der Bruchspannung des Stahls auf die im Bauteil vorhandene Stahlspannung absinkt

Löschwasserrückhaltung
Anlage zur Rückhaltung von Löschwasser mit wassergefährdenden Stoffen

Löschwasserversuch
Bauteil wird unmittelbar nach Brandversuch 1 Minute der Beanspruchung eines Löschwasserstrahls ausgesetzt

Maisonette
Geschosse derselben Nutzungseinheit, sind durch Treppen ohne eigenen Treppenraum verbunden

Naturbrand
Brand, der nicht durch einen Normbrandverlauf festgelegt ist

nicht tragende Wand
Wand, die außer ihrem Eigengewicht keine zusätzliche Last aufnimmt

Nutzungsänderung
liegt vor, wenn an ein Gebäude oder Gebäudeteile mit neuer Nutzung andere Anforderungen gestellt werden, der Bestandsschutz erlischt, Vorschriften des Baurechts sind zu beachten

PCI
Pouvoir Calorifique Inférieur, siehe Heizwert

PCS
Pouvoir Calorifique Supérieur, siehe Brennwert

Profilfaktor (*section factor*)
Verhältnis der dem Feuer ausgesetzten Bauteiloberfläche zu dessen Volumen, bei bekleideten Bauteilen das Verhältnis der Innenoberfläche der Bekleidung zum Volumen des Bauteils; bei konstanter Bauteillänge wird aus der Oberfläche jeweils die Abwicklung und aus dem Volumen die Querschnittsfläche

Rauch
nicht durchsichtiges Aerosol, enthält Brandgase, feste und auch flüssige Bestandteile

Rauchschürze
vertikal unter Decken und Dächern angeordnete Unterteilungen, um die horizontale Ausbreitung von Rauchgasen zu vermeiden oder zu behindern

Rauchschutz-Druckanlage

verhindert in Räumen das Eindringen von Rauch bzw. leitet Rauch ab mit Hilfe von technisch erzeugten Druckdifferenzen

Rauchschutztür

selbst schließende Tür, die im geschlossenen Zustand den Durchtritt von Rauch behindert

Raumabschluss

Bauteil verhindert Durchtritt von Flammen und Brandgasen, auf der brandabgekehrten Bauteiloberfläche darf nur vorgegebene max. Temperaturdifferenz auftreten; Prüfung

Rettungsweg

baurechtlich unbedingt geforderter Teil der baulichen Anlage mit eindeutigen Eigenschaften, geeignet zur Evakuierung von Personen

Schadensfeuer

nichtbestimmungsgemäßes Brennen im Gegensatz zum Nutzfeuer, dem bestimmungsgemäßen Brennen

Schwelbrandkurve

langsame Beheizungskurve für reaktive und dämmschichtbildende Bauprodukte; Beschreibung:
$T = [154 \cdot t^{0,25} + 20,]$ in °C, $0 < t \leq 21$ Minuten, t in Minuten
$T = [345 \cdot \log (8 \cdot (t - 20) + 1) + 20]$ in °C, $t > 21$ Minuten, t in Minuten

selbstschließend

Eigenschaft eines offen stehenden Abschlusses, ohne Einwirkung von Fremdenergie bis zum Einrasten zu schließen

Sicherheitstreppenraum

Treppenraum, in den Feuer und Rauch nicht eindringen können

Sprinkler

Sprühdüse (engl. Sprinkler), durch Schmelzlot oder mit leicht siedender Flüssigkeit gefülltes Glasgefäß verriegelt, öffnet durch thermische Zerstörung dieser Verschlüsse

Sprinkleranlage

im Brandabschnitt verlegtes Rohrleitungssystem mit Sprinklerköpfen zur automatischen Löschmittelfreigabe durch z.B. thermische Auslösung am Kopf

Steigleitung nass

Leitung ständig unter Druck, Rückflussverhinderung zum Netz notwendig

Steigleitung, trocken
Einspeisung im Brandfall, Verschmutzungsgefahr, Lage der Schieber beachten

Teilabschnitt
Teil eines Brandbekämpfungsabschnitts, der so abgetrennt ist, dass eine gegenseitige Brandübertragung nicht zu erwarten ist

Teilfläche
Teil eines Brandbekämpfungsabschnitts oder eines Teilabschnitts, der durch Randbedingungen wie Brandlastkonzentration, Auffangflächen oder Wärmeabzugsflächen festgelegt ist

Ü-Zeichen
Dieses Zeichen tragen Bauprodukte, für die eine bauaufsichtliche Zulassung oder ein Prüfzeugnis erforderlich ist, eine ständige Überwachung ist gesichert, im Ü-Zeichen sind Name des Herstellers, Grundlagen des Nachweises und Angaben zur Prüfstelle vorhanden

Unterdecke
nicht tragendes Bauteil, stellt horizontalen Raumabschluss dar

Verbrennung
exotherme Reaktion eines Materials unter Sauerstoffzufuhr

Vollbrand
Phase eines Brandes, an der alle brennbaren Stoffe als am Brennen beteiligt angesehen werden

Vollgeschoss
Geschosse, deren Deckenoberkante im Mittel 1,4 m über Geländeoberkante hinausragt, über mindestens 2/3 der Grundfläche eine lichte Höhe von 2,3 m aufweisen [5], die in der Regel zwischen Oberkante Fußboden Geschoss und Oberkante Fußboden des darüber liegenden Geschosses gemessen wird

Werkfeuerwehr
nach Landesrecht anerkannte Werkfeuerwehr, die zu jeder Zeit nach 5 Minuten am Einsatzort sein kann

Zünden
das Auslösen einer Zündquelle, muss aber nicht zum Entzünden führen, Mindestzündenergie

Zündquelle
Energiequelle, die Zündenergie an z.B. brennbare Stoffe übertragen kann

Literaturverzeichnis

[1]   Schmidt-Ludowieg, N.; Steinhoff, D.: Grundlagen des Brandschutzes im Bauwesen, Erich Schmidt Verlag, Berlin 1982

[2]   EnEV, Energieeinspar-Verordnung 2002, Bundesgesetzblatt, Teil I, 21.11.2001, Nr. 59, S. 3085

[3]   Friedl, J. F.: Hauptursachen für Brände, Brandschutz, Beilage DBZ, 1, 1998

[4]   Sicherheit: in Deutschland Nebensache? Brandschutz, Beilage DBZ, 1, 1998

[5]   Thüringer Bauordnung, Gesetz- und Verordnungsblatt für den Freistaat Thüringen, S. 349 vom 16.03.2004

[6]   Lichtenauer, G.: Anwendbarkeit rechnerischer Nachweise der Brandsicherheit im bauaufsichtlichen Verfahren, Vfdb, Nr. 1, 1994

[7]   Brandschutz in der Gebäudetechnik, hrsg. von G. Linden und K. W. Usemann, VDI Verlag, Düsseldorf 1991

[8]   Petiscus, A. H.: Der Olymp, Amelan's Verlag, Leipzig 1874

[9]   Der Ingenieurbau, Grundwissen in 9 Bänden, Band Bauphysik und Brandschutz, hrsg. von G. Mehlhorn, Verlag Ernst & Sohn, Berlin 1997

[10]   Grundgesetz für die Bundesrepublik Deutschland, Änderung vom 27.10.1994, BGBL, S. 3146

[11]   Hammer, G.: Bauordnung im Bild, Ergänzende Vorschriften, WEKA Baufachverlag GmbH, Augsburg 1997

[12]   Hass, R.; Meyer-Ottens, C.; Richter, E.: Stahlbau Brandschutz Handbuch, Verlag Ernst & Sohn, Berlin 1993

[13]   Erläuterungen zur Richtlinie „Löschwasser-Rückhalteanlagen", H.-G. Temme, Mitteilungen IfBt, **5**, 1992, S. 157

[14]   Hass, R.; Meyer-Ottens, C.; Quast, U.: Verbundbau Brandschutz Handbuch, Verlag Ernst & Sohn, Berlin 1989

[15]   Richtlinien über brandschutztechnische Anforderungen an Leitungsanlagen (Muster), Mitteilungen DIBt, 3, 1999

[16]   Richtlinie über die Verwendung brennbarer Baustoffe im Hochbau, Bundesanzeiger, **43**, 1990, Nr. 14a, S. 18

[17]   Vorbeugender Brandschutz, hrsg. von der Vereinigung zur Förderung des Deutschen Brandschutzes (VFDB), Buch- und Zeitschriftenverlag Kultur und Wissen, Wiesbaden

[18]   Normenausschuß Bauwesen im Deutschen Institut für Normung e.V., Beuth Verlag GmbH, Berlin

[19]   Hammer, G.: Baurecht aktuell, WEKA Baufachverlage GmbH, Augsburg 1996

[20]   Hertel, H.: Erläuterungen zum Grundlagendokument Brandschutz, Mitteilungen DIBt, **25**, 1994, Nr. 2, S. 47

[21]   Wesche, J.: Genehmigungs- und Nachweisverfahren, Brandschutz, Beilage DBZ, 1, 1998, S. 16

[22]   Grundlagendokument Brandschutz, Amtsblatt der Europäischen Gemeinschaft, Nr. C/62/23, 28.02.1994

[23]   Halfkann, K.-H.: Feuerwiderstand und Brandschutz, Brandschutz, Beilage DBZ, 2, 1997, S. 37

[24]   Kirpeit, D.: Ein Beitrag zur risikoorientierten Bewertung einer großflächigen Industriehalle aus der Sicht des Bautechnischen Brandschutzes, Bauhaus-Universität Weimar, Fak. BI, Diplomarbeit 2001

[25]   Hilbig, G.: Grundlagen der Bauphysik, Fachbuchverlag, Leizig 1999

[26]   Schwenkedel, S.: Verkohlen ist nicht gleich Verbrennen, Schadenprisma 02, 1985, S. 37

[27]   van't Hoff, J. H.: Die Gesetze des chemischen Gleichgewichts für den verdünnten, gasförmigen oder gelösten Zustand, Verlag Harry Deutsch, Frankfurt a.M., 3. Auflage 1997

[28]   Ostertag, D.; et al.: Flashover und Feedback, Brandschutz bs, 7–8, 1995, S. 46

[29]   Promat Handbuch Bautechnischer Brandschutz, Promat GmbH, Ratingen 2000

[30]   Kordina, K.: Über das Brandverhalten von Bauteilen und Bauwerken, Rheinisch-Westfälische Akademie der Wissenschaften, Vortragsband 281, Westdeutscher Verlag GmbH, Opladen 1979

[31]   Bayerische Versicherungskammer München: Brandschutz Information 3.4-5, Brandwände, Komplextrennwände, Heft B 101, 12/1994

[32[Kordina, K.; Meyer-Ottens, C.; Scheer, C.: Holz Brandschutz Handbuch, Verlag Ernst & Sohn, Berlin, 2. Aufl. 1995

[33]   Stöcker, H.: Taschenbuch der Physik, Verlag Harry Deutsch, Thun und Frankfurt a.M. 1998

[34] Bock, H. M.; Klement, E.: Normalentflammbarkeit von Baustoffen nach DIN 4102-T1, Bauphysik, **20**, 1998, 2, S. 37

[35] DIN 4102, Brandverhalten von Baustoffen und Bauteilen, Teil 4, Zusammenstellung und Anwendung klassifizierter Baustoffe und Bauteile, Beuth Verlag GmbH, Berlin 1996

[36] Anordnung über die Einführung von Technischen Baubestimmungen, in: G. Hammer: Bauordnung im Bild, Ergänzende Vorschriften, WEKA Baufachverlag GmbH, Augsburg 1997

[37] DIN 4102, Brandverhalten von Baustoffen und Bauteilen, Teil 2, Bauteile – Begriffe, Anforderungen, Prüfung Beuth Verlag GmbH, Berlin 1977

[38] Kordina, K.: Brandschutzforschung im Betonbau – Ergebnisse aus den letzten Jahren, in: Wissenschaftliche Beiträge der MFPA Leipzig, 2, 1997, S. 11

[39] Baulicher Brandschutz mit Beton, Zement-Merkblatt, Bauberatung Zement, 1.95/20

[40] Nause, P.; Rohling, A.: Ingenieure untersuchten Tragverhalten gußeiserner Stützen im Brandfall, Beratende Ingenieure, **5**, 1991, S. 33

[41] Bautechnischer Brandschutz in der Haustechnik, Promat GmbH, Ratingen 1991

[42] Kordina, K.; Meyer-Ottens, C.: Beton Brandschutz Handbuch, Verlag Ernst & Sohn, Berlin 1995

[43] Michailow, K.: Brandschutzbeschichtungen für Holz, Kabel und Stahl, Bauzeitung, **46**, 1992, 3, S. 224

[44] Zulassungsgrundsätze für Ablationsbeschichtungen, Mitteilungen DIBt, 2, 1997, S. 35

[45] Hamann, B.; et al.: Langzeit-Bewährung von PS-Hartschaum der Baustoffklassen B1/B2 nach DIN 4102, Bauphysik, **21**, 1999, 1, S. 29

[46] Richtlinie über den Bau und Betrieb von Hochhäusern, Bundesanzeiger G 1990 A, 43; 1991, 14a,

[47] Musterrichtlinie über die brandschutztechnischen Anforderungen an Lüftungsanlagen Mitteilung IfBt, Berlin 1984, Nr. 4, S. 118 neue Fassung vom März 2000, MLAR, Mitteilung DiBt, Berlin 2000, Nr. 6,

[48] Schäfer, J.: Bauliche Maßnahmen gegen Brandübertragung bei der Durchführung von elektrischen Leitungen, Bauzeitung **45**, 1991, 12, S. 886

[49] Zitzelsberger, J.; Ostertag, D.: Brandschutz in der Raumlufttechnik und alternative Brandschutzmaßnahmen, in: Brandschutz in der Gebäudetechnik, VDI Verlag, Düsseldorf 1992

[50] Wathling, K.-D.: Brandschutzverglasungen, Bauphysik, **15**, 1993, 6, S. 179

[51]   Hepp, B.: Verhalten von Verglasungen unter Brandbeanspruchung, VDI Bericht 983, 1992, S. 271

[52]   Klose, A.: Vorbeugender baulicher Brandschutz, in: PROMAT-Handbuch, Promat GmbH, Ratingen 2001

[53]   Solasse, D.: Feststellanlagen für Feuerschutzabschlüsse, Brandschutz in öffentlichen und privaten Gebäuden, Bertelsmann, 1997, 1, S. 33

[54]   Schanz, B.: Türen mit Sicherheit, BauSanierung, SonderNr. April 1997, S. 51

[55]   Jung, G.: Rauchschutz – der Schlüssel zu einem sinnvollen Brandschutz? Brandschutz in öffentlichen und privaten Gebäuden, Bertelsmann, 1998, 2, S. 53

[56]   RWA – Ein Leitfaden zur Auslegung und Dimensionierung, Heft 2, Fachverband Lichtkuppel und Lichtband e.V. Köln, Oktober 1998

[57]   Hagen, E.; Wittbecker, F-W.: Wärmeabzugsflächen – Schutzziele, Einsatzbereiche, Zielkonflikte und Materialien, Bauphysik, 17, 1995, 5, S. 144

[58]   DIN 18232, Rauch- und Wärmeabzugsanlagen, Teil 2, Rauchabzüge, Beuth Verlag GmbH, Berlin 1996

[59]   Brand- und Komplextrennwände, Merkblatt VdS 2234, VdS Schadenverhütung GmbH, Köln 1999

[60]   Abschlußbericht „Dächer" des Referates 4 im TWD der VFDB Brandsicherheit von wärmegedämmten Stahltrapezprofildächern, VFDB 2, 1984, S. 44

[61]   Empfehlungen für eine Begrenzung der Brandübertragung bei einschaligen, wärmegedämmten Stahltrapezprofildächern, Hrsg.: Vereinigung zur Förderung des Deutschen Brandschutzes (VFDB) VFDB 2, 1984, S. 50

[62]   DIN V 18234 Baulicher Brandschutz im Industriebau, Teil 3, Konstruktive Maßnahmen bei Dachdurchdringungen, Beuth Verlag GmbH, Berlin 1997

[63]   Klingsch, W.; Wittbecker, F. W.: Untersuchungen zum Schwelbrandverhalten von Mineralfaserdämmstoffen, Bauphysik, **23**, 2001, 2, S. 81

[64]   Klingsohr, K.: Vorbeugender baulicher Brandschutz, Verlag W. Kohlhammer, Stuttgart 1994

[65]   Verwaltungsvorschrift zur Bauordnung der neuen Bundesländer gem. Einführungserlaß vom 18./22.10.90, nicht veröffentlicht

[66]   Schaumann, P.; Upmeyer, J.: Tragwerksbemessung von Stahlbauten für den Brandfall – Beispiele, Brandschutz-Fachseminar, Bauen mit Stahl e.V., Fachhochschule München, 2000

[67]   Meyr, J.; Battran, L.: Brandschutzatlas, Baulicher Brandschutz Bd. 2, Verlag für Brandschutzpublikationen, Wolfratshausen 1995

[68] Fachkommission Bauaufsicht der ARGEBAU: Muster-Richtlinie über den baulichen Brandschutz im Industriebau, MIndBauRL März 2000, veröffentlicht unter www.brandschutzkonzepte.de

[69] DIN 18230, Baulicher Brandschutz im Industriebau, Teil 1, Rechnerisch erforderliche Feuerwiderstandsdauer, Beuth Verlag GmbH, Berlin 1998

[70] Schmitz, P.: Der Brandschutz muß jedesmal als Ganzes geplant werden, Deutsches Ingenieurblatt, **6**, 1999, 5, S. 24

[71] Steinmetz, J.: Baulicher Brandschutz im Industriebau – Technologien und Tendenzen, Industriebau, **40**, 1994, 6, S. 429

[72] Hagen, E.: Rauch- und Wärmeabzug als Bestandteil moderner Brandschutzkonzepte – Untersuchung, Analyse, Bewertung, Klettmann Verlag, Bochum 1996

[73] Hosser, D.; et al.: Rauchabzug in ausgedehnten Räumenohne und mit Sprinkleranlage – am Beispiel des Industriebaus, vfdb-Zeitschrift, **46**, 1997, 4, S. 147

[74] RWA, Planung und Einbau, Richtlinie VdS 2098, VdS Schadenverhütung GmbH, Köln 2000

[75] DIN 18234, Baulicher Brandschutz im Industriebau, Teil 1, Begriffe, Anforderungen, Prüfung, Beuth Verlag GmbH, Berlin 1992

[76] Beiblatt 1 zur DIN 18230, Baulicher Brandschutz im Industriebau, Rechnerisch erforderliche Feuerwiderstandsdauer, Abbrandfaktoren m und Heizwerte, Beuth Verlag GmbH, Berlin 1989

[77] Beilicke, G.: Bautechnischer Brandschutz – Brandlastberechnung, Rudolf Haufe Verlag, Berlin 1990

[78] CHEMSAFE: Gesellschaft für Chemische Technik und Biotechnologie e.V. www.dechema.de , 2001

[79] DIN 18230, Baulicher Brandschutz im Industriebau, Teil 2, Ermittlung des Abbrandfaktors m, Beuth Verlag GmbH, Berlin 1987

[80] Deutsches Institut für Normung und Arbeitsgemeinschaft Brandsicherheit (Hrsg.): Baulicher Brandschutz im Industriebau – Kommentar zur DIN 18230 Beuth-Verlag, Berlin 1999, 2.Aufl.

[81] Senf, W.: Besonderheiten des baulichen Brandschutzes in explosionsgefährdeten Arbeitsstätten Bauzeitung, **45**, 1991, 9, S. 632

[82] Wesche, J.: Brandschutzkonzepte bei der Sanierung von Gebäuden unter Denkmalschutz, Brandschutz und Denkmalschutz, Promat GmbH, Ratingen 1996

[83] Schadenbilder aktuell, Sonderdruck 6, Bayrische Versicherungskammer, München 1990

[84] v. d. Brandt, K.: Zum akustischen Verhalten von Holzbalkendecken, Bauhaus-Universität Weimar, Fak. BI, Diplomarbeit 2000

[85] Tomm, A.; et al.: Brandschutz in denkmalgeschützten Gebäuden, Landesinstitut für Bauwesen und Angewandte Bauschadensforschung, Aachen 1994

[86] VDI 3 817, Technische Gebäudeausrüstung in denkmalwerten Gebäuden, VDI-Gesellschaft Technische Gebäudeausrüstung, Beuth Verlag GmbH, Berlin 1990

[87] Brandschutzinformation aktuell 6.2-7, Brandschutz auf Baustellen, Bayrische Versicherungskammer, München 1994

[88] Seehausen, K. R.: Brand- und Bestandsschutz, Bausubstanz, 1995, Heft 7/8, S. 48; Bausubstanz, 1995, Heft 10, S. 64; Bausubstanz, 1996, 10, S. 38

[89] Usemann, K. W.: Probleme der Installationstechnik aus der Sicht des Schall- und Brandschutzes bei der Instandsetzung und Modernisierung, Bauphysik, **13**, 1991, 5, S. 163

[90] Usemann, K. W.: Technische Gebäudeausrüstung und Baulicher Brandschutz in der Denkmalpflege, VDI-Berichte 896, S. 263, VDI Verlag, Düsseldorf 1991

[91] VDI 2050 Bl.1, Heizzentralen – Technische Grundsätze für Planung und Ausführung, VDI – Gesellschaft Technische Gebäudeausrüstung, Beuth Verlag GmbH, Berlin 1995

[92] Schafft, P.: Brandschutz bei kulturhistorischen Gebäuden aus der Sicht des Denkmalpflegers, schadenprisma, **15**, 1986, 3, S. 35

[93] Günther, K .G.: Probleme des Brandschutzes in denkmalgeschützten Gebäuden aus der Sicht der Feuerwehr, schadenprisma, **15**, 1986, 4, S. 49

[94] Polthier, K.: Löschwasserversorgung für den Objektschutz, schadenprisma, **14**, 1985, 2, S. 27

[95] Technische Regeln Arbeitsblatt W 405, Bereitstellung von Löschwasser durch die öffentliche Trinkwasserversorgung, Deutscher Verein des Gas- und Wasserfaches e.V., Eschborn 1978

[96] Musterrichtlinie zur Bemessung von Löschwasser-Rückhalteanlagen beim Lagern wassergefährdender Stoffe (LöRüRL), Mitteilungen IfBt 5, 1992, S. 160

[97] Brandmeldeanlagen, Merkblatt VdS 2095, VdS Schadenverhütung GmbH, Köln 2001

[98] Auslegung von Feuerlöschanlegen, Merkblatt VdS 2496, VdS Schadenverhütung GmbH, Köln 1996

[99] DIN 146 75, Brandmeldeanlagen – Aufbau und Betrieb Beuth Verlag GmbH, Berlin 2000

[100] DIN 14 675, Brandmeldeanlagen – Aufbau und Betrieb, Änderung A1, Beuth Verlag GmbH, Berlin 2001

[101] DIN EN 54, Brandmeldeanlagen, Teile 1–14, Beuth Verlag GmbH, Berlin 2001

[102] DIN VDE 0833, Gefahrenmeldeanlagen für Brand, Einbruch und Überfall, Teile 1 und 2, Beuth Verlag GmbH, Berlin 1989

[103] Vogler, H.-J.: Feuerlöschmittel und Umweltschutz, Brandschutz 1997, 2, S. 45

[104] DIN V ENV 1993-1-2, Bemessung und Konstruktion von Stahlbauten, Teil 1-2, Allgemeine Regeln, Beuth Verlag GmbH, Berlin 1997

[105] DIN VDE 12259, Ortsfeste Löschanlagen, Teile 1–4, Beuth Verlag GmbH, Berlin 2001

[106] DIN 14489, Sprinkleranlage, Allgemeine Grundlagen, Beuth Verlag GmbH, Berlin 1985

[107] DIN 14493, Ortsfeste Schaumlöschanlage, Teile 1–4 und 100 (aus 2001), Beuth Verlag GmbH, Berlin 1977

[108] Halfkann, K.-H.; et al.: Brandschutz im Stahlbau nach Musterbauordnung, Deutscher Stahlbau-Verband, Oktober 1999

[109] Gaststättenbauverordnung, Brandschutzinformation 6.2-5, Bayrische Versicherungskammer, München 1994

[110] Richtlinie über bauaufsichtliche Anforderungen an Schulen, Erlass des Innenministeriums vom September 1999, Amtsblatt Schleswig-Holstein 1999, S. 544

[111] Wigger, H.: Brandschutz im Hochregallager, Brandschutz in öffentlichen und privaten Gebäuden, Bertelsmann, 1997, 1, S. 17

[112] Hosser, D.: Neue Regelungen und offene Fragen im baulichen Brandschutz, Bauingenieur, Beratende Ingenieure, März 2001,

[113] Musterbauordnung, Fassung Dezember 1997, www.bauen.de/Ratgeber/Handbuch/080001_Bauordnungsrecht

[114] Musterbauordnung, Fassung November 2002, www.is-argebau.de/Musterbauordnung/

[115] Heintz, D.: Von der Musterbauordnung bis zur Technischen Richtlinie, Beitrag in [7]

[116] Graupner, N.: Bautechnischer Brandschutz – vergleichende Betrachtungen, Bauhaus-Universität Weimar, Fak. BI, Studienarbeit 2001

[117] Loebbert, A.; Pohl, K. D.; Thomas, K. W.: Brandschutzplanung für Architekten und Ingenieure, Mueller, Köln 2000

[118] Müller, K.: Evakuierung von Personen aus Gebäuden, Brandschutz in öffentlichen und privaten Gebäuden, 1, 1998, S. 28

[119] Beilicke, G.: Modelle zur Evakuierung von Gebäuden, 4.Fachseminar Brandschutz, Forschung und Praxis, Braunschweig 1991

[120] Predtetschenski, W.; Milinski, A. I.: Personenströme in Gebäuden, Staatsverlag der DDR, Berlin 1971

[121] Wolburg, T.: Die Sanierung des Stadtturmes in Jena aus Sicht des Bautechnischen Brandschutzes, Bauhaus-Universität Weimar, Fak BI, Studienarbeit 1999

[122] Jansen, W.: Berechenbar – Eine Methode zur Ermittlung des relativen Brandrisikos, bs 7–8, 1994, S. 51 und bs 10, 1994, S. 45

[123] SIA – Dokumentation 81, Brandrisikobewertung Berechnungsverfahren, Schweizerischer Ingenieur- und Architektenverein, Zürich 1984

[124] SIA – Dokumentation 83, Brandschutz im Holzbau, Schweizerischer Ingenieur- und Architektenverein, Zürich 1984

[125] Kindmann, R.: Zum Sicherheitskonzept für den Baulichen Brandschutz, Bauingenieur, **73**, 1998, 10, S. 455

[126] Max, U.; Schneider, U.; Kersken-Bradley, M.: Einsatzmöglichkeiten von Wärmebilanzrechnungen zur Bestimmung der Wirkung von natürlichen Bränden unter Berücksichtigung des Abbrandverhaltens verschiedener Lagerstoffe, VDI Berichte Nr. 963, 1992

[127] Wittbecker, F.-W.; Klingsch, W.; Bansemer, B.: Szenarioabhängige Beurteilung der Rauchgestoxizität, Bauphysik, **22**, 2000, 1, S. 50

[128] Hosser, D.; Dehne, M.: Vereinfachter brandschutztechnischer Nachweis für Bauteile bei lokal begrenzten Bränden in großen Räumen, Bauphysik, **23**, 2001, 4, S. 203

[129] Polthier, K.: Lexikon Brand- und Explosionsschutz, Verlag W. Kohlhammer, Stuttgart 1996

[130] Müller, K.: Praktische Evakuierungsversuche am Großmodell, Brandschutz in öffentlichen und privaten Gebäuden, 2, 1998, S. 16

[131] Helbing, D.: TU-Dresden, Professur Verkehrsökonometrie und -modellierung, Literatur unter www.helbing.org

[132] Wathling, K.-D.: Eurocodes für die Brandschutzbemessung von Baukonstruktionen, Bauphysik, **22**, 2000, 6, S. 393

[133] Hosser, D.; Richter, E.; Zehfuß, J.: Brandschutznachweis nach den Eurocodes als Alternative zu DIN 4102-4, Bauingenieur, **75**, 2000, S. 88

[134] Max, U.; Schneider, U.; Lebeda, Ch.: Anwendung ingenieurmäßiger Verfahren zur Bestimmung der Rauchausbreitung, Teil 1: Bauphysik, **22**, 2000, 4, S. 257, Teil 2: Bauphysik, **22**, 2000, 5, S. 339

[135] Wesche, J.: Bauliche Brandschutzmaßnahmen für Rettungswege, bau-zeitung, **51**, 1997, 6, S. 57

[136] Hinkley: The case for combining venting and sprinkler systems, Fire Engineers Journal, 1987, Nr. 145, S. 17

[137 Löbbert, A.; Pohl, K.-D.; Thomas, K.-W.: Brandschutzplanung für Architekten und Ingenieure, R. Müller Verlag, Köln, 2.Auflage 1998

[138] Hagen, E.: Rauch- und Wärmeabzug als Bestandteil moderner Brandschutzkonzepte, F. H. Kleffmann Verlag GmbH, Bochum 1996

[139] Brein, D.; Seeger, P. G.: Verbesserung der Brandsicherheit von Stahltrapezprofildächern mit Einbauten, VFDB, 1990, 2, S. 68

[140] Maas, G.: Brandschutztechnische Erkenntnisse aus Freiland-Brandversuchen, Ingenieur & Praxis, 6, 09/1993, S. 46

[141] DIN EN 13501-2, Klassifizierung von Bauprodukten und Bauarten zu ihrem Brandverhalten, Teil 2, Klassifizierung, Beuth Verlag GmbH, Berlin 1999

[142] Bau- und Planungsrecht, UWS Umweltmanagement GmbH, Viersen, www.umwelt-online.de

[143] ASR 13/1,2 zu §13 ArbStättV vom 20.3.1975, Arbeitsstättenverordnung, BGBl. I 1975, S. 729; 1982, S. 1; 1983, S. 1057; 1996, S. 1841

[144] Kiel, M.: Transparenter Brandschutz, Bauphysik, **23**, 2001, 2, S. 95

[145] Bub, H.; Hosser, D.; Kersken-Bradley, M.; Schneider, U.: Eine Auslegungssystematik für den baulichen Brandschutz, BRABA Brandschutz im Bauwesen, E. Schmidt Verlag, Nr. 4, 1983

[146] Schneider, U.: Ingenieurmethoden im Baulichen Brandschutz, expert verlag, Renningen 2001

[147] Richtlinie für Sprinkleranlagen, Planung und Einbau, Merkblatt VdS 2092, VdS Schadenverhütung GmbH, Köln 2001

[148] Gilly, G.: Brandschutz im Ulmer Museum, VB Vorbeugender Brandschutz, **19**, 2000, 3, S. 14

[149] Büssem, R.: Sprinkleranlagen, Brandschutz, Beilage DBZ, 1, 1998, S. 60

[150] Rauchentwicklung im Brandfall, VDMA-Seminar Brandverhütung + Feuersicherheit, 2001, 2, S. 31

[151] Mai, H.-J.; Hanel, B.: Probleme beim Wohnungsbau: Wirtschaftliche und brandschutztechnisch sichere Installation, Brandverhütung + Feuersicherheit, 2001, 3, S. 30

[152] Becker, W.; Sommer, Th.: Brandverhalten von Bauprodukten und Bauarten, Bauphysik, **23**, 2001, 3, S. 164

[153] Schneider, U.: Wassergefüllte Stahlstützen – Brandschutz, Bauphysik, 1987, Nr. 5, S. 218

[154] Vogler, H.-J.: Freizeitschwimmbäder – ein unterschätztes Brandrisiko, Brandschutz in öffentlichen und privaten Gebäuden, Bertelsmann, 1997, 1, S. 12

[155] Bossenmayer, H.-J.: Europäische technische Zulassungen – aktuelle Entwicklungen, wksb, neue Folge, **45**, 2000, Nr. 45, S. 4

[156] Bartholmai, M.; Schriever, R.: Simulation von Brandszenarien mit einem Zwei-Zonenmodell unter Votgabe von Energiefreisetzungsraten aus Cone-Calorimeter- und Brandschacht-Versuchen, Bauphysik, **23**, 2001, 5, S. 274

[157] Flughafen Düsseldorf – transparenter Brand-, Wärme- und Sonnenschutz, ARCONIS, **6**, 2001, 4, S. 12

[158] Leistungsbild Brandschutz, Baukammer Berlin, Mitteilungsblatt für die im Bauwesen tätigen Ingenieure, Sonderheft 1, 1997

[159] Wesche, J.: Brandschutz bei der Sanierung bestehender Bausubstanz, Bauzeitung, **45**, 1991, 9, S. 635

[160] DIN EN 1363, Feuerwiderstandsprüfungen, Teile 1 und 2, Beuth Verlag GmbH, Berlin 1999

[161] AIK Flammadur Brandschutz GmbH, www.aik-flammadur.de

[162] DIN EN 2, Brandklassen, Beuth Verlag GmbH, Berlin 1993

[163] Wegweisende Brandschutztechnik am Reichstagsgebäude in Berlin, ARCONIS, **4**, 1999, 3, S. 6

[164] Schwenk, H.: ... in Asche versank deine schönheit, Edition Luisenstadt 1998, www.luise-berlin.de

[165] Brandaktuell, Fachverband Lichtkuppeln, Lichtband und RWA e.V., Ausgabe 3, Köln 1999

[166] DIN 1045, Tragwerke aus Beton, Stahlbeton und Spannbeton, Teile 1 bis 4, Beuth Verlag GmbH, Berlin 2001

Weitere Literatur

[Z1] VdS 2056: Gaststätten, Sicherheitsvorschriften, VdS Schadenverhütung GmbH, Köln 1998

[Z2] VdS 2226; Krankenhäuser, Richtlinien, VdS Schadenverhütung GmbH, Köln 1996

[Z3] VdS 2234: Brand- und Komplextrennwände, Merkblatt, VdS Schadenverhütung GmbH, Köln 1999

[Z4] VdS 2097: Teil 4 Feuerschutzabschlüsse, Brandschutztüren, VdS Schadenverhütung GmbH, Köln 2001

[Z5] VdS 2097: Teil 5 Brandschutzverglasungen, VdS Schadenverhütung GmbH, Köln 1998

[Z6] VdS 2097: Teil 6 Kabel- und Rohrabschottungen, VdS Schadenverhütung GmbH, Köln 1998

[Z7] VdS 2097: Teil 7 Lüftungsleitungen, Absperrvorrichtungen, VdS Schadenverhütung GmbH, Köln 1999

[Z8] VdS 2200: Handbuch der Schadenverhütung, VdS Schadenverhütung GmbH, Köln 2001

[Z9] Schriftenreihe Brandschutz im Bauwesen BRABA, Erich Schmidt Verlag Berlin

[Z10] Schrader, L.: Versuche zur Imprägnierung von Fichtenschnittholz mit Feuerschutzsalbe, Holz-Zentralblatt, **111**, 1985, S. 1084

[Z11] Häger, A.: Bautechnik und Brandschutz, Kohlhammer Verlag, Stuttgart 1996

[Z12] Meyer-Ottens, C.: Brandverhalten von Industrieböden, in: P. Seidler (Hrsg.): Int. Kolloquium, TA Esslingen, Januar 1991,

[Z13] Schneider, U.: Statistische Ermittlung der Brandhäufigkeiten in mehrgeschossigen Wohngebäuden, Forschungsbericht Institut für Bautechnik, IV 1-5-383/83, Berlin 1983

[Z14] AutSchR, Richtlinie über automatische Schiebetüren in Rettungswegen, Beuth Verlag GmbH, Berlin 1997

[Z15] EltVTR, Richtlinie über elektrische Verriegelungssysteme von Türen in Rettungswegen, Beuth Verlag GmbH, Berlin 1997

[Z16] Wolf, T.: Modellierungen von Räumungen in Krankenhäusern und anderen Pflegeeinrichtungen, VdS Verlag, Köln 2001

[Z17] Siepelmeyer-Kierdorf, L.: Entwicklung und vergleichende Bewertung von Brandschutzkonzepten für Industriegebäude, VdS Verlag, Köln 2001

[Z18] Brandbelastung von Wohngebäuden, IRB Verlag, Stuttgart 2. Auflage 1998

[Z19] Rohr, U.: Europäische Brandprüfungen, Prüfung und Einstufung von Rohrisolierungen nach den zukünftigen Euroklassen, Isoliertechnik, **18**, 1999, 4, S. 18

Sachwortverzeichnis

Biegeglieder 96
Bilanzmodelle 53, 292
Bodenbeläge 82
Bolzenlöcher 121
Brand, brandlastgesteuerter 51
–, natürlicher 90
–, ventilationsgesteuerter 51
Brandabschnitt 179, 208, 212, 262
Brandausbreitungsgeschwindigkeit 292
Brandbeanspruchung 12
Brandbeginn 50
Brandbekämpfungsabschnitt 214, 239
Brandbelastung 251
–, globale 221
–, rechnerische 222 f., 235
Brandbelüftung 157
–, äquivalente 57, 216, 229, 237
Branddauer, äquivalente 57, 216, 229, 237
Branddreieck 38
Brandgase 156
–, Ableitung 90
Brandgefährdung 284
Brandgilde 5
Brandklassen 279
Brandlast 45, 51, 148, 170, 220, 224, 254, 261
–, geschützte 223
–, ungeschützte 222
Brandmauer 106
Brandmeldeanlagen 230, 250, 264, 273
Brandopfer 9
Brandrisiko 12, 81, 283 ff.
Brandsanierung 271
Brandschutz
– während der Baudurchführung 270
–, abwehrender 10, 15
–, betrieblicher 15
–, Struktur 15
–, vorbeugender 15
Brandschutzanstrichsysteme 135
Brandschutzausrüstung 132 ff.
Brandschutzbekleidung 133
Brandschutzbeschichtung 110
Brandschutzdienststellen 18
Brandschutzklasse 212 f., 219
Brandschutzkonzept, automatisches 13
–, individuelles 14
Brandschutzplanung 202
Brandschutzsäckchen 142
Brandsicherheit 20
Brandsicherheitsklassen 212 f., 219, 291
Brandverlauf 50
Brandversuche 3
Brandwände 86, 104 f., 153, 165, 174, 179, 259, 262

Brandwandvorkopf 166
Brandweiterleitung 12
Brennstoffleitung 143
Brennwert 42, 83
Brettschichtholzstütze 122

C
Campingplätze, Richtlinie 244
CE-Kennzeichnung 36
Celsius-Skala 39
CEN 36

D
Dach 95, 125 f.
–, Öffnungen 126, 167
Dachausbau 194 ff.
Dacheinlauf 170
Dachentlüfter 170
Dachgeschoss 194
Dachhaut 165
Dachkästen 165
Dachkonstruktionen 265
Dachlatten 166
Dachraum 179, 265
Dämmschichtbildner 112
Dämmstoffe 137 ff.
–, Treibmittel 137
Dampfsperre 126, 170
Decken 181, 264
–, Öffnungen 181
Deckenaufbau 265
Deckeneinschub 264
Deckenverkleidung 139
Dehydratisierung 48
Denaturierungstemperatur 39
Denkmalpflege 256
DIBt 35, 79
Dichte 44
DIN 18230 218 ff.
–, Beispiel Industriebau 233 ff.
Doppelböden 94
Drahtglas 150
Druckglieder 96
Durchbiegungsgeschwindigkeit 86, 92
Durchbrandzeiten 132
Durchbrüche 181
Durchdringungen 169
Durchfahrten 194
Durchführung 140 ff.
–, Kabel 142
–, Rohr- 140
Durchlassfähigkeit 298
DVGW 275